电弧炉炼钢技术及装备

朱荣　刘会林　著

北京
冶金工业出版社
2022

内容提要

本书介绍了电弧炉炼钢的特点、原材料、基本工艺操作、冶炼过程的物料平衡与能量平衡，不同类型的炼钢电弧炉，电弧炉机械设备、电气设备和附属设备，电弧炉用氧技术以及电弧炉炼钢复合吹炼、智能化控制等前沿技术。

本书可供电弧炉炼钢相关技术及设备人员、管理人员阅读，也可供高校师生和广大工程技术人员参考。

图书在版编目(CIP)数据

电弧炉炼钢技术及装备/朱荣，刘会林著.—北京：冶金工业出版社，2018.4（2022.5重印）

ISBN 978-7-5024-7772-1

Ⅰ.①电… Ⅱ.①朱… ②刘… Ⅲ.①电弧炉—电炉炼钢 Ⅳ.①TF741.5

中国版本图书馆CIP数据核字(2018)第071945号

电弧炉炼钢技术及装备

出版发行 冶金工业出版社 **电　话** (010)64027926

地　址 北京市东城区嵩祝院北巷39号 **邮　编** 100009

网　址 www.mip1953.com **电子信箱** service@mip1953.com

责任编辑 刘小峰 曾 媛 美术编辑 彭子赫 版式设计 孙跃红

责任校对 王永欣 责任印制 禹 蕊

北京捷迅佳彩印刷有限公司印刷

2018年4月第1版，2022年5月第2次印刷

710mm×1000mm 1/16；25.5印张；500千字；398页

定价 160.00 元

投稿电话 (010)64027932 投稿信箱 tougao@cnmip.com.cn

营销中心电话 (010)64044283

冶金工业出版社天猫旗舰店 yjgycbs.tmall.com

（本书如有印装质量问题，本社营销中心负责退换）

前　言

炼钢分为转炉炼钢和电弧炉炼钢，电弧炉炼钢是炼钢的主要方法之一。世界钢产量约有30%是由电弧炉生产的，部分发达国家的电炉钢产量已达到50%以上。我国电炉钢比例虽然不足产钢量的10%，但电炉钢产量早已是世界第一，2010年电炉钢产量就已达到6000万吨以上。随着国家对节能环保的重视、废钢资源的增加及加工能力的提升，与转炉流程相比，具有绿色环保特征的电炉流程将有更大发展空间。

2012年作者编写了《电弧炉短流程炼钢设备与技术》一书，受到炼钢工作者的普遍欢迎，同时也收到一些中肯的建议，在此深表感谢。本书以《电弧炉短流程炼钢设备与技术》为基础，删除了其中精炼及连铸等内容，并结合近年电弧炉炼钢的进步及读者的建议，对原书中其他部分内容进行了修改及充实，以便于读者更好地了解电弧炉炼钢技术及装备。

全书共分7章。第1章介绍了电弧炉炼钢的特点、原材料、基本工艺操作、冶炼过程的物料平衡与能量平衡等；第2章介绍了超高功率电弧炉、高阻抗交流电弧炉、连续加料电弧炉、直流电弧炉及近年发展的环保型电弧炉等；第3章介绍了电弧炉机械设备，包括炉体炉盖装配、倾炉机构、炉盖提升旋转机构、电极升降机构及常规附属设备等；第4章介绍了电弧炉电气设备，包括电弧炉的主电路、高压供电系统、变压器与电抗器、短网、低压控制与自动化技术、对电网公害的治理等；第5章介绍了电弧炉炼钢附属设备；第6章介绍了电弧炉用氧及相关技术；第7章介绍了电弧炉炼钢的前沿技术。本书可供电弧炉炼钢相关技术及设备人员、管理人员阅读，也可供高校师生和广大工程技术人员参考。

本书主要是作者多年从事电弧炉炼钢科研、设计及推广的总结。本书在写作过程中得到了北京科技大学董凯老师、田博涵博士、魏光升博士、吴学涛博士等的帮助，在此特向他们表示衷心的感谢。本书出版得到钢铁冶金新技术国家重点实验室的资助，在此表示感谢。

由于作者水平所限，加之涉及内容广泛，书中不足之处，恳请读者批评指正并给予谅解。

作 者

2018 年 2 月于北京

目　录

1 电弧炉炼钢技术

世界各国采用的炼钢方法主要有转炉炼钢和电炉炼钢两种方式。随着世界钢铁生产的发展，废钢的积蓄量不断增加，电炉钢的比例在不断地提高。目前约占世界钢产量的30%左右，部分发达国家达到50%以上[1]，尤其以电炉—连铸—连轧为特点的电炉短流程工艺的确立，使电炉钢生产水平取得了重大进步[2]。

1.1 电弧炉炼钢特点与流程

常用的电炉有电弧炉和感应炉两种，由于电弧炉炼钢占电炉钢产量的绝大部分，而感应炉主要作为铸造及合金熔化使用，所以一般所说电炉炼钢是指电弧炉炼钢。

1.1.1 电弧炉炼钢的特点

电炉炼钢是利用电能为主要热源、以废钢铁为主要原料来进行冶炼的，也可采用直接还原铁及铁水进行补充[3]。由于金属原料更加清洁，电炉可冶炼力学性能和化学成分要求严格的钢，如特殊工具钢、航空用钢等。国内目前主要用碱性电炉炼钢，这种炉衬的电炉可以有效地去除钢中的硫，这是其他炼钢方法所不及的[4]。

电弧炉炼钢的优点[5]：

(1) 电弧炉炼钢的设备比较简单，工艺布置紧凑、占地面积小，投资少、基建速度以及资金回收快。尤其是廉价的水力发电的普及与核能发电的发展，使电炉炼钢得到了迅猛的发展。

(2) 因电弧炉炼钢的热源来自于电弧，温度高达4000~6000℃，并直接作用于炉料，所以热效率较高，现在已达到70%以上。此外，在冶炼过程中，能灵活提高钢液温度，容易冶炼含有难熔元素钨、钼等的高合金钢。

(3) 电弧炉炼钢不仅可去除钢中的有害气体与夹杂物，还可脱氧、去硫、合金化等，故能冶炼出高质量的特殊钢，但为提高冶炼节奏及脱硫效率，电弧炉通常取消了脱硫等还原工艺。此外，电炉钢的成分易于调整与控制，也能熔炼成分复杂的钢种，如不锈耐酸、耐热钢及其他高温合金等。

(4) 电弧炉炼钢可采用冷装或热装金属料，不受炉料的限制，并可用较次的炉料熔炼出较好的高级优质钢或合金。目前，社会上的板边、车屑等废钢量增加，“吃掉”这些东西最理想的办法就是用电弧炉炼钢。电弧炉还能将高合金废料进行重熔或返回冶炼，从而可回收大量的贵重合金元素。

(5) 电弧炉炼钢适应性强，既可连续生产，也可间断生产，就是经过长期停产后恢复生产也快。

电弧炉炼钢的缺点[6]：

(1) 电弧是点热源，炉内温度分布不均匀，熔池各部位的温差较大。

(2) 炉气或水分在电弧的作用下能解离出大量的氢、氮，而使钢中的气体含量增高。电炉钢一般氢含量约为 3~5ppm，氮含量为 40~100ppm（1ppm = 10^{-6}）。

(3) 社会废钢来源复杂，通常含残余有色元素（铜、铅、锌、锡、镍、砷、铬、钨等），难以去除，须有效处理后，才能冶炼优质钢，如配加清洁的废钢返回料、直接还原铁、生铁或热铁水等。

目前，由于炼钢电炉的大型化、超高功率化及冶炼工艺的强化，并与不断发展完善的炉外精炼和连铸连轧技术相配套，已形成了自动化、机械化水平高而能耗低的现代电炉炼钢生产体系，电弧炉仅作为熔化炉来使用，而将钢的精炼转移到炉外精炼中进行，使得它在钢的生产中更具有竞争能力[7]。现代电炉炼钢的特点如下：

(1) 电弧炉的大型化和单位功率的高功率化。现代电炉炼钢的电弧炉的大型化、超高功率化，在节能降耗上已经取得了明显的经济效益。新建电弧炉多数在 70~150t，电炉变压器功率从 300~400kV·A/t 发展到近 1000kV·A/t，冶炼周期也从几个小时降到 1h 以内。

(2) 辅助能源多。炉门氧枪、炉壁烧嘴、多功能集束氧枪的使用，不仅使吹氧量增加到 $30m^3/t$ 以上，而且还使用了天然气、轻油、炭粉等多项辅助能源。

(3) 冶炼周期短。由于采用了多种现代炼钢技术，电弧炉的主要功能是快速熔化废钢，控制钢水中碳、磷含量，满足所需要的出钢温度，出钢过程粗调成分，按工序质量控制要求，向炉外精炼工位提供合格的钢水，因而使得冶炼周期极大缩短。有资料报道，国外全废钢冶炼的电弧炉最短冶炼周期达 27min。这一成果相当于同容量的顶底复吹转炉的水平，而多数电炉冶炼周期在 50~70min 之间。

(4) 冶金反应速率加快，传统三期冶炼的界限不再明显。现代电炉炼钢过程中的脱磷、脱碳速度比普通功率的电弧炉有了成倍的提高。冶炼过程中熔化期与氧化期界限不再明显，有时候成为熔氧合一，各阶段的冶金反应在不同阶段都在同时进行。

(5) 对环境污染加剧。现代电炉炼钢的超高功率化及大量辅助能源的使用，既极大地缩短了电弧炉冶炼周期，又带来了噪声和烟气量的增大，而且也加大了谐波的产生，对电网的冲击更加严重。因此对环境的污染的治理，也是现代电炉炼钢一项艰巨的任务。

世界上近年来发展的新型电弧炉主要有超高功率电弧炉、高阻抗电弧炉、直流电弧炉、旋转式双炉壳电弧炉、竖式电弧炉、连续加料电弧炉等。

1.1.2 电弧炉冶炼的常用钢种

碳素钢：碳素钢是指钢中除含有一定量为了脱氧而加入的硅（一般不超过0.40%）和锰（一般不超过0.80%，较高含量可到1.20%）等合金元素外，不含其他合金元素（残余元素除外）的钢。根据碳含量的高低又大致可分成低碳钢（碳含量一般小于0.25%）、中碳钢（碳含量一般在0.25%~0.60%之间）和高碳钢（碳含量一般大于0.60%），但它们之间并没有很严格的界限。

合金钢：合金钢是指钢中除含硅和锰作为合金元素或脱氧元素外，还含有其他合金元素（如铬、镍、钼、钒、钛、铜、钨、铝、钴、铌、锆和稀土元素等），有的还含有非金属元素（如硼、氮等）的钢。根据钢中合金元素含量的多少，又可分为低合金钢、中合金钢和高合金钢。

碳素结构钢：碳素结构钢是指用来制造工程构件和机械零件用的钢，其硫、磷等杂质含量比优质钢高些，但一般硫不超过0.055%，磷不超过0.045%（优质碳素结构钢一般硫和磷均不超过0.040%）。在各类钢中，碳素结构钢的产量最大，工艺性能良好，用途广泛，多轧制成板材和型材，用于厂房、桥梁和船舶等建筑结构。这类钢材一般不需经热处理即可直接使用。

合金结构钢：合金结构钢是在优质碳素结构钢的基础上，适当地加入一种或数种合金元素，用来提高钢的强度、韧性和淬透性。合金结构钢根据化学成分（主要是碳含量）、热处理工艺和用途的不同，又可分为渗碳钢、调质钢和氮化钢。

渗碳钢是指用低碳结构钢（碳含量一般不高于0.25%）制成零部件，经过表面化学热处理（渗碳或氰化），淬火并低温回火（200℃左右）后，使零部件表面硬度高（一般为HRC60以上）而心部韧性好，具有既耐磨又能承受高的交变负荷或冲击负荷的性能。

调质钢的碳含量一般在0.25%以上，所制成的零件经淬火和高温回火（500~650℃）调质处理后，可以得到适当的高强度与良好的韧性，即得到较良好的综合力学性能。

氮化钢一般是以中碳合金结构钢制成零件，先经过调质或表面火焰淬火、高频淬火处理，获得所需要的力学性能，并经过切削精加工，最后再进行氮化处理，以进一步改善钢表面的耐磨性能。通常铝可以和氮化合形成氮化铝（在高温下也比较稳定），增加表面硬度和耐磨性。因此，在合金结构钢中含铝的钢（如

38CrMoAl、38CrAl 等）均属氮化钢。

工具钢：凡是用于制造各种工具（例如刃具、模具、量具及其他工具等）用的钢，均称为工具钢。这类钢当制成工具经热处理后，要求有很高的硬度和耐磨性，因此对表面脱碳层的程度要求比较严格。工具钢中又分为碳素工具钢、合金工具钢和高速工具钢。

碳素工具钢的硬度主要以碳元素含量的高低来调整。其最低的碳含量也有0.65%，最高可达1.35%。为了提高钢的综合性能，有的钢中加入0.35%～0.60%的锰。这类钢主要用于制造一般切削速度的、加工硬度和强度不太高的材料用的工具，如车刀、锉刀、刨刀、锯条等，以及形状简单精度较低的量具、刃具等。

合金工具钢不仅含有很高的碳（有的高达2.30%），而且含有较高的铬（有的高达13%）、钨（有的高达9%）、钼、钒等合金元素。这类钢主要用于制造锻造、冲压等冷热变形用的各种模具，以及制造各式量具（量块、卡尺等）和刃具（冷、热剪切机用剪刀等）。

高速工具钢除含有较高的碳（1%左右）外，还含有很高的钨（有的高达19%）和铬、钒、钼等合金元素，具有较好的赤热硬性。这类钢主要用于制造生产率高、耐磨性大，并且在高温下（高达600℃）能保持其切削性能的工具。

滚珠轴承钢：滚珠轴承钢是指用于制造各种环境中工作的各类滚动轴承圈和滚动体用钢。这类钢虽然化学成分不复杂（碳含量为1%左右，铬含量最高1.65%），但由于滚珠轴承是在高速度的转动和滑动的条件下工作，相互间产生极大的摩擦，因此要求具有高而均匀的硬度和耐磨性。这样，对钢的内部组织和化学成分的均匀性，所含非金属夹杂物和碳化物的数量与分布以及钢的脱碳程度等，比其他一般工业用钢都有更高的要求。轴承钢分为高碳铬轴承钢、无铬轴承钢、渗碳轴承钢、不锈轴承钢及中、高温轴承钢五大类。

弹簧钢：这类钢主要含硅、锰、铬合金元素，专门用于制造螺旋簧、扭簧及其他形状的弹簧。弹簧主要是工作在冲击、振动或受长期均匀的周期性交变应力的条件下，要求钢具有高的弹性极限、高的疲劳强度以及高的冲击韧性和塑性。用于制造电器仪表和精密仪器中的弹簧，还要求它具有较高的导电性、耐高温性和耐腐蚀性等。因此，对钢的表面性能及脱碳性能的要求比一般钢较为严格。

不锈耐酸钢：根据工业上主要用途，不锈耐酸钢分为不锈钢和耐酸钢两种。在空气中能抵抗腐蚀的钢称为不锈钢；在各种侵蚀性强烈的介质中能抵抗腐蚀作用的钢称为耐酸钢。不锈钢并不一定耐酸，而耐酸钢一般却有良好的不锈性能。这类钢主要含铬、镍等合金元素，有的还含有少量的钼、钒、铜、锰、氮或其他元素。铬含量有的高达25%左右（铬含量在13%以下的钢，只有在腐蚀不强烈的情况下才是耐蚀的），镍含量高达20%左右。这类钢主要用于制造化工设备、医疗器械、食品工业设备以及其他要求不锈的器件等。

1.1.3 电弧炉炼钢的常用流程

电弧炉炼钢是目前世界各国生产特殊钢的主要方法。典型电弧炉炼钢生产工艺流程是根据冶炼不同钢种，有不同的工艺流程[8]。目前，主要有以下几种方式：

（1）普通钢棒材型。代表流程为：电弧炉—LF炉—小方坯连铸机。

（2）电弧炉板材型。生产板材的电弧炉吨位一般比较大（一般在100t以上），通过板坯连铸机生产中板或薄板。精炼设备多采用LF(VD）炉。代表流程为：电弧炉—LF(VD）炉—板坯（薄板坯）连铸机。

（3）电弧炉无缝管型。代表流程为：电弧炉—LF炉+VD炉精炼—圆坯连铸机。

（4）电弧炉合金钢长材型。代表流程为：电弧炉—LF(V）炉精炼—合金钢方坯连铸机。

（5）电弧炉不锈钢棒、板材型。代表流程为：

一步法：电弧炉—AOD(VOD）炉—(LF）炉—连铸机/电弧炉—GOR炉—(LF）炉—连铸机。

二步法：电弧炉—AOD炉—VOD炉—(LF炉）—连铸机。

（6）高碳铬轴承钢。生产工艺流程为：电弧炉—LF炉+VD炉精炼—连铸机。

1.2 电弧炉炼钢用原材料

1.2.1 含铁原料

1.2.1.1 废钢

废钢分为普通废钢和返回废钢两大类。废钢是电炉炼钢的主要原料，废钢的质量好坏直接影响到电炉的各项技术经济指标，因此必须重视对废钢的管理和使用前的加工处理工作。

普通废钢：普通废钢来源很广，成分和规格较复杂。主要包括各种废旧设备，如报废的车辆、船舶、机械结构件和建筑结构件等；有来自机械加工的废钢，如冲压件的边角料、车屑、料头等；还有部分城乡生活用品废钢，如罐头盒、食品盒、各种包装装潢废钢铁料等。生活用品废钢和大部分机械加工废钢属于低质轻薄废钢，需要专门加工处理。

返回废钢：主要来自钢铁厂的冶炼和加工车间。包括废钢锭、汤道、注余、废钢坯、切头、切尾、废铸件和钢材废品等。这类废钢质量较好，形状较规则，大都能直接入炉冶炼。

为了使废钢高效而安全地冶炼成合格产品，对废钢有下列要求：

(1) 废钢表面清洁少锈。因为铁锈严重影响钢的质量，锈蚀严重的废钢会降低钢水和合金元素的收得率，对钢液质量和成分估计不准。废钢中应力求少粘油污、棉丝、橡胶塑料制品以及泥沙、炉渣、耐火材料和混凝土块等物。油污、棉丝和橡胶塑料制品会增加钢中氢气，造成钢锭内产生白点、气孔等缺陷。泥沙、炉渣和耐火材料等一般属酸性氧化物，会侵蚀炉衬，降低炉渣碱度，增大造渣材料消耗并延长冶炼时间。

(2) 废钢中不得混有铜、铅、锌、锡、锑、砷等有色金属，特别是镀锡、镀锑等废钢。锌在熔化期挥发，在炉气中氧化成氧化锌使炉盖易损坏；砷、锡、铜使钢产生热脆，而这些元素在冶炼中又难以去除；铅密度大，熔点低，不熔于钢水，易沉积炉底造成炉底熔穿事故。

(3) 废钢中不得混有爆炸物、易燃物、密封容器和毒品，以保证安全生产。

(4) 废钢要有明确的化学成分。废钢中有用的合金元素，应尽可能在冶炼过程中回收利用。对有害元素含量应限制在一定范围以内，如磷、硫含量应小于0.06%。

(5) 废钢要有合适的块度和外形尺寸。过小的炉料，会增加装料次数，延长冶炼时间；过大、过重的炉料不能顺利装料，且因传热不好而延长冶炼时间，废钢堆密度与熔化时间的关系如图1-1所示。

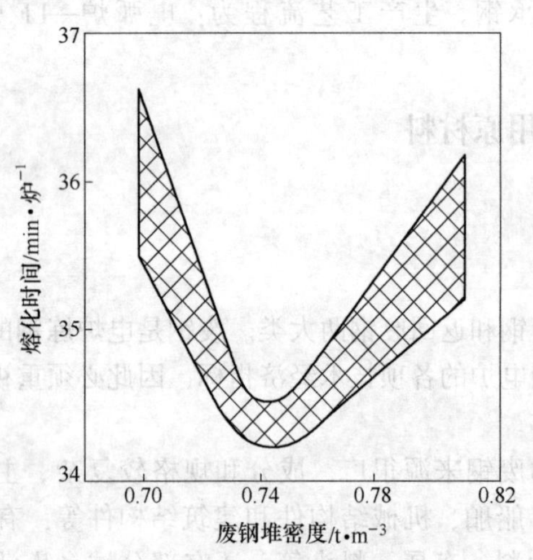

图1-1 废钢堆密度与熔化时间的关系

从图1-1中可以看出，废钢堆密度在0.74t/m³左右熔化速率最快，而过低或过高的堆密度都会使熔化速度减慢。为此，应对废钢进行必要的加工处理。一种是将过大的废钢铁料解体分小；另一种是将钢屑及轻薄料等打包压块，使压块密度提高至 2.5t/m^3 以上，经加工后的废钢尺寸与炉容量的配合见表 1-1。

表 1-1 不同吨位电弧炉的废钢块度参考表

电弧炉公称容量/t	废钢最大断面/mm	废钢最大长度/mm	废钢质量/kg
30~50	≤400×400	≤1000	≤1000
60~100	≤500×500	≤1100	≤1500
120~150	≤600×600	≤1200	≤2000

废钢入厂以后，必须按来源、化学成分、轻重、大小和清洁程度分类堆放。合金废钢应严格按类分组管理，一般不得露天堆放。易混杂的废钢，如含镍和含钨的废钢不能相邻堆放。碳素废钢应按碳含量分组堆放。对成分不清或混号的废钢，采用砂轮火花或手提光谱镜鉴别判定，有时可根据废钢外形结构与用途直观判定。对搪瓷废钢及涂层废钢，可采用挤压加工去除涂层。含有油污、棉丝、塑料和橡胶的废钢，应预先在 800~1100℃高温下烧掉。

1.2.1.2 生铁

在电弧炉炼钢中，生铁一般用于提高炉料的配碳量或代替一部分废钢，通常配入量 10%~25%，最高不应超过 35%。有时还原期碳量不足，则用生铁增碳。增碳生铁加入炉内离出钢时间短，要求硫、磷含量低表面清洁少锈，经烘烤后使用。

电弧炉有时用软铁以调低还原期碳含量，随着电炉大量采用吹氧工艺和低碳合金铁的使用，现在软铁使用较少。

巴西 MJS 公司在 84t 超高功率电弧炉炉料中，配加 35.5%的冷生铁与 100%废钢冶炼指标的比较见表 1-2。

表 1-2 冶炼指标的比较

序号	指 标	100%废钢	64.5%废钢+35.5%生铁
1	电耗/kW·h·t^{-1}	467	397
2	电极消耗/kg·t^{-1}	2.6	2.2
3	耐火材料消耗/kg·t^{-1}	6.0	5.1
4	耗氧量/m^3·t^{-1}	11.9	29.7
5	石灰、白云石消耗/kg·t^{-1}	27.6	30.0
6	吹氧管消耗/kg·t^{-1}	0.017	0.041
7	冶炼周期/min	64.2	54.6
8	金属收得率/%	89.51	90.11

从表 1-2 中可以看出，当电弧炉炉料加入 35.5%生铁后，电耗、电极和耐火材料消耗降低，冶炼周期缩短，生产率提高。而吹氧量每增加 1m^3/t，相应可节

电 3.6kW·h/t，石灰量略有增加。

1.2.1.3 直接还原铁

电弧炉炼钢采用直接还原铁代替废钢，不仅可以解决废钢供应不足的困难，而且可以满足冶炼优质钢的要求。

直接还原铁是以铁矿石或精矿粉球团为原料，在低于炉料熔点的温度下，以气体（CO 和 H_2）或固体碳作还原剂，直接还原铁的氧化物而得到的金属铁产品。金属铁（$Fe+Fe_3C$）含量约 80%，全铁量（金属化率）在 85%~95%以上，硫含量低于 0.03%，磷含量低于 0.08%，成品大多数为直径 10~22mm 的金属球团，堆密度在 2.0~2.7t/m^3。

直接还原铁产品种类有：

(1) 海绵铁。块矿在竖炉或回转窑内直接还原得到的海绵状金属铁。

(2) 金属化团。使用铁精矿粉先造球，干燥后在竖炉或回转窑中直接还原得到的保持球团外形的直接还原铁。

(3) 热压块铁。把刚刚还原出来的海绵铁或金属球团趁热压成形，使其成为具有一定尺寸的块状铁，一般尺寸多为 100mm×50mm×30mm。经还原工艺生产的直接还原铁在高温状态下压缩成为高体积密度的型块，并且具有高的导电率和热导率，可以促进熔化和减少氧化所造成的铁损。热压块铁的表面积小于海绵铁与金属化球团。密度在 4.0~6.5t/m^3 之间。

根据电弧炉装备和工艺情况，电弧炉使用直接还原铁的用量在 20%~70%，以配入 50%左右较为经济。一般配入为 25%~30%，但目前也有使用 100%DRI 冶炼的。装料方式有分批装料和连续加料，多数采用从炉盖第 5 孔连续加料方式。

采用 DRI 炼钢的优点为：(1) 钢中有害元素含量降低，机械性能提高，改善了加工性能；(2) 提高了有价元素收得率。

采用 DRI 炼钢的缺点为：与全部采用废钢操作相比，由于 DRI 含有 10%~15%的残留氧需要在炼钢时进行还原，为此每增加 10%的还原铁，电能消耗便增加 13kW·h/t。表 1-3 为 150t 电弧炉不同原料结构对冶炼指标的影响。金属化率对电耗影响较为明显，如图 1-2 所示。全部使用 DRI 时，分别试验测试了 25t、85t、100t 电弧炉，每 1%的金属化率可影响电耗 12kW·h/t、10kW·h/t、9kW·h/t，同时还会相对延长冶炼时间。

表 1-3 150t 电弧炉不同原料结构对冶炼指标的影响

炉料结构	冶炼时间/min	电耗/kW·h·t^{-1}	金属收得率/%
100%废钢	90	460	93
25%DRI+75%废钢	95	480	92
50%DRI+50%废钢	107	540	84

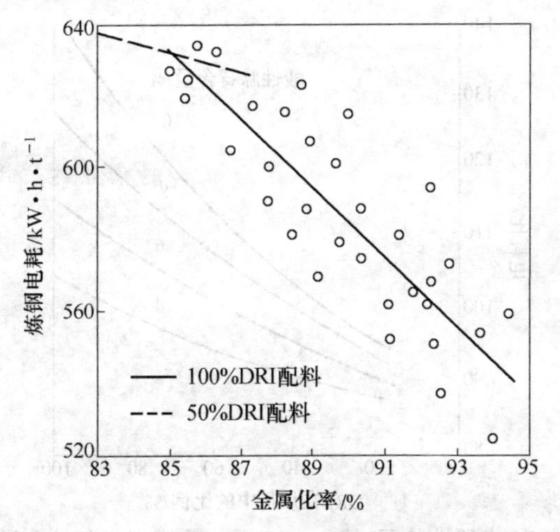

图 1-2 DRI 金属化率对电弧炉炼钢电耗的影响

由于 DRI 含有酸性脉石，造成石灰等碱性熔剂增加 15~30kg/t，渣量增大，电耗增加，如图 1-3 和图 1-4 所示。对炉衬侵蚀严重；DRI 原料比废钢和生铁都贵，因而冶炼成本增加。

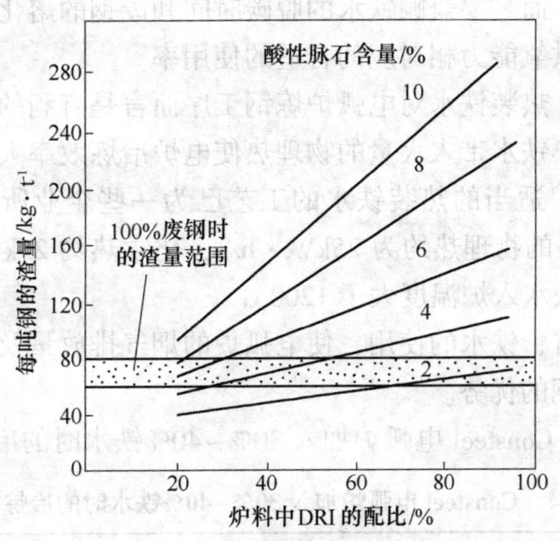

图 1-3 DRI 中酸性脉石（$SiO_2+Al_2O_3$）含量对电弧炉渣量的影响

1.2.1.4 铁水

电弧炉使用铁水，可以极大地提高有高炉的钢铁企业使用电弧炉炼钢的优越性。铁水的特点是有热源和杂质少，使用它作为铁源可以降低熔化功率、提高生产率。另外，还可以廉价地生产杂质元素少的钢种。热装铁水是电弧炉炼钢的炉料结构的重大改变，要求对工艺、装备做适当的改动，特别是流程的性质有所变化。

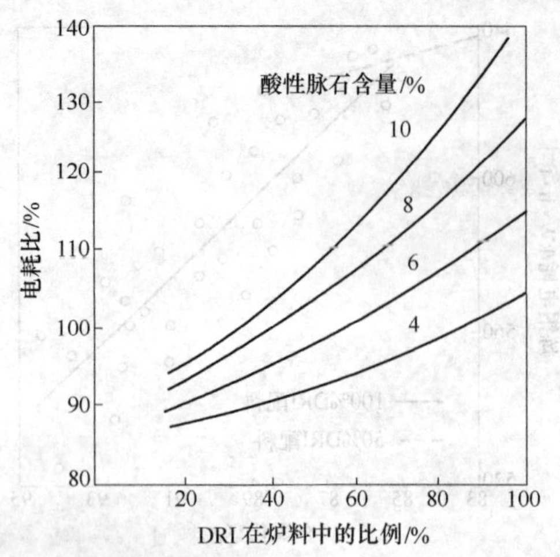

图 1-4 DRI中酸性脉石（$SiO_2+Al_2O_3$）含量对电弧炉电耗的影响

装入铁水量与总装入量之比的百分数定义为铁水使用率（铁水比）。每增加1%铁水使用可以降低功率消耗量 3.0~4.0kW·h/t 的效果，铁水使用率为 40%时，功率消耗降低 120~160kW·h/t，生产效率提高 33%。但是，生产率不是正比于铁水使用率的，而是要兼顾铁水的脱碳时间和废钢的熔化时间，即存在着与输入功率的能力和供氧能力相对应的合适的使用率。

在一定条件下，热装铁水对电弧炉炼钢工序而言是有利的。除与使用冷生铁相同的优缺点外，热铁水带入大量的物理热使电炉冶炼效率大大提高。在有廉价铁水资源的条件下，适当的热装铁水的工艺已为一些企业所采用。例如，多配10%的热铁水，带入的物理热约为 25kW·h/t，化学热约 25kW·h/t，而氧耗量须增加 6~7m^3/t。铁水入炉温度大于 1200℃。

但从环保角度看，铁水的使用，使电弧炉的烟气排放量及吨钢能耗增加，不利于发挥电弧炉炼钢的优势。

国内某钢厂 65t Consteel 电弧炉加入 30%~40%铁水时的冶炼指标见表 1-4。

表 1-4 Consteel 电弧炉加入 30%~40%铁水时的冶炼指标

序号	项目	单位	数值	备注
1	变压器容量	MV·A	36	
2	炉壳内径	mm	5600	
3	公称容量	t	97	
4	出钢量	t	65	
5	电极直径	mm	550	
6	电耗	kW·h/t	280	

续表 1-4

序号	项目	单位	数值	备注
7	电极消耗	kg/t	1.8	
8	冶炼周期	min	53	
9	出钢方式			EBT
10	铁水倾倒速度	t/min	0.6~1.5	严禁超过 1.5t/min
11	炭氧枪的氧气流量	m^3/t	3500	严禁超过 $4000m^3/h$

1.2.1.5 碳化铁

碳化铁是电弧炉的优质原料。它是以铁精矿粉为原料，用合成煤气在流态化床中反应生成的产品。碳化铁用于电弧炉生产时，即使不向熔池喷吹炭粉，因其碳含量高达6%，也能形成泡沫渣，避免了喷吹炭粉时可能造成的钢中硫等杂质含量升高。形成泡沫渣可以提高热效率和增加电弧的稳定性，降低噪声，提高耐火材料寿命，增大钢渣接触面积，加快精炼速度。

碳化铁成分见表1-5。碳化铁含有2%~3%的氧化铁和约6%的碳，为炼钢提供了能源。计算表明，全部用废钢或DRI炼钢的能耗为1.37GJ/t和碳1.74GJ/t；而使用碳化铁，若其中90%的碳燃烧生成CO，10%的碳生成CO_2，则炼钢时的能耗仅为0.712GJ/t；若将碳化铁预热到1100℃，则炼钢过程不需要再提供能源。

表1-5 矿粉及其还原产物碳化粉成分

组成		碳化铁	矿粉
碳化铁		87.80	
铁	合计	88.09	65.60
	碳化物	81.92	
	氧化物（Fe_3O_4）	5.73	
	金属铁（Fe）	0.44	
锰		1.21	1.91
二氧化硅		1.39	2.70
三氧化二铝		0.38	0.31
磷		0.005	0.004
氧化镁		0.08	0.06
氧化钙		0.11	0.08
氧化钠		0.034	0.025
氧化钾		0.041	0.031
硫		0	0.017

续表 1-5

组　成		碳化铁	矿　粉
碳	合　计	6.14	
	碳化铁（Fe_3C）	5.88	
	自由碳	0.26	

1.2.1.6　脱碳粒铁

脱碳粒铁粒度为 3～10mm，堆密度为 3.5～4t/m^3，脉石含量比 DRI 的低 1%～3%，仅此一项用于电弧炉炼钢时，可比 DRI 降低电耗 10%。金属铁比 DRI 高 5%～10%，还原度高 3%～5%，有利于形成泡沫渣操作。全部采用脱碳粒铁热装（入炉温度 500℃时），电耗可降低 150kW·h/t[9]。

1.2.2 合金材料

为了使钢具有所需的不同力学性能、物理性能和化学性能，必须向钢液中加入不同的合金材料，以达到要求的化学成分。合金材料可分为铁基合金、纯金属合金、复合合金、稀土合金、氧化物合金。电炉炼钢常用的合金材料是铁基合金及部分纯金属合金，如锰铁、硅铁、铬铁、钼铁、钨铁、钛铁、钒铁、硼铁、铌铁、镍和铝等。改善钢性质的代表性铁合金有铬系和镍系铁合金，加入微量就可以赋予材料特殊性质的有钒、铌、钼、钛和钽系铁合金。某些合金材料又可作为钢液的脱氧、脱硫和去气剂（氮、氢）。在炼钢过程中用于脱氧的主要铁合金是锰铁和硅铁，作为进一步脱氧或净化用途的材料有钙、钛、锆系铁合金[10]。

对合金材料总的要求是：合金元素的含量要高，以减少熔化时的热量消耗；有确切而稳定的化学成分，入炉块度应适当，以便控制钢的成分和合金的收得率；合金中含非金属夹杂和有害杂质硫、磷及气体要少。

常用的合金材料有以下几种：

（1）锰铁。锰铁是炼钢生产中使用最多的一种合金材料和脱氧剂。锰铁随碳含量的增加而成本降低，在保证钢质量的基础上，尽量采用含锰约 75%的高碳锰铁。在冶炼低碳高锰钢和低碳不锈钢等钢种时，可使用低碳锰铁或用金属锰。

（2）硅铁。硅铁也是炼钢生产中常用的一种合金材料和脱氧剂。硅铁按硅含量分为含硅 45%、75%和 90%三种。含硅 45%的硅铁比含硅 75%的硅铁的密度大，因而增硅能力也要大些，一般用作沉淀脱氧和增硅的合金材料。含硅 75%的硅铁既可用于沉淀脱氧也可磨成粉状用于扩散脱氧，它是电炉用量最大的一种合金。含硅 90%的硅铁用于冶炼含铁较低的合金。含硅在 50%～60%左右的硅铁极易粉化，并放出有害气体，一般不应生产和使用这种中间成分的硅铁。

硅铁吸水性较强，应存放在干燥处，必须经烘烤后使用。

(3) 铬铁。铬铁主要用作含铬钢种的合金材料。按照碳含量的多少分为高碳铬铁、中碳铬铁、低碳铬铁、微碳铬铁、金属铬和真空压块铬铁等多种。铬可以和碳形成各种稳定的碳化物，故铬铁含碳越低冶炼越困难，成本也越高。在冶炼一般钢种时，应尽量使用高碳铬铁和中碳铬铁。除金属铬和真空铬铁外，所有铬铁的铬含量都波动在50%~65%之间。

在冶炼低碳或超低碳不锈钢或镍铬合金时，可使用微碳铬铁或金属铬。

铬铁中往往含有较高的硅，在大量使用铬铁时应控制脱氧剂硅铁粉的用量，以免因硅高而出格。

(4) 钨铁。钨铁是冶炼高速钢及含钨钢的合金材料。钨铁的钨含量波动在65%~80%之间。钨铁熔点高，密度大，在冶炼中宜尽早加入。钨铁的块度不能大于80mm，加入熔池后应加强搅拌。

(5) 钼铁。钼铁是含钼结构钢、高速钢、不锈钢和耐热钢等钢种的合金化材料。钼铁的钼含量波动在55%~60%之间。钼铁熔点较高，钼不易氧化，可在氧化期加入。

为了降低钢的成本，冶炼低钼钢时可用含钼30%~40%的钼酸钙代替钼铁。钼酸钙含磷较高（0.4%~0.5%），只可用在氧化法冶炼上，而且须在熔清前或氧化初期加入。

(6) 钛铁。钛铁一般用作冶炼含钛钢种的合金材料。在炼制含硼和含铝的钢种时又可作为脱氧剂。钛铁中钛含量在25%~27%之间。钛和氧、氮的亲和力很强，钢中加入钛元素后有良好的脱氧效果，并能和钢中的氮生成稳定的氮化物。钛又是极强的碳化物形成元素，炼制不锈钢时钛加入钢中可以防止碳化铬的形成，从而防止晶间腐蚀。钢中加入0.10%左右的钛，不仅可以细化晶粒，而且还可提高钢的强度、韧性。

钛铁中含有较多的硅和铝，加入时应考虑钢中硅、铝含量，防止硅、铝出格。钛铁的密度较小，须以块状加入，并经干燥后使用。

(7) 钒铁。钒铁主要用于钢的合金化。钒在钢中与碳有较强的亲和力，形成高熔点的碳化物。钒的碳化物有着显著的弥散硬化作用，从而提高钢的切削性、耐磨性和红硬性。钒铁也是一种比较好的脱氧剂，而且适量的钒还能起到细化晶粒的作用。钒铁中钒含量在40%~75%之间。钒铁中磷含量较高，炼高钒钢时应注意控制钢中的磷含量。钒铁中的硅、铝含量也是比较高的。

(8) 硼铁。硼铁是冶炼含硼钢种的合金材料。钢中加入微量的硼可以显著提高钢的淬透性，改善钢的机械性能，并能细化晶粒。硼易与氧和氮化合，加入前应先充分脱除钢中的氧和氮。硼铁加入前需经低温烘烤，须以块状加入。

(9) 铌铁。铌铁是冶炼含铌钢种的合金材料。用于不锈钢、高速钢及部分结构钢的合金化。铌在钢中的作用大体与钒相似，铌和碳、氮、氧均有较强的亲和力，并能形成相应的比较稳定的各类化合物。铌能细化钢的晶粒，提高钢的粗化温度，提高钢的强度、韧性和蠕变抗力。铌能改善奥氏体不锈钢的抗晶间腐蚀性能，同时还能提高钢的热强性。

铌和钽在矿床中是共生元素，由于它们性质相近，所以难以提取分离，铌铁实际上是铁、铌、钽合金。铌铁的铌+钽含量在50%~75%之间，杂质成分主要含有铝、硅、铜等元素。铌铁熔点较高（1400~1610℃），还原期加入时应充分预热，而且块度要小。

（10）镍。镍用于不锈钢、高温合金、精密合金以及优质结构钢的合金化。金属镍含镍和钴的总量达99.5%以上，其中钴小于0.5%。金属镍中含氢量很高，还原期补加的镍需经高温长期烘烤。

（11）铝。铝是强脱氧剂，也是合金化材料。脱氧用铝含铝在98%以上。几乎所有钢种都用铝作为最终脱氧剂，并用以细化奥氏体晶粒。在某些耐热钢和合金钢中，铝又作为合金化材料加入。铝以铝铁（含铝20%~55%）形式加入或以硅铝钡铁合金加入时，由于密度较大，铝的收得率较高。

1.2.3 造渣材料

碱性电弧炉使用的造渣材料主要有石灰、萤石和废黏土砖块等。但由于萤石的使用会造成水资源的污染，目前已不常采用。

（1）石灰。石灰是碱性电弧炉炼钢的主要造渣材料。根据煅烧温度的高低和升温速度的快慢，可以得到过烧石灰或软烧石灰。由于电炉冶炼周期较长，成渣速度可适当慢些，为减少石灰吸水和便于保存，电弧炉宜采用新烧的活性度中等的普通石灰。

石灰极易受潮变成粉末，因此在运输和保管过程中要注意防潮，氧化期和还原期用的石灰要在700℃高温下烘烤使用。石灰块度一般为20~60mm，石灰应焙烧透，灼减量要小于5%。石灰中不应混有石灰粉末和焦炭颗粒。

电弧炉采用喷粉工艺可用钝化石灰造渣。超高功率电弧炉采用泡沫渣冶炼时可用部分小块石灰石造渣。

（2）萤石。萤石用来调整炉渣的流动性，是良好的助熔剂。它在提高炉渣流动性的同时并不降低炉渣碱度。电弧炉用萤石的一般成分为：$CaF_2>85\%$、$SiO_2<4\%$、$CaO<5\%$、$S<0.2\%$、$H_2O<0.5\%$。萤石的块度为5~50mm，应在100~200℃的低温干燥后使用。

（3）废黏土块砖。废黏土块砖是浇注系统的废弃品。它的作用也是用于改善炉渣的流动性，特别是对镁砂渣的稀释作用比萤石好。废黏土块砖可改善炉渣的透气性，使氧化渣形成泡沫而自动流出，促进了氧化期操作的顺利进行。在还原期炉渣碱度较高时用一部分黏土块砖代替萤石是比较经济的，用炭粉还原炉渣时钢液也不易增碳。但因降低炉渣碱度，影响去磷、硫效果，用量不能太大。

在碱性电弧炉中，有时用部分硅石也可代替萤石用于调整还原期炉渣的流动性，但应控制其用量。

1.2.4 氧化剂、脱氧剂、增碳剂及其他

1.2.4.1 氧化剂

氧化剂主要用于氧化钢液中碳、硅、锰、磷等杂质元素，电弧炉常采用的氧化剂有铁矿石、氧化铁皮和氧气。

(1) 铁矿石。电弧炉用铁矿石的含铁量要高，因为含铁量越高密度越大，入炉后容易穿过渣层直接与钢液接触，加速氧化反应的进行。矿石中有害元素磷、硫、铜和杂质含量要低。要求矿石成分为：Fe ≥ 55%、SiO_2 < 8%、S < 0.10%、P<0.10%、Cu<0.2%、H_2O<0.5%。块度为30~100mm。

铁矿石入库前用水冲洗表面杂物，使用前须在800℃以上高温烘烤，以免使钢液降温过大和减少带入水分。

(2) 氧化铁皮。电弧炉用氧化铁皮造渣，可以提高炉渣中FeO含量，改善炉渣的流动性，稳定渣中脱磷产物，以提高炉渣的去磷能力。对氧化铁皮的要求与转炉炼钢的要求基本相同。

(3) 氧气。氧气是电弧炉炼钢最主要的氧化剂。它可使钢液迅速升温，加速杂质的氧化速度和脱碳速度，去除钢中气体和夹杂，强化冶炼过程和降低电耗。

电弧炉炼钢要求氧气含 O_2 不小于98%，水分不大于3g/m^3，熔化期氧压为0.3~0.7MPa，氧化期氧压为0.7~1.25MPa。

除以上三种氧化剂外，有时还使用一些金属的氧化物。如在冶炼某些合金钢时，为了节省合金元素的用量，有时利用它们的矿石或精矿粉来代替部分相应的铁合金，如锰矿、铬矿、钒渣以及镍、钼、钨的氧化物，这些矿石在使钢液合金化的同时，也具有氧化剂的作用。

1.2.4.2 脱氧剂

脱氧剂主要用于还原期对钢液进行脱氧，或在返回吹氧法工艺的氧化末期时，为回收渣中的合金元素对炉渣进行还原以及对夹杂物进行形态、大小、分布控制或变性处理。脱氧剂对钢液也具有脱硫作用。

电弧炉炼钢常用的脱氧剂大致分为块状脱氧剂和粉状脱氧剂两类。块状脱氧剂一般用于沉淀脱氧，粉状脱氧剂一般用于扩散脱氧。

(1) 硅锰合金。硅锰合金是一种较好的复合脱氧剂。使用这种复合合金要比单独使用锰铁、硅铁的脱氧能力强，其脱氧产物为大颗粒的低熔点（1270℃）的硅酸锰，有利于从钢液中排出，因而钢的质量较好。有时也用于调整钢液的硅

锰成分。

硅锰合金中锰含量波动在60%~65%之间；硅含量波动在12%~23%之间。随合金中硅含量的降低，碳含量也是逐渐增大的（0.5%~3.0%）。

硅锰合金化学成分中最关键的是锰和硅的比值，当Mn/Si=3~4时，基本能达到上述效果。硅锰合金大多用于还原初期对钢液进行预脱氧。

（2）硅钙合金。硅钙合金是一种很强的复合脱氧剂，一般用于高级优质钢的冶炼，可用它代替铝作脱氧剂，还具有脱硫、改善钢中夹杂物的形态、分布的作用。硅钙合金中钙含量为24%~31%，硅含量为55%~65%。

硅钙合金多用于钢的最终脱氧。硅钙合金吸水性强，应防止受潮。

（3）硅锰铝合金。硅锰铝合金是一种优良的强复合脱氧剂，一般认为它的脱氧效果优于硅锰合金，广泛用于高级结构钢的冶炼上，其成分一般为硅5%~10%、锰20%~40%、铝5%~10%。

（4）硅铁粉。硅铁粉是用含硅75%的硅铁磨制而成，由于密度小，含硅量较高，有利于扩散脱氧。硅铁粉使用粒度不大于1mm，在100~200℃的低温干燥后使用，水分不大于0.20%。

（5）硅钙粉。硅钙粉是一种很好的扩散脱氧剂，其密度比硅铁粉还小，故钢液不易增硅。使用时常与硅铁粉配合加入。硅钙粉使用前应干燥，使用粒度不大于1mm，水分不大于0.20%。

（6）铝粉。铝粉是很强的扩散脱氧剂，主要用于冶炼低碳不锈钢和某些低碳合金结构钢，以提高合金元素的收得率和缩短还原时间。铝粉使用前也应干燥，使用粒度不大于0.5mm，水分不大于0.20%。

（7）炭粉。炭粉是主要的扩散脱氧剂。用炭粉脱氧其产物是CO气体，不污染钢液。炭粉有焦炭粉、电极粉、石油焦粉、木炭粉等几种。焦炭粉是用冶金焦经破碎研磨加工而成的，由于价格便宜是扩散脱氧用量最大的一种脱氧剂，但应注意某些冶金焦硫含量较高的问题。电极粉、石油焦粉和木炭粉其含硫量与灰分量均低于焦炭粉，但价格较贵，使用范围受到限制。

炭粉一般都在还原初期加入，也可用作还原期保持炉内气氛陆续少量加入。炭粉要有合适的粒度，一般为0.5~1.0mm。使用前应干燥，去除水分。

（8）电石。电石的主要成分是碳化钙，用作还原初期强扩散脱氧剂。由于脱氧速度大于炭粉，可以缩短还原精炼时间。但电石有可能使钢液增碳和增硅，故应注意出钢终点碳、硅含量，防止出格。

电石极易受潮粉化，平时置于密封容器内保存，使用块度一般为20~60mm。

（9）稀土材料。稀土元素和氧以及硫的亲和力很强，因而含有稀土元素的合金是一种良好的脱氧剂和脱硫剂。同时，它还能去气，改善夹杂物形态、大小及分布等。此外，稀土合金还可作为钢液的净化剂和合金化材料，使钢材具有很好的力学性能。

1.2.4.3 增碳剂

在冶炼中用于钢液增碳的材料称增碳剂。电弧炉常用的增碳剂有焦炭粉、电极粉和生铁块。

(1) 焦炭粉。焦炭粉价格低廉而且容易获得，是最常用的增碳剂和还原剂。但其灰分含量高，硫的含量也高，在冶炼重要钢种时可选用电极粉作增碳剂。

焦炭粉密度较小，加入钢液后应及时推搅，使其很好地被钢液吸收，用焦炭粉增碳回收率一般波动在40%~60%之间。

(2) 电极粉。电极粉具有碳含量高、灰分少、硫含量低、密度大、增碳作用强的优点，因而是较理想的增碳剂。

1.2.4.4 电极

电极是短网中最重要的组成部分。电极的作用是把电流导入炉内，并与炉料之间产生电弧，将电能转化成热能。电极要传导很大的电流，电极上的电能损失约占整个短网上电能损失的40%左右。电极工作时要受到高温、炉气氧化及塌料撞击等作用，这就要求电极能在冶炼的恶劣条件下正常工作。

对电极物理性能的要求为:

(1) 导电性能良好，电流密度大（$15 \sim 28A/cm^2$），电阻系数小（$8 \sim 10\Omega \cdot mm^2/m$），以减少电能损失。

(2) 电极的导热系数大、热膨胀系数小、弹性模量小，以提高电极耐急冷急热性能。

(3) 体积密度大、气孔率小、抗氧化性好，在空气中开始强烈氧化的温度就有所提高。

(4) 在高温下具有足够的机械强度和抗弯强度。

(5) 几何形状规整，以保证电极和电极夹头之间接触良好。

为了保证电弧炉正常工作，电极应具有足够高的机械强度，能禁得起在冶炼时炉料崩塌可能发生的对电极侧面的撞击。电极还应具有较低的电阻率和良好的高温抗氧化性能。

电弧炉炼钢用电极直径一般在100~700mm之间。每根电极长度一般有1.5m、1.8m、2.0m、2.5m、2.8m几种规格，由专业厂家制造。目前在我国主要制造厂家有吉林、南通、大同、兰州等。

使用时需要2~4根电极接在一起，两根电极之间由石墨电极接头连接。接长电极时，两电极端头越紧密接触，其接触电阻就越小，结合处在电极运行时松动的危险性就越小。若拧得不紧密，接头就会担负起全部负荷的电流，会引起电功率损失增加，接头过分发热而折断。因此，保证电极连接的可靠性，是提高电弧炉工作的可靠性和提高生产率的主要条件之一。

炭素、石墨、自焙电极的物理机械性能见表 1-6。

表 1-6 电极的物理机械性能

参 数	电极种类		
	炭素	石墨	自焙
电阻率/Ω · mm^2 · m^{-1}	42~55	8~14	50~70
允许电流密度/A · cm^{-2}	5~11	13~28	5~6
单位重量/t · m^{-3}	1.5~1.7		
抗拉强度/kPa	6860~9800	4900~7350	1980~3920
抗压强度/kPa	19600~29400	15680~27440	17400~19600

电弧炉主要是利用电弧产生的高温熔化冶炼金属。带电的电极与废钢炉料瞬间接触后，拉开一定的距离，便开始起弧并燃烧。实际上，当电极与炉料接触时会产生非常大的短路电流（2~4 倍的额定工作电流），当两极拉开一定的距离后就形成了气体导电场。由此可见，电弧产生过程大致分为四步：

(1) 短路热电子放出；

(2) 两极分开形成气隙；

(3) 电子加速运动，气体电离；

(4) 带电质点定向运动，气体导电，形成电弧。

整个过程是在瞬间完成的。对于交流电电极与炉料交换极性，电流方向以 50 次/s 改变方向。

电弧是气体导电。当电弧燃烧时，电弧电流便在弧体周围的空间建立起磁场，弧体则处于磁场包围之中，受到磁场力的作用沿轴向方向产生一个径向压力，并由外向内逐渐增大。这种现象称为电弧的压缩效应。径向压力将推开渣液使电弧下的金属液呈现弯月面状，从而加速钢液的搅动和传热过程。

在三相交流电弧炉中，三个电弧轴线各自不同程度地向着炉衬一侧偏斜。这个现象称为电弧的偏弧现象。产生这一现象的原因是一相电弧受到其他两相电弧磁场的作用结果。另外，电弧一侧存在着铁磁体物质，例如靠近中间相是电极升降机构等钢结构，因而中间相的电弧向炉壁偏斜较大。

电弧的压缩效应和外偏现象，改变了电极下面的金属液面形状，加强了钢液和炉渣的搅动，弯月形钢液面直接从电弧吸热的比例因而增大，加速了熔池的传热过程。

电弧的压缩效应和外偏现象称为电弧的电动效应。电弧电流越大，电弧的电动效应也就越显著。

电弧的电动效应既有利于冶炼过程的一面，也有不利的一面。例如，偏弧加剧了炉衬的侵蚀损坏，尤其对于中相电极最为严重。

1.3 现代电炉炼钢的基本工艺操作

现代电炉炼钢的典型工艺流程如图 1-5 所示。一座 150t 交流电弧炉的物料平衡流程图如图 1-6 所示。

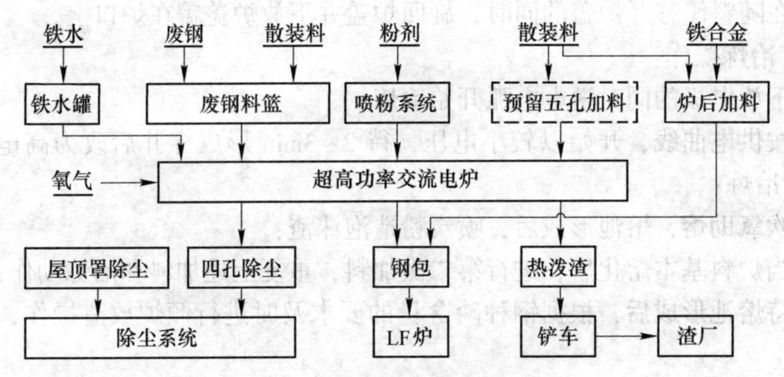

图 1-5 交流电弧炉的工艺流程图

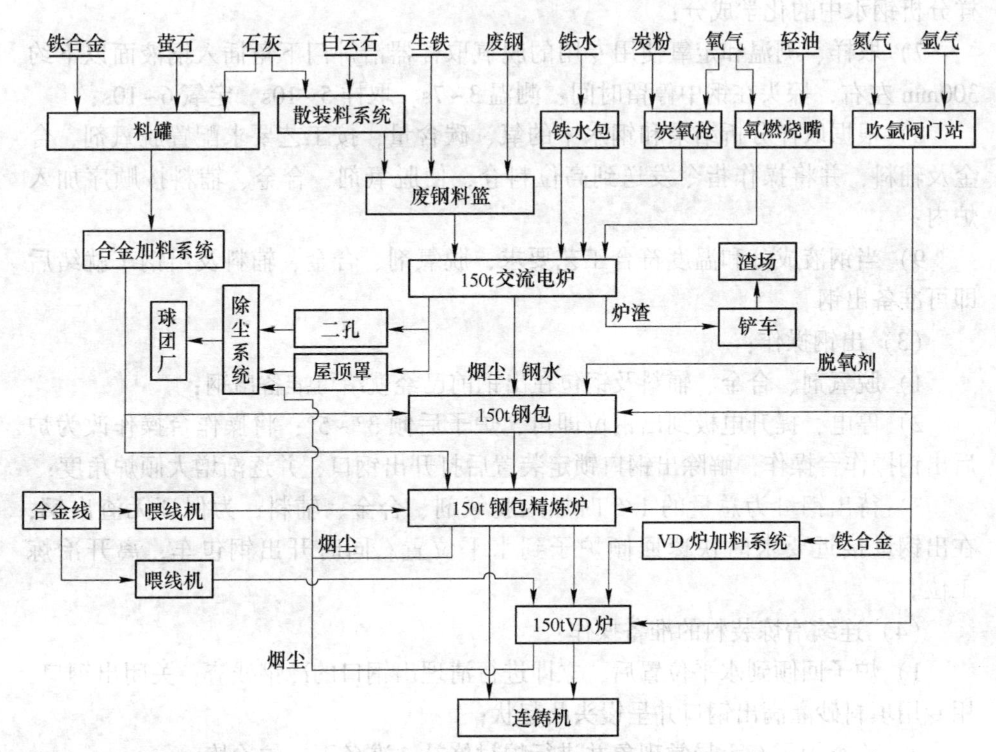

图 1-6 一座 150t 交流电弧炉的物料平衡流程图

现代电炉炼钢的基本工艺操作过程如下[11]：

(1) 装料操作：

1）提升电极；

2）提升旋转炉盖；

3）事先已经吊在炉上的料筐随炉盖的旋转同步吊运到炉口正上方，并在离炉口合适高度时打开料筐进行加料；

4）在随料筐移开炉盖的同时，旋回炉盖并下放炉盖盖在炉口上。

（2）冶炼操作：

1）下放电极的同时送电电弧开始冶炼；

2）按供电曲线，开始以较小电压，待2~3min形成穿井后改为高电压、大功率进行冶炼；

3）吹氧助熔，熔池形成后，喷炭粉造泡沫渣；

4）当炉料基本熔化后，进行第二次加料，重复上述加料和冶炼动作；

5）待熔池形成后，根据钢种磷含量的要求及时进行倾炉放渣操作，确保脱磷效果；

6）氧化后期，当炉内温度达到1560℃左右时，炉料基本全部熔清以后，取样分析钢水中的化学成分；

7）取样、测温和定氧使用专用的脱氧取样器沿炉门下角插入钢液面以下约300mm左右，探头在钢中停留时间：测温3~7s，取样5~10s，定氧6~10s；

8）根据取样分析结果和钢水中的氧、碳含量，按工艺要求配置脱氧剂、合金及辅料，并将操作指令发送到高位料仓，使脱氧剂、合金、辅料按顺序加入炉内；

9）当钢液成分和温度符合工艺要求，脱氧剂、合金、辅料及出钢车就绪后即可准备出钢。

（3）出钢操作：

1）脱氧剂、合金、辅料及钢包在出钢前已经就绪可准备出钢；

2）停电，提升电极到出钢位即可，炉子后倾3°~5°；将操作台操作改为炉后出钢操作台操作，解除出钢口锁定装置后打开出钢口，并逐渐增大倾炉角度；

3）待出钢量为总量的1/5时加入脱氧剂、合金、辅料；为保证无渣出钢，在出钢量接近要求时快速回倾炉子到水平位置。同时开出钢包车，离开冶炼工位。

（4）连续冶炼装料的准备操作：

1）炉子回倾到水平位置后，立即进行清理出钢口的冷钢残渣；关闭出钢口，用专用填料砂灌满出钢口并呈馒头凸起状；

2）检查炉子有无异常现象并进行炉衬修补，准备下一炉冶炼。

1.4 电弧炉冶炼过程物料平衡与能量平衡

根据电炉炼钢物料与能量进出项进行作图分析，图1-7和图1-8分别列出了电弧炉物料及能量衡算示意图。图 1-7 列出了电炉加入的废钢、石灰等炉料及产生的钢水、炉渣等。图 1-8 列出了废钢化学热等的输入及钢水物理热等的输出。

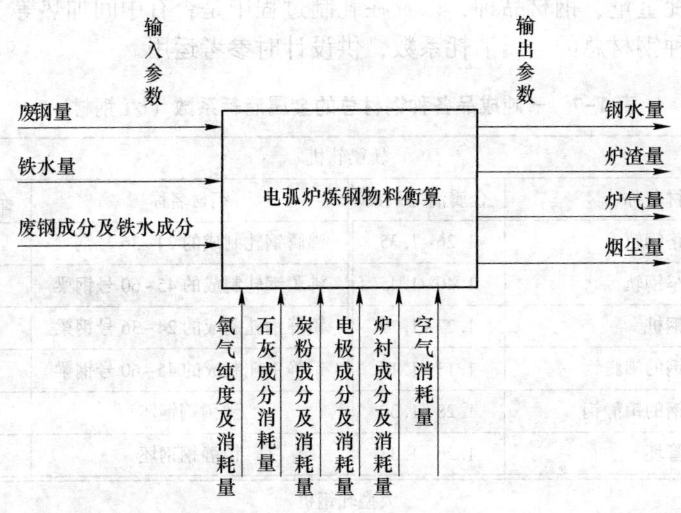

图 1-7 电弧炉炼钢过程的物料衡算示意图

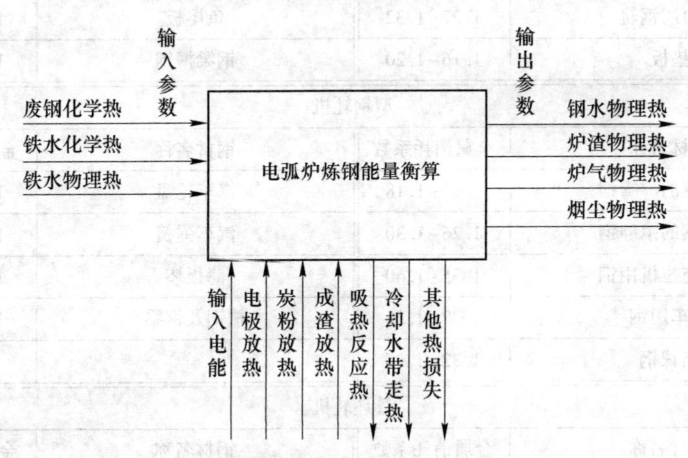

图 1-8 电弧炉炼钢过程的能量衡算示意图

计算所涉及的变量和参数分为三类：工艺变量、输入变量或参数（分为物料输入变量和能量输入参数）和输出变量或参数（分为物料输出变量和能量输出参数）。

1.4.1 原料供应规模与消耗

1.4.1.1 铸坯（或钢锭）需要量的计算

在决定工厂各轧钢车间钢坯（或钢锭）需要量时，必须知道一吨成品钢材的金属消耗系数。随着浇注、加热、轧钢技术的改进，金属消耗系数趋于下降。金属的消耗系数与生产的具体条件有关，如钢材的质量（沸腾钢或镇静钢）、浇注方法、钢锭重量、钢材品种，以及在轧制过程中是否有中间加热等。表1-7为一吨成品各种钢材总的金属消耗系数，供设计时参考运用。

表1-7 一吨成品各种钢材总的金属消耗系数（t/t钢材）

轧梁轧机			
钢材名称	金属消耗系数	钢材名称	金属消耗系数
铁路钢轨	1.26~1.35	沸腾钢轧制成的24~36号钢梁	1.15~1.17
电车钢轨	1.40~1.45	沸腾钢轧制成的45~60号钢梁	1.20~1.22
钢桩	1.27~1.29	镇静钢轧制成的24~36号钢梁	1.29~1.31
轧制角钢的沸腾钢	1.13~1.15	镇静钢轧制成的45~60号钢梁	1.33~1.35
轧制角钢的镇静钢	1.28~1.30	沸腾钢钢坯	1.13~1.15
管坯	1.26~1.33	镇静钢钢坯	1.28~1.30
大型轧钢机			
钢材名称	金属消耗系数	钢材名称	金属消耗系数
矿山用钢轨	1.27~1.32	鱼尾板	1.22~1.28
垫板	1.16~1.20	钢梁槽钢	1.15~1.18
型钢轧机			
钢材名称	金属消耗系数	钢材名称	金属消耗系数
轧型钢的沸腾钢	1.15~1.18	汽车轮盘	1.41~1.47
轧型钢的镇静钢	1.26~1.30	汽车弹簧	1.33~1.38
汽车拖拉机用钢	1.35~1.40	薄板坯	1.09~1.11
汽车用钢	1.32~1.38	槽钢及钢梁	1.15~1.18
铬镍钢	1.32~1.35		
管坯轧机			
钢材名称	金属消耗系数	钢材名称	金属消耗系数
管坯	1.15~1.18		
线材轧机			
钢材名称	金属消耗系数	钢材名称	金属消耗系数
普通线材	1.15~1.16	高碳钢线材	1.30~1.32
钢板轧机			
钢材名称	金属消耗系数	钢材名称	金属消耗系数
普通碳钢厚钢板用沸腾钢轧成	1.33~1.40	普通碳钢厚钢板用镇静钢轧成	1.50~1.65
燃烧室用钢板	1.80~1.90		

续表 1-7

钢板轧机			
钢材名称	金属消耗系数	钢材名称	金属消耗系数
热轧薄钢板用沸腾钢轧成	1.28~1.31	热轧薄钢板用镇静钢轧成	1.39~1.41
汽车拖拉机酸洗钢板用沸腾钢轧成	1.32~1.34	汽车拖拉机酸洗钢板用镇静钢轧成	1.44~1.46
合金钢钢板	1.70~1.80	酸洗钢板	1.36~1.38
冷轧钢板	1.33~1.35	屋顶钢皮	1.34~1.36
开坯轧机			
钢材名称	金属消耗系数	钢材名称	金属消耗系数
型钢用沸腾钢轧成	1.12~1.14	沸腾钢板坯	1.12~1.15
型钢用镇静钢轧成	1.22~1.25	镇静钢板坯	1.27~1.32
钢轨用初轧坯	1.23~1.28	合金钢板坯	约 1.55
成品钢管的坯料消耗			
钢材名称	金属消耗系数	钢材名称	金属消耗系数
钻管	1.12~1.13	裂化用管	1.135
钻探套管	1.09~1.14	石油管	1.09
无咬口钻探管	1.08~1.13	不锈钢管	1.26
容器钢管	1.06	蒸汽过热器用管	1.08
压缩泵用管	1.085~1.11		

1.4.1.2 电炉车间昼夜所需废钢量

$$G = nkT(t) \tag{1-1}$$

式中 n——车间昼夜冶炼炉数；

k——废钢金属收得率，一般取 $k=0.90\sim0.92$；

T——电炉平均出钢量。

1.4.1.3 废钢料筐的容积和数量

废钢料筐的容积：

$$V = \frac{g}{\rho\alpha} \tag{1-2}$$

式中 V——废钢料筐的容积，m^3；

g——每炉废钢加入量，t；

ρ——废钢堆密度，t/m^3，轻型 $0.7\sim1.0t/m^3$，中型 $1.2\sim1.8t/m^3$，重型 $2.0\sim3.0t/m^3$；

α——装满系数，一般取 $\alpha=0.8$。

料筐数量：

料筐数量=车间周转料筐+备用料筐

1.4.2 电弧炉炼钢厂的物料平衡与能量平衡

电弧炉炼钢厂的物料平衡，是指某一时期进入该厂的各项原材料的量，与同一时期生产出来的合格钢坯（钢锭）量，排出的炉渣、工业垃圾、废气以及可回收的烟尘等的量，所做的平衡计算。也就是一个炼钢厂生产的投入量与产出量的平衡关系。

物料平衡计算是以实际生产中统计的技术经济指标为依据，而各项指标又与不同的生产流程、设备的种类、大小以及所炼的钢种密切相关。

计算炼钢厂生产的物料平衡的意义在于：

(1) 对一定规模的炼钢厂，获得输入与输出任务的大小，即炼钢厂的吞吐量。由此可以选定各种原材料输入、成品与废品的输出应采用的运输方式。计算所得运输任务的大小也是进行总图运输设计的依据。

(2) 由物料消耗量设计各种原材料的储存量与储存容器容积或存放场地面积。

(3) 所选用指标的优劣直接反映设计流程的先进与否，特别是金属料的消耗与部分金属在生产流程中的循环往复更能显示所设计的流程先进与否，显示金属利用水平。

表 1-8 为电弧炉熔炼主要消耗指标。

表 1-8 电弧炉熔炼主要消耗指标（YB 9058—92《炼钢工艺设计技术规范》）

序号	项 目		单 位	电炉功率水平	
				RP	HP、UHP
1	金属料		kg/t 钢水	1070~1120	1020~1120
	其中	钢铁料	kg/t 钢水	1050~1080	
		合金料	kg/t 钢水	20~40	
2	石灰		kg/t 钢水	40~70	
3	电极		kg/t 钢水	5~7	3~5
4	炉衬耐火材料		kg/t 钢水	10~20	4~10
5	钢包耐火材料		kg/t 钢水	4~10	
6	氧气		m^3/t 钢水	15~45	
7	冶炼电耗		kW·h/t	550~650	380~530
8	车间动力电耗		kW·h/t	15~30（不包括除尘）	
9	冷却循环水		m^3/t	15~20	15~30

物料平衡与能量平衡模型建立在物质守恒和能量守恒的基础上，考虑了物质的转化、碱度的要求以及铁的烧损、碳的二次氧化等，模型的特征为化学计量。模型是基于对电弧炉炼钢生产过程物料的系统分析，是确定生产工艺、过程控制的基础条件。

为计算方便，每种含铁原料和辅助原料都以 1000kg 为标准。

为便于读者掌握电弧炉炼钢厂的物料平衡和热平衡计算，扫描二维码可得到计算案例的 Excel 文件。

1.4.2.1 计算原始条件

计算所用原始条件包括原料成分及参数等见表 1-9~表 1-12。

表 1-9 原料成分 (%)

名称	C	Si	Mn	P	S	Fe	H_2O	灰分	挥发分	合计
碳素废钢	0.18	0.25	0.55	0.030	0.030	98.96				100.00
铁水	4.20	0.8	0.6	0.200	0.035	94.17				
炼钢生铁	4.20	0.95	0.21	0.053	0.035	94.55				100.00
DRI	0.25				0.015	93.32		6.42		100.00
焦炭	86.00						0.58	12.00	1.42	100.00
炭粉	92.60						0.50	5.30	1.60	100.00
电极	99.00							1.00		100.00

表 1-10 辅料成分 (%)

名称	CaO	SiO_2	MgO	Al_2O_3	Fe_2O_3	CO_2	H_2O	P_2O_5	S
石灰	88.00	2.50	2.60	1.50	0.50	4.64	0.10	0.10	0.06
高铝砖	0.55	60.80	0.60	36.80	1.25				
镁砂	4.10	3.65	89.50	0.85	1.90				
焦炭灰分	4.40	49.70	0.95	26.25	18.55			0.15	
炭粉灰分	4.60	50.60	0.85	27.30	16.65				
电极灰分	8.90	57.80	0.20	33.10					
DRI 灰分	1.95	33.55	2.25	3.00	59.25				

表 1-11 设定最终钢水成分

名称	C	Si	Mn	P	S	Fe
钢水成分	0.15%	0.01%	0.10%	0.015%	0.025%	99.70%

表 1-12 其他假设数据

名 称	参 数
钢铁料氧化的氧气来源	72%由氧气供给，28%由空气供给
氧气纯度和利用率	氧气纯度：99%，其余为氮气；氧气利用率为：100%
碳的二次燃烧率	15%
炉气二次燃烧率	35%
氧气过剩系数	1.05
炉渣碱度 R	2.5
铁的烧损率①	2.8%
焦炭及炭粉中 C 烧损率	100%假设焦炭及炭粉的挥发分成分全部为 C_2H_2

①氧化的铁量中的 80%生成 Fe_2O_3 变成烟尘，另外 20%按 FeO：Fe_2O_3=3：1 的比例成渣。即 2.2%的铁形成烟尘 0.6%的铁成渣，其中：0.42%的铁生成 FeO，0.14%的铁生成 Fe_2O_3。

1.4.2.2 单项物料平衡计算

对废钢、铁水、直接还原铁、焦炭、炭粉、电极、石灰、炉顶、炉衬等，各单项 1000kg 物料平衡进行了计算，限于篇幅，仅列出废钢平衡计算过程，其余以小结形式列表。

A 1000kg 废钢平衡计算

按照上述单项物料平衡表达式，对废钢中各元素氧化量、生产钢水量、净耗氧量、生成渣量、炉气量及其成分进行了计算，结果见表 1-13~表 1-15。

表 1-13 废钢中各元素的氧化量 (kg)

名称	C	Si	Mn	P	S	Fe	合计
碳素废钢	0.35	2.40	4.53	0.16	0.06	27.41	34.92

生成钢水量为： 965.08kg

废钢金属综合收得率： 96.51%

每生产 1t 钢水需消耗废钢： 1036.18kg

石灰加入量为： 15.90kg

氧气供氧量： 11.50kg 空气供氧量： 4.44kg

实际供氧量： 11.61kg 实际空气量： 19.29kg

表 1-14 净耗氧量、渣量、炉气量（未进行二次燃烧） (kg)

名 称	反应产物	元素氧化量	净耗氧量	氧气体积	炉气量	渣量
C	CO	0.30	0.0	0.28	0.70	
	CO_2	0.05	0.14	0.10	0.19	

续表 1-14

名　称	反应产物	元素氧化量	净耗氧量	氧气体积	炉气量	渣量
Si	SiO_2	2.40	2.75	1.92		5.15
Mn	MnO	4.53	1.32	0.92		5.85
P	P_2O_5	0.16	0.20	0.14		0.36
Fe	FeO^{*}	4.11	1.17	0.82		5.29
	$Fe_2O_3^{*}$	1.37	0.59	0.41		1.96
	$Fe_2O_3^{**}$	21.93	9.40	6.57		31.33
合　计			15.97			
石灰中 CaO 带入量						13.99
石灰中 SiO_2 带入量						0.40
石灰中 MgO 带入量						0.41
石灰中 Al_2O_3 带入量						0.24
石灰中 Fe_2O_3 带入量						0.08
石灰中 P_2O_5 带入量						0.02
石灰中 CaS 带入量						0.02
石灰中 H_2O 带入量					0.02	
石灰中 CO_2 带入量					0.74	
氧气带入 N_2 量					0.12	
空气带入 N_2 量					14.85	
石灰中 S 还原 CaO 供氧及 CaO 消耗量			0.00	0.00		-0.02
金属中 S 还原 CaO 供氧及 CaO 消耗量			-0.03	-0.02		-0.10
金属中 S 还原 CaO 生成 CaS						0.13
合　计		34.86	15.93	11.14	16.62	33.77

注：* 表示铁的氧化产物进入渣中，** 表示铁的氧化产物进入烟尘。

渣中全铁量：5.48kg　　渣中含铁比：16.23%

表 1-15　炉渣量及成分　　(kg)

名称	CaO	SiO_2	MnO	P_2O_5	CaS
炉渣渣量	13.87	5.55	5.85	0.37	0.15
炉渣成分	41.07%	16.43%	17.33%	1.10%	0.45%
名称	FeO	Fe_2O_3	MgO	Al_2O_3	合计
炉渣渣量	5.29	2.04	0.41	0.24	33.77
炉渣成分	15.65%	6.03%	1.22%	0.71%	100.00%

二次燃烧计算见表 1-16。二次燃烧后炉气成分及分压见表 1-17。

表 1-16 二次燃烧计算

项 目	结果	项 目	结果
炉气吹氧后的二次燃烧率/%	35	所需氧气量/kg	-0.08
消耗 CO 量/kg	-0.14	产生 CO_2 量/kg	-0.22
炉气 CO 量/kg	0.84	炉气 CO_2 量/kg	0.71

理论总氧耗：12.02kg

实际总氧耗：12.62kg

表 1-17 二次燃烧后炉气成分及分压

项目	CO_2	CO	H_2O	N_2	O_2^*	合计
质量/kg	0.71	0.84	0.02	14.97	0.57	17.11
质量比/%	4.15	4.91	0.09	87.51	3.34	100.00
体积/m^3	0.36	0.67	0.02	11.98	0.40	13.43
分压比/%	2.69	5.00	0.15	89.19	2.97	100.00

注：* 表示为过剩的 O_2。

1000kg 废钢经物料平衡计算的物料平衡表见表 1-18。

表 1-18 1000kg 废钢冶炼成合格钢水的物料平衡表（有二次燃烧）

收入			支出		
项目	质量/kg	比例/%	项目	质量/kg	比例/%
废钢	1000.00	95.48	金属	965.08	92.15
石灰	15.90	1.52	炉气	17.11	1.63
氧气	12.11	1.16	炉渣	33.77	3.22
空气	19.28	1.84	烟尘	31.33	2.99
合计	1047.29	100.00	合计	1047.29	100.00

B 单项物料平衡计算总表

按上述方法，分别计算不同炉料 1000kg 物料平衡，结果总结于表 1-19。

表 1-19 1000kg 各物料的单项物料平衡计算总表

原料	钢水量/kg	炉渣量/kg	炉气量/kg	烟尘量/kg	耗氧量/kg	耗氧量/m^3	耗空气量/kg	耗空气量/m^3
废钢	965.08	33.77	17.11	31.33	12.11	8.46	19.29	14.95
生铁	922.10	88.59	199.28	29.93	75.33	52.60	102.58	79.52
铁水	918.32	84.39	200.21	29.81	76.42	53.37	104.15	80.74

续表 1-19

原料	钢水量/kg	炉渣量/kg	炉气量/kg	烟尘量/kg	耗氧量/kg	耗氧量/m^3	耗空气量/kg	耗空气量/m^3
DRI	908.72	132.66	19.02	29.54	10.73	7.49	14.52	11.26
焦炭		287.75	2528.12		1639.71	1145.05		
炭粉		128.36	2717.65		1766.87	1233.85		
电极		25.82	2880.59		1889.80	1319.69		
石灰		952.30	47.70					
炉顶		2766.50	88.48					
炉衬		1058.61	2.94					

1.4.2.3 单项物料产生热量计算

对废钢、铁水、直接还原铁、焦炭、炭粉、电极各单项 1000kg 物料热量平衡进行了计算，限于篇幅，以铁水计算为例。

A 铁水热量计算

按照单项物料的能量平衡计算模型，对 1000kg 铁水元素氧化热、成渣热、二次燃烧热、铁水物理热进行计算。

首先对铁水中元素氧化热及成渣热进行计算，见表 1-20。

表 1-20 1000kg 铁水中元素氧化热及成渣热（1600℃）

名称	氧化量/kg	生成物	ΔH/kJ · kg^{-1}	放热量/kJ	折合/kW · h
C	34.53	CO	-9781.20	337736.43	93.82
	6.09	CO_2	-33038.72	201317.40	55.93
Si	7.91	SiO_2	-33874.72	267886.97	74.42
Mn	5.08	MnO	-7386.06	37533.58	10.43
P	1.86	P_2O_5	-24285.80	45226.28	12.56
Fe	3.91	FeO	-4380.64	17139.50	4.76
	22.17	Fe_2O_3	-7285.74	161533.23	44.87
合计	81.56			1068373.39	296.79

经过炉气中吹氧，二次燃烧计算见表 1-21。

表 1-21 二次燃烧热

二次燃烧率	CO_2 生成量	产生热量	
35.00%	28.22kg	178979.78kJ	49.72kW · h

铁水带入炉内的物理热经计算见表1-22。

表1-22 铁水物理热

物 理 量	数 值
铁水温度/℃	1250.00
铁水熔点/℃	1093.73
铁水热容/kJ·(kg·K)$^{-1}$	0.837
固态热容/kJ·(kg·K)$^{-1}$	0.745
熔化潜热/kJ·kg^{-1}	218
1000kg铁水带入炉内的物理热/MJ	1145.00
1000kg铁水带入炉内物理热折算成电能消耗/kW·h	318.08

B 单项物料产生热量计算总表

按照能量平衡计算模型，对1000kg单项物料产生的热量分别进行了计算，结果见表1-23。

表1-23 1000kg单项物料产生热量平衡总表 (kW·h)

原料	元素氧化热及成渣热	二次燃烧	物理热	总热量
废钢	86.43	-0.39		86.04
生铁	293.16	49.19		342.35
铁水	296.79	49.72	318.08	664.59
DRI	53.37	6.23		59.6
焦炭	3170.27	1101.92		4272.19
炭粉	3413.57	1192.36		4605.93
电极	3649.49	1278.38		4927.87

1.4.2.4 不同原料配比下的物料平衡与热平衡理论计算

本计算考虑150t电炉，按照物料与能量模型对不同铁水比，其他原料结构下的物料及能量平衡进行计算，工艺设定见表1-24。

表1-24 冶炼工艺设定

项 目	数 值	项 目	数 值
吨金属料焦炭配入量/kg	5	变压器容量/MW	100
吨金属料炭粉喷入量/kg	10	炉容量/t	150
吨金属料电极消耗量/kg	1.7	电极直径/m	0.65
吨金属料炉顶高铝砖消耗量/kg	0.25	电极电流/kA	62
吨金属料炉衬镁砖消耗量/kg	5	电能输入强度/kW	400

A 不同铁水比下的物料与能量平衡计算

表1~25~表1-43分别为15%、30%、45%、60%、80%铁水比下的物料平

衡与能量平衡。其中，以15%铁水为例进行了分项计算。

表1-25 分项计算物料平衡的收入项（15%铁水） (kg)

项目	废钢	铁水	焦炭	炭粉	石灰	炉顶	炉衬	电极	氧气	空气	合计
Fe	841.16	141.25									982.41
C	1.53	6.30	4.30	9.26				1.68			23.07
Si	2.13	1.20									3.33
Mn	4.68	0.90		0.00							5.58
P	0.26	0.30		0.00							0.56
S	0.26	0.05		0.00	0.01						0.32
SiO_2			0.30	0.27	0.60	0.15	0.18	0.01			1.51
CaO			0.03	0.02	20.95	0.00	0.21				21.21
MgO			0.01	0.00	0.62	0.00	4.48				5.11
Al_2O_3			0.16	0.14	0.36	0.09	0.04	0.01			0.80
Fe_2O_3			0.11	0.09	0.12	0.00	0.10				0.42
P_2O_5			0.00	0.00	0.02						0.02
H_2O			0.03	0.05	0.02						0.10
CO_2					1.10						1.10
O_2									50.33	7.36	57.69
N_2									0.51	24.66	25.16
H											0.00
O											0.00
焦炭挥发分			0.07								0.07
炭粉挥发分				0.16							0.16
合计	850.00	150.00	5.00	10.00	23.81	0.25	5.00	1.70	50.84	32.02	1128.61

表1-26 炉气成分（15%铁水） (kg)

成分	废钢	铁水	焦炭	炭粉	电极	炉顶	炉衬	合计	质量比/%	体积比/%
H_2O	0.01	0.01	0.03	0.05	0.00	0.00	0.00	0.10	0.12	0.20
CO	0.71	9.39	6.54	14.06	2.55			33.26	37.23	42.17
CO_2	0.60	7.95	5.53	11.90	2.16	0.02	0.01	28.18	31.54	22.74
N_2	12.73	12.14	0.08	0.18	0.03			25.16	28.17	31.91
O_2	0.49	0.54	0.39	0.83	0.15	0.00	0.00	2.40	2.68	2.66
挥发分			0.07	0.16				0.23	0.26	0.32
合计	14.54	30.03	12.64	27.18	4.90	0.02	0.01	89.33	100.00	100.00

表 1-27 渣成分（15%铁水） （kg）

成分	废钢	铁水	焦炭	炭粉	电极	炉顶	炉衬	合计	比例/%
CaO	11.79	6.84	0.80	0.72	0.03	0.41	0.48	21.06	42.03
SiO_2	4.72	2.74	0.32	0.29	0.01	0.16	0.19	8.43	16.81
MgO	0.35	0.20	0.03	0.03	0.00	0.01	4.48	5.11	10.19
MnO	4.98	0.98						5.96	11.89
Al_2O_3	0.20	0.12	0.17	0.16	0.01	0.10	0.05	0.80	1.60
Fe_2O_3	1.73	0.32	0.12	0.09	0.00	0.01	0.10	2.36	4.71
P_2O_5	0.32	0.65	0.00	0.00	0.00	0.00	0.00	0.97	1.93
FeO	4.49	0.75						5.25	10.47
CaS	0.13	0.05	0.00	0.00	0.00	0.00	0.00	0.19	0.37
合计	28.71	12.66	1.44	1.28	0.04	0.69	5.29	50.11	100

表 1-28 分项计算物料平衡的支出项（15%铁水） （kg）

项目	钢水	炉渣	炉气	炉尘	合计
Fe	955.19				955.19
C	1.44				1.44
Si	0.10				0.10
Mn	0.96				0.96
P	0.14				0.14
S	0.24				0.24
SiO_2		8.43			8.43
CaO		21.06			21.06
MgO		5.11			5.11
MnO		5.96			5.96
Al_2O_3		0.80			0.80
Fe_2O_3		2.36		31.10	33.46
P_2O_5		0.97			0.97
CaS		0.19			0.19
FeO		5.25			5.25
H_2O			0.10		0.10

续表 1-28

项目	钢水	炉渣	炉气	炉尘	合计
CO_2			28.18		28.18
CO			33.26		33.26
N_2			25.16		25.16
O_2			2.40		2.40
焦炭挥发分			0.07		0.07
炭粉挥发分			0.16		0.16
合计	958.07	50.11	89.33	31.10	1128.61

表 1-29　15%铁水物料平衡总表

收　入				支　出			
项目	质量/kg	体积/m^3	比例/%	项目	质量/kg	体积/m^3	比例/%
废钢	850		75.31	金属	958.07		84.89
铁水	150		13.29	炉渣	50.11		4.44
焦炭	5		0.44	炉气	89.33	63.08	7.92
电极	1.7		0.15	烟尘	31.1		2.76
石灰	23.81		2.11				
炭粉	10		0.89				
炉顶	0.25		0.02				
炉衬	5		0.44				
氧气	50.83	35.5	4.50				
空气	32.02	24.82	2.84				
合计	1128.61	60.32	100.00	合计	1128.61	63.08	100.00

表 1-30　各项物料氧化产生的化学热（15%铁水）　（kJ）

名称	耗量/kg·t^{-1}	化学热	
		放热量/kJ·t^{-1}	折合/kW·h·t钢$^{-1}$
废钢	887.20	276034.70	76.68
生铁	0.00	0.00	0.00
铁水	156.56	167269.79	46.47
焦炭	5.22	59557.57	16.55
炭粉	10.44	128256.53	35.63
电极	1.77	23310.55	6.48
合计	1061.20	654429.15	181.80

表 1-31 成渣热（15%铁水）

项目	反应量/kg	化学反应	热焓/kJ·kg^{-1}	放热量/kJ	折合/kW·h·t 钢$^{-1}$
SiO_2 成渣	8.79	$2(CaO)+(SiO_2)=(2CaO\cdot SiO_2)$	-1620	14246.78	4.13
P_2O_5 成渣	1.01	$4(CaO)+(P_2O_5)=(4CaO\cdot P_2O_5)$	-4880	4923.92	1.43
合计					5.56

注：炉气二次燃烧产生热量：20.12kW·h/t。

表 1-32 铁水物理热（15%铁水）

名称	消耗量/kg·t 钢$^{-1}$	物理热/MJ	折合电耗/kW·h·t 钢$^{-1}$
铁水	156.56	179.27	49.80

表 1-33 吸热量计算（15%铁水）

项目	温升范围/℃	消耗量/kg	热焓/kJ·kg^{-1}或热容/kJ·(kg·K)$^{-1}$	吸热量/kJ	吸热量/kW·h·t^{-1}
金属脱碳		6.67	6244/C	41664.27	11.57
金属脱硫		0.07	2143/CaS	152.06	0.04
石灰烧减		1.15	4177/CO_2	4815.82	1.34
水分挥发	25~1600	0.11	1227/H_2O	131.66	0.04
合计				46763.81	12.99

表 1-34 热支出各项列表（15%铁水）

项 目	热值/kW·h·t^{-1}	比例/%
钢水物理热	385.06	62.85
炉渣物理热	31.22	5.10
吸热反应耗热	12.99	2.12
冷却水吸热	79.48	12.97
其他热损失	44.00	7.18
炉气物理热	46.38	7.57
炉尘物理热	13.55	2.21
合计	612.68	100.00

表 1-35 15%铁水能量平衡表

收入	kW·h/t 钢	比例/%	支出	kW·h/t 钢	比例/%
废钢	76.68	12.52	钢水物理热	385.06	62.85
铁水化学热	46.47	7.58	炉渣物理热	31.22	5.10
焦炭	16.55	2.7	吸热反应耗热	12.99	2.12
炭粉	35.63	5.81	冷却水吸热	79.48	12.97

续表 1-35

收入	kW·h/t 钢	比例/%	支出	kW·h/t 钢	比例/%
电极	6.48	1.06	其他热损失	44.00	7.18
铁水物理热	49.80	8.13	炉气物理热	46.38	7.57
成渣热	5.56	0.91	炉尘物理热	13.55	2.21
炉气二次燃烧	20.12	3.28			
电能	355.41	58.01			
合计	612.68	100.00	合计	612.68	100.00

表 1-36 30%铁水物料平衡总表

收入				支出			
项目	质量/kg	体积/m^3	比例/%	项目	质量/kg	体积/m^3	比例/%
废钢	700		60.53	金属	951.05		82.24
铁水	300		25.94	炉渣	57.71		4.99
焦炭	5		0.43	炉气	116.79	82.73	10.10
电极	1.7		0.15	烟尘	30.87		2.67
石灰	29.24		2.53				
炭粉	10		0.86				
炉顶	0.25		0.02				
炉衬	5		0.43				
氧气	60.48	42.24	5.23				
空气	44.75	34.69	3.87				
合计	1156.42	76.93	100	合计	1156.42	82.73	100

表 1-37 30%铁水能量平衡总表

收入	kW·h/t 钢	比例/%	支出	kW·h/t 钢	比例/%
废钢	63.62	9.88	钢水物理热	385.06	59.82
铁水化学热	93.62	14.54	炉渣物理热	36.22	5.63
焦炭	16.67	2.59	吸热反应耗热	24.42	3.79
炭粉	35.89	5.57	冷却水吸热	79.48	12.35
电极	6.52	1.01	其他热损失	44.00	6.84
铁水物理热	100.33	15.59	炉气物理热	61.09	9.49
成渣热	7.48	1.16	炉尘物理热	13.45	2.09
炉气二次燃烧	20.33	3.16			
电能	299.26	46.49			
合计	643.72	100.00	合计	643.72	100.00

表 1-38 45%铁水物料平衡总表

收入				支出			
项目	质量/kg	体积/m³	比例/%	项目	质量/kg	体积/m³	比例/%
废钢	550		46.44	金属	944.04		79.72
铁水	450		38.00	炉渣	65.3		5.51
焦炭	5		0.42	炉气	144.26	102.38	12.18
电极	1.7		0.14	烟尘	30.64		2.59
石灰	34.68		2.93				
炭粉	10		0.84				
炉顶	0.25		0.02				
炉衬	5		0.42				
氧气	70.13	48.97	5.92				
空气	57.48	44.56	4.85				
合计	1184.24	93.53	100	合计	1184.24	102.38	100

表 1-39 45%铁水能量平衡表

收入	kW·h/t 钢	比例/%	支出	kW·h/t 钢	比例/%
废钢	50.36	7.46	钢水物理热	385.06	57.03
铁水化学热	141.47	20.95	炉渣物理热	41.28	6.11
焦炭	16.79	2.49	吸热反应耗热	36.02	5.33
炭粉	36.16	5.36	冷却水吸热	79.48	11.77
电极	6.57	0.97	其他热损失	44.00	6.52
铁水物理热	151.61	22.45	炉气物理热	76.02	11.26
成渣热	9.45	1.40	炉尘物理热	13.35	1.98
炉气二次燃烧	20.54	3.04			
电能	242.25	35.88			
合计	675.21	100.00	合计	675.21	100.00

表 1-40 60%铁水物料平衡总表

收入				支出			
项目	质量/kg	体积/m³	比例/%	项目	质量/kg	体积/m³	比例/%
废钢	400		33.00	金属	937.03		77.31
铁水	600		49.50	炉渣	72.89		6.01
焦炭	5		0.41	炉气	171.72	122.03	14.17
电极	1.7		0.14	烟尘	30.42		2.51

续表 1-40

收入				支出			
项目	质量/kg	体积/m^3	比例/%	项目	质量/kg	体积/m^3	比例/%
石灰	40.12		3.31				
炭粉	10		0.83				
炉顶	0.25		0.02				
炉衬	5		0.41				
氧气	79.78	55.71	6.58				
空气	70.21	54.43	5.79				
合计	1212.06	110.14	100	合计	1212.06	122.03	100

表 1-41 60%铁水能量平衡表

收入	kW · h/t 钢	比例/%	支出	kW · h/t 钢	比例/%
废钢	36.90	5.21	钢水物理热	385.06	54.45
铁水化学热	190.04	26.87	炉渣物理热	46.43	6.57
焦炭	16.92	2.39	吸热反应耗热	47.79	6.76
炭粉	36.43	5.15	冷却水吸热	79.48	11.24
电极	6.62	0.94	其他热损失	44.00	6.22
铁水物理热	203.66	28.8	炉气物理热	91.17	12.89
成渣热	11.48	1.62	炉尘物理热	13.26	1.87
炉气二次燃烧	20.76	2.94			
电能	184.36	26.07			
合计	707.18	100.00	合计	707.18	100.00

表 1-42 80%铁水物料平衡总表

收入				支出			
项目	质量/kg	体积/m^3	比例/%	项目	质量/kg	体积/m^3	比例/%
废钢	200		16.01	金属	927.68		74.27
铁水	800		64.04	炉渣	83.01		6.65
焦炭	5		0.40	炉气	208.34	148.23	16.68
电极	1.7		0.14	烟尘	30.11		2.41
石灰	47.37		3.79				
炭粉	10		0.80				
炉顶	0.25		0.02				
炉衬	5		0.40				
氧气	92.64	64.69	7.42				
空气	87.18	67.58	6.98				
合计	1249.14	132.27	100	合计	1249.14	148.23	100

表 1-43 80%铁水能量平衡表

收入	kW·h/t 钢	比例/%	支出	kW·h/t 钢	比例/%
废钢	18.63	2.48	钢水物理热	385.06	51.30
铁水化学热	255.95	34.1	炉渣物理热	53.41	7.12
焦炭	17.09	2.28	吸热反应耗热	63.76	8.50
炭粉	36.80	4.9	冷却水吸热	79.48	10.59
电极	6.69	0.89	其他热损失	44.00	5.86
铁水物理热	274.28	36.54	炉气物理热	111.73	14.89
成渣热	14.29	1.90	炉尘物理热	13.12	1.75
炉气二次燃烧	21.05	2.8			
电能	105.77	14.09			
合计	750.56	100.00	合计	750.56	100.00

根据以上计算结果，表 1-44 列出不同铁水比下的电耗，并作图以供参考，如图 1-9 所示。

表 1-44 不同铁水比电耗

铁水比	0%铁水（全废钢）	15%铁水	30%铁水	45%铁水	60%铁水	80%铁水
电耗 /kW·h·t^{-1}	410.72	355.41	299.26	242.25	184.36	105.77

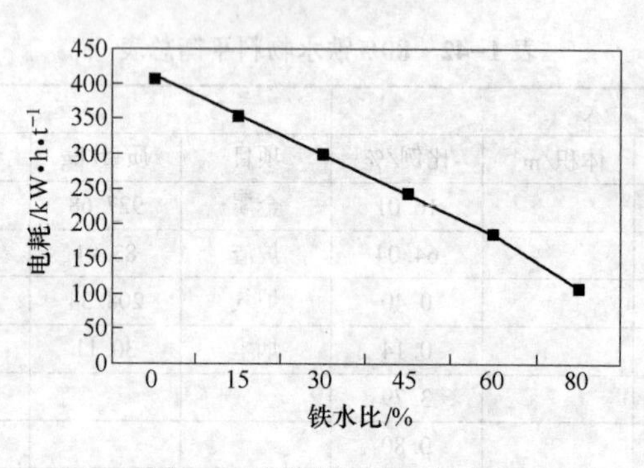

图 1-9 不同铁水比下电耗

B 其他原料结构下的物料与能量平衡计算

全废钢、30%直接还原铁（70%废钢）、30%生铁（70%废钢）这几种原料结构下的物料平衡与能量平衡计算结果见表 1-45~表 1-50。

表 1-45 全废钢物料平衡总表

收入				支出			
项目	质量/kg	体积/m³	比例/%	项目	质量/kg	体积/m³	比例/%
废钢	1000		90.84	金属	965.08		87.67
焦炭	5		0.45	炉渣	42.52		3.86
电极	1.7		0.15	炉气	61.86	43.44	5.62
石灰	18.36		1.67	烟尘	31.33		2.85
炭粉	10		0.91				
炉顶	0.25		0.02				
炉衬	5		0.45				
氧气	41.19	28.76	3.74				
空气	19.29	14.95	1.75				
合计	1100.79	43.71	100.00	合计	1100.79	43.44	100.00

表 1-46 全废钢能量平衡总表

收入	kW·h/t 钢	比例/%	支出	kW·h/t 钢	比例/%
废钢	89.56	15.39	钢水物理热	385.06	66.15
焦炭	16.42	2.82	其他热损失	44.00	7.56
炭粉	35.37	6.08	炉气物理热	31.89	5.48
电极	6.43	1.1	炉尘物理热	13.65	2.35
成渣热	3.7	0.64			
炉气二次燃烧	19.91	3.42			
电能	410.72	70.56			
合计	582.10	100.00	合计	582.10	100.00

表 1-47 30%直接还原铁物料平衡总表

收入				支出			
项目	质量/kg	体积/m³	比例/%	项目	质量/kg	体积/m³	比例/%
废钢	700		62.89	金属	948.17		85.19
DRI	300		26.95	炉渣	72.19		6.49
焦炭	5		0.45	炉气	61.89	43.23	5.56
电极	1.7		0.15	烟尘	30.79		2.77
石灰	33.01		2.97				
炭粉	10		0.90				
炉顶	0.25		0.02				

续表 1-47

收入				支出			
项目	质量/kg	体积/m³	比例/%	项目	质量/kg	体积/m³	比例/%
炉衬	5		0.45				
氧气	40.23	28.09	3.61				
空气	17.85	13.84	1.60				
合计	1113.04	41.93	100.00	合计	1113.04	43.23	100.00

表 1-48 30%直接还原铁能量平衡表

收入	热量/kW·h·t 钢⁻¹	比例/%	支出	热量/kW·h·t 钢⁻¹	比例/%
废钢	63.81	10.58	钢水物理热	385.06	63.87
DRI	16.89	2.8	炉渣物理热	45.44	7.54
焦炭	16.72	2.77	吸热反应耗热	3.04	0.50
炭粉	36.00	5.97	冷却水吸热	79.48	13.18
电极	6.54	1.08	其他热损失	44.00	7.30
成渣热	6.33	1.05	炉气物理热	32.47	5.39
炉气二次燃烧	20.39	3.38	炉尘物理热	13.42	2.23
电能	436.24	72.35			
合计	602.91	100.00	合计	602.91	100.00

表 1-49 30%生铁物料平衡总表

收入				支出			
项目	质量/kg	体积/m³	比例/%	项目	质量/kg	体积/m³	比例/%
废钢	700		60.42	金属	952.19		82.19
生铁	300		25.89	炉渣	58.97		5.09
铁水	0		0.00	炉气	116.51	82.5	10.06
DRI	0		0.00	烟尘	30.91		2.67
焦炭	5		0.43				
电极	1.7		0.15				
石灰	32.19		2.78				
炭粉	10		0.86				
炉顶	0.25		0.02				
炉衬	5		0.43				
氧气	60.16	42.01	5.19				
空气	44.28	34.32	3.82				
合计	1158.58	76.33	100	合计	1158.58	82.5	100

表 1-50 30%生铁能量平衡表

收入	kW·h/t 钢	比例/%	支出	kW·h/t 钢	比例/%
废钢	63.54	9.86	钢水物理热	385.06	59.75
生铁	92.36	14.33	炉渣物理热	36.96	5.74
焦炭	16.65	2.58	其他热损失	44.00	6.83
炭粉	35.85	5.56	炉气物理热	60.87	9.45
电极	6.52	1.03	炉尘物理热	13.47	2.09
成渣热	6.47	1.00			
炉气二次燃烧	35.80	5.56			
电能	387.22	60.09			
合计	644.40	100.00	合计	644.40	100.00

1.5 电弧炉炼钢冶炼过程物理与化学热的利用

1.5.1 电弧炉热装铁水工艺的发展

20 世纪 60~70 年代，部分国家钢铁联合企业在拆除平炉时，利用大型电弧炉代替，因而有条件部分采用高炉铁水作为电弧炉炼钢原料，如美国阿姆科公司休斯敦厂有一座日产生铁 2500t 高炉，将平炉拆除后，利用原炼钢厂房建设了 4 台 175t 电弧炉（每台电弧炉变压器容量为 44000kV·A），以 40%热铁水加废钢为原料，炉侧用天然气和氧气混吹，吨钢电耗降至 275kW·h。

较早从经济角度考虑电弧炉热装铁水炼钢的是南非伊斯科公司的比勒陀利亚厂和范德拜帕克厂，另外日本的室兰钢厂、大和钢厂，比利时的 Cockerill 厂也在铁水热装技术方面积累了丰富的经验。表 1-51 为部分国外铁水热装电弧炉情况。

表 1-51 部分国外已投产或在建的铁水热装电弧炉情况

厂家	投产年份	出钢量/t	变压器容量/MW	炉子形式	铁水比/%	制造厂商
Unimetal	1994	150	150	DC 双壳	25	Clecim
Cockerll	1996	140	100	DC 竖炉	35	Fuchs
Dofasco	1996	165	134	AC 双壳	30	Fuchs
Nippon Deom	1996	180	99	AC 双壳	0~7	MDH
Saklamha	1998	170	115	AC 双壳	38	MDH
Severotal	1998	120	85	AC 竖炉	40	Fuchs

近年来由于我国废钢资源短缺，同时用户对钢液洁净度的要求不断提高，各电炉钢厂寻求扩大原料资源，有些电炉厂配加部分 DRI、HBI，借以稀释电炉炉

料中有害微量元素（如 As、Sn、Pb、Cu、Sb、Cu、Ni 等），从而提高钢的质量，满足用户需求。然而我国直接还原铁生产和技术在我国还处于较低水平，产量较少，进口直接还原铁也难以满足国内的需求，部分电炉钢生产企业开始使用热装铁水。电炉热装铁水已成为各电炉钢铁企业所关注的问题[12]。

1.5.2 铁水加入方式

根据电炉厂的车间具体情况，铁水热装有多种方式，每种方式有不同的优缺点。目前国内铁水加入方式主要有以下几种：

（1）旋开炉盖，用天车吊铁水包，从炉顶加入。

（2）使用专用的铁水车，通过铁水流槽，从炉门加入铁水。

（3）从炉壁开孔，设计专用铁水加入通道。

（4）在电炉 EBT 区上部设置加铁水漏斗，由铁水包倾翻架控制，加入铁水。

（5）在水冷炉顶开孔，设置加料漏斗，加入铁水。

1.5.2.1 炉顶加入方式

在电弧炉加铁水工艺使用初期，工艺尚处于摸索状态，没有专用的设备，大量电弧炉炼钢厂采用旋开炉盖，直接加入铁水的方式（见图 1-10）。现阶段，为了节约设备投资，多数企业也采用此种铁水加入方式。

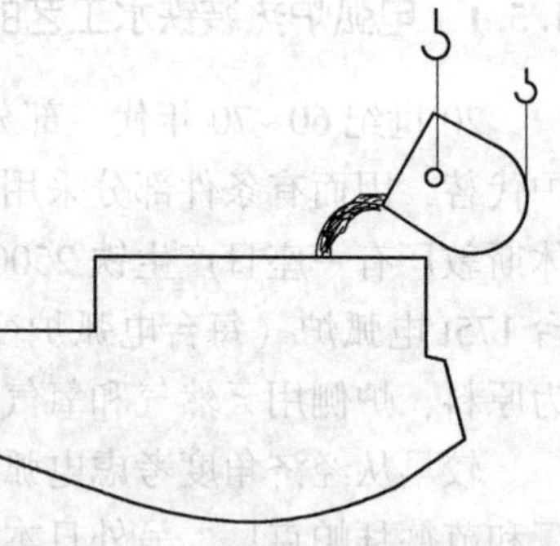

图 1-10 炉顶铁水加入方式（侧视图）

旋开炉盖，由炉顶加入铁水的工艺方式的优点有：

（1）设备投资少，不需要对原有电弧炉进行改造。

（2）铁水加入速度可控范围大，能以较快的速度加入铁水。

这种简单的铁水加入方式存在的不足：

（1）铁水加入过程中，炉盖旋开，无法进行通电冶炼，增加了非冶炼时间，降低生产效率。

（2）电弧炉留钢留渣操作，冶炼结束炉内氧化性气氛严重，随着铁水的加入，碳氧反应剧烈，产生大量泡沫渣，容易引发大沸腾，甚至造成铁水、炉渣涌出炉体，造成安全事故。

（3）随着炉盖的打开，炉体内部完全敞开，造成热量散失严重。

（4）占用天车，影响其他操作。

江苏淮钢和南钢使用此种方法。淮钢 70tUHPEAF 每炉钢实际容量为 80t，废钢分两篮装入。热装铁水方法是：铁水包从炼铁车间运抵电炉车间后，在第一篮料穿井后停电，旋开炉盖，用行车吊起铁水包直接从炉顶倒入铁水。

1.5.2.2 铁水车加入方式

该工艺使用专用铁水加入车，沿固定轨道运行，电弧炉出渣口伸入铁水流槽，将铁水车倾翻，铁水沿铁水流槽进入炉体内（见图1-11）。

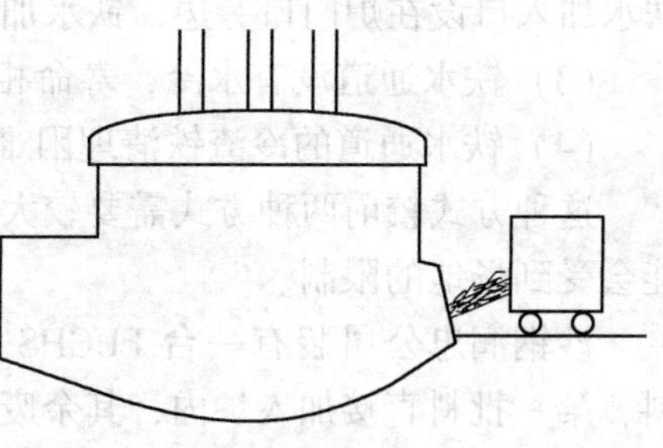

图1-11 铁水车铁水加入方式（侧视图）

该工艺的优点有：

（1）不需要对电炉进行改造；

（2）根据炉内情况控制铁水的加入速度，能避免发生大沸腾；

（3）自动化、机械化程度高，能实现无人操作，改善工人操作环境。

但是这种工艺也存在不足：

（1）炉前设备拥挤，与炉门枪相互冲突，不利于吹氧快速冶炼；

（2）遮挡炉门视线，无法观察炉内情况；

（3）铁水流槽、出渣口容易结渣结瘤，清理困难，影响下炉操作；

（4）废钢也可能会堵住炉门或炉门积渣太多，因而只能在冶炼一段时间后才能开始加入铁水，影响了电炉的生产节奏。

天津钢管公司150t电弧炉采用这种铁水加入方式。新疆八钢70tDC电炉也采用此法。该厂在第一批料入炉后立即兑入铁水，为此要求炉门附近尽可能加轻薄废钢，并减少炉门的布料量，以控制兑铁水时的飞溅。

1.5.2.3 从炉壁开孔，设计专用铁水加入通道

不少电弧炉炼钢厂对电弧炉进行改造，在炉壁开孔，留有铁水加入专用通道，用天车由铁水漏斗注入铁水。此种方法完全克服了铁水从炉顶或炉门加入的缺点，是电炉兑铁水的较为理想的方法。根据不同钢厂的空间情况，开孔位置也不尽相同，主要有两种方式：一种为在炉门口旁边炉壁开孔，另一种为在出钢口旁边炉壁开孔（见图1-12）。

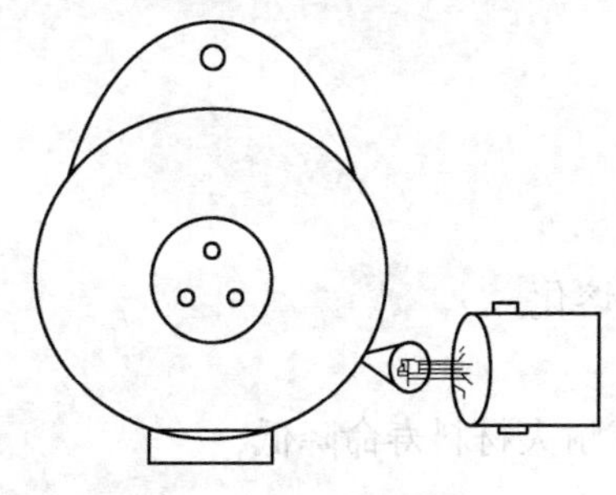

图1-12 炉壁开孔铁水加入方式（顶视图）

部分企业电弧炉炼钢厂选择这种方式，其优势为：

（1）铁水加入速度适中；

（2）炉门枪使用不受限制，可提高生产节奏；

（3）不影响炉门观察炉内情况，有利于控制冶炼。

其存在的不足：

（1）用天车吊装铁水，倾斜倒入漏斗，对

天车的操作要求较高，容易发生事故。

(2) 装入过程铁花飞溅严重，对水冷电缆、电极有影响，应注意保护。如铁水加入口设在炉门口旁边，铁水加入过程中铁花飞溅，影响炉前人工操作。

(3) 铁水通道没有水冷，寿命相对缩短。

(4) 铁水通道的冷渣铁清理困难。

这种方式较前两种方式需要较大的固定投资，已建成的电炉车间改用此法可能会受到场地的限制。

沙钢润忠公司装有一台 FUCHS 公司制造的 90t 竖炉，原设计为 100%废钢料，第一批料直接加入炉内，其余废钢料从竖井加入炉内，3 篮加料，废钢预热率不到 50%，冶炼周期为 58min，年产量 65 万吨。为了实现热装铁水，该公司对 90t 竖炉进行了改造，在电炉炉后壳体加一固定铁水流槽，设置一专用兑铁水装置，由回转机构、倾翻系统和称重系统组成。铁水包用行车吊放在此装置上后旋转，对准固定铁水流槽，倾翻，铁水经固定流槽进入电炉，铁水包的倾翻动作通过 PLC 自动控制，在铁水初加入时为避免产生激烈反应，速度较低，逐步增加至约 5t/min，整个过程持续约 12min。

1.5.2.4 EBT 区上部铁水加入方式

大冶东方钢铁、常州龙翔的炼钢厂，在 EBT 区域上部接近出钢口上部设置加料位，由铁水倾翻装置将铁水包倾翻倒入铁水（见图 1-13）。

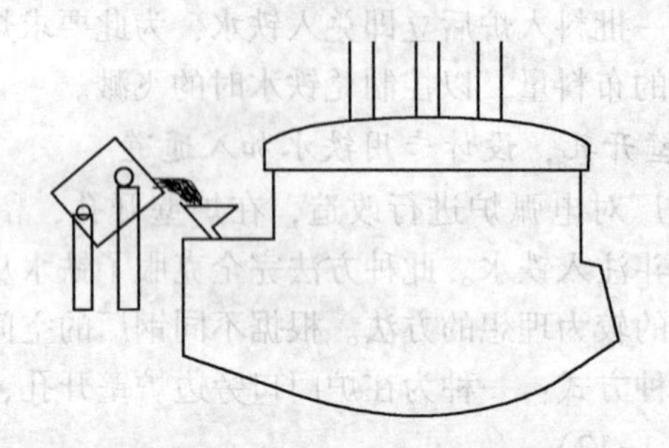

图 1-13 EBT 区上部铁水加入方式（侧视图）

这种铁水加入方式有它特有的优势：

(1) 设备简单，占地面积小，不影响冶炼；

(2) 自动化程度高，控制简单；

(3) 有利于降低 EBT 区冷区效应，加快废钢熔化。

不足之处：

(1) 铁水直接注入 EBT 区域，造成 EBT 区域耐火材料寿命降低；

(2) 占用 EBT 区域，不利于堵出钢口。

铁水加入方式是由各个电弧炉炼钢厂根据企业的实际情况制定出来的，尚没有统一的工艺流程可以参照，各自存在一定的优势，也存在不足，需在生产实践中不断加以改进并不断完善。

1.5.3 最佳铁水比的确定

1.5.3.1 影响铁水加入量的约束条件

高铁水比原料条件下，要保证冶炼节奏，必须提高电炉的供氧强度。电炉的供氧强度提高后，需考虑因此带来的对电炉冶炼工艺及设备的影响：如化学能增加带来的供电供氧的配合，烟气量增加带来的除尘问题、供氧量增加带来的氧气管道阻损力增加、电炉热负荷增加等问题。

电炉炼钢的能量来源由电能及化学能组成。如何分配不同冶炼阶段电能和化学能的输入量，应根据模型计算进行判断。但受检测条件的限制，对冶炼节奏、终点的控制精度不高，通常是依靠经验进行操作，这样不利于提高供电及用氧效率。

（1）热装铁水比例与电弧炉除尘能力的关系。随着电弧炉热装铁水比例的提高，供氧强度随之提高，经过激烈的化学反应和熔池搅拌，电弧炉炉气量和炉尘量大量增加。在提高电弧炉热装铁水比例的同时，必须充分考虑现阶段除尘系统的能力，以免超出系统的设施能力，造成难以弥补的环境问题。

（2）热装铁水比与冶炼电耗的关系。对某电弧炉进行供氧能力改造，由图1-14可知，吨钢电耗随着铁水热装比下降的趋势比改造前效果明显，吨钢电耗比改造前平均低了25kW·h。这说明，较强的供氧能力能够实现较高的热装铁水比，进而能得到较低的冶炼电耗。

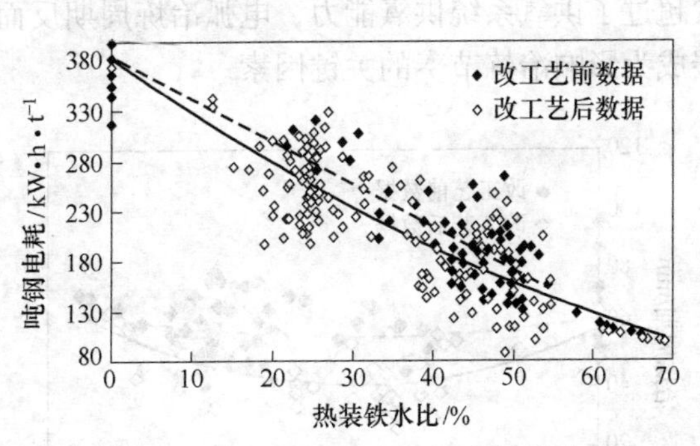

图1-14 热装铁水比与吨钢电耗的关系

（3）热装铁水比与吨钢氧耗的关系。由图1-15可以看出，与全废钢相比，随着热装铁水比增加至30%，吨钢氧耗下降。全废钢冶炼时，氧气在炉中的行为较为复杂，在冶炼前期由于形成的熔池较小，氧气的利用率低；而兑入铁水后，加上炉内原有的留钢、留渣为炉内提前吹氧创造了条件，氧气的利用率提高，泡沫渣形成较早，废钢熔化加快。因此，当铁水加入比例小于30%时，随着热装铁水比的增加，吨钢氧耗不升反降，这是加铁水促使泡沫渣形成、氧的利用率提高所产生的结果。

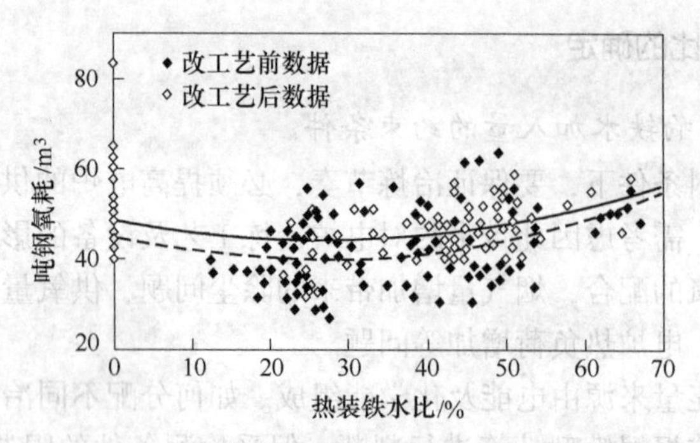

图 1-15　热装铁水比与吨钢氧耗的关系

但当热装铁水比超过 30%时，氧耗开始上升。其原因在于铁水量增大后，钢中碳含量增加，供氧强度成为限制因素，提高供氧强度将加速脱碳反应的进行。由图 1-15 可知，改进供氧系统后，吨钢氧耗有提高。考虑到电耗等指标，采用化学能置换电能从降低成本考虑是可取的。

（4）热装铁水比与冶炼周期的关系。提高电弧炉的供氧能力后，电弧炉冶炼周期有了很大缩短，如图 1-16 所示。在热装铁水比例小于 30%时，随着热装铁水比例的提高，电弧炉冶炼周期缩短明显，这是因为随着电弧炉热装铁水比例的提高，入炉的铁水物理热和化学能增加，它们在强化供氧的作用下，提高了电弧炉的能量输入强度，缩短了冶炼周期；热装铁水比例高于 30%后，铁水带来的碳、硅、磷等元素超过了供氧系统供氧能力，电弧冶炼周期反而逐渐延长，熔池脱硅、脱磷、脱碳成为影响冶炼节奏的关键因素。

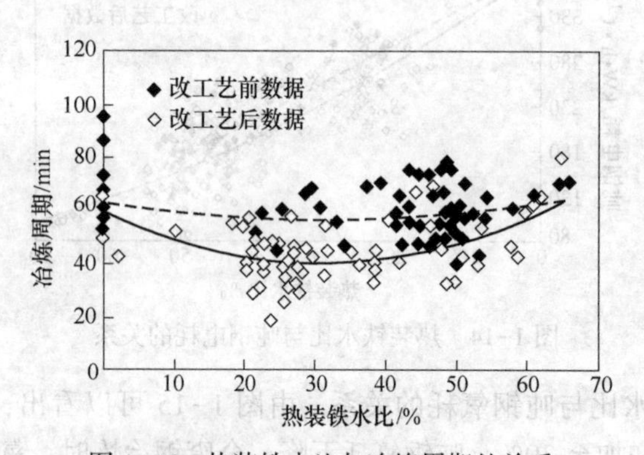

图 1-16　热装铁水比与冶炼周期的关系

1.5.3.2　铁水合理加入比计算

影响电弧炉合理热装铁水比例的因素比较多，这里从冶炼成本、冶炼节奏等角度进行计算，其中并未考虑不同铁水比例造成的其他成本的改变。

实际生产过程中，电弧炉合理的铁水加入量与电弧炉的实际工艺参数密切相关，这里假设两种供电及供氧强度，分别对其不同铁水加入量进行计算，判断合理的铁水加入量。电炉设备及冶炼参数见表 1-52。

表 1-52 冶炼工艺参数设定

项　目	炉况 1 号	炉况 2 号
变压器容量/MW	100	100
炉容量/t	150	150
电极直径/m	0.65	0.65
电极电流/kA	62	62
电能输入吨钢功率/kW · t^{-1}	400	350
氧气输入强度/m^3 · min^{-1}	1.2	1.3

其中：电能输入吨钢功率为电弧炉有用功平均最高强度，即在全功率通电时能长时间保持的有用功功率与电弧炉内钢水量的比值。

氧气输入强度为电弧炉冶炼全程总供氧量与冶炼时间的比值。是在电弧炉安全运行的情况下，平均吨钢单位时间的氧气通入量。它与供氧设备有重要关系，也是操作水平的重要体现。

通过物料平衡计算，得出不同入炉铁水比例下吨金属料冶炼的各项原料消耗和能量消耗，见表 1-53。

表 1-53 不同铁水比下吨金属料冶炼原料消耗与能量消耗

铁水比	氧气/m^3	石灰/kg	炭粉/kg	电极/kg	电耗/kW · h	总能耗/kW · h
全废钢	28.76	18.37	5	1.7	410.72	582.10
15%铁水	35.50	23.81	5	1.7	355.41	612.68
30%铁水	42.24	29.24	5	1.7	299.26	643.72
45%铁水	48.97	34.68	5	1.7	242.25	675.21
60%铁水	55.71	40.12	5	1.7	184.36	707.18
80%铁水	64.69	47.37	5	1.7	105.77	750.56

以物料平衡与热平衡为基础，根据不同铁水比例条件下的氧气消耗与电能消耗，分别得出电弧炉电能输入与氧气输入的时间。

按照不同电弧炉炉况，计算结果见表 1-54。

表 1-54 冶炼时间

铁水比	炉况 1 号			炉况 2 号		
	电弧炉供电时间/min	电弧炉吹氧时间/min	预计冶炼时间/min	电弧炉供电时间/min	电弧炉吹氧时间/min	预计冶炼时间/min
0	61.61	23.97	61.61	70.41	22.12	70.41
15	53.3	29.58	53.3	60.91	27.31	60.91
30	44.89	35.2	44.89	51.30	32.49	51.30
45	36.34	40.81	40.81	41.53	37.67	41.53
60	27.65	46.43	46.43	31.6	42.85	42.85
80	15.87	53.91	53.91	18.13	49.76	49.76

其中：预计冶炼时间是冶炼必须的时间，实际电弧炉炼钢生产中，因为受到额外因素的影响，预计冶炼时间大与基本冶炼时间。

将表 1-54 用图表示，如图 1-17 和图 1-18 所示。

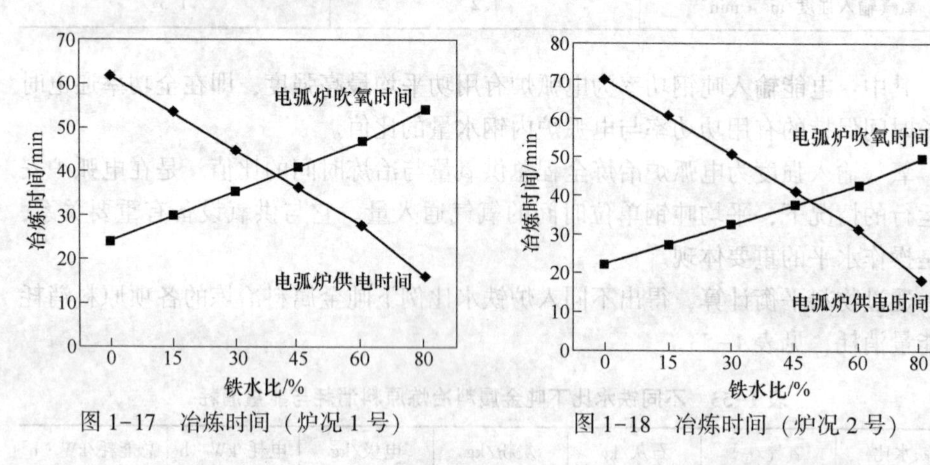

图 1-17 冶炼时间（炉况 1 号） 图 1-18 冶炼时间（炉况 2 号）

将两种炉况不同铁水比例下的冶炼时间比较，结果如图 1-19 所示。

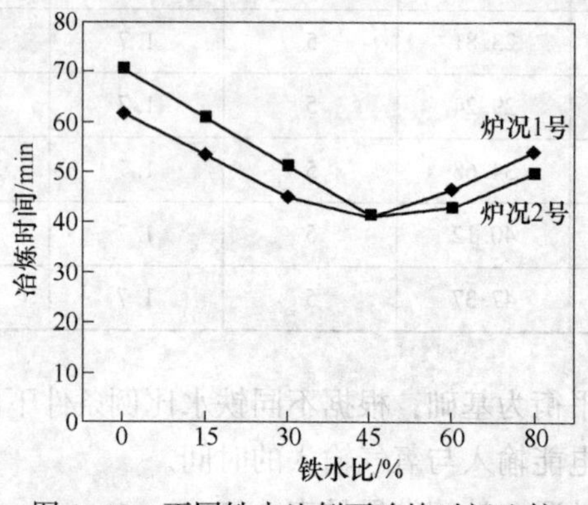

图 1-19 不同铁水比例下冶炼时间比较

由图可知，相对于不同的电弧炉炉况，热装铁水工艺能起到不同的效果：较高的电弧炉铁水加入量能够发挥电弧炉强化供氧能力的优势，进而提高生产效率，从而弥补电弧炉设计初期变压器功率不足的问题，实现高效冶炼。

1.6 电弧炉炼钢生产效率

一个企业必须以盈利为目的，为此要做到以最低的成本达到最高的产量。电弧炉炼钢整个工艺过程是以连铸机为中心，以电炉为龙头的工艺过程。为了实现以最小的成本得到最大的经济效益，要力求工艺路线先进，设备选型合理、匹配恰当，科学管理，才能得到好的生产技术经济指标。

1.6.1 产量和效率

电炉年产钢水量：

$$A = G_a / \alpha \tag{1-3}$$

式中 A——年产钢水量，t；

G_a——年产合格钢坯量（企业规定的产量）；

α——钢坯合格率，连铸机一般钢坯合格率为94%~96%。

电炉日产钢水量：

$$D = A / B \tag{1-4}$$

式中 D——日产钢水量，t；

B——年工作天数，一般取 $B = 290 \sim 310$ 天。对于超高功率电炉及其流程，为了实现高的效率，必须保证要有充足的维修时间，使设备始终保持良好的工作状态。

电炉车间的日产钢水量 D 与冶炼周期 τ 的关系如下：

$$D = \frac{1440 \times G \times N}{\tau} \tag{1-5}$$

式中 G——电炉的平均出钢水量，t；

N——电炉车间的炉座数；

τ——冶炼周期（出钢至出钢），min。

一般在全废钢原料情况下：

普通功率电炉（RP）	$\tau = 120 \sim 150$min
高功率电炉（HP）	$\tau = 80 \sim 100$min
超高功率电炉（UHP）	$\tau = 65 \sim 80$min
连续加料电炉	$\tau = 45 \sim 65$min

从以上公式中可以看出，在日产钢水量确定的情况下，电炉的平均出钢量和冶炼周期是决定电炉座数的重要参数。

冶炼周期长短反映生产率的高低，影响年产钢量，一般来说冶炼周期越短，吨钢成本越低。而冶炼周期又取决于变压器的功率、辅助能源、冶炼品种、冶炼工艺、装备水平及操作人员的素质等。对于“三位一体”电弧炉炼钢来说，冶炼周期的长短应以满足连铸的要求，以连铸节奏来确定，车间应以连铸为中心，努力实现多炉连浇。

目前，限于浇注系统耐火材料质量（软化点等），热损失导致钢水的温降以及冶炼工艺技术水平等条件，每炉钢水合理的浇注时间在 50~70min，而与钢水量的多少关系不大。

1.6.2 炉子容量与座数及选型的确定

1.6.2.1 炉子容量与座数的确定

在电炉炉型选定之前，首先要根据企业的生产规模确定电弧炉的容量与座数。它主要与车间的生产规模、冶炼周期、作业率等因素有关。

在同一车间，所选电炉容量的类型一般认为以一种为好，不超过两种为宜。座数也不宜过多，一般设置 1~2 座电弧炉。这样做的目的，主要是有利于管理。现代电弧炉炼钢车间，一般配置一座电弧炉、一套精炼炉和一台连铸机，组成“三位一体”一对一的生产作业线。这种配置方式具有生产管理方便、技术经济指标先进、相对投资较省等优点。

1.6.2.2 电弧炉选型分类

（1）根据炉衬耐火材料的不同，可分为碱性电弧炉和酸性电弧炉。

（2）根据电弧炉的电源的不同，可分为交流电弧炉和直流电弧炉。

（3）根据电弧炉结构方式不同，可分为炉盖旋开式、炉体开出式、水平连续加料式、竖式电弧炉，另外还有双炉壳电弧炉、转弧炉等。

（4）根据电弧炉功率水平的高低，可将电弧炉划分为：（低功率、中等功率）普通功率（RP）、高功率（HP）、超高功率（UHP）电弧炉。电弧炉功率水平用变压器的额定容量（kV · A）与电炉公称容量（t）或实际出钢量（t）之比来表示。

1981 年，对于大于 50t 的电弧炉，国际钢铁协会建议分类标准为：

低功率电弧炉	100~200kV · A/t
中等功率电弧炉	200~400kV · A/t
高功率电弧炉	400~700kV · A/t
超高功率电弧炉	700~1000kV · A/t

随着变压器容量的增加，电炉功率水平、电炉生产率随之提高。以 20 世纪 90 年代的 70t 电炉为例，不同功率下其经济、技术指标的变化见表 1-55。

表 1-55 70t 电炉提高功率水平对生产率和电耗的影响

功率水平	输入功率 /MW	电弧功率 /MW	熔化时间 /min	电耗 /kW·h·t^{-1}	热效率 $\eta_{热}$	电效率 $\eta_{电}$	总效率 $\eta_{总}$	生产率 /t·h^{-1}	生产率 /%
普通功率	20	17.4	129	538	0.70	0.87	0.61	27	100
高功率	30	26	76	465	0.80	0.87	0.70	41	150
超高功率	50	40	40	417	0.895	0.87	0.78	62	230

一般说来，电弧炉容量越大，生产率就越高，单位能耗、电极消耗都会下降，而且电弧炉高功率化对电弧炉容量也有一个下限要求，但这不是简单的线性关系。当电弧炉用变压器的最大容量超过 100MV·A，炉容量增大至 120t 以上时，要达到吨钢功率水平 1MV·A 就有困难；而炉容量过小时，即便输入功率很高，由于能量损失过大，炉衬寿命过低，操作有所不便，也会影响生产率。根据目前各领域的技术水平，电弧炉容量的选择应以 70~120t 为宜。

参考文献

[1] 韩珍堂．中国钢铁工业竞争力提升战略研究［D］．北京：中国社会科学院研究生院，2014.

[2] 李士琦．我国电弧炉炼钢技术进展［N］．世界金属导报，2010-11-16（11）.

[3] 傅杰，朱荣，李晶．我国电炉炼钢的发展现状与前景［J］．冶金管理，2006（8）：20~23.

[4] 森井廉．电弧炉炼钢法［M］．朱果灵，译．北京：冶金工业出版社，2006.

[5] 王新江．现代电炉炼钢生产技术手册［M］．北京：冶金工业出版社，2009.

[6] 傅杰，柴毅忠，毛新平．中国电炉炼钢问题［J］．钢铁，2007（12）：1~6.

[7] 傅杰．电弧炉炼钢技术发展历史“分期”问题［J］．钢铁研究学报，2006（5）：1~4.

[8] 李士琦，张汉东，陈煜，郝经伟．废钢—电弧炉炼钢流程和循环经济［J］．特殊钢，2006（3）：1~4.

[9] 贾大庸，刘春生，秦民生．脱碳粒铁——新型优质电弧炉原料［J］．钢铁研究学报，1995（3）：90~92.

[10] 艾磊，何春来．中国电弧炉发展现状及趋势［J］．工业加热，2016，45（6）：75~80.

[11] 蒋志良．电弧炉炼钢操作技术的发展［J］．江苏冶金，1993（1）：17~20.

[12] 王军涛，王宝明，纪连海．电炉热装铁水比例对冶炼工艺的影响分析［J］．天津冶金，2012（4）：4~6.

2 现代炼钢电弧炉

电弧炉炼钢技术是从小型电弧炉发展到大型、超大型电弧炉的。传统电弧炉的变压器配置功率一般较低，在500kV·A/t以下，通常冶炼周期长（120min以上）、电耗在500kW·h/t以上、电极消耗超过4.0kg/t，随着电弧炉整体装备水平的提高，特别是变压器的大型化，电弧炉炼钢各项技术经济指标大幅度提升。本章介绍了目前主要电弧炉种类及特点。

2.1 超高功率电弧炉

所谓超高功率电弧炉，目前一般是指电弧炉所配置的变压器功率在700kV·A/t以上的电弧炉。超高功率电弧炉主要优点是缩短熔化时间，提高生产率；提高电热效率，降低电耗；易于与炉外精炼，连铸相配合，实现优质、高产、低能耗[1]。

近年来，超高功率电弧炉在我国的发展相当迅速，效果明显，技术日趋完善。了解和掌握超高功率电弧炉技术特征及技术效果，对于电弧炉炼钢的使用者和电弧炉设计者，都是非常必要的[2]。

2.1.1 超高功率电弧炉的技术特点

超高功率电弧炉与普通功率电弧炉相比，两者不仅经济效益和工艺技术指标差异明显，而且，电弧炉的主体设备和附属设备的配置也同样发生了明显变化。最为明显的特点是要求超高功率电弧炉不仅变压器具备较高的单位功率水平，而且随着变压器利用率提高，工艺及工艺流程也要优化，从而有效地抑制电弧炉产生的公害[3]。

超高功率电弧炉具有以下技术特点：

(1) 具备较高的单位功率水平。按照电弧炉的最大单位有效功率大小，电弧炉可分为普通功率（RP）、高功率（HP）和超高功率（UHP）电弧炉。超高功率电弧炉单位炉容的功率水平为700~1000kV·A/t。其中，变压器功率水平用变压器的额定功率（kV·A）与电弧炉的额定容量（t）或实际平均出钢量（t）之比来表示。

(2) 较高的电弧炉变压器最大功率利用率和时间利用率。超高功率电弧炉炉用变压器的最大功率利用率 C_2 和时间利用率 τ_u 均应不小于0.7。C_2 和 τ_u 的表达式为：

$$C_2 = \frac{P_r \tau_2 + P_j \tau_3}{P_e(\tau_2 + \tau_3)} \tag{2-1}$$

$$\tau_u = \frac{\tau_2 + \tau_3}{\tau_1 + \tau_2 + \tau_3 + \tau_4} \tag{2-2}$$

式中 P_r——熔化期的平均输入功率，kW；

P_j——精炼期的平均输入功率，kW；

P_e——变压器的额定功率，kW；

τ_1——上炉出钢至下炉通电的间隔时间，min；

τ_2，τ_3——分别为熔化和精炼时间，min；

τ_4——热停工时间，min。

以上两个技术特征应同时作为 HP 和 UHP 电弧炉所必备的标志，否则就得不到 HP 和 UHP 所应有的技术经济效益。

分析以上二式可知，提高变压器利用率、缩短冶炼时间、提高生产率的措施如下：

1）减少非通电时间，如缩短补炉、装料、出钢以及过程热停工时间，能提高时间利用率，缩短冶炼时间，提高生产率。

2）减少低功率的精炼期时间，如缩短或取消还原期，采取炉外精炼，缩短冶炼时间，提高功率利用率，充分发挥变压器的能力。

3）提高功率水平，提高功率利用率以及降低电耗，均能够缩短冶炼时间，提高生产率。

（3）较高的电效率和热效率。电弧炉的平均电效率应不小于 0.9；平均热效率应不小于 0.7。

（4）较低的电弧炉短网电阻和电抗，且短网电抗平衡。50t 以下的炉子，其短网电阻和电抗应分别不大于 0.9mΩ 和 2.6mΩ，短网电抗不平衡度应不大于 10%。大于 75t 的电弧炉其短网电阻和电抗应分别不大于 0.8mΩ 和 2.7mΩ，短网电抗不平衡度应不大于 7%。

超高功率电弧炉产生的公害包括烟尘、噪声以及对电网的冲击。

（1）烟尘与噪声。电弧炉在炼钢过程中产生的烟尘量大于 20000mg/m^3，占出钢量的 1%～2%，即 10～20kg/t，超高功率电弧炉取上限（由于强化吹氧等）。因此，电弧炉必须配备排烟除尘装置，使排放粉尘含量达到标准（<150mg/Nm^3）。目前最普遍的办法是采用炉顶第四孔排烟和屋顶罩相结合的除尘法。

超高功率电弧炉产生噪声高达 110dB，要求设法降低，达到国家标准。

（2）电网公害。电弧炉炼钢产生的电网公害主要包括电压闪烁与高次谐波。

1）电压闪烁（或电压波动）。电压闪烁实质上是一种快速的电压波动。它是由较大的交变电流冲击引起的电网扰动。电压波动可使白炽灯光和电视机荧屏高度闪烁，电压闪烁也由此得名。

超高功率电弧炉加剧了闪烁的发生。当闪烁超过一定值（限度）时，如0.1~30Hz，特别是1~10Hz闪烁，会使人感到烦躁，这属于一种公害，要加以抑制。

对电压闪烁进行抑制的方法是采取无功补偿装置，如采用晶体管控制的电抗器（TCR）。

2）高次谐波（或谐波电流）。由于电弧电阻的非线性特性等原因，使得电弧电流波形产生严重畸变，除基波电流外，还包含各高次谐波。产生的高次谐波电流注入电网，将危害公共电网电气设备的正常运行，如使发电机过热，使仪器、仪表、电器误操作等。

抑制的措施是：采取并联谐波滤波器，即采取L、C串联电路。

实际上，电网公害的抑制常采取闪烁、谐波综合抑制，即静止式动态无功补偿装置——SVC装置。但SVC装置价格昂贵，使得投资成本大为提高[4]。

2.1.2 超高功率电弧炉的技术难点及其克服措施

超高功率电炉的核心是缩短冶炼周期，提高生产率。而超高功率电弧炉的发展也正是围绕着这一核心，在完善电弧炉本体的同时，注重与炉外精炼等装置相配合，真正使电弧炉成为“高速熔器”，而取代了“老三期”一统到底的落后的冶炼工艺，变成废钢预热（SPH）—超高功率电弧炉（UHP）—炉外精炼（SR）—配合连铸（CC）或连轧，形成高效节能的“短流程”优化流程。相当于把熔化期的一部分任务分离出去，采用废钢预热；再把还原期的任务移到炉外，并且采用熔氧期合并的熔氧合一的快速冶炼工艺。

电弧炉作用的改变带来明显的效果，这一变革过程，日本人称之为“电弧炉的功能分化”。而其中扮演重要角色的是超高功率电弧炉，它的出现使功能分化成为现实，它的完善和发展促进了“三位一体”“四个一”电弧炉流程的技术进步。

电弧炉的功能分化结果使超高功率电弧炉仅保留熔化、升温和必要精炼功能（脱磷、脱碳），而其余的冶金工作都移至钢包炉中进行。钢包炉完全可以为初炼钢液提供各种最佳精炼条件，可对钢液进行成分、温度、夹杂物、气体含量等严格控制，以满足用户对钢材质量越来越严格的要求。同时也对超高功率电弧炉提出了更高的要求，即要求尽可能把脱磷，甚至部分脱碳提前到熔化期进行，而熔化后的氧化精炼和升温期，只进行碳的控制和不适宜在加料期加入的较易氧化而加入量又较大的铁合金的熔化。

超高功率电弧炉采用留钢操作，熔化一开始就有现成的熔池，辅之以强化吹氧和底吹搅拌，为提前进行冶金反应提供良好的条件。从提高生产率和降低消耗方面考虑，要求电弧炉具有最短的熔化时间和最快的升温速度以及最少的辅助时间，以期达到最佳经济效益。

由于超高功率电弧炉所匹配的变压器容量比普通功率电弧炉高1~2倍，而二次最高电压约为普通功率电弧炉的1.5倍，最大二次电流为普通功率电弧炉的1.6倍。因此，电弧炉在运行过程中潜在的问题将随着电弧炉容量的扩大、变压器功率水平的不断提高而明显地表现出来。采用交流供电时就更为突出。

超高功率交流电弧炉的技术难点有：

(1) 交流电弧每秒过零点100次，在零点附近电弧熄灭，然后再在另一半周重新点燃，造成交流电弧燃烧及其输入炉内功率的不稳定性和不连续性。短而粗(低电压大电流操作)的电弧其输入功率相对的要比长而细的电弧(高电压低电流)稳定。

(2) 冶炼中因为电弧频繁短路和断弧造成电压波动频繁，同时因为功率因数低，无功功率频繁波动，引起频繁而强大的电压闪烁，最终对前级电网产生剧烈的冲击。因此，当前级电网的短路容量小于电弧炉变压器容量的60~80倍时，就需要配备动态补偿装置。

(3) 三相电弧弧长和功率的变化在时间上不一致，造成三相负载不对称。不仅对前级电网产生很大的干扰和冲击，且造成三相功率不平衡和严重的炉壁热点及废钢熔化不均衡。

上述三个技术难点是交流供电本身所不可避免的，大大限制了超高功率电弧炉的发展和电弧炉的进一步大型化。采用直流供电可以说是唯一的根本措施，这也是直流电弧炉得以迅速发展的根本原因。

(4) 炉内输入功率提高后，电弧长度增加，对炉衬的辐射增加，炉衬寿命大幅度下降。为此，应采用水冷炉壁(盖)和泡沫渣操作。

此外，由于超高功率电弧炉特别强调其功率水平的提高和变压器最大功率的利用率、时间利用率，对超高功率电弧炉的装备和工艺提出了更高的要求，以至于超高功率电弧炉必须辅助以偏心底出钢、炉外精炼、废钢预热、电极水冷技术、吹氧喷炭、喷补机械、导电横臂、冶炼过程的计算机控制以及自动加料系统等技术装备，这已成为超高功率电弧炉的最基本配置。

针对超高功率交流电弧炉的技术难点，克服措施有：

(1) 改进技术与供电方式。

(2) 提高炉衬寿命。

(3) 提高最大功率利用率和时间利用率。

提高电弧炉变压器功率水平，首先要求供电回路能够承受强大的供电电流；石墨电极要能承受大电流，而又不希望增大电极的极心圆直径，还不能增加电极消耗；尽可能降低三相功率的不平衡；同时要避免磁场强度的增加而引起构件的过热现象。其相关技术和措施有：

(1) 采用大电流水冷（空心水冷）铜管、铜钢复合或铝质导电横臂。

(2) 大电流超高功率用石墨电极并辅以水冷电极技术。

(3) 改进短网布线，从而改善三相功率的平衡。

(4) 在冶炼工艺允许情况下，尽量采用高阻抗技术。

(5) 在接近导电体附近的构件中采用水冷及隔磁措施，尽量避免产生涡流而发热。

在提高炉衬寿命方面，由于炉内输入功率提高，电弧长度增加且其功率提高，对炉衬的辐射大大增加。同时，产生严重的炉壁热点，导致了炉壁和炉盖使用寿命大幅度下降。为改善电气运行特性又能提高炉衬寿命，采用的相关技术和措施有：

(1) 使用水冷炉壁和水冷炉盖。

(2) 采用泡沫渣操作。

这两项措施不仅大大提高了炉衬寿命，还为超高功率电弧炉由低电压大电流的短弧操作改为长弧操作提供了重要的技术保证[5]。

耐火材料侵蚀（磨损指数），这一概念是20世纪60年代后期由W. E. Schwabe提出的，70年代后被接受，用来描述由于电弧辐射引起的耐火材料损坏的指标，并以耐火材料侵蚀指数的大小来反映耐火材料的电弧炉炉壁的损伤程度。

对于采用耐火材料砌筑炉衬的普通功率和中高功率的电弧炉来说，其表达式为：

$$R_E = \frac{P_a U_a}{d^2} \tag{2-3}$$

式中 R_E——耐火材料磨蚀指数，$kW \cdot V/cm^2$；

P_a——电弧功率，kW；

U_a——电弧电压，V；

d——电极侧面到炉壁的最小距离（需考虑电极端变细部分的情况），cm。

现在这一概念已广泛用于表征炉衬耐火材料的热负荷及电弧对炉壁的损伤程度。电弧炉耐火材料磨蚀指数 R_E 的允许值为 $80 \sim 150kW \cdot V/cm^2$，也有的取 $200kW \cdot V/cm^2$。

这一概念考虑了炉壁与点状弧光电源的相对位置，而且包含了表征影响电弧辐射强度的重要参数：功率 P 和电弧长度的决定因素——电弧电压 U，因而能较好地反映炉壁的侵蚀程度。它较适合于电弧未被掩埋的情况，但未考虑熔化期及泡沫渣操作时电弧被废钢和炉渣包裹的情况，以及炉壁的原始温度情况。

对于直流电弧炉，式（2-3）应修正为：

$$R_{\mathrm{I}}=\alpha\frac{P_{\mathrm{a}}U_{\mathrm{a}}}{d^2} \tag{2-4}$$

修正系数 α 的取值为：

(1) 对于直流电弧炉，由于通常只有一根石墨电极，在偏弧不严重时，其电弧能量可视为均匀地分布在整个炉壁的四周，$\alpha=1/3\sim1/5$。

(2) 在直流炉内产生严重偏弧时，由于直流电弧比交流电弧长得多，且能量更集中，电弧的辐射大大增加，对炉壁的危害也比交流电弧大，则 $\alpha=1\sim2$。

而对于超高功率管式水冷炉壁来说，耐火材料指数的概念已经不再适用，而是用电弧喷射指数 ABI 来衡量电弧对炉衬的损伤程度，则有：

$$ABI=\frac{P_{\mathrm{ABC}}U_{\mathrm{ABC}}}{3d^2}\ (\mathrm{MW\cdot V/m^2}) \tag{2-5}$$

发展超高功率电弧炉的核心是提高电弧炉的生产率，降低操作成本。因此，要最大限度地提高变压器的最大功率利用率和时间利用率。由式（2-1）和式（2-2）可见，主要有三个途径：

(1) 缩短非升温的还原期，把炉内的任务转移到炉外，分化电弧炉的冶金功能，提高电弧炉炼钢过程的连续性。

(2) 增加除电能以外的其他能源及利用电弧炉废气余热加快废钢的熔化。

(3) 缩短热停工时间。

在缩短非升温时间使电弧炉功能分化方面，采用偏心底出钢达到氧化性无渣出钢与炉外精炼双联的工艺流程、采用双炉壳电弧炉，这是很有效的措施。

在增加除电能以外的其他能源方面，采用强化供氧、氧燃烧嘴助熔，是加快废钢熔化、强化冶炼的有效的办法。

利用电弧炉废气的余热预热废钢，辅助以氧燃烧嘴和二次燃烧（后燃烧）技术，以及竖炉、连续加料式电弧炉，是加快废钢熔化的又一有效的措施。

2.1.3 超高功率电弧炉配套相关技术的功能和效果

超高功率电弧炉配套相关技术的功能和效果见表 2-1。

表 2-1 超高功率电弧炉的配套相关技术的功能和效果概况

技术名称	功 能	效 果
导电横臂	铜钢复合或铝质导电横臂，代替大电流水冷铜管	降低电抗，提高输入功率，简化设备与水冷系统，减轻质量，便于维护
水冷电极	减少电极氧化损失	电极消耗降低 20%～40%
水冷炉壁（盖）	代替炉壁和炉盖砌砖，测定炉壁热流量，控制最佳输入功率，大幅度提高炉衬寿命	是改短弧操作为长弧操作的基础，耐火材料消耗减少 50%

续表 2-1

技术名称	功　能	效　果
长弧泡沫渣操作	取代短弧操作，提高功率因数，吹氧的同时喷炭造泡沫渣埋弧，以减轻电弧对炉衬的辐射	功率因数提高到 0.85 以上，提高电弧稳定性，大幅度提高炉衬寿命，缩短冶炼时间，节电
偏心底出钢	代替出钢槽出钢，实现无渣出钢和留钢操作	炉子倾角减小 20°~30°，短网缩短 2m，输入功率提高，缩短冶炼时间 5~10min，出钢流紧密，减少二次氧化与温降，出钢温度可降低 30℃，节电 20~25kW · h/t
氧燃烧嘴	消除炉内冷点，补充热能，也可往炉内供氧	是废气预热废钢的基础，使熔化均匀，缩短冶炼时间 10~25min，节电 35~65kW · h/t
炉门喷炭粉	吹氧的同时喷炭造泡沫渣埋弧	使电弧炉可采用高功率因数的长弧操作，提高输入功率，缩短冶炼时间，提高炉衬寿命
吹氧机械手	吹氧助熔，提供碳、硅、磷等氧化所需氧源，造泡沫渣	加速熔化完成氧化期任务，吹氧 $1m^3/t$ 可节电 4~6kW · h/t，改善劳动条件
炉外精炼	加热、造渣、吹气、真空处理、合金化，完成炉内脱硫脱氧合金化任务和去气去夹杂	是缩短和取消还原期的基础，电炉短流程必备技术。提高钢质量，可降低电弧炉出钢温度 50~70℃，缩短冶炼时间 10~25min，节电 32kW · h/t，节约电极 16.1%，减少耐火材料消耗，降消耗 10%~30%
喷补炉衬机械	往炉内投加补炉料补炉	改善劳动条件，提高补炉质量，缩短补炉时间
第四孔加密闭罩除尘系统	净化一次、二次烟尘，降低电弧炉的噪声危害	改善环境条件，排放气体含尘量不大于 $150mg/Nm^3$，电弧炉作业区噪声降到 90dB 以下
废钢预热	利用第四孔排出热烟气或连续加料预热废钢，回收热能	废钢预热温度可达 200~600℃，缩短冶炼时间 5~8min，节电 20~50kW · h/t
冶炼过程计算机控制	按热模型与冶金模型配料计算，热平衡计算，最佳输入功率控制，车间电负荷调节，合金计算，吹氧计算并同时控制各设备动作，与上位管理计算机联网进行生产管理	实现冶炼生产的最佳技术经济指标，节电 5%，降低吨钢生产成本 11%

续表 2-1

技术名称	功 能	效 果
无功功率静止式动态补偿装置	消除或减弱电弧炉冶炼中负荷波动造成的电压闪变与谐波对电网的危害	将电弧炉对电网造成的污染，控制在可接受的范围内
电弧炉底吹	电弧炉底吹惰性气体搅拌熔池	熔化期缩短 5min，节电 16kW · h/t；氧化期缩短 3min；还原期缩短 10min；节电 32kW · h/t；铬和硅铁烧损分别减少 1kg/t 和 4kg/t

2.2 高阻抗交流电弧炉

电弧炉高（超高）功率供电分为“大电流、大功率”短弧操作与“高电压、大功率”长弧操作，后者是随着水冷炉壁（盖）和泡沫渣技术出现而得以实现的。长弧操作虽然能获得高的功率因数，但比短电弧的稳定性差，而随着电弧炉容量的不断扩大、变压器功率水平的提高，对前级电网的冲击和噪声问题日益突出。为此，普遍采用昂贵的静止式动态补偿装置和同步补偿器，以及同电弧炉并联的所有在噪声发生后起补偿作用的其他设备，这些措施采用对电弧炉产生的冲击和噪声进行补偿的介入方法。

为了提高交流超高功率电弧炉的功率因数和减少对电网的干扰，意大利达涅利公司率先开发了高阻抗交流电弧炉技术，即很多文献中讲述的 Danarc 交流电弧炉技术。但实际上 Danarc 不是特指高阻抗（或变阻抗）交流电弧炉，它包括交流电弧炉、直流电弧炉等现代先进的炼钢技术，同时也包括辅助系统[6]。

2.2.1 高阻抗交流电弧炉工作原理

交流电弧炉大面积水冷炉壁的采用及泡沫渣埋弧操作技术的发展，使得长弧供电成为可能。长弧供电有许多优点，虽然高电压的长弧供电使功率因数大幅度提高，但是使短路冲击电流大为增加，导致了电弧不稳定、输入功率降低。而高阻抗交流电弧炉是从改善电弧炉的动态行为，稳定电弧炉操作，从其产生的冲击源和噪声源入手，通过增加稳定操作所需的电感来选择合适的阻抗，以达到稳定电弧、减少对电网冲击、降低短网的电损失及降低石墨电极消耗的目的。其做法是在电弧炉变压器前一次侧串联一电抗器装置来稳定电弧，以便适应长弧供电的需要，为此又称为高阻抗电弧炉[7]。

在电弧炉变压器的一次侧串联一电抗器，可以串联一铁芯式电抗器或空心式电抗器。但因空心式电抗器通常需要做成三个单相的，其体积庞大并产生强大磁场而不被采用。大多数是串联带有几个抽头的铁芯式电抗器使回路的电抗值提高到原来（同容量）的1.5~2倍左右。图2-1为低阻抗与高阻抗交流电弧炉的电气单线流程图。

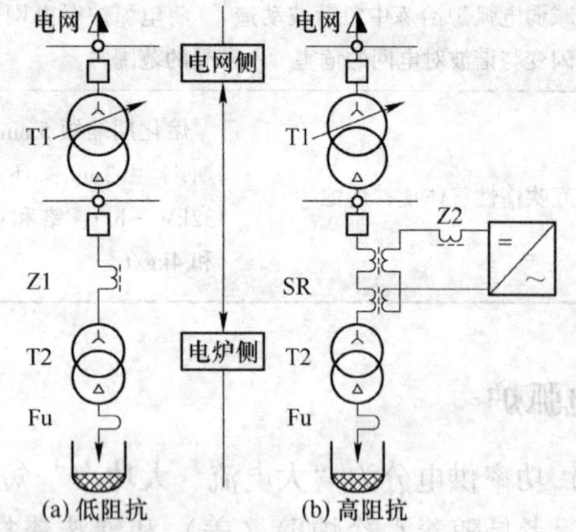

图2-1 低阻抗与高阻抗交流电弧炉电气单线流程图

2.2.2 高阻抗电弧炉的主要工作特点

高阻抗电弧炉的主要工作特点有：

(1) 较小的电极电流降低了电极消耗。

(2) 由于长弧操作，熔化期操作时废钢塌落损坏电极的危险减到很小。

(3) 由于电弧稳定，可以输入高的综合功率。

(4) 减小了短网的电流，也就降低了横臂和水冷电缆所受的电动力，机械振动小、维修减少。

(5) 由于电流波动减少，电网上的闪烁和波形畸变的发生也少。

在高阻抗电弧炉基础上达涅利公司又开发了带饱和电位器的电弧炉，即所谓的变阻抗交流电炉。用饱和电位器作为“电流限制器”波动就可以减少。其原理是利用铁磁材料的非线性磁化特性。

铁芯的饱和度由一个直流电控制，当负荷电流达到非饱和电位器的设定值，在荷载线圈中就发生一个感应电压降，因此限制了电流。带一个饱和电抗器的交流电弧炉的荷载特性变得近似于可控硅整流器控制的直流电弧炉，如图2-2所示的曲线1和曲线3。该电弧炉的主要特点为：

(1) 载荷在大范围变动时，操作电流不变。

(2) 由于有功功率负荷波动引起电网上的电压波动即闪烁，该电弧炉可使有功功率波动减少，从而电网中的电压波动也减少。

(3) 作用在电极、横臂、软电缆上的作用减少，因此机械磨损低。

(4) 由于电抗是一个有效的荷载电流，故可即时反应。

(5) 不需要电流控制环。

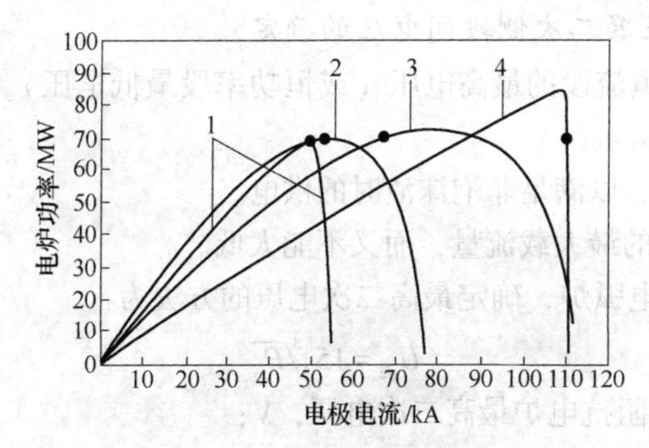

图 2-2 交流电炉的荷载特性

1—AC，可渗透电抗器，50kA；2—AC，高阻抗，固定电抗器，50kA；
3—AC，低阻抗，65kA；4—DC，110kA

高阻抗超高功率电弧炉与普通阻抗超高功率电弧炉的主要区别，是在电气主回路中的参数选择上的区别。主要表现在以下几个方面：

(1) 电弧特性不同。由于在高阻抗电弧炉主回路中串联一台电抗值很大的电抗器，它能使电弧连续而稳定地燃烧；它还使运行短路电流倍数降低，从而减轻了电压闪变及减少了谐波发生量。

(2) 主回路电抗值相差很大。由于高阻抗电弧炉主回路的电抗值很大，使电弧燃烧稳定、电弧电流减小、电弧功率加大、电效率提高。但需要注意的是高阻抗也会带来一定的不良影响，使高压真空断路器的操作上出现严重的过电压。另外，也因电感值非常大而产生很高的过电压。

(3) 变压器二次电压选择上相差悬殊。高阻抗电弧炉变压器二次电压很高，据国外报道，目前已高达 1200V 以上。高阻抗电弧炉的基本设计思想是用提高电弧电压，即加大电弧的阻性负载来补偿电抗器的感性负载，使之达到一个理想的功率因数值。较高的变压器二次电压和电抗值较大电抗器的配合使用，是使功率因数保持在合适范围内所必需的。

总之，高阻抗电弧炉变压器二次电压和电抗器电抗值的选择，是高阻抗电弧炉设计的关键。如果二次电压选择不够高，而电抗值又偏大，反而其电耗指标还不如普通阻抗电弧炉。这一点非常重要，设计者对此必须要有明确的认识。但也不是说二次电压越高越好，当最高二次电压超过 1000V 时，电弧稳定性变差，带有导电物的灰尘也会造成设备因短路而损坏，建议一般不要轻易采用。

2.2.3 高阻抗电弧炉变压器参数

高阻抗电弧炉设计主要是电弧炉变压器主要参数的确定和串接电抗器总容量及分档容量的确定。当电弧炉变压器的容量确定之后，主要是确定变压器的二次电压及其档位。

2.2.3.1 变压器二次侧段间电压的确定

段间电压即恒电流段的最高电压（或恒功率段最低电压）。段间电压的确定原则主要考虑以下两点：

(1) 不能太高，以满足非泡沫渣时的供电。

(2) 限制设备的最大载流量，而又不能太低。

对于普通阻抗电弧炉，确定最高二次电压的方法为：

$$U_{p2}=15\sqrt[3]{P_n} \tag{2-6}$$

式中 U_{p2}——普通阻抗电炉最高二次电压，V；

P_n——变压器的额定容量，kV · A。

高阻抗电炉二次侧段间电压，以普通阻抗电炉二次侧最高二次电压值为设计准则，最好低于其 1~2 个档位。

2.2.3.2 变压器二次侧最高二次电压的确定

(1) 以计算来确定最高二次电压。对于高阻抗电弧炉，是以普通阻抗电弧炉的二次电压为基础，提高电抗和二次电压。根据冶炼工艺要求、操作水平，通过计算来确定恒功率段与恒电流段电压范围。

(2) 以段间电压确定。通常对高阻抗电弧炉变压器最高二次电压是根据变压器容量来确定的，一般为：

变压器容量	最高二次电压
≤30MV · A	段间电压以上 3~5 级
30~50MV · A	段间电压以上 5~7 级
50~90MV · A	段间电压以上 7~9 级
≥90MV · A	段间电压以上 9~12 级

2.2.3.3 变压器二次侧最低电压的确定

变压器二次侧最低电压主要是满足电炉工艺要求，即钢液保温的要求，确定保温电压。现代电弧炉炼钢“三位一体”流程，电弧炉仅作为高速熔化金属的容器，“老三期”冶炼工艺已经基本不存在，最低电压过低用处不大。可以说二次电压档数多是不可能全部都用到的，虽然级数多了压差就会小一些，有利于保证有载开关的使用性能，但变压器造价也相应会增加，综合考虑最低电压不要取得过低，对于高阻抗电弧炉最低电压的参考数据为：

变压器容量	最低电压
<25MV · A	200~300V
25~60MV · A	300~350V
60~80MV · A	350~450V
80~100MV · A	450~550V
>100MV · A	500~570V

2.2.3.4 恒功率段和恒电流段

将段间电压到最高二次电压的区间称为恒功率段。恒功率段是满足熔化与快速提温期间不同阶段均能满足大功率供电，即在主熔化期或完全埋弧期采用高电压、小电流供电，在快速升温期埋弧不完全或电弧暴露期采用低电压、大电流供电。

将段间电压到最低二次电压的区间称为恒电流段。恒电流段是满足精炼期的调温、保温的需要，即满足低电压、小电流供电。

2.2.3.5 二次侧电压级差的确定

在变压器制造工艺允许的情况下尽量采用恒压差，通常二次侧电压压级差是根据变压器容量来确定的，一般为：

（1）变压器容量≤30MV·A时采用恒压差为15~20V，共计7~13级。

（2）变压器容量30~50MV·A时采用恒压差为20~25V，共计13~15级。

（3）变压器容量50~90MV·A时采用恒压差为25~30V，共计15~17级。

（4）变压器容量≥90MV·A时采用恒压差为25~30V，共计17~21级。

变压器在制造工艺上采用恒压差往往是比较困难的，实际上，更多的是采用近似于恒压差的电压等级。这就需要和变压器制造单位的设计人员进行交流后确定各级实际压差值。这种做法是比较符合实际的。当然，根据变压器是三角形接法还是星形接法的不同，二次电压压差还会有其他不同情况。

大型变压器二次电压可多达几十级，使用时并不能全部用到，常用的仅占少数。较多的级数设置一是为了适应性更强，二是小的级差设置可延长变压器调压开关的使用寿命。

2.2.4 高阻抗电弧炉操作原则

在熔化初期，为了防止电弧对炉盖的损伤和电弧不稳定，在刚开始送电的1~3min时间内，用较低的电压送电。当电极下降产生穿井后，开始增加电压，输入最大功率，原料不断地熔化形成钢液。当废钢炉料基本熔化时，开始减小电压操作。这是超高功率、高阻抗电弧炉操作的基本思路，是为了提高效率、缩短熔化时间。对于电弧热在圆周上形成的冷热不均，在冷点有必要采用氧枪助熔，可进一步缩短熔化时间。

熔清后进一步降低电压，以便不熔损炉盖、炉壁。进入氧化期，在钢液达到规定的温度后马上吹氧，在进行氧化精炼的同时将碳脱到目标值。

现代电弧炉冶炼过程供电基本可分为5~6个阶段（期），由于各阶段的情况不同，所以供电情况也不同。

第一阶段——起弧期：通电开始，在电弧的作用下，一小部分元素挥发，并被炉气氧化，生成红棕色的烟雾，从炉中逸出。从送电开始的1~2min内，称为起弧期。此时电流不稳定，电弧在炉顶附近燃烧辐射，二次电压越高，电弧越长，对炉顶辐射越厉害，电弧极易击穿炉盖，并且热量损失也越多。为了保护炉顶，在炉子的上部布置一些轻薄小料，以便让电极快速插入炉料中，以减少电弧对炉顶的辐射；供电上采用较低电压小电流供电。

第二阶段——穿井期：起弧完了至电极端部下降到炉底为穿井期。此期虽然电弧被炉料所遮蔽，但因不断出现塌料现象，电弧燃烧不稳定，供电上采取较大的二次电压、大电流或采用高电压带电抗操作，以增加穿井的直径与穿井的速度。但应注意保护炉底，办法是：加料前采取用石灰垫底，炉中部布大、重废钢以及合理的炉型。

第三阶段——主熔化期：电极下降至炉底后开始回升时主熔化期开始。随着炉料不断的熔化，电极渐渐上升，至炉料基本熔化（≥80%），仅炉坡、渣线附近存在少量炉料，电弧开始暴露给炉壁时主熔化期结束。主熔化期由于电弧埋入炉料中，电弧稳定、热效率高、传热条件好，故应以最大功率供电，即采用最高电压、大电流供电。主熔化期时间占整个熔化期的70%左右。

第四阶段——熔末升温期：电弧开始暴露给炉壁至炉料全部熔化为熔末升温期。此阶段因炉壁暴露，尤其是炉壁热点区的暴露受到电弧的强烈辐射，故应注意保护炉衬。对泡沫渣埋弧操作情况，供电上采取高电压、大电流，否则应采取低电压、大电流。

第五阶段——熔清后、氧化期：此阶段因炉壁暴露，受到电弧的强烈辐射，故应注意保护炉衬。对泡沫渣埋弧操作情况，供电上采取较高电压、大电流，否则应采取低电压、大电流。

第六阶段——出钢前期：此阶段不但炉壁暴露，受到电弧的强烈辐射，而且渣较稀薄，故应注意保护。当钢水温度已符合要求，应采取保温供电，即采用低电压、低电流，电流一定要调整控制。

在以上的叙述中，虽然将电弧炉冶炼分为六个阶段，但是在现代电弧炉炼钢中，各阶段的区分是不明显的，时常会出现两个阶段同时在进行，也难以说清楚其分界点。

总之，钢水熔清后应根据泡沫渣埋弧情况，决定是否采取高电压，否则供电上采取低电压。而电流的控制是根据钢水升温的需要，如磷已达到要求，此时可放手提温，快速去碳。如磷没有达到要求，则要控制升温速度（控制电流），调渣去磷，注意放渣、造新渣操作。

2.2.5 高阻抗电弧炉与其他电弧炉各项指标的对比

以100t电弧炉为例，对超高功率高阻抗电弧炉与普通阻抗电弧炉的各项指标进行对比。表2-2给出了超高功率电弧炉（100t）的典型运行参数。从中可以看到，普通阻抗电弧炉变压器容量和钢液的比功率小，功率因数比较低。此外，短路阻抗、弧长等数值均较小，导致二次电流过大，因此必须采用大直径的石墨电极。

表 2-2 普通阻抗电弧炉与高阻抗电弧炉运行参数的对比

序号	参 数	普通阻抗电弧炉	高阻抗电弧炉
1	电极直径/mm	610	508
2	电极分布圆直径/mm	1400	1200
3	短路阻抗/MΩ	3.53	7.03
4	回路总阻抗/MΩ	5.19	14.40
5	变压器额定容量/kV·A	60	100
6	二次最高电压/V	558	1200
7	二次额定电流/kA	62.1	48.1
8	功率因数	0.70	0.84
9	有功功率/MW	42.1	84.0
10	电弧功率/MW	36.2	78.9
11	电弧长度/mm	150	500
12	电效率/%	86	94
13	电抗器容量/Mvar	—	16
14	电抗器电抗值/MΩ	—	2.3

从表 2-3 中可以看到，普通电弧炉的电极消耗过高（由于大电流操作）和耐火材料消耗过高（由于缺少水冷炉壁和泡沫渣技术）。

表 2-3 普通阻抗电弧炉与高阻抗电弧炉单耗指标对比

<table>
<tr><th>序号</th><th colspan="2">单耗指标</th><th>普通阻抗电弧炉</th><th>高阻抗电弧炉</th></tr>
<tr><td>1</td><td colspan="2">电能消耗/kW·h·t^{-1}</td><td>520</td><td>300</td></tr>
<tr><td>2</td><td colspan="2">石墨电极消耗/kg·t^{-1}</td><td>5.0</td><td>1.2</td></tr>
<tr><td rowspan="2">3</td><td rowspan="2">耐火材料消耗/kg·t^{-1}</td><td>耐火砖</td><td>22</td><td>0.5</td></tr>
<tr><td>捣打料</td><td>12</td><td>2.5</td></tr>
</table>

表 2-4 给出 100t 普通阻抗电弧炉、高阻抗电弧炉生产指标对比。在普通阻抗电弧炉中，由于采用短电弧冶炼，使得电极同炉料频繁接触，所以电极折断率非常高，经常接电极也影响生产率指标。短电弧的另一负面效应是在穿井期间，运行电抗非常高，这也导致降低平均功率，延长冶炼时间。

表 2-4　普通阻抗电弧炉与高阻抗电弧炉生产指标对比

序号	参数	单位	普通电弧炉	高阻抗电弧炉
1	熔化时间	min	74	28
2	冶炼时间	min	144	45
3	日冶炼炉次	炉	10	32
4	日生产量	万吨	0.1	0.32
5	月生产量	万吨	2.8	9.2
6	年生产量	万吨	30	100
7	生产率	t/h	42	133

表 2-5 为普通低阻抗超高功率交流电弧炉、高阻抗交流电弧炉、变阻抗交流电弧炉和直流电弧炉的操作指标。从中可知，与普通交流电弧炉比，直流电弧炉在降低电网闪变和减少电极消耗方面的明显优势，但与 Danarc AC 变阻抗电弧炉相比，直流电弧炉在降低电网闪变方面的优势已不存在了。

表 2-5　几种电弧炉的典型操作指标

电弧炉类型	低阻抗交流电弧炉	高阻抗交流电弧炉	Danarc 交流变阻抗电弧炉	直流电弧炉
电耗/kW · h · t^{-1}	390~430	360~410	360~400	360~400
电极消耗量/kg · t^{-1}	2.5~3.0	1.9~2.4	1.7~2.2	1.2~1.7
功率因数	0.80~0.85	0.80~0.85	0.80~0.85	0.85~0.90
电流波动/%	40~50	34~36	25~30	28~32
电效率/%	92~94	95~97	95~97	95~97

2.3　连续加料电弧炉

连续加料电弧炉指水平连续加料电炉（Consteel Furnace），可实现炉料连续预热，也称炉料连续预热电炉（而竖炉仅为炉料半连续预热）。水平连续加料电弧炉 20 世纪 80 年代由意大利得兴（Techint）公司开发，1987 年最先在美国的纽柯公司达林顿钢厂（Nucor-Darlington）进行试生产，90 年代开始流行，获得成功后在美国、日本、意大利等推广使用，我国也投产了大量 Consteel 电炉。

2.3.1　水平连续加料电弧炉工作原理

把废钢从料场或铁路车皮运到电弧炉车间的加料段附近。把废钢用吊车的电磁吸盘将炉料装入传送机，通过加料传送机，自动、连续地从电弧炉 1 号和 3 号电极一侧的炉壳上部部位加入电弧炉内，并始终在炉内保持一定的钢水量。同时，电弧炉内的烟气逆向通过预热段不断地对炉料进行预热[8]。

水平连续加料电弧炉具有独特的连续熔化和冶炼工艺。将预热的废钢和炉料连续加入到炉内的钢水中，并得到迅速熔化。这可以保证恒定的平熔池操作，这是水平连续加料电弧炉的关键所在。电弧能够稳定地在平熔池上工作，由于电极的操作平稳，可以显著地降低电压闪烁和谐波，对前级电网的冲击小，降低电弧炉变压器容量，节约能源。同时又使废气较为均匀地排放，有利于除尘系统的配置和控制。

典型的系统设备是：连续加料系统由 3~4 段（2~3 段为加料段，最后 1 段为废钢预热段）传送机串联组成，其宽为 1.2~1.5m，深为 0.3m，长为 60~75m。也有的水平连续加料底宽为 2.2m，顶部宽为 2.7m，高为 1m，装入传送机的废钢高度为 0.7~0.8m，传送机速度为 2~6m/min 可调。废钢由铁路车皮（或汽车）运输到炉子料场的加料区，由电磁吊把废钢吊到传送机上。全封闭的废钢预热段为 18~24m 长，内衬以耐火材料并用水冷密封装置密封，以防封闭盖和预热段底漏气。预热段还可装置天然气烧嘴（因只由废气的化学热和显热已足够，现在已不设置）。废钢由废气和燃料加热到 600℃（设计加热温度）。

水平连续加料电弧炉工作原理如图 2-3 所示。

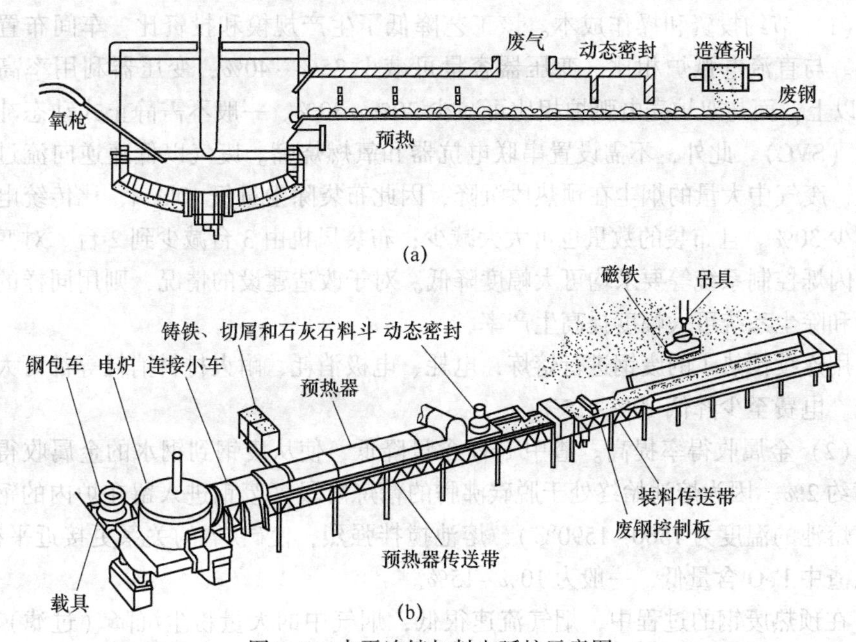

图 2-3 水平连续加料电弧炉示意图

2.3.2 水平连续加料电弧炉的主要工艺特点

电弧炉连续炼钢工艺的主要特征有：始终保持一定的留钢量（40%左右）用

作熔化废钢的热启动；熔池温度保持在合适的范围内，以确保金属和熔渣间处于一恒定的平衡和持续的脱碳沸腾，使熔池内的温度和成分均匀；泡沫渣操作可连续、准确的控制，这对于操作过程的顺利进行非常重要；废钢传送机内废钢混合的密度、均匀性和均匀分布，对炉内熔池成分能否保持在规定的范围内及废气中可燃物质的均匀分布影响很大；炉内和预热段内废气量和压力的控制对废钢预热非常重要[9]。

将废钢运输到炉子料场的加料区，由电磁吊把废钢吊到上大下小的梯形传送机上，通过预热段，进入一衔接小车（一可伸缩的输送设备，用于衔接预热段和炉子）并送入电弧炉内。预热装置的设计包括一个用于控制排放CO的“炉后燃烧器”。设计的废钢预热温度为600℃（国内实际使用预热温度在300℃左右）。水平连续加料电弧炉系统废气出口温度为900℃（无辅助烧嘴时），如为满足环保要求需把废气温度提高到1000~1100℃，也只需在预热段加设一小烧嘴即可。废钢预热段的隔水密封装置的位置的安排是特别重要的。

水平连续加料电弧炉由于实现了废钢连续预热、连续加料、连续熔化，与传统的电弧炉比较，水平连续加料电弧炉连续炼钢工艺的主要优越性有[10]：

（1）节约投资和操作成本。该工艺降低了生产规模和投资比，车间布置更紧凑。与直流电弧炉相比，变压器容量可减少35%~40%，变压器利用率高达90%以上；而与双炉壳电弧炉相比可减少20%~30%。一般不需静止式动态补偿装置（SVC）。此外，不需设置串联电抗器和氧燃烧嘴。废气以低速逆向流过预热段，废气中大量的烟尘在预热段沉降，因此布袋除尘量仅10kg/t，比传统电弧炉减少30%。且布袋的数量也可大大减少；布袋风机由3台减少到2台。对变电所、闪烁控制系统等要求均可大幅度降低。对于改造建设的情况，则用同样的变压器和除尘系统可大幅度提高生产率。

用连续预热了的废钢进行熔炼，电耗、电极消耗、耐火材料消耗等都可大大降低。电费至少降低10%~15%。

（2）金属收得率提高。渣中FeO含量降低，使从废钢到钢水的金属收得率提高约2%。因为熔池始终处于脱碳沸腾的精炼阶段（废钢进入留在炉内的钢水时，熔池的温度为1580~1590℃），熔池搅拌强烈，使碳/氧的关系更接近平衡，所以渣中FeO含量低，一般为10%~15%。

在预热废钢的过程中，烟气流速很低，烟气中的大量粉尘沉降（过滤）下来，重新进入炉内进行冶炼，从而提高了约1%~2%的废钢铁料回收率。

（3）钢中气体含量低。因为原料进入熔池时，经预热段后其中的碳氢化合物已被完全燃烧，且一般不用氧燃烧嘴和天然气预热烧嘴，所以杜绝了氢的来源。而在整个熔炼中，熔池始终处于脱碳沸腾的精炼阶段，熔池搅拌强烈，且采用泡沫渣深埋电弧操作，减少了进入炉内的气体量及气体进入熔池的可能性。因此，可使钢中的［H］和［N］的含量保持在很低的水平。此外，钢水连续的脱碳沸腾，也保证了良好的脱硫和脱磷效果。

（4）对原料的适应性强。水平连续加料系统可以使用废钢、生铁、冷态或热装直接还原铁矿（DRI）和热球团矿（HBI）、铁水和 Corex 海绵铁。其中，铁水加入量可达 20%~60%，也是连续地加入炉内的。

（5）废气的处理简便。因有一段较长的预热段，确保了废气在靠近电弧炉的 2/3 长度的预热段进行充分反应，可方便地实现对释放的废气中的 CO、VOC 和 NO_x 进行严格自动控制。因环保要求需提高废气温度时，也只需在预热段加一小烧嘴以提高废气温度，不像其他电弧炉那样需特设一专用的庞大的炉后处理系统[11]。

目前水平连续加料电弧炉存在的问题：

（1）废钢预热温度低。多年来，电炉钢的专家们致力于废钢预热装置的研究，于是产生了预热废钢炉料的多种方式和方法。从回收能量的多少（即废钢预热温度高低）来排队，从差到优的顺序应该是：水平通道预热电炉（Consteel）、竖炉预热（Fuchs）及带燃烧器的竖炉废钢预热技术。水平通道连续加料电弧炉的高温烟气单纯地从废钢炉料的上方通过，没有采用其他辅助措施，主要靠辐射将热量传给废钢并将废钢预热，较其他烟气穿过废钢料柱直接进行热交换的废钢预热方式，如竖炉式电弧炉的废钢预热效果差的很多。虽然其发明者认为水平连续加料工艺可将废钢预热至 600℃左右，设备供应商也宣传可将废钢预热到 400~600℃，但生产实践表明，经预热后的废钢温度上下不均（上高下低），距表面 600~700mm 处的废钢温度低于 100℃，其节能效果仅为 25kW · h/t 钢，基本与理论计算值相符。我国引进的多台 Consteel 电炉厂家普遍反映废钢预热效果不好，达不到供应商所宣传的指标。而一般只在 200~300℃，特别是对配加生铁炉料的电弧炉，生铁被预热的温度会更低。

（2）预热通道漏风量大。Consteel 电弧炉废钢预热装置的主要漏风点有：电炉与废钢预热通道的衔接处（此处是必不可少的）；预热通道水冷料槽与小车水冷料槽的叠加处；上料废钢运输机与预热通道之间所谓的动态密封装置处。动态密封装置设计思路是好的，但要准确控制则比较困难，较多单位的动态密封起不到应起的作用，反而成为最大的野风进入点。对于出钢量 65~70t 的 Consteel 电炉，供应商给出的烟气量为 7.8 万~12 万 Nm^3/h。按说 10 万 Nm^3/h 烟气量是没问题的，但却有不少厂家反映除尘抽风量偏小，除尘效果不好。产生过多抽风量的主要原因是系统漏风量大造成的，这不仅造成除尘效果不好，而且经常堵塞烟道，烟气余热的再次回收也会遇到困难。如某钢厂 65tConsteel 电炉，原设计烟气量为 10 万 Nm^3/h，再次用于余热回收的余热锅炉实际平均蒸发量为 17t/h（设计蒸发量为 30t/h），因动态密封装置长期没有起到应有的作用，漏风量非常大，烟道堵塞，除尘效果差，因此进行了改造，将抽风量定为 20 万~23 万 Nm^3/h，风机电机也由 800kW 更换为 1400kW。这样改造后，仅抽风电机一项年增加运行费用 200 多万元，余热锅炉的蒸发量也降到 3t/h 左右。

（3）平面占地面积大。众所周知，Consteel 电弧炉的废钢预热通道加上废钢上料运输机的长度一般达到 50~60m，它的高度虽不太高但其长度太长，占地面积大。在旧有的炼钢车间厂房内安装也非常困难，一次性投资较大，65~70t/h 电炉及其附属设施投资需近亿元人民币。

（4）料跨吊车作业率非常高。至少需要两台双吸盘电磁吊车给废钢运输机上料，吊车作业率相当高，这不但要求吊车司机要有熟练的操作技能，而且经常会因上料问题影响电炉生产。

电弧炉炼钢期间产生的高温烟气中含有大量的显能和化学能，随电弧炉用氧不断强化，产生大量高温烟气使热损失增加，吨钢废气带走热量超过 150kW · h/t。这是电弧炉冶炼过程中最大的一部分能量损失，充分回收这部分能量来预热废钢铁料可以大幅度地降低电能消耗。理论上废钢预热温度每增加 100℃，可节约电能 20kW · h/t。若考虑到能量的有效利用率，一般来讲，废钢预热温度每增加 100℃可节约电能 15kW · h/t 左右。因此，利用烟气所携带的热量来预热废钢原料是电炉钢节能降耗的重要措施之一。

（5）炉体连续加料槽的寿命与堵塞。连续加料和炉体连接小车送料槽虽然是水冷构件，但是寿命较短。要延长使用寿命，要从选材、结构和工艺上进行综合考虑。

水平连续加料，尽量不要采用在连续加料通道加入石灰等造渣炉料，而应采用在炉盖上单独开口进行加料。以防止因石灰结集在送料槽的头部，造成炉料在入口处的堆积，而不得不停炉处理。停炉处理炉料的堆积，需要打开与炉体衔接处的密封通道，是一件很困难的事情。

（6）对环境的污染尚待解决。金属废料不可避免地带有油污等可燃性物质，这些可燃性物质与通过预热通道的热废气产生的不完全燃烧而生成的 CO 和 NO_x 等有害气体会污染环境[12]。但传统连续加料电弧炉均未有考虑二噁英的处理问题。通常二噁英的产生主要来自废钢预热过程，废钢中夹带橡胶、油漆、塑料等在 200~800℃的区间易产生大量二噁英，目前已找到其产生原因，但还没有理想的解决方案。

2.3.3 水平连续加料电弧炉设备及特点

2.3.3.1 水平连续加料电弧炉机械结构形式

连续加料电弧炉机械结构形式有基础分开式（图 2-4）和整体基础式（图 2-5）两种结构形式。

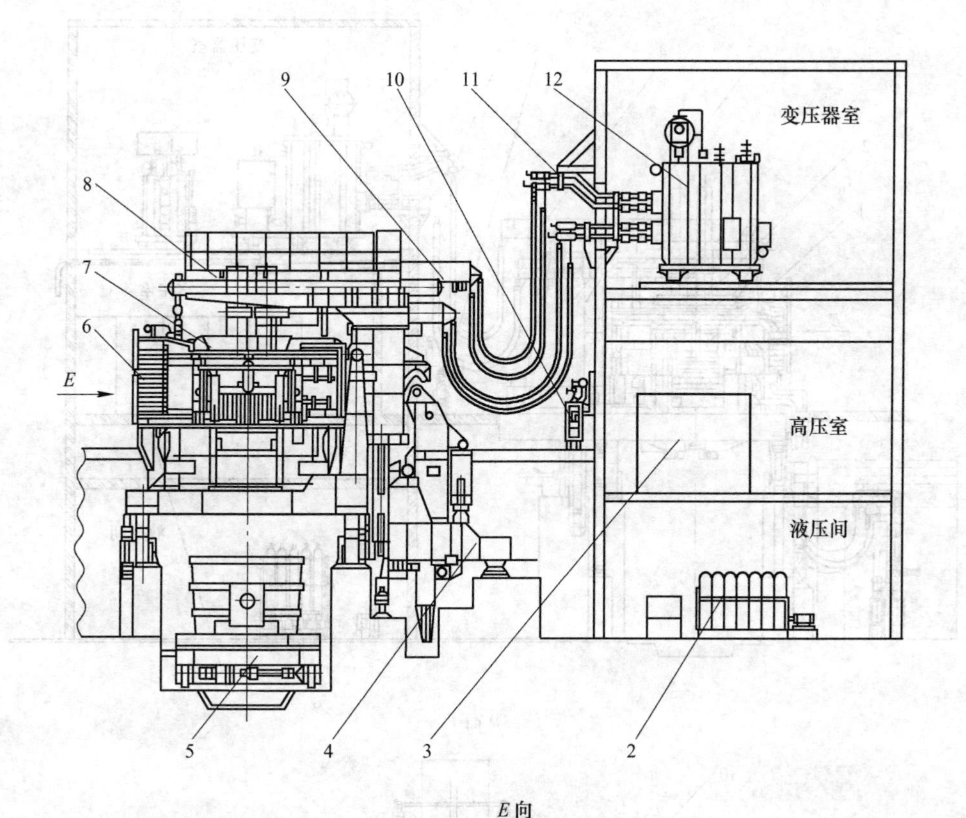

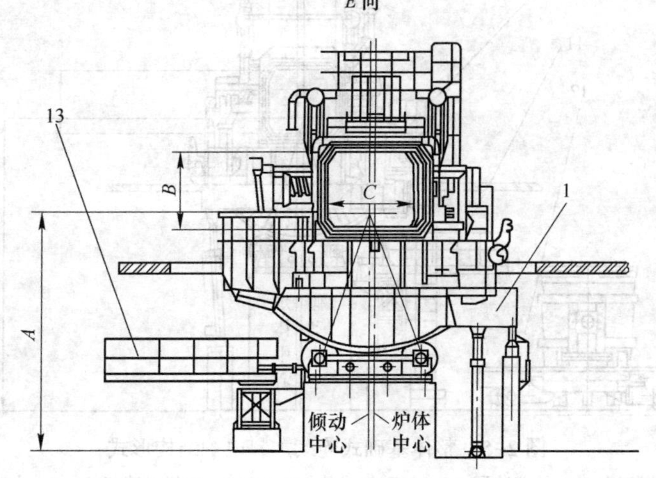

图 2-4 基础分开式连续加料电炉结构形式

1—倾炉机构；2—液压系统；3—高压系统；4—炉盖旋转机构；5—出钢车；6—炉体装配；7—炉盖装配；8—炉盖提升机构；9—电极升降机构；10—水冷系统；11—短网装配；12—变压器；13—出钢口维修平台

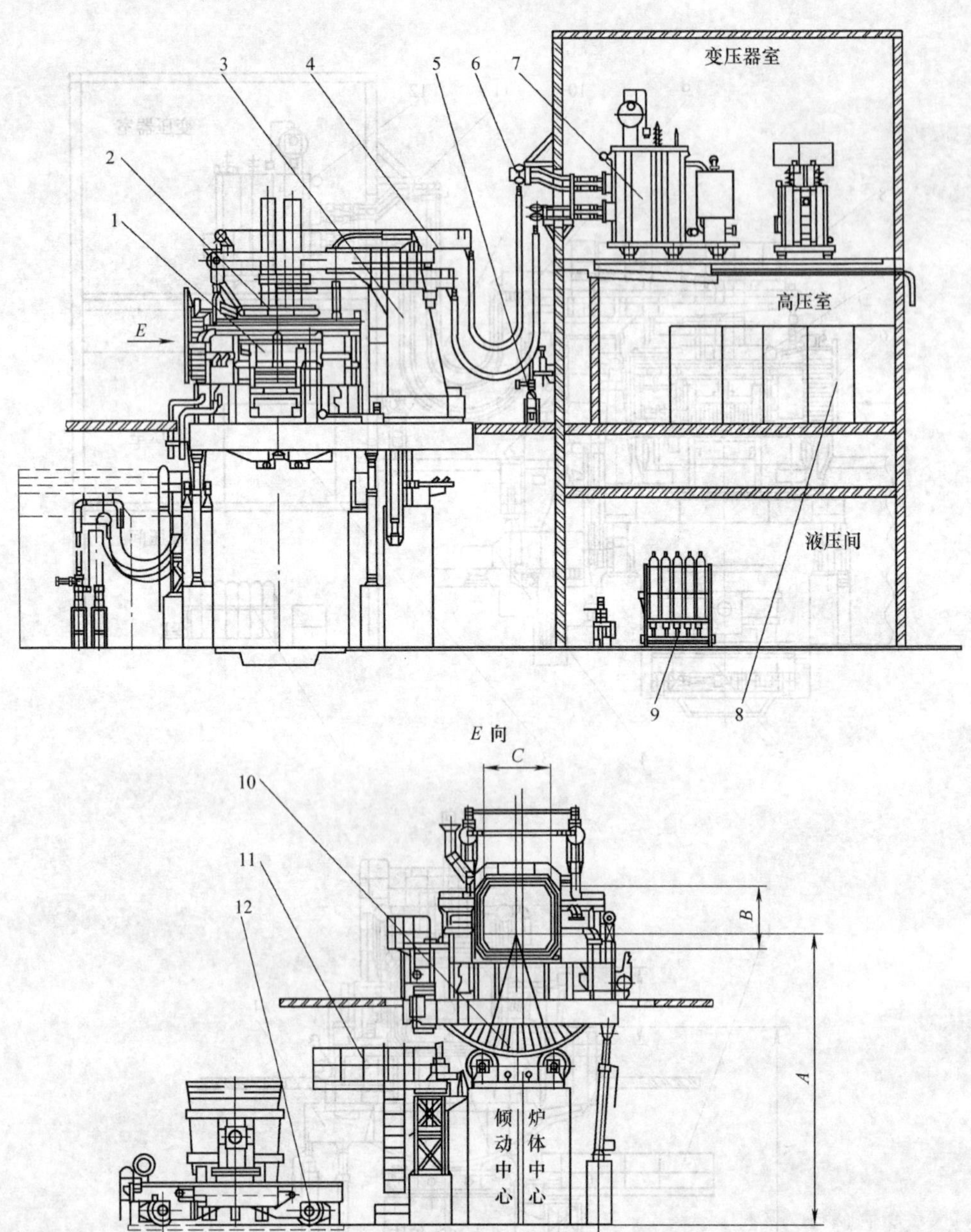

图 2-5 整体基础式连续加料电炉结构形式

1—炉体装配；2—炉盖装配；3—炉盖提升旋转机构；4—电极升降机构；5—水冷系统；6—短网装配；7—变压器；8—高压系统；9—液压系统；10—倾炉机构；11—出钢口维修平台；12—出钢车

两种结构形式和普通式电弧炉整体机械结构没有区别，都有整体基础与基础分开式两种形式。就这两种结构来说，目前绝大多数连续加料电炉采用的是基础分开式。连续加料电弧炉绝大多数都是由其发明者设计制造的，其机械结构采用的就是基础分开式结构形式。目前在我国，这种结构形式的电弧炉占绝大多数。根据我国使用经验认为该种结构不仅电弧炉基础施工量大，而且对电炉基础施工和安装要求严格。常常因为基础施工和安装质量，造成电弧炉在使用上存在着炉盖顶起定位精度不够等问题；而整体基础就可以避免此类问题的产生。

2.3.3.2 水平连续加料式电炉的倾动结构

水平连续加料式电炉机械结构根据连续加料工艺特点，在电炉的倾炉机构、炉体与炉盖的设计上与非连续加料电炉有所区别。

电炉水平连续加料示意图如图 2-6 所示。水平连续加料时，先由小车移动液

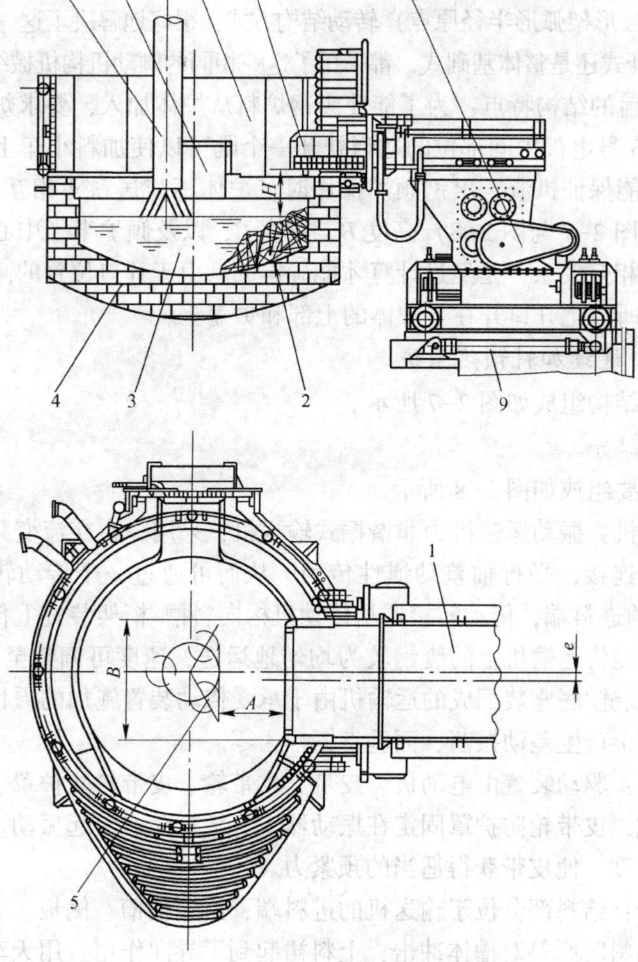

图 2-6 电炉水平连续加料示意图

1—加料槽；2—废钢堆积处；3—熔池；4—炉底；5—电极；6—炉门；7—炉壁；8—加料小车；9—小车移动液压缸

压缸 9 将加料槽 1 伸入炉膛内的适当位置，然后才可以进行加料操作。加料时，经过预热后的废钢炉料被连续不断地送入炉内进行冶炼。冶炼时，电极 8 不能直接对废钢加热，而是电极加热熔池内的钢液，钢液再对废钢进行熔化。废钢炉料进入炉内后，不可能全部立即熔化，必然会有一小部分会堆积在加料槽的下面。废钢堆积处 2 的产生，也是水平连续加料电弧炉冷区的特点。针对水平连续加料的这一特点，在设备制造和冶炼工艺上就必须采取与其相适应的冶炼工艺。

倾动机构的特点：水平连续加料装置在和炉体衔接处，送料小车为了把炉料尽可能安全可靠地送进炉内，小车的送料斗伸入到炉膛内部。为了尽可能地缩短冶炼时间，同时保证电炉烟气不外泄，希望在电炉的扒渣和出钢操作时不用将加料小车上的送料斗退出，便可进行倾炉操作。为了满足这种冶炼工艺要求，倾炉机构采用了导轮定点（弧形架弧形半径原点）转动结构方式，很好地解决了这一问题。为此，不论是基础分开式还是整体基础式，都采用了这一相同的倾动机构机械结构原理。

炉体与炉盖的结构特点：为了能使废钢炉料从炉体加入，要求炉体在变压器的对面 1 号、3 号电极中间部位的适当处开一个既可以使加料小车上的加料料槽加料自如，又能保证扒渣、出钢倾炉操作时，炉体不与送料斗相互碰撞。为此，炉体开口（见图 2-7 与图 2-8）高度 B、宽度 C，以及倾炉半径中心位置到地面高度 A 之间的相互关系，是经过计算才能确定的。由于开口位置的高度较高，开口尺寸较大，所以把开口开在了炉体的上部和炉盖上。

2.3.3.3 连续加料预热系统

加料系统结构组成如图 2-7 所示。

A 给料部分

给料段主要组成如图 2-8 所示。

振动运输机：振动运输机为非谐振式输送机，采用一台交流变频传动机，传动装置为齿轮连接，平行轴差动惯性传动，从而可通过一个传动转接器连在料槽/桁架装置的进料端，传动转接器从传动机构向料槽/桁架装置上传递带有惯性的负荷，以便能将运输机上的废钢较为均匀地运送，速度可调整至 6.5m/min 以上。由连杆/铰链/底座装配成的运输机由于承受传动装置施加的惯性作用力，会在水平面方向上产生差动振荡，而垂直振幅为零。

驱动装置：驱动装置由电动机、皮带、皮带轮、皮带轮防护罩、电动机底座等零部件组成，皮带轮防护罩固定在振动器上，随振动器一起振动。调整电动机底座座板的高度，使皮带获得适当的预紧力。

给料部分：给料部分位于输送机的进料端，由输送槽、侧板、底板等零部件组成。由于加料时原料对槽体冲击，上料裙起到了导向作用。用天车的电磁吊上料，将废钢放入接收料槽上，料槽内的废钢炉料在振动运输机的作用下将炉料均匀地水平输送。

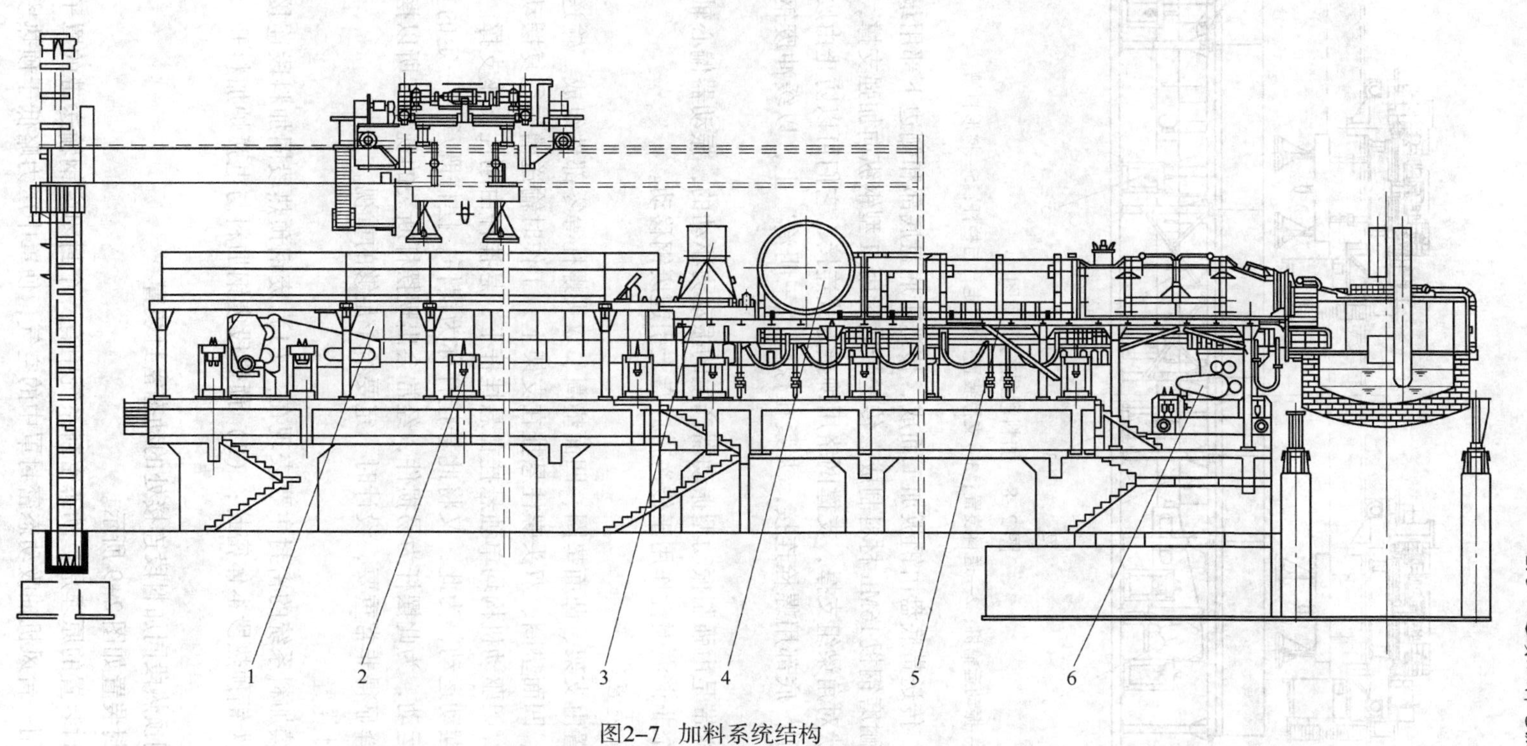

图2-7 加料系统结构

1—给料部分；2—支撑装置；3—密封装置；4—鼓风收烟装置；5—预热装置；6—连接小车

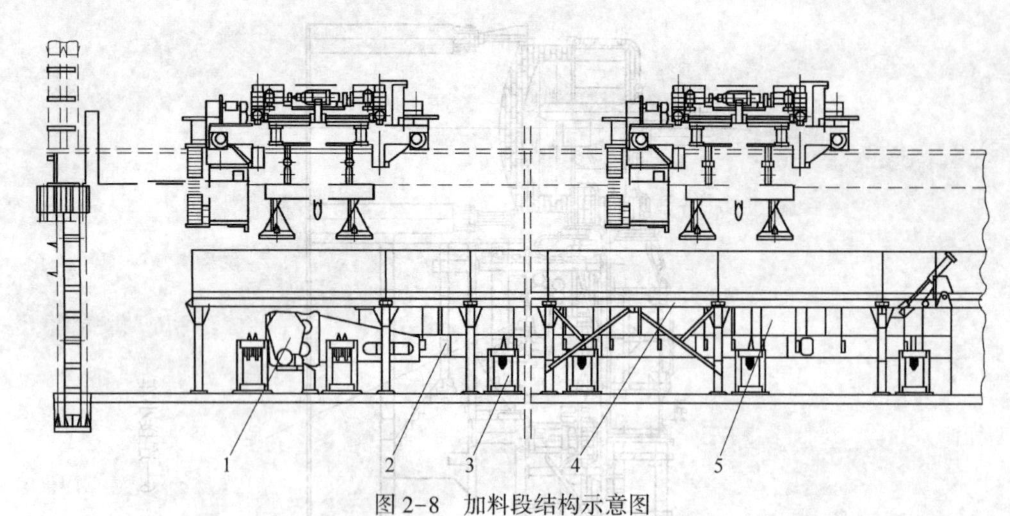

图 2-8　加料段结构示意图

1—振动运输机；2—送料装置；3—支撑装置；4—走台与栏杆；5—梯形料槽

传送带：传送带底盘由钢板加工而成，传送带底盘底部和侧边下部用最小硬度 HB360 的耐磨钢板 16Mn 材料制成。传送带底盘用 H 型钢纵向加强支撑，这些 H 型钢由网状对角梁组支撑，支撑网络用铆接方式连接，它们可以防止由废钢冲击引起的变形。底部用螺栓连接，夹紧在橡胶“三明治”上，以缓冲废钢冲击产生的噪声。

废钢传送带是由强制振动型振动器产生的振动力驱动的，振动器偏心轴驱动机构产生一个非谐波惯性作用于传送带底盘上引起废钢移动。

B　支撑装置

支承装置由支架、凸面垫圈、凹面垫圈、双头螺柱等零部件组成。输送槽通过凸面垫圈、凹面垫圈、双头螺柱悬挂在支架上，工作时输送槽作往复摆动。所有的底盘支撑架驱动机构均单独悬挂在悬挂杆下，悬挂杆由刚性支座支撑。工作时悬挂杆作摆动运动，为此，又将此悬挂杆称为摆杆。摆杆既承受一定的重量，又要做摆动运动，为此摆杆为易损件，经常会出现摆杆断裂的现象。所以摆杆材料与尺寸选择显得非常重要，设计时一定要给予足够的重视。

C　密封装置

水平连续加料系统的密封主要表现在：(1) 废钢预热段同加料段连接处的密封；(2) 废钢预热段本体密封；(3) 预热段废钢加料与电弧炉加料开口连接处的密封。

a　废钢预热段同加料段连接处的动态密封装置

动态密封装置如图 2-9 所示。

动态密封装置的原理是：动态密封系统中有一个封闭废钢输送带的罩子，与烟道连接，用一台风机抽吸动态密封罩中的空气，使罩中压力略低于预热段内除

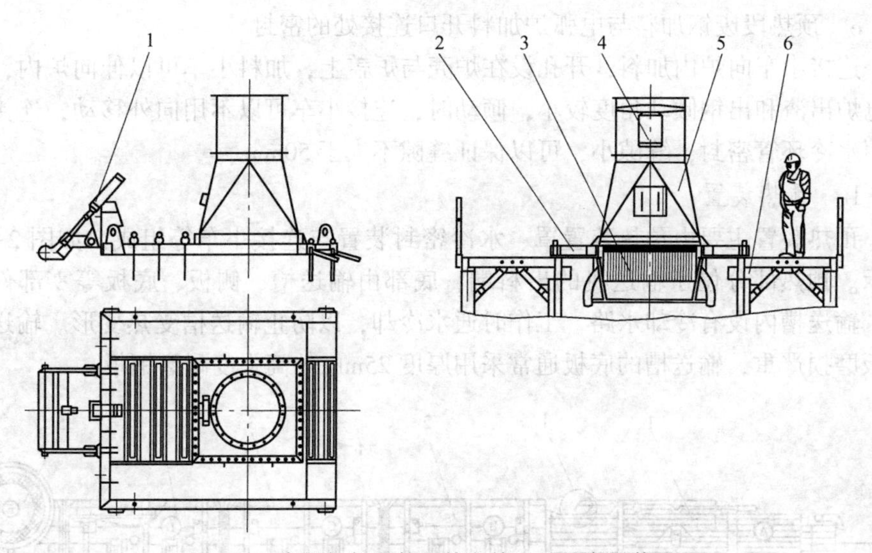

图 2-9 废钢加料段与预热段接口处的密封装置

1—圆柱体进料压料器；2—机架组装；3—机械手指；4—密封罩装置；5—轴流风机；6—走台

尘系统主风机产生的压力，以避免电炉的烟气进入外部空气以及外部空气被吸入除尘系统。

由于主风机造成的负压值根据电炉操作条件变化，同样动态密封负压处将由变频器和调节阀联合控制，动态密封控制系统由自动系统自动控制。

b 废钢预热段的密封

如图 2-10 所示，预热段的密封目前多为迷宫式密封 1，设计形式为烟道下面和输送槽上面各有一个槽钢，在检修平台下面设有一个 U 形槽 2，U 形槽内通水冷却。

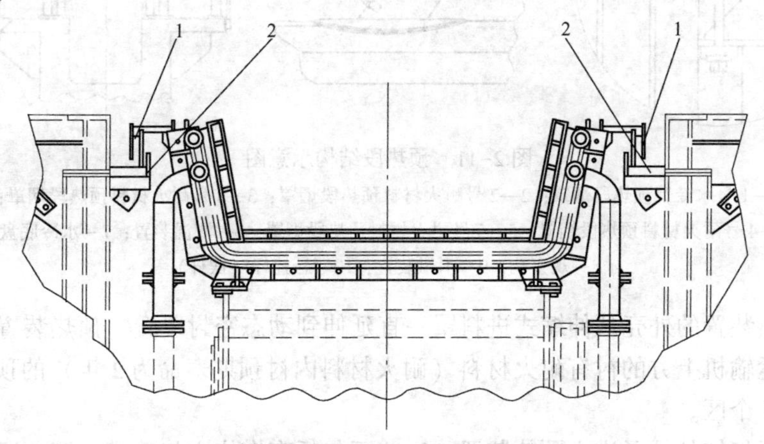

图 2-10 预热段的密封装置

1—迷宫式密封；2—U 形水冷槽

c 预热段废钢加料与电弧炉加料开口连接处的密封

连接小车向炉内加料，开孔设在炉壳与炉盖上，加料小车可以伸向炉内，由于电炉出渣和出钢倾动角度较小，倾动时，连接小车可以不用向外移动，连接处采用水冷环管密封，缝隙小，可以保证缝隙不大于50mm。

D 预热装置

预热装置主要由预热装置罩、水冷密封装置与连接小车等组成，如图2-11所示。预热部分位于输送机的出料端，底部由输送槽、侧板、底板等零部件组成。输送槽内设有冷却水路，工作时通水冷却，以防止输送槽受热变形。输送槽底板磨损严重，输送槽的底板通常采用厚度25mm的高强度耐磨钢板。

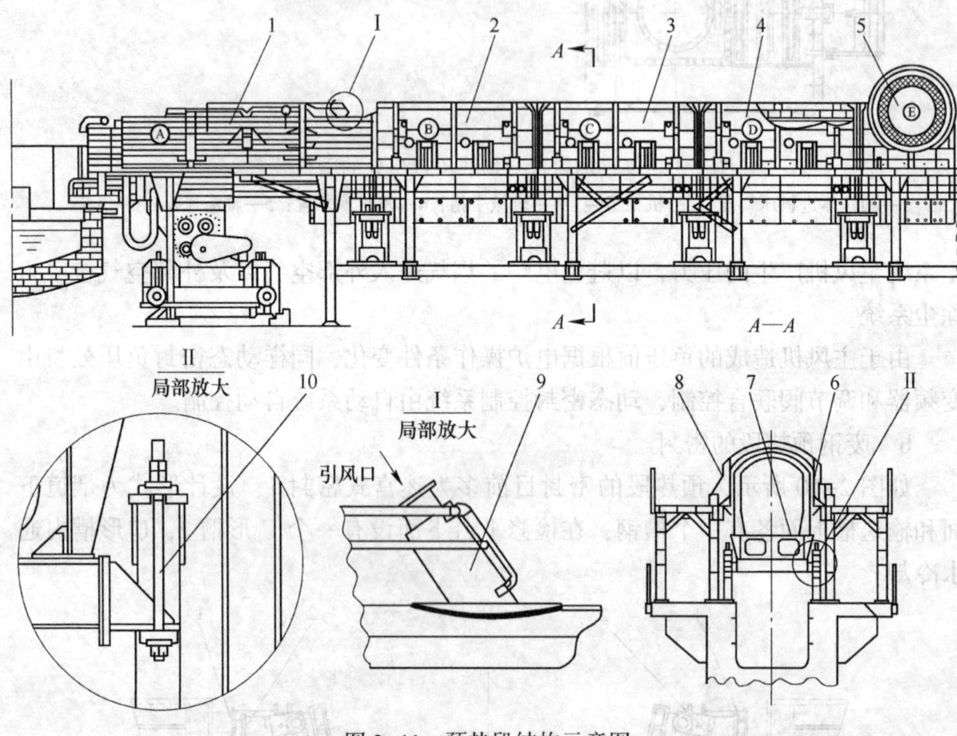

图2-11 预热段结构示意图

1—1号水冷管预热段烟罩；2—2号耐火材料预热段烟罩；3—3号耐火材料预热段烟罩；4—4号耐火材料预热段烟罩；5—5号耐火材料预热段烟罩；6—测温装置；7—水冷底盘；8—观察孔；9—引风装置；10—悬挂杆（摆杆）

预热装置的外壳从伸缩式进料罩一直延伸到动态密封装置，预热装置主要包括盖在运输机上方的衬有耐火材料（耐火材料内衬预期寿命为2年）的顶罩，一般分为5个区。

高温气体从炉子进入预热装置，2~4区包括有燃烧空气喷嘴，第5区为到出口管道的过渡区。

在过渡区，连接管道可将烟气从预热装置引到沉降室和集烟系统，沿整个预热装置长度设置的水密封装置可以防止空气渗入预热室。

空气喷嘴的功能由预热装置燃烧控制系统（PLC）加以控制，在正常运行条件下，空气喷嘴处于工作状态。

引入预热装置的助燃空气是从1号水冷管预热段烟罩的上方进气口引入的。引入空气的总量取决于预热装置出口处烟气中的氧气含量。

水冷底盘：水冷底盘共有5套，包括1~5号水冷底盘。

支撑架：支撑架用于支撑预热区水冷罩。支撑架是由工字钢、槽钢、钢板、栏杆等组成。

预热罩：预热区预热罩由A-1号、B-2号、C-3号、D-4号、E-5号水冷预热罩组成，其中与电炉相邻的为1号水冷预热罩，其余为耐火材料内衬预热罩，水冷罩由无缝钢管焊接而成。在各段预热罩的上部分别设有观察孔和测温装置，以便对预热段进行监测和观察。在1号预热罩的顶部设有引风装置9，用来向预热通道内引入带有氧气的气体，使氧气与CO反应，以便形成二次燃烧。

E 连接小车

在预热装置的出口端为一台水冷连接小车装置，并配有液压缸，如图2-12所示。连接小车配有单独的传动系统，带有轮子以及悬吊拉杆的底座。在正常的延伸运行位置上，料槽应插入炉内，当需要从炉子中退出时，液压缸将可伸缩的料槽收缩到后端并锁定。当操作重新开始时，将重复上述步骤。

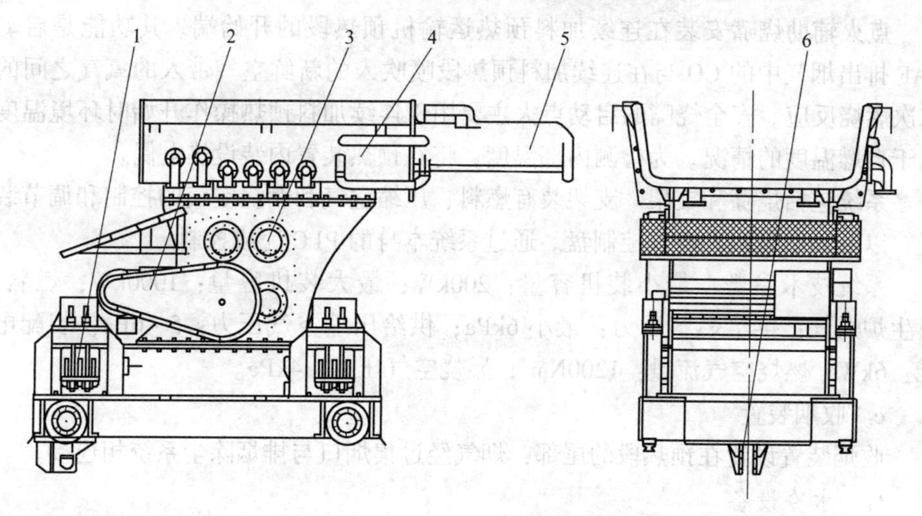

图2-12 加料连接小车结构示意图

1—移动支撑装置；2—驱动装置；3—小车振动器；4—托架；5—水冷料槽；6—移动液压缸连接座

F 鼓风收烟装置

以70t水平连续加料为例进行鼓风收烟装置的叙述。

a　鼓风系统

连续加料预热系统的特点就在于二次燃烧在连续加料预热段进行，而不是在EAF内部进行。这种方式可以高效地预热废钢。

喷吹入EAF中的氧和碳生成CO，在预热段内，喷吹入的新鲜空气含有的氧与CO反应形成二次燃烧。

新鲜空气从沿整个预热段长度分布的不同点高压喷吹。一个计算机控制系统通过滑阀不断地控制新鲜空气流量，以便在预热运输机的始端产生还原性气氛，在预热运输机的末端形成氧化性气氛，从而确保排出的EAF烟气中存在的CO及其他的污染物完全燃烧。

通过两台三相电动风机进行鼓风，并全部密封。

通过安装在预热装置上的氧气分析检测氧含量，用以调节新鲜空气的流量。

调整进入喷吹系统空气流量的阀门的设计必须能够承受500℃的热风。

由于电炉冶炼烟气中CO浓度较高，在废钢预热段建议增加几个可调的开口，通过调整开口的大小吸入助燃空气来燃烧CO，以充分利用废气中CO在预热段内燃烧所产生的化学能，另外废钢中所携带的可燃物在预热段中燃烧，也有利于对废钢进行预热，并能使废气温度在沉降室内达到进一步除尘的要求。助燃空气的引入量可通过监控预热段内废气中的氧含量来控制，以避免引入过量的空气使废气温度降低。

b　二次燃烧点火辅助烧嘴

点火辅助烧嘴安装在连续加料预热运输机预热段的开始端。其功能是启动EAF排出烟气中的CO与在连续加料预热段喷吹入的新鲜空气带入的氧气之间的二次燃烧反应。安全烧嘴的启动点火主要用于连续加料预热操作开始时环境温度低于自燃温度的情况。为检测内部温度，将在预热装置内装设热电偶。

系统包括烧嘴和支架。支架装有燃料、压缩空气和燃烧空气的控制和调节装置，以及助燃风机和电气控制盘。通过系统本身的PLC完成控制。

系统技术参数：最小装机容量：200kW；最大装机容量：1000kW；燃料：发生炉煤气；供给燃料压力：最小6kPa；供给压缩空气压力：5~6Pa；装配电能：6kW；燃烧空气流量：1200Nm^3；燃烧空气压力：4kPa。

c　收烟装置

收烟装置设置在预热段的尾部，烟气经过集烟口与排烟除尘系统相连接。

G　水冷设备

需要冷却的部位有：

（1）1~5号预热罩；

（2）1~5号水冷底盘及连接小车水冷底盘；

（3）水冷设备由压力仪表、流量仪表、温度仪表及软管、阀门法兰等组成。

H 其他设备

(1) 液压系统；

(2) 支承结构；

(3) 支承结构的装配式锚固材料；

(4) 运输机轻便栈桥及栏杆；

(5) 润滑系统；

(6) 管道与软管及其他。

I 工艺参数

以某厂70t、90t水平连续加料电弧炉为例说明主要工艺技术参数，如表2-6所示。

表2-6 某厂70t、90t水平加料电弧炉主要工艺技术参数

序号	名称		单位	数值		备注
				70t	90t	
1	给料输送能力		t/min	2.5~3.0	3.2~3.8	
2	给料时间		min/炉	35		
3	废钢最大给进速度		m/min	约3.5	约4.5	
4	连接小车最大速度		m/min	约5	约6.5	
5	连接小车振动频率		Hz	4.5		
6	传送带最大速度		m/min	3~5	4~6.5	变频调速
7	传送带振动频率调节范围		mm	2.5~4.5	3~5.5	
8	水平振幅		mm	15~20	20~25	
9	垂直振幅		mm	0		
10	传送带振动电机功率		kW	90~110	110~135	变频调速
11	小车振动电机功率		kW	37	45	
12	动态密封	风压	kPa	1~1.5	1~1.5	变频调速
		风量	Nm^3/min	约1500	约1500	
		电机功率	kW	45	45	
13	废钢加料高度		mm	700~800		

2.3.4 连续加料部分的自动化

水平连续加料电弧炉是一种连续熔化冶炼工艺，用来对废钢预热和向电弧炉连续加料，其目的是在保持通电和喂料的同时，在预定的时间间隔出钢。

自动化控制系统自动跟踪电炉热平衡，保持熔池温度。熔池温度是根据输入功率、吹氧、废钢供给速率由自动化控制系统计算得出，通过调整废钢供给速度来调整熔池温度，人工测温隔一定时间测一次并与计算机设定值比较，需要时进行调节。根据需要，系统还可以监测连续上料的水冷及其他附属设备，并在同一台 PLC 上运行。

2.3.4.1 连续式上料机构的基础自动化和监视系统的功能

A 传送带运动控制的逻辑

传送带系统电机速度：传送带系统电机速度由系统控制：电机速度和传送带振动频率的直接关系。电机通过 PLC 的模拟输出信号控制变频器，使电机转速从 PLC 的模拟输入信号得到，指令在模拟输出电压间隔 4~20mA 分为 20 步（每步为电机转速 5%，从 0~100%）。

传送机控制结构：传送机启动，设置自动/手动模式，可供选择。第一步是自动设置，按控制台命令操作，可以在控制台上显示增加/减少的百分数值所对应的传送机速度。

传送机速度的显示：在控制台显示器可显示装料传送机的速度，显示 0~100%频率范围的百分比，并通过变换器控制传送机电机。

B 连接小车运动控制的逻辑

小车配备电机仅用来控制启动/停止状态，电机速度是固定的，制造商规定连接小车的振动频率（参数可改变）。

振动频率远大于传送机的最大值，因而不管前面部分的速度如何，小车可保证将炉料传输到电炉内，也避免了炉料的堆积。

在控制台有选择开关（向前或向后、停止）。

如果就地控制箱开关按钮设置在远程，小车由主控台按钮触发，即：压下按钮“进炉内”，液压缸活塞伸出，当延伸到（炉内）限位开关时，传送机电机被自动触发压下“停止”按钮，传送机停止，当压下“出炉外”按钮，液压缸活塞缩回直到“在炉外”限位开关。

2.3.4.2 动态密封控制和操作逻辑

动态密封系统位于预热通道的入口处，少量的空气进入传送机内，用模拟量输出控制风扇电机的频率变量，通过 PID 回路执行外部的空气进口和烟雾出口压差变量（相关）测量过程。当腔内温度高于 1100℃时，必须减低风机速度以便允许外部冷空气吸入。如果设定为负压，腔内温度将上升超过设置值（即烟雾抽吸不能正常工作），则必须降低电机速度甚至复位（报警信号之上），以便动态密封能够抽吸电炉烟气。

2.3.4.3 连续加料预热的基础自动化及过程控制系统

EAF 连续加料预热设备将配备现代化控制系统，可使设备在安全运行状态下执行所有的基础自动化和过程控制功能，并实现较好的生产性能。

A 系统的主要构件

基础自动化和过程控制系统的主要构件有：

(1) 2套可编程逻辑控制器。

(2) 1套人机接口（MMI）设备，配有显示器、键盘、打印机。

(3) 1套过程控制系统（PCS）设备，配有用于过程控制系统的显示器、键盘、打印机。

(4) 1套控制台，用于EAF和连续加料预热设备动作的控制。

(5) 1套测量和保护盘，用于控制仪表的安装。

(6) 1套不间断电源（UPS）控制盘。

(7) 1套现场仪器、传感器、就地控制箱。

(8) 1套MCC。MCC配有带电抗器的逆变器，用于调速馈电装置。

B 连续式上料电弧炉控制和监控系统配置

这个控制系统用于连续式上料电弧炉工艺控制，控制画面在一个专用HMI端上显示，和HMI与LAN一级联网以便于EAF自动系统信号通信。

系统配置组成如下：

(1) 1套PLC。

(2) 1套HMI2。

(3) 1个LAN1级接口。

PLC：它与下述设备有接口界面：传送带、连接小车、连续上料仪表。

HMI：HMI2硬件与EAF HMI1相同。

C 系统功能

基础自动化和过程控制系统的各个物理构件执行具体任务，根据功能级别可划分为以下几大类：

(1) 连续加料预热设备：1级。

(2) PLC控制台、就地操纵台MMI装置。

(3) PCS（过程控制系统）装置。

连续加料预热设备PLC执行的主要功能如下：

(1) 数字和模拟I/O信号的管理。

(2) 与EAF、PLC的通信。

(3) 与MMI设备的通信。

(4) 连续加料预热设备各个部件操作和连锁逻辑程序的管理。

(5) 报警状态管理。

连续加料预热设备PLC执行的主要控制逻辑包括：

(1) 运输机控制。

(2) 连接小车控制。

(3) 动态密封装置控制。

(4) 预热装置燃烧控制。

(5) 预热空气温度测量 (进/出)。

连续加料预热设备 MMI 执行的主要功能如下:

(1) 设备状态的监控。

(2) 通过键盘和鼠标控制设备。

(3) 模拟信号趋势。

(4) 调整模拟信号参数。

(5) 手动方式设备控制用参考参数。

(6) 报警记录和报告。

(7) 风扇预热气温模拟。

(8) 余热锅炉运行的预留位置 (当装有余热锅炉时)。

连续加料预热设备 MMI 配备以下模拟:

(1) 预热模拟。

(2) 运输机控制模拟。

(3) 运输机冷却水温度。

(4) 运输机冷却系统流量开关。

2.3.5 国内外水平连续加料电弧炉的使用情况和技术经济指标比较

表 2-7 为国外现已投产的部分水平连续加料电炉系统概况。

表 2-7 国外现已投产的水平连续加料电炉系统概况

投产厂	Ameristeel (美国)	东英制钢 (日本)	纽柯 (美国)	New Jersey (美国)	AFV BV (意大利)	NSM (泰国)
投产年份	1989 年	1992 年	1993 年	1994 年	1997 年	1997 年
生产率/$t \cdot h^{-1}$	54	125	100	82	135	229
电弧炉类型	AC	DC	DC	AC	AC	AC
电弧炉额定容量/t	75	120				328
变压器功率/MW	30MV · A	83MV · A	42	40	56	130MV · A
炉壳直径/M		7.3	6.5		6.8	8.5
废钢预热温度/℃	700	600		600	600	600
电耗/$kW \cdot h \cdot t^{-1}$	373	345	325	390		
氧耗/$Nm^3 \cdot t^{-1}$	22	35	33	23		
电极消耗/$kg \cdot t^{-1}$	1.75	1.15	1	1.85		
金属收得率/%	93.3	94	93	90		
出钢量/t	40					180
留钢量/t	30~35					
出钢至出钢时间/min	45					47

截至2009年5月，在全世界已经投产的19座水平连续加料电炉中，我国就有9台。表2-8为国内在2010年已投产的部分水平连续加料电弧炉系统概况。

表2-8 国内2010年已投产的部分水平连续加料电弧炉系统概况

使用单位	出钢量/t	变压器容量/MV·A	冶炼时间/min	单位	数量	使用时间	备注
西宁特钢公司	60	36	60	台	1	2002年2月	国外引进
贵阳特钢公司	55	25	60	台	1	2000年6月	国外引进
韶关钢铁公司	90	60	51	台	1	2000年12月	国外引进
无锡钢铁公司	70	36	55	台	1	2001年9月	国外引进
石横钢铁公司	65	36	60	台	1	2002年2月	国外引进
鄂城钢铁公司	61	25	58	台	1	2002年9月	国外引进
通化钢铁公司	65	36	60	台	1	2003年1月	国外引进
宁夏恒力钢铁	75	45	51	台	1	2004年6月	国外引进
嘉兴钢铁公司	75	45	51	台	1	2004年12月	国外引进
舞阳钢铁公司	90		45	台	2	2006年以前	国内制造
邯郸永洋钢铁公司	75	45	55	台	1	2007年12月	国内制造
芜湖新兴铸管	55	35		台	1	2010年7月	国内制造

我国某厂引进的60t Consteel电弧炉主要技术参数与技术经济指标见表2-9。

表2-9 我国某厂引进的60t Consteel电弧炉主要技术参数与技术经济指标

技术参数	数值	经济指标	数值
电炉出钢量/t	60	冶炼周期/min	60
变压器容量/MVA	36	电耗/kW·h·t^{-1}	325
炉壳高度/mm	4650	电极消耗/kg·t^{-1}	1.7
电极直径/mm	550	氧气消耗/m^3·t^{-1}	35~37
输料带能力/t·min^{-1}	0.6~2.0	炭粉消耗/kg·t^{-1}	18

我国某钢铁集团公司引进的Consteel电炉（90t/60MV·A），2000年12月试投产，截至2001年6月，共产钢水18.9万吨。6个月的试生产证明，该座Consteel电炉工艺基本是成熟、稳定的。在全冷料的情况下，最短冶炼时间为54min，冶炼电耗为380kW·h/t；在30%铁水的情况下，最短冶炼时间为48min，冶炼电耗为250kW·h/t。

水平连续加料电炉与普通电炉冶炼指标的比较见表2-10。水平连续加料与双炉壳、单炉壳生产成本的比较见表2-11。水平连续加料交流电炉与直流电炉操作结果比较见表2-12。

表 2-10 水平连续加料电炉与普通电炉冶炼指标的比较

技术参数	水平连续加料电弧炉	普通电弧炉
冶炼时间/min	≤60	162
电能消耗/$kW \cdot h \cdot t^{-1}$	≤325	473
电极消耗/$kg \cdot t^{-1}$	1.7	4.1
氧气消耗/$m^3 \cdot t^{-1}$	35~37	30
炭粉消耗/$kg \cdot t^{-1}$	18	定性加入
烟尘量/$m^3 \cdot t^{-1}$	11	16
溅渣方法	软件	定性加入
吹氧方式	单根水冷式炭氧枪	3 根自耗式氧枪
废钢收得率/%	94	
电弧利用率/%	90~91	

表 2-11 水平连续加料与双炉壳、单炉壳生产成本的比较

生产成本因素	交流水平连续加料	双炉壳交流电炉	单炉壳交流电炉
总电能消耗/$kW \cdot h \cdot t^{-1}$	340	395	
电极消耗/$kg \cdot t^{-1}$	1.75	2.2 (1.3)	2.2 (1.3)
废钢-钢水产量	+1%		
节省时间/$h \cdot t^{-1}$	0.22	0.25	0.25
电炉粉尘量/$kg \cdot t^{-1}$	11	16	16
氧气总消耗/$m^3 \cdot h^{-1}$	35	45	35
烧嘴燃料/$Nm^3 \cdot h^{-1}$	0	9	7
除尘室电力消耗/$kW \cdot h \cdot t^{-1}$	14	17	17
功率利用率/%	93	83	72

表 2-12 水平连续加料电炉交流电弧炉与双壳直流电弧炉操作结果的比较

项　目	Consteel 交流电弧炉	UHP 直流电弧炉	双炉壳直流电弧炉
总电耗/$kW \cdot h \cdot t^{-1}$	340	420	380
电极消耗/$kg \cdot t^{-1}$	1.7	1.4	1.4
总氧气消耗/$Nm^3 \cdot t^{-1}$	35	35	40
氧燃烧嘴燃料消耗/$Nm^3 \cdot t^{-1}$	0	6.6	8.6
布袋收尘室粉尘处理量/$kg \cdot t^{-1}$	11	16	16
布袋功率消耗/$kW \cdot h \cdot t^{-1}$	14	17	17
人员配备/人·工时·t^{-1}	0.22	0.25	0.25

2.4 直流电弧炉

当今世界上，电弧炉炼钢设备可分为交流电弧炉与直流电弧炉两大类。在我国，目前主要是交流电弧炉，较少采用直流电弧炉。而在国外，直流电弧炉与交流电弧炉并驾齐驱，特别是在日本，直流电弧炉被广泛采用。

2.4.1 直流电弧炉的主要特点

从机械结构方面看，直流电弧炉与交流电弧炉具有许多相同之处，如炉体与水冷炉壁、偏心炉底出钢装置、炉盖、倾炉机构、炉盖提升旋转机构、电极升降机构、底吹氩系统、除尘设备、废钢预热设备、氧燃烧嘴、水冷氧枪等。所以，交、直流电弧炉的主体设备和其附属设备两者基本上是相同的。其主要不同点是直流电弧炉通常只有一个顶电极并配有炉底电极，而且炉底电极为阳极，炉顶电极为阴极。而交流电弧炉只有三根顶电极而没有底电极。由于直流电弧炉只有一根顶电极，其机械结构比起交流电弧炉又较为简单，炉上的附属设备更容易布置，直流电弧炉整体设备如图 2-13 所示。

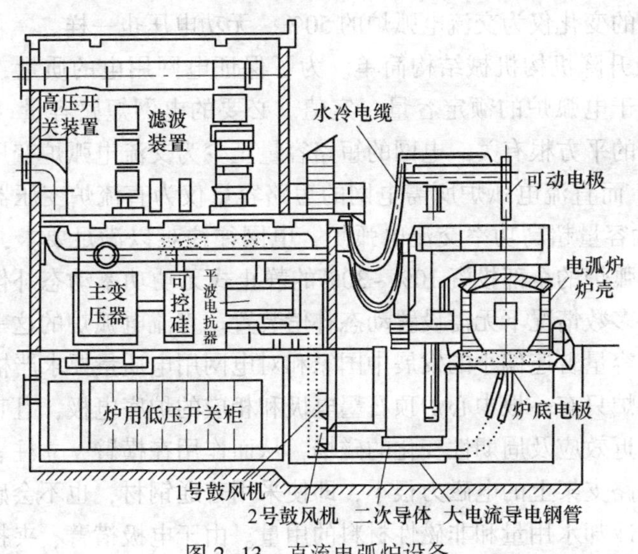

图 2-13 直流电弧炉设备

直流电弧炉和交流电弧炉相比，具有在资金、设备、环保，特别是操作结果等方面的一系列优越性。与交流电弧炉相比，直流电弧炉具有以下优越性：

（1）石墨电极消耗大幅度降低。大幅度降低石墨电极消耗是直流电弧炉最大的优越性之一。交流电弧炉的石墨电极成本占总成本的 10%~15%，尽管经过近几十年的研究采取了许多措施取得了较好的效果，但石墨电极消耗仍平均为 2.95kg/t。而直流电弧炉的生产指标平均为 1.4kg/t。因此，大幅度降低石墨电极消耗的优点成了发达国家发展直流电弧炉的重要原因之一。

理论和实践都表明，与交流电弧炉相比，直流电弧炉的石墨电极消耗可降低40%~60%。其原因有：

1）石墨电极作阴极，不存在因发射电子而形成的“阳极斑点”，因而电极端温度低。且直流电弧稳定地在电极端垂直地燃烧，并始终处于熔池的上方，消除了交流电弧偏斜燃烧而产生的电极端龟裂现象。

2）单电极直流电弧炉一般采用与同容量的三相交流电弧炉相同的电极直径，因此直流电弧炉内石墨电极的侧面积比交流电弧炉减少近2/3。

3）交流电弧炉内每根石墨电极的侧面受其他两根电极的电弧辐射，侧面温度高。

4）直流电弧燃烧稳定，熔化时大大减少了塌料及电极震动现象，机械性电极折断损失减少。

（2）电压波动和闪变小，对前级电网的冲击小。直流电弧炉对前级电网造成的电压波动（即电压闪烁效应）为可比交流电弧炉的30%~50%。同时直流电弧本身也比交流电弧稳定，因此无功功率的变化比交流电弧炉小。直流电弧炉的无功电流分量的变化仅为交流电弧炉的50%，无功电压也一样。

（3）电极升降机构机械结构简单。为了保证电网用电的质量，要求电网的短路容量要大于电弧炉的额定容量一定值。必要的电网短路容量（功率）与电弧炉的闪烁值的平方根有关。电网的短路容量至少为交流电弧炉变压器额定容量的60~80倍，而直流电弧炉所需电网的短路容量仅为直流炉变压器额定容量的32倍。对于大容量超高功率交流电弧炉，电网往往难以满足要求，为此需增设相当于建设电弧炉的全部投资10%~30%的静止式无功功率动态补偿装置。而采用直流炉在大多数情况下无需设置动态补偿装置。直流电弧炉的这一优越性，特别适用于电网容量普遍偏小的发展中国家和对电网用电质量要求严格的国家。

直流电弧炉只有一根中心炉顶石墨电极和相应的炉底电极，且直流电不存在集肤效应、邻近效应及周期性变化的磁场，从而作用在横臂、立柱、电极升降机构和大电流线路支架上的电磁力很小，即使采用普通钢材，也不会感应发热。因而，可以减少冷却水用量和非磁性材料的用量。由于电极横臂、夹持器和立柱及其相应的电极升降控制装置也只有一套。这些部分的结构因而可大大简化，这些部件的尺寸和质量可减小，炉子损耗降低，短网压降也会减小。同时，因只有一个电极孔，可相应增加炉盖水冷面积。因为直流电不存在集肤效应和邻近效应，所以导体和石墨电极截面上的电流分布均匀。直流电弧炉的这些特点，非常有利于电弧炉的计算机控制和新型电弧炉的开发。

（4）缩短冶炼时间，可降低熔炼单位电耗。虽然直流电弧炉的直流供电装置的电损耗大于三相交流电弧炉变压器，但由于直流电弧炉无电磁感应，大电流线路和炉子构件中的附加电损耗降低；只有一根电极，电极及电极夹持器等的热损失减少；直流电弧炉内石墨电极接阴极、金属炉料接阳极，在相同的输入功率下，由于阳极效应使直流电弧传给金属炉料的热量比交流电弧大，直流炉的熔化期实际输入功率比交流电弧炉要高 2%~5%；由于熔池强烈的循环搅拌，温度均匀，加快传热，熔化时间缩短；功率因数高，无功功率损耗低。因此，直流电弧炉内废钢熔化快且均匀、穿井快、金属熔池易于形成，可缩短熔化时间 5%~10%，降低熔炼单位电耗 5%~10%。直流电弧炉吨钢电耗一般都可以降低到小于 400kW · h。

(5) 降低噪声。废钢熔化穿井时，直流电弧炉产生的最大噪声与交流电弧炉处于同一水平，但以后很快减小并低于交流电弧炉，噪声水平平均可降低 10~15dB。直流电弧炉的噪声频带稍宽于交流炉，但比交流炉易于隔音。直流电弧稳定，燃烧稳定平稳；没有重新点燃和熄灭的倾向，不产生 100Hz 的噪声；直流电弧炉产生的噪声频率较高（在 300Hz 以上），100Hz 以下噪声的能量比交流炉低得多，易于隔音消除；直流电弧炉只有一根电极产生电弧及一个电极孔，且电弧比交流电弧炉内的电弧更快地埋入废钢中，噪声的大部分能量被废钢吸收，使噪声水平下降很快。

在输入相同功率情况下，直流电弧炉比交流电弧炉的噪声降低 15dB，熔化期不超过 90dB，穿井后炉料形成的有效屏障，炉内噪声不超过 80dB。

(6) 降低耐火材料消耗。单电极直流电弧炉内电弧始终处在炉子的中心燃烧，一般无炉壁热点现象，炉壁的热负荷均匀，且电弧距炉壁远，因此炉壁，特别是渣线部分的热负荷比交流电弧炉小。底电极的寿命一般很高，一般可与炉衬同步，不至于引起耐火材料消耗的增加。

(7) 金属熔池始终存在强烈的循环搅拌。实际生产表明，直流电弧炉内金属熔池始终存在强烈的循环搅拌，其搅拌效果与交流电弧炉采用底部中心吹 100L/min 的氮气的效果相同（20t 炉）。这可加快废钢的熔化，缩短熔化时间，加速炉内的冶金反应，均匀钢液温度和成分。

(8) 投资回收快。与交流电弧炉相比，直流电弧炉增加了整流设备和底电极，因此一般新建直流电弧炉的一次投资要比交流电弧炉高，一般要高 30%~50%。但交流电弧炉需要动态补偿装置，且此部分投资较大。而直流电弧炉需要动态补偿装置容量较小，因此此部分投资较小，总的一次投资与交流电弧炉相当，或比交流电弧炉低 20%。但由于直流电弧炉在电极消耗、电耗、耐火材料消耗及生产率等其他方面的优越性，实际上在一次投资上所增加的费用可以在很短的时间内收回。日本 130t 直流电弧炉在整流设备和底电极方面所增加的投资，仅靠石墨电极消耗降低一项，在一年内即可收回。

(9) 操作稳定，生产率提高。由于直流电弧炉采用可控硅调节器，能迅速控制电流，同时直流电弧本身的稳定性要比交流电弧好，因此直流电弧比交流电弧稳定得多，很少出现断弧的情况。即便发生断弧或短路，操作工一般不需调整炉子的控制。

在相同的输入功率时，直流炉在熔化期的实际输入功率要比交流电弧炉高2%~3%，缩短了冶炼时间。同时直流炉因废钢类型不同而引起的实际输入功率的差异要比交流炉小，因此其生产率提高。加上直流炉内固有的钢液强烈的循环搅拌，不会出现交流炉内常在炉壁附近有3个废钢未熔区而不得不用氧枪切割的现象。因此，直流炉内废钢的熔化是均匀和快速的。

直流电弧炉只有一个电极孔，排出的烟尘量减少，其排放烟气设备的能力只有交流炉的60%~70%。此外，由于直流电弧炉只有一套电极升降和夹持机构，因此炉盖水冷面积大大提高，可达90%以上。同时，对电弧炉的控制系统和过程控制都是十分有利的。

直流电弧炉的电弧具有如下显著特点：

（1）直流电弧不通过零点，没有周期性的点燃和熄灭现象，所以电弧较交流电弧稳定。

（2）直流电弧炉的石墨电极作为阴极，底电极作为阳极，极性固定不变，电弧产生的热大部分集中在阳极（即炉料上）。

（3）直流电弧炉一般为单根顶电极，电弧在炉子中心垂直燃烧，没有三相之间的干扰和功率转移。

（4）直流电弧炉的石墨电极主要是端头受侵蚀，形成圆形凹坑。

（5）直流电弧没有集肤效应和邻近效应。

（6）可以比较准确地测出各段电压降。

（7）直流电弧炉的电极效应对炉料加热是非常有利的，在同一电流的情况下，阳极效应产生的热几乎是阴极效应的3倍。

（8）直流电弧炉搅拌钢液的效果远比交流电弧炉好，使钢液成分更加均匀。

（9）直流电弧炉对炉衬侵蚀均匀，炉衬寿命较交流电弧炉长。

直流电弧炉的上述优越性随着直流电弧炉技术水平的日益提高和不断完善，还会进一步突出地表现出来。但与此同时，随着交流电弧炉技术的不断发展，相关技术的不断完善，直流电弧炉和交流电弧炉之间在一些操作结果和指标上的差距也会逐渐缩小。将来电弧炉的发展将充分利用直流电弧稳定、对电网容量要求低和对电网冲击小、电极消耗低及只需一套电极系统的优势来选用炉型或开发新型的电弧炉，以达到真正的“高效、高产、低耗、优质、低污染”的目标。目前，在国外几种新型的电弧炉多采用直流供电。

2.4.2 直流电弧炉设备的底电极

直流电弧炉的结构特点：

（1）直流电弧炉炉顶中心通常只有一根石墨电极（负极），电极横臂、把持器，立柱和电极升降控制装置等均为一套，使电极升降机构大为简单。

（2）因作用在立柱、线路支架上的磁场力非常小，可使横臂冷却水消耗和炉衬损耗降低。

（3）增加了炉底电极、冷却与测温系统，底电极结构形式与二次导体的设置，是直流电弧炉的关键部件和技术发展最为关注的焦点。

炉底电极应具备的功能见表2-13。

表2-13 炉底电极的基本功能及要求

基本功能	功能要求
导电功能	1. 电阻小； 2. 保证导电性； 3. 保证电绝缘性
钢液保持功能	1. 不发生钢液渗漏（即使发生渗漏，也要保证绝对安全）； 2. 寿命长； 3. 维修方便，易更换； 4. 热损失少
其他有关功能	1. 钢液搅拌力大； 2. 偏弧小

对于直流电弧炉来说，炉底电极作为电弧电流的正极，炉底端子是必不可少的，形态的大小和结构的差别不但对钢液搅拌效果影响较大，而且给整个电弧炉操作的稳定控制也带来极大的影响。

2.4.2.1 炉底电极的类型

底电极是直流电弧炉的关键设备。尽管目前国内外采用了多种形式的底电极，但总体上可分为四大类别：

（1）导电耐火材料炉底电极，由瑞典ABB公司提供。

（2）钢质多触针型炉底电极，由德国GHH公司提供。

（3）水冷钢棒型炉底电极，由法国Clecim公司以及德国Demag公司提供。

（4）多触片型炉底电极，由奥地利Alpine公司提供。

A 风冷多触针式底电极

多触针型底电极结构示意图如图2-14与图2-15所示。在炉壳底部有一个大圆孔，在孔的上面是一个圆形法兰，通过绝缘的连接件水平固定在炉底底部作为底阳极上固定板。底阳极下固定板和上固定板之间有一定的距离（一般不应小于300mm）并形成一个风冷空腔，将各底阳极钢棒焊接在上下固定板上，使底阳极钢棒固定可靠。空腔内装有空气导向叶片，冷却空气沿轴向流入空气腔，靠导向叶片径直向电极柱流动冷却底电极后沿径向向外流出。按炉容量不同、底电极由 80~200 根圆形低碳钢钢棒组成，钢棒直径在 30~50mm 之间。钢棒末端加工成螺纹以固定在炉底下固定板的集电板上，同时与阳极短网导体连接构成炉子的阳极电极。炉底触针的布置按螺旋形分布。电流由接电板流入经集电板进入触针底电极之后，流入钢水熔池。炉底由 MgO 混合料捣固成型。为监控底电极温度，在底电极下部内孔安放热电偶监控底电极温度（正常时温度在 300~600℃之间）。这种底电极的通电电流密度一般为 $100A/cm^2$ 以下。

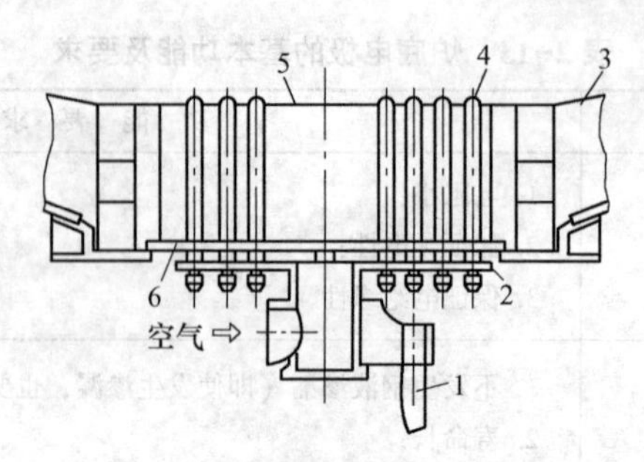

图 2-14 多触针型底电极结构示意图 Ⅰ

1—水冷电缆；2—导电板；3，5—耐火材料；4—触针；6—炉底板

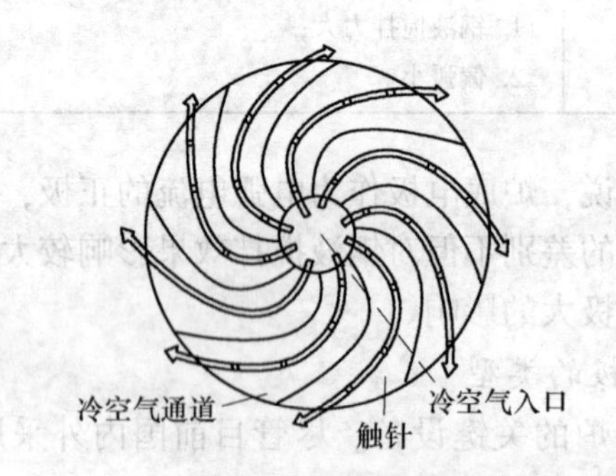

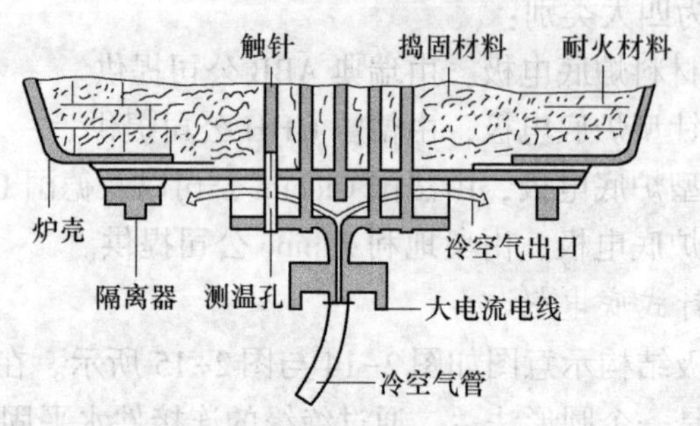

图 2-15 多触针型底电极结构示意图 Ⅱ

当底电极烧损到一定程度时，要更换底电极。钢水出完后，将带有吊耳的钢板投放到炉底上。冷却后即进行炉底清理（主要是清理集电板和炉壳的连接部

位)。卸去连接导电接头后，用液压缸顶起底电极将它吊走，重新换新底电极。

多触针式底电极的危险性在于起弧阶段，由于各触针导电性存在差异，导电不良者会出现不导电，而导电良好的却被熔化而有烧穿炉底的危险性。在炉底衬700mm时，一般触针熔化深度为80~90mm。当炉底衬耗损到300mm厚时，触针熔化深度为40~50mm。

B 钢片型风冷底电极

钢片型风冷底电极由多块排列成扇形的低碳钢薄板直立于炉底镁质干式捣打整体耐火材料中，低碳钢薄板组成四个扇形体等距离配置在炉子底部，各扇形体分别与阳极大电流短网导体连接。

这种炉底电极的优点有：

(1) 四根阳极短网导体的进线端分别位于炉底四周，这一位置的功率输出点与电弧的距离非常近。同时，底电极各扇形体导体的电流大小可以单独控制，有利于控制偏弧。

(2) 通过合理地选择底电极钢板的厚度和表面积之比，可节省炉底电极的冷却系统开支。

奥钢联开发的触片式底电极采用12块厚度为1.7~3mm的矩形薄钢片围成12边直筒，十几个不同的直筒外套筒套内筒地形成“蜂窝形状结构”并垂直焊在可重复使用的集电板上，从而形成“蜂窝形状结构”形式的炉底导电电极，如图2-16所示。各圈导电片间距约为90mm，用镁砂捣打料充填。

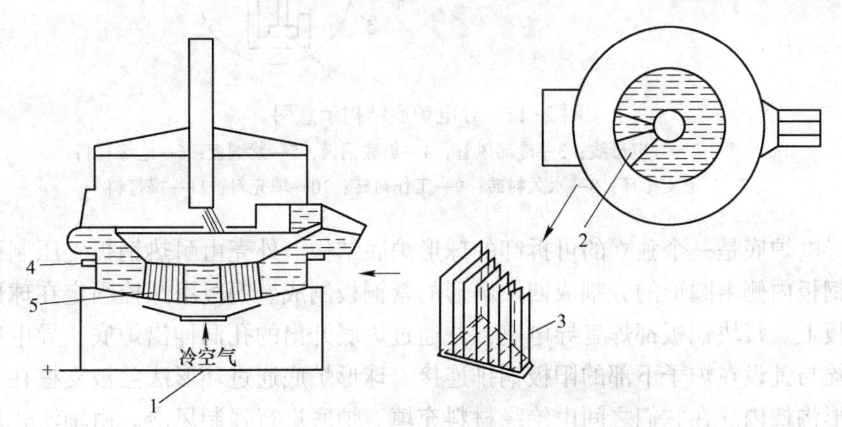

图2-16 钢片型风冷底电极结构安装示意图

1—DC电缆；2—扇形阳极；3—触片；4—底壳绝缘；5—普通不导电整体耐火材料

为保证炉底电极与接地的炉壳绝缘，采用空冷多触针式，它将绝缘材料的位置放在炉壳与底电极交接之处。同时，触针式采用隔离板来阻止铅与绝缘接触，同时在炉底增加排铅小孔；多触片式将绝缘材料放在炉壳中部和下部某个位置，确保“铅”沉淀对绝缘材料不会产生影响。

电炉触针底端部通压缩空气进行冷却，以便通过热传导保持底电极有安全的温度。这种导电炉底对耐火材料的要求不高，上部的钢片熔融后，与耐火材料烧结在一起，阻止了钢片的漂浮，从而保证了导电的可靠性，这种炉底不能进行热修补，因为修补会造成导电不良，炉底衬寿命决定了底电极的寿命。一般炉底衬每炉平均消耗在 1mm 左右，底电极厚度在 600~700mm，其寿命在 600~1500 炉。

C 导电炉底

导电炉底结构形式如图 2-17 所示。该导电式炉底电极（ABB 型），炉底有一个垂直的环形法兰，它由焊到炉壳上的环形槽支撑着。在法兰下面垫着间隔相等的纤维强化陶瓷块。槽、陶瓷块和法兰之间的空隙用一种耐火捣打剂填充。周边位置高出炉衬最低点，避免金属渗漏（铅）引起的短路。

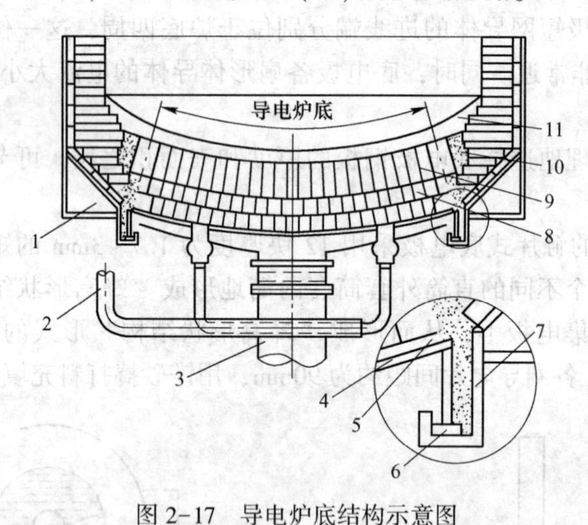

图 2-17 导电炉底结构示意图

1—炉壳；2—导电母线；3—冷却风管；4—炉底铜板；5—紫铜板；6—绝缘材料；7—U 形支撑环；8—永久衬砖；9—工作衬砖；10—填充料；11—捣打料

导电炉底是一个独立的可拆卸的球形炉底结构。外壳由耐热钢板辊压制而成型。钢板内侧由圆形的分割成四块扇形的紫铜板制成。铜板用螺栓固定在球形炉底钢板上。每块铜板都焊有导电座，并通过炉底开出的孔洞伸出炉底。导电座通过螺栓与铺设在炉子下部的阳极铜排连接。球形炉底通过环形法兰被支撑在炉壳的环形沟槽内。在它们之间由绝缘材料充填。炉底进行强制风冷。由轴流式风机将冷风通过炉底下的风道分别分散风冷。导电炉底炉底耐火材料（优质、高密度导电镁碳砖，碳含量在 10%~15%，电阻率一般为 10^{-3}~$10^{-4}\Omega \cdot m$，要求不易受温度变化的影响、电阻均匀、热传导较低、热化学与物理稳定性极好等）的砌筑与普通电炉砌筑方法没有区别，与钢水接触面积的电流密度可达 6.5kA/m²。

这种导电炉底电流分布面广，电流密度小，一般为 0.7A/cm²（小炉子）~1.8A/cm²（大炉子）。钢液被磁场搅拌效果明显，操作方便，炉役寿命也比较理想。据国外报道炉底阳极寿命可达4000炉。

导电炉底电极的特点为：

(1) 导电接触面积大，电流负荷较小，只有5kA/m²。

(2) 炉底冷或热启动性能好。

(3) 沿用传统修砌工艺便于掌握。

D 水冷棒式底电极

钢棒（铜钢复合）水冷电极的上半部是低碳钢钢棒，下半部是通水冷却的紫铜棒，铜钢结合部分是焊接而成。铜和钢的焊接是水冷棒式底电极关键技术之一，焊接质量不好，就会出现裂纹。也有的裂纹会出现在使用期间。水冷棒式底电极由三部分组成，其结构如图2-18所示。

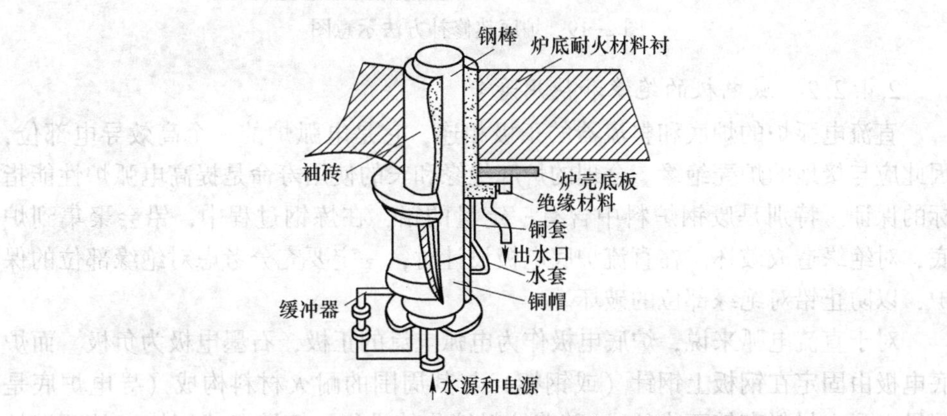

图2-18 水冷棒式底电极结构与安装示意图

第一部分是一个圆形钢棒，导电钢棒焊接在铜棒上；第二部分是套在钢棒上的袖砖（一般为套砖、碱性镁质耐火材料，有特殊质量要求）；第三部分是绝缘材料，将炉底钢板和水冷铜套绝缘开。该装置止“铅”的对策是在厚度约100mm且带有斜度炉底板和炉底电极之间安装环状的沟槽，在沟槽上多开透气孔，使铅可以从沟槽孔流出，而不破坏炉体绝缘。一般在水冷棒上设有深度不同的两个位置的测温装置。远离钢水点的测温装置设在水冷腔的上部，最大允许温度不超过450℃；而接近钢水测温点设在铜钢结合面附近，最大允许温度不超过650℃。底电极的损耗主要取决于电流密度和炉底耐火材料的厚度，从某种意义上讲，炉底的侵蚀速度也就是炉底电极消耗的速度和使用寿命。这种底电极炉底可以进行热修补，为保证炉底厚度，在补炉时先将钢水全部出净后，立即在底电极孔处插入与电极直径相等的钢棒，钢棒长度要高出补炉厚度100mm以上。补炉时，在新插入的钢棒周围用热补料捣实，以修补损坏的炉底热表面。每周进行1~2次，每次约10~30min左右。注意不能把钢棒埋在耐火材料下面，补炉后即可加料冶炼，如图2-19所示。这样可以延长炉底使用寿命，另外，这种底电极可以在热修补时进行接长，一般炉底每炉平均消耗在1mm左右。

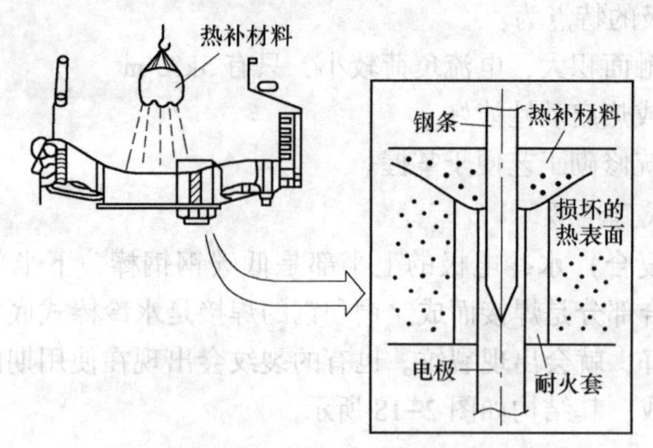

图2-19　炉底热修补方法示意图

2.4.2.2　底电极的绝缘和使用寿命

直流电弧炉的炉底和整流器的正极相连，它是电弧炉的一个高效导电部位，因此应与接地的炉壳绝缘。合理的炉底绝缘和长的使用寿命是提高电弧炉性能指标的保证。特别是废钢炉料中含有一定量的铅，在炼钢过程中，铅会聚集到炉底，对绝缘造成破坏。在直流炉底电极设计时，一定要充分考虑对绝缘部位的保护，以防止铅对绝缘部位的破坏。

对于直流电弧来说，炉底电极作为电弧电流的正极，石墨电极为负极。而炉底电极由固定在钢板上钢针（或钢棒）与其周围的耐火材料构成（导电炉底是用导电耐火材料砌筑而成的）。随着炉料熔化的进行，钢针（或钢棒）的顶端处于熔融状态，随着炉底耐火材料损耗，炉底下降，导电的钢针（或钢棒）变短，其下降幅度与耐火材料消耗同步，同时与底电极冷却也有一定的关系。

不论是哪种形式的底电极结构，底电极的温度和出钢温度、冶炼时间存在着直接的关系，尤其是冶炼时间，是决定底电极温度的关键。在生产中，因直流电弧炉出现脱碳、脱硫困难造成冶炼周期的延长，造成底电极温度大幅度升高，导致电弧炉停炉等待底电极降温的现象多有发生。所以，直流电弧炉的冶炼周期是降低底电极温度和保证底电极的安全的关键。

底电极寿命主要由以下几点决定：

(1) 电流大小；

(2) 电极电流密度；

(3) 熔池温度；

(4) 底电极冷却效果；

(5) 底电极结构形式；

(6) 耐火材料的消耗；

(7) 冶炼周期。

在直流电弧炉开发初期，底电极寿命为500炉左右。后由于改进操作、改善耐火材料等，使炉底电极寿命得到了很大的提高，现在已经达到1000~1500炉。

图2-20所示为一种从底部更换炉底电极的方法。

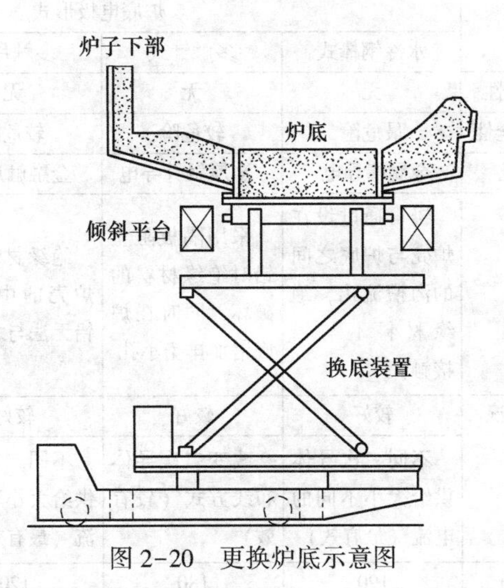

图2-20 更换炉底示意图

2.4.2.3 底电极的偏弧

偏弧是直流电弧炉特有的问题，也是直流电弧炉难以解决的问题。想要精确地计算是难以做到的，这是因为影响偏弧的因素非常复杂，涉及电弧炉的结构、冶炼工艺、电控等多方面的问题。电弧炉冶炼初期（熔化期），电的通路是随机的，所以偏弧方向也是随机的。而且这时偏弧在穿井时被废钢原料所包埋，对电弧炉影响不太明显。在炉料的熔化进行到后期以后的冶炼过程中，这时的偏弧角度和方向不仅十分重要，而且偏弧方向基本比较稳定，也有利于计算，可以此时为计算依据。既然影响偏弧的因素很多，有时是随机的、不确定的，偏弧计算只能是近似的，但设计上却是必要的。

对于直流电弧炉来说，短网包括炉顶电极大电流线路和炉底电极大电流线路两个部分。但是，底电极大电流线路设计，要比顶电极大电流线路的设计重要得多。它关系到电能消耗多少，关系到电弧偏弧方向、角度的大小，从而也关系到炉衬寿命等多项问题。因此，底电极大电流线路设计，是直流电弧炉设计中一项特别重要的问题。

合理的底电极大电流线路设计是：

（1）减少短网材料的消耗，减少电损失；

（2）减少电磁力对电弧偏弧角度的影响，使偏弧角度较小；

（3）设法使偏弧方向偏向冷区。

2.4.2.4 不同形式的底电极综合比较与评价

不同形式的底电极综合比较与评价见表 2-14。

表 2-14　不同形式炉底电极的综合比较与评价

评价项目	评价角度	炉底电极形式			
		水冷钢棒式	多触针式	多触片式	导电炉底式
安全性	漏钢的可能性	无	无	无	无
	漏钢后的安全性	最危险	较危险	较危险	较危险
导电性	导电的保证	金属棒导电	金属触针导电	金融触片导电	耐火材料导电
绝缘问题	铅对策	铅可通过设在炉壳与炉底之间的沟槽流出，绝缘材料不与铅接触	采用隔板阻止铅对绝缘材料的破坏，同时在炉底增加排铅小孔	绝缘材料设在炉壳的中下部，铅无法与之接触	绝缘材料设在靠近炉壳，铅会向炉底中心聚积，不与绝缘材料接触
搅拌	熔池搅拌状况	较好	较好	较好	最好
电弧偏弧	偏弧对策	不同二次导体供给大小不同的电流（最有效）	改变二次导体布线方式（较有效）	不同二次导体供给大小不同电流（最有效）	改变二次导体布线方式（较有效）
炉子吨位	最大吨位/t	190	180	120	160
冷却方式及允许电流密度	冷却方式	水冷	空冷	空冷或自然冷	空冷
	允许电流密度/A·cm^{-2}	50	100	100	0.5~1.8
砌筑与修补	砌筑复杂度 是否修补 更换电极难易程度	简单 可以 易	复杂 研制中 易	复杂 研制中 易	简单 可以 易
启动方式	冷（重新）启动方式	金属棒接在底阳极上，使之突出耐火材料	碎废钢铺在底阳极上	新炉使金属触片突出耐火材料；碎废钢铺在底阳极之上	ABB 公司推荐：从其炉子倒入一部分钢水；烧嘴先熔化部分钢水
炉衬寿命	耗速/mm·炉$^{-1}$	1.0	0.5	0.3~0.6	1.0
	最高寿命/炉	>2000	~2000	~1500	4000
炉底电极费用	成本维修费用/美元·t^{-1}	适中 <0.3	适中 0.15~0.20	适中 0.25	较高 <0.6

2.4.3 直流电弧炉的电气设备

直流电弧炉的主电路如图 2-21 所示，包括整流变压器、整流器、直流电抗器、高次谐波滤波器和电抗器等电气设备。其中，电源系统是直流电弧炉中最重要的电气设备，而整流装置又是电源系统的关键设备。

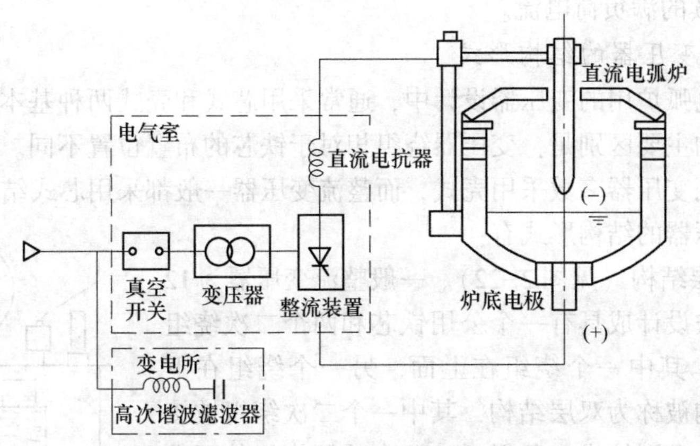

图 2-21 直流电弧炉电源装置的构成

整流电源是保证直流电弧炉稳定、可靠运行的关键设备，通常采用晶闸管整流电路以取得较好的稳流和控制效果。根据功率的大小和电压的高低可采用 6 脉冲的电路；大功率的可采用 12 脉冲和 24 脉冲。直流电压低于 300V 的可采用三相桥电路。对于大功率电源，为减少整流柜内电磁场的干扰和对柜体的发热作用、改善桥臂并联晶闸管的均流、降低线路电抗，通常采用同相逆并联电路。

2.4.3.1 真空开关柜

炼钢过程中，供电电源按工艺要求需进行通、断电操作，当由于塌料等原因造成的短路不能及时调整时，短路保护要求及时断电，因而，供电系统内应设有真空高压开关柜。

2.4.3.2 变压器

A 直流电弧炉变压器的特点

直流电弧炉的整流变压器与交流电弧炉的炉用变压器是不同的。当可控硅(晶闸管) 整流供电时，将吸收大量变动的无功功率，并使电网中含有大量的高次谐波，对电网供电质量不利。故大容量的整流变压器原边可接成三角形或星形。副边有两个绕组，一组接成三角形，一组接成星形，两个线圈的相位角相差 30°。这样可避免供电电压波形畸变和负载不平衡时中点的浮动，尤其是对消除三次谐波有很大的作用，可限制无功功率消耗，使平均功率因数高于 0.7 倍。以 12 倍数为脉冲数的整流用变压器，仅需一组高频滤波器便可吸收电网中存在的高次谐波。

B 对直流电弧炉用的整流变压器要求

(1) 大的二次电流。

(2) 能承受谐波电流成分所产生的附加涡流损耗和局部过热。

（3）变压器的二次绕组一般采取多相式或复合式布置。

（4）较宽的二次电压调节范围。

（5）连续的满负荷电流。

C 整流变压器的结构形式

在直流电弧炉用的变压器设计中，通常采用芯式和壳式两种基本结构。这两种结构形式的主要区别是：变压器绕组相对于铁芯的布置位置不同。目前世界上直流电弧炉用变压器多数采用壳式，而整流变压器一般都采用芯式结构。

整流变压器的结构形式有：

（1）双层结构（见图2-22）。一般整流变压器为12脉冲，通常被设计成具有一个公用铁芯和两个二次绕组的结构形式，其中一个绕组在上面，另一个绕组在下面。这种结构被称为双层结构，其中一个二次绕组被接成星形，另一个则接成三角形时，两个低压绕组的匝数比应该尽可能靠近 $1:\sqrt{3}$。

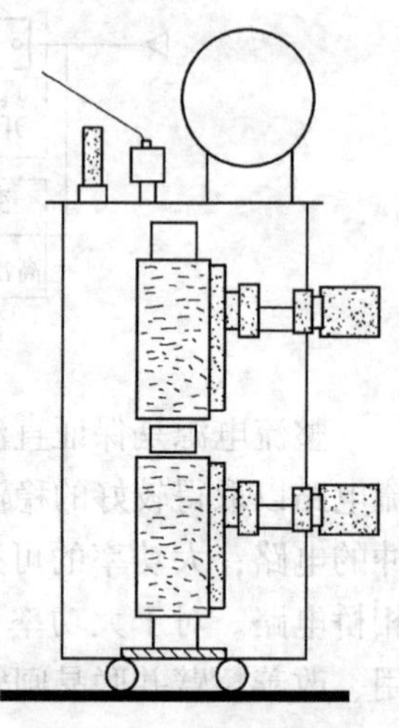

图2-22 双层变压器结构示意图

（2）带有中间轭铁的双层结构（见图2-23）。当两个一次绕组分别连接成星形和三角形时，在同一铁芯柱中感应出的磁场矢量将被移位。为了克服这个问题，两个绕组应布置在各自的铁芯柱上，或者采用中间轭铁结构。但是这种形式结构复杂，制造成本高，对于超大容量来说，高度将受到限制。

（3）两个独立的双铁芯结构（见图2-24）。根据前面所述的单铁芯局限性，当超过一定的功率范围时将不宜采用此结构，取而代之采用双铁芯结构。通常制成背靠背的形式，两个壳式结构变压器相互上下两层布置，结构紧凑，占地面积小。

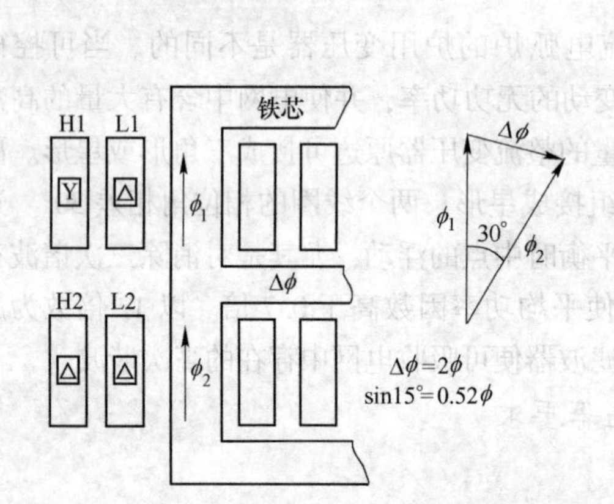

图2-23 带有中间轭铁的双层铁芯结构示意图

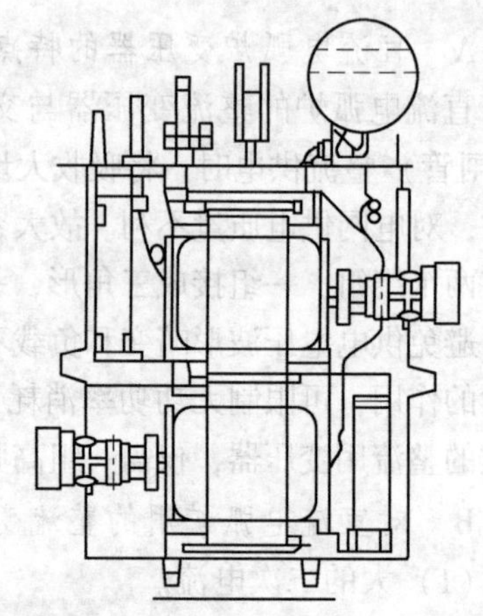

图2-24 两个独立的双铁芯结构

D 直流电弧炉变压器的电压调节

自晶闸管元件应用到整流器中以来，整流变压器的电压调节就变得非常简单。在晶闸管整流器中，借助于改变晶闸管的控制角，就可实现电压的无级连续调节。为了不使谐波成分太大，通常应避免在最大的控制角下运行。有鉴于此，为了扩大功率调节范围，整流变压器的一次绕组必须备有多个抽头。因此，当该变压器的二次电压要求大幅度调节时，还必须借助手动无载分接开关或感应调压器（直接调压）来完成。

E 谐波电流产生的附加损耗

变压器绕组的负载损失可细分为电阻损失和由杂散磁场引起的涡流损失。涡流损失常以电阻损失的百分数给出，通常在小于20%的范围内。它取决于变压器的形式和使用场合。

在整流变压器中，负载电流是非正弦型，可将它分解成基波分量和谐波分量。变压器的绕组中涡流损耗正比于频率的平方，即使很小的谐波电流振幅值，也会造成很大的附加涡流损耗。

对于晶闸管整流器来说，涡流损耗可用“放大因数 F”来表示。一般情况下：$F=4\sim7$。

当整流器运行时其涡流损耗也可用放大因数乘 50Hz 或 60Hz 下的涡流损耗。这有可能使 F 大于 7。为避免“发热”问题的产生，就要缩小单根导线的尺寸。如采用连续式变径电缆（CTC）制成绕组。

F 过电压保护和监控

由于高压开关频繁动作，特别是真空开关切换速度快，引起严重的操作过电压问题；电弧炉变压器频繁地承受电路切换时的浪涌冲击，将引起变压器绕组产生的一系列外部和内部过电压。因此，大多数变压器都装有 RC 吸收电路和吸收浪涌冲击的放电器组，如图 2-25 所示。

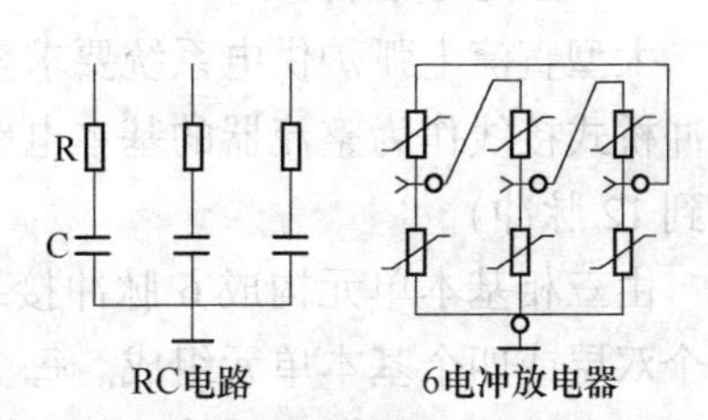

图 2-25 电弧炉变压器的过电压保护

过电压保护装置的设计要根据供电系统参数和变压器参数来进行，即参数数值的选取是非常重要的。

G 目前国内外大钢厂一般变压器简介

目前国内外大型直流电弧炉的变压器一般均是根据最现代化的规范设计和制造的，以确保使用寿命和效率。

整流变压器系统由两台单独的变压器组成。

二次套管安装在两侧壁内，由抗磁钢制成。侧壁安装套管使变压器的二次绕组和整流器之间连接线变得非常短，从而减少了无功功率和有功功率损耗。

二次绕组分别为三角形和星形接法。电流控制是通过粗调用的卸载抽头和微调用的可控硅进行的。二次绕组利用交叉的单根导线组成，从而使这些导线中的电流分配均匀，杂散损失低。

高压套管安装在变压器箱的顶部。配置有支撑托架，以安装站级浪涌放电器。高电流的二次接线柱安装在侧面，以便与整流器紧密联结。

2.4.3.3 整流设备

直流电弧炉供电方式有两种基本方式：二极管整流和可控硅（晶闸管）整流。前者利用变压器的抽头来调压，为限制短路电流，在变压器的高压侧接有限流电抗器。因其在技术上存在许多缺点，而在经济上与采用晶闸管整流比较，节省的投资很少（约0.6%），因此很少采用。后者其低压侧串有直流电抗器（DCL）来抑制动态短路电流。虽然其价格较高，但因在技术先进性和平滑连续可调性方面有突出的优点，因此直流电弧炉一般都采用晶闸管整流。

采用晶闸管整流，可利用其动态负载特性来稳定电弧的工作点。它可直接控制电弧电流。这种电弧电流和电弧电压能独立控制的优点，可将工作短路电流限制在设备额定值或预选的电流值内。因为对电流控制时，晶闸管响应时间极短，在3ms内。因此仅在低压侧直流回路内串入直流电抗器即可。晶闸管整流供电几乎不需变压器抽头切换来调压，仅安装线圈切换或无励磁电动调压装置即可。变压器的二次电压最高值至少比交流电弧炉提高20%。

典型的直流电弧炉供电系统图如图2-26所示。

A 整流器结构

大型直流电弧炉供电系统要求整流器具有非常高的额定功率值，其中能用6脉冲桥式接线作为整流器的基本电路（也可两台6脉冲桥式基本电路并联运行，得到12脉冲）。

由三相基本单元构成6脉冲接线，根据整流器的设备布局，12脉冲接线由两个双层或四个基本单元组成。每个基本单元的支路含有两个互相绝热的并联散热器，安在前面的是半导体元件，背面装着相应的专用熔断器。将圆盘形半导体元件安在散热器的两侧，圆盘形半导体元件位于同一水平，并有一个共用的固定装置。由于在两侧的圆盘元件需要冷却，在散流器相反侧上发出的热由冷却箱散发。

采取合适的半导体框架表面处理，来保证并联元件之间良好的电流分布。

B 冷却

现代整流器大都采用挤压空心铝材做导体。铝导体同时也用于冷却，能很好地适应电弧炉操作的苛刻条件。在循环回路中使用去离子水冷却晶闸管和熔断器。可以使用水-水或水-空气换热器散发热量。借助于加泵式换热器得到一个备用冷却系统，可以进一步提高设备的利用率。

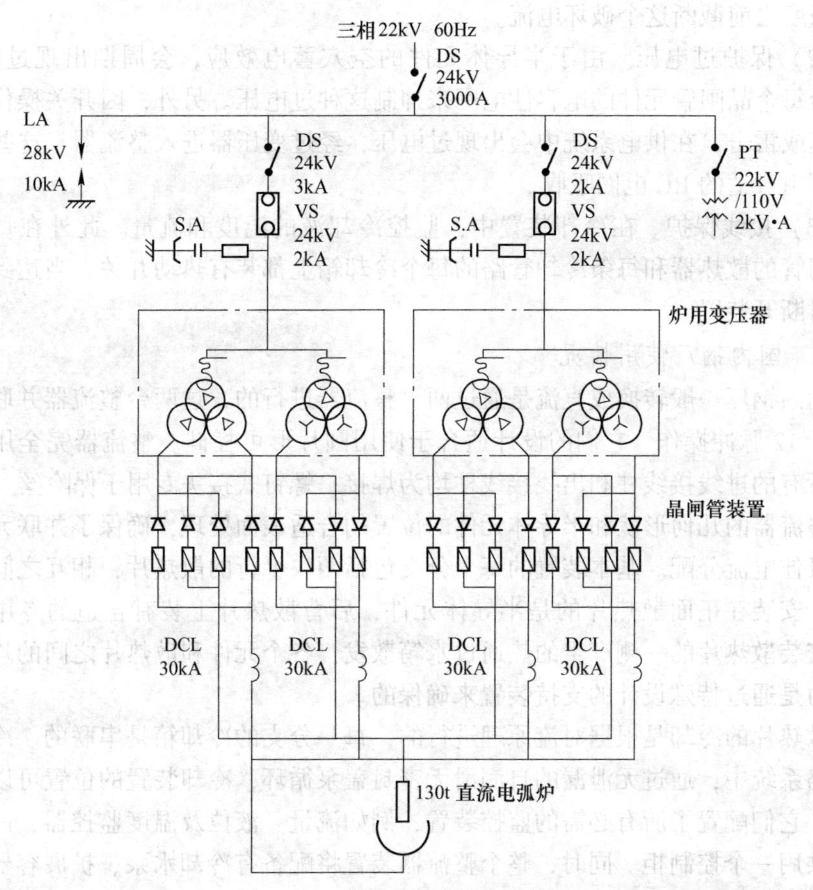

图 2-26 直流电弧炉供电系统图

散热器的冷却是根据逆流原理工作的，即冷却液先从底部到顶部，然后再向下流过散热器。这种结构布置保证了散热器横向平均温度恒定，并可以将所有冷却水管道放到散热器的底端。支路的冷却箱串联放置，水的入口和出口也在底部。

分开安装的冷却装置散发整流器的热损失，使用无泄漏损失的自润滑无密封垫的泵在循环管路系统内循环冷却水。在冷却管路支管上安装一个软化器来保持最合适的冷却水低导电率，可保证不发生电腐蚀，而且绝缘能力足够高。

采用合适的换热器，可用淡水或空气做二次冷却整流器的冷却液。换热器都装有所需的监控装置，如流量、液面、导电率的监测器。

C 保护装置

整流器的保护装置共分三大部分：

(1) 保护内部短路。半导体元件的阻塞能力下降，会产生整流变压器中相到相的完全短路。与半导体元件串联的 HRC 熔断器能够在晶闸管元件达到机械短路强度之前截断这个破坏电流。

(2) 保护过电压。由于半导体元件的空穴蓄电效应，会周期出现过电压，由配给每个晶闸管元件的电容性电网来抑制这种过电压。另外，因开关操作、接地损坏或雷击，在供电系统中会出现过电压，经过变压器进入整流器。这些过电压均可由合适的 RC 电网吸收。

(3) 接线保护。在冷却装置中，监控冷却液的温度和流量。此外在每个装配晶闸管的散热器和每条冷却管路的每个冷却箱上都装有热动开关，当达到温度极限时断开装置。

D 国内钢厂使用情况

国内钢厂一般转换成直流是通过两台整流器进行的，这两台整流器并联，以便进行 12 脉冲操作。它们的设计适合于使用圆片形可控硅。整流器完全用铝制成，所有的进线接线柱和出线接线柱均为焊接。螺钉式接头专用于保险丝。

整流器的几何形状和半导体元件的位置的合适表面处理，确保了并联元件之间的极佳电流分配。基本装置的每个分支包括两块平行的散热片，相互之间是绝缘的。安装在正面散热片的是半导体元件，后背散热片上装有合适的专用保险丝。安装散热片的一侧产生的热通过水箱散发，各个元件和散热片之间的均匀接触压力是通过特殊设计的支持装置来确保的。

散热片的冷却是根据对流原理进行的，每一分支的冷却箱是串联的。冷却水在闭路系统中，通过无泄漏的自润滑无密封盖泵循环，冷却装置的位置可以任意选择。它们配置了所有必需的监控装置，例如流量、液位及温度监控器，两台整流器共用一个控制柜。同时，整个整流器装置将配备有冷却水泵、扩展容器、过滤器阀、仪表和热交换器。

E 带有中性点的续流二极管和移相控制系统

法国阿尔斯通公司为我国新疆八一钢铁股份公司电炉炼钢厂 70t 超高功率直流电弧炉，安装了一套新型整流器系统。该整流器系统具有“带中性点的续流二极管”和“移相控制”两项新技术，可以同时控制电弧电流和电网公共连接点处的无功功率，具有能显著减少闪变对电网的影响和降低无功消耗的特点，非常适合在弱电网的情况下运行。

2.4.3.4 直流电弧炉的短网结构

从电弧炉变压器二次侧出线端开始到电极下端，这段大电流线路称为短网。它包括补偿器、铜母线、挠性电缆、导电横臂、电极，以及各段之间的固定连接座、活动连接座和电极夹持器等几部分。

单根顶电极只有一相短网。由于短网不存在集肤效应和临近效应，在铜排、铜管、水冷电缆、电极上电损失较小，故周围不需要采取非磁性材料。相应地，其石墨电极的上下窜动也要比交流小得多。也因没有集肤效应，电极的电流密度要比交流电弧炉的高得多。为了减少短网电阻和电抗，一般可采用下列措施：

(1) 尽量减短短网长度，特别是软电缆的长度要恰到好处；

(2) 按经济电流密度来选择铜导体截面；

(3) 改善接触连接，减少接触电阻；

(4) 采用大截面水冷电缆；

(5) 电气连接可靠，漏水几率大大减少；

(6) 要求拆装方便，水冷电缆的弯曲半径要合适。

2.4.3.5 直流电弧炉的电极调节装置

直流电弧炉的电极调节装置有两种形式：可控硅（晶闸管）的交流电动机式电极调节器和液压式电极调节器。

对于20t以上的直流电弧炉，宜采用液压式电极调节器。其信号测量环节基本与可控硅交流电动机式电极调节器相同，其余部分与交流电弧炉使用的液压式电极调节器类同。

由于单电极直流电弧炉只有一根电极，故只需一相调节器，其电气线路及执行机构均比三相交流炉的调节器要简化得多。由于直流电弧炉在电流控制时，其电极调节器的应答速度比交流炉快50倍，因此电流非常稳定，基本不会发生交流电弧炉常见的过电流跳闸现象。但因电弧电压的控制实行与交流电弧炉同样的电极升降，相对应答速度较慢。因此，在控制上应优先利用电流控制，而电压控制作为二次控制。

2.4.4 直流电弧炉主要电参数

直流电弧炉的主要电设计参数是整流变压器的额定容量和最高空载直流电压以及由此确定的变压器二次最高电压、直流额定电压和直流额定电流。

2.4.4.1 整流变压器的额定容量

整流变压器的额定容量 P(kV·A)，以电炉熔化期的能量平衡为基础由式(2-7)确定：

$$P=\frac{QG}{t_r\cos\varphi_n\eta_d\eta_r} \tag{2-7}$$

式中 Q——熔化每吨钢并升温到1650℃所需的能量（包括炉渣），一般取420~440kW·h/t；

G——电炉出钢量，t；

t_r——净熔化时间，h，指装料后开始送电到炉料全部熔化时间减去添加炉料、换电极等停电时间，净熔化时间约为熔化时间的0.85~0.90；

$\cos\varphi_n$——熔化期变压器一次侧的平均功率因数，约为0.7~0.8；

η_d——熔化期炉子平均电效率，可取0.85~0.90，该电效率考虑了在变压器、整流电源、直流电抗器和交、直流回路短网上的电阻总损耗，与交流电弧炉相比多了一个整流损耗，通常整流柜的整流效率大于98%，考虑直流电抗器后，则大于96%；

η_r——熔化期炉子平均热效率，可取0.65~0.8，对于小容量炉子取较小值；对大容量的炉子取较大值；对于采用水冷炉壁和水冷炉盖，以及具有排烟装置的炉子应酌情降低。

考虑到电弧炉频繁短路的恶劣运行条件，变压器设计时应留有20%的过载能力，此外，熔炼过程中的吹氧量的多少和炉料是否进行预热等，对变压器容量的选择都会产生影响。

通常经验公式为：

$$P = kG \quad (\text{MV}\cdot\text{A}) \tag{2-8}$$

式中　k——系数，一般取k=0.8~1.2；

G——电炉出钢量，t。

在理论上讲，交流电弧炉与直流电弧炉相差无几，因此一般不进行计算，参照同容量交流电弧炉系列直接选定直流电弧炉变压器即可，并且一般又高于交流电弧炉变压器的容量。

2.4.4.2　最高空载直流电压及相应变压器二次电压

A　最高空载直流电压的确定

最高空载直流电压U_{domax}和相应的变压器二次最高电压U_{2max}是直流电弧炉的重要电参数。

对于广泛使用的三相桥整流电路：

$$U_{domax} = 1.35U_{2max} \tag{2-9}$$

在确定U_{domax}（U_{2max}）应考虑以下因素：

(1) 电弧长度。直流电弧炉的电弧电压和弧长之间存在着某种线性关系(阳极和阴极压降一般在15V左右)：

$$u_b \approx kl_h \tag{2-10}$$

式中　u_b——电弧电压，V；

k——常数，k=0.8~1.3；小炉子取小值，大炉子取大值；

l_h——电弧长度，mm。

(2) 交、直流炉电弧长度：

1) 交流电弧炉电弧长度为1mm/V；

2) 直流电弧炉电弧长度为1.1mm/V；

3) 直流炉电极穿井直径为1.5~2倍电极直径。

(3) 炉壳直径。U_{domax}与炉壳直径成正比，炉壳直径越大最高空载直流电压也就越高，取值范围如图2-27所示。

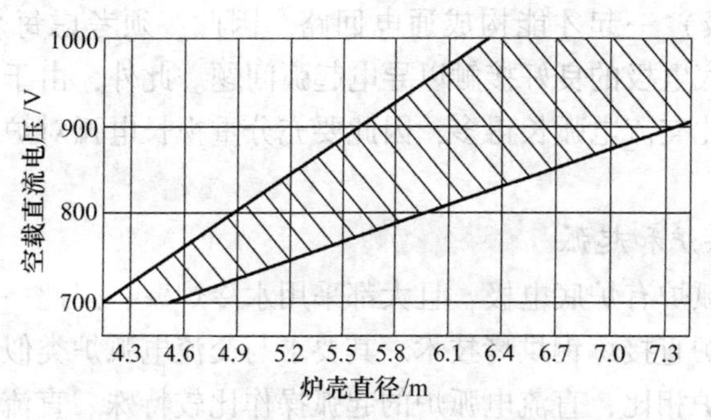

图 2-27 空载直流电压与炉壳直径的关系

B 变压器二次电压的分档

炼钢各阶段对电功率的需求是不同的，尽管晶闸管整流电源可通过调节直流电压来大范围改变输出功率，但却要以降低电网功率因数为代价。因此，直流电弧炉用整流变压器的二次电压仍大多设计成多级可调，以保证在各级功率下都能以较高的功率因数运行。由于在每档电压下可再借助整流电源对直流输出电压进行细调，因此直流电弧炉变压器的电压分档数应少于相应的交流电弧炉。

分档数及最低电压档的容量大小可视整个生产工艺而定。当不配 LF 炉时，可有较多级分档，最低档电压的容量约为 0.5P，可供精炼用；当配置 LF 炉时，可用较少分档电压。最低档电压的容量约为（0.7~0.8）P。

2.4.4.3 直流额定电流与额定电压的确定

对于三相桥整流电路，直流电流 I_d(A) 可按式（2-11）计算：

$$I_d = \frac{I_2}{0.816} = \frac{P}{\sqrt{3}U_2 \times 0.816} \tag{2-11}$$

式中 P——变压器额定容量，V · A；

I_2——变压器的二次线电流，A；

U_2——变压器的二次线电压，V。

交、直流电弧炉电压（V）与电流关系：

交流电弧炉 $U_2 = 4.12I_2 + 40$

直流电弧炉 $U_2 = 9.4I_2 + 20$

式中，I_2 的单位为 kA。

2.4.5 直流电弧炉冶炼工艺

直流电弧炉的冶炼工艺与交流电弧炉并无明显的区别，基本上也能生产交流电弧炉所能生产的所有品种。其基本工艺也与交流电弧炉类似。但由于直流电弧及直流电弧炉本身结构上的特点，直流电弧炉的冶炼工艺和操作又有其特殊性。由于其结构上一般采用一根石墨电极（接整流器的负极），需和炉底导电电极

(接整流器的正极)一起才能构成通电回路。因此,须考虑每炉钢刚开始通电时,固体炉料与底电极的良好接触以导电起弧问题。此外,由于在相同功率条件下,直流电弧要比交流电弧长得多,因此要充分重视长电弧对炉盖和炉壁的辐射侵蚀的问题。

2.4.5.1 烘炉和起弧

由于直流电弧炉有炉底电极,且大都采用水冷炉壁,因此一般不专门进行烘炉,而采用不烘炉直接炼钢烘烤技术。其要求与交流电弧炉类似。

与交流电弧炉相比,直流电弧炉的起弧操作比较特殊。直流电弧炉通电时电流从整流电源的正极,通过底电极穿过金属熔池或金属炉料,流向石墨电极和电极夹持器,通过软电缆流向整流器的负极。那么每炉钢刚通电时,应保证固体金属料与底电极的良好接触,以顺利起弧熔化废钢。直流电弧炉的起弧可按以下方法进行:

(1) 新炉第一炉的起弧。最好的办法是兑入同车间的其他炉子的热钢水进行起弧。如无热钢水可用,可以在底电极上堆放一筐细碎的导电良好的废钢或小块废钢,虽起弧稍微困难些,仍有好的效果。

(2) 留钢起弧。连续生产时,可采用残留一部分上一炉钢水,以使冷废钢与底电极有良好的接触而顺利地起弧。一般留钢量为出钢量的10%~15%。为此,采用偏心底出钢有很大的优越性。现在已广泛采用此办法起弧。

(3) 换钢种的第一炉的起弧。当换钢种时,为防止前一炉钢水对下一炉钢水成分产生重大影响,不宜采用留钢操作以供下一炉起弧,且应出净残留钢水。生产实践表明,即便不留钢水而采用装入预先准备好的第一筐料进行热启动,也是可行的。但要求从上一炉出钢算起,必须在10min内装完第一筐料。而第一筐料底部的1/3应放些细碎的导电良好的废钢或小块废钢。

为便于电弧炉停炉后重新进行冷启动,在熔炼最后一炉钢水后应做好必要的准备工作。对于单极水冷式底电极,可在底电极位置上插入一根尺寸适当的废小钢坯。而多触针式底电极,可在炉底装入少量细碎的导电良好的废钢。

2.4.5.2 熔化特点和电弧特性

废钢熔化由电弧炉的中心开始按同心圆方向向外扩展在炉底形成一个比电极直径大1.5~2倍的孔。熔化过程中,电极顶端靠近炉底并保持一定距离。随着炉料的熔化,在中心区形成球形。于是,炉子上部的废钢逐渐下沉、降落,并不断熔化。这样的熔化过程,废钢降落平缓,中心电极周围产生均匀搅动,避免了像交流电炉熔化时所出现的三个未熔化区和在炉壁上出现的三个热点。在熔化期,直流电弧炉被废钢包围的时间比交流电弧炉时间长,因而减少了向炉壁和炉盖的传热损失,热效率增高,不产生冷区,一般不用依靠氧燃烧器等冷区对策。

直流电弧炉的电弧射流通常面对着钢液,与电极轴平均为10°~30°的锥角。

由于电磁作用的影响，直流电弧在 1s 内要旋转几次（或无规律向四周发射）。直流电弧的形状很复杂，钢水平稳时，可呈现直的、弯的和分散的各种形状。而在交流电弧炉中，由于它相电弧与电磁的作用，使电弧偏向炉壁侧，电弧射流偏斜角度在 30°~45°以上。正因为如此，交流电弧炉电极顶端的损耗为尖形，而直流电弧炉电极顶端成扁平形。直流电弧炉和交流电弧炉的电弧形状如图 2-28 所示。

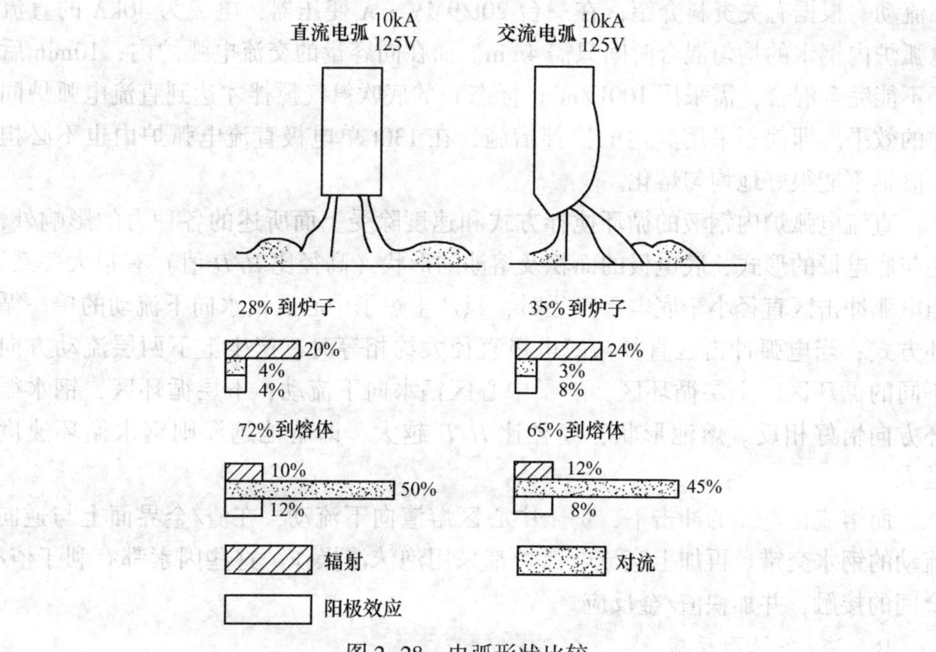

图 2-28　电弧形状比较

直流电弧炉与交流电弧炉相比其电弧为长弧。电弧电压与电弧长度的关系一般为 1.1mm/V，而交流电弧炉的弧长为直流电弧炉的 $1/\sqrt{3}$。直流电弧炉热效率较交流电弧炉热效率约高 10%。

大容量直流电弧炉易于产生偏弧，主要是底阳极短网导体配置不当，形成磁场的电磁力对电弧的影响造成的。由于偏弧总是偏向一个方向，这样会产生“热区”增加耐火材料消耗，甚至引起水冷炉壁的损坏，也会使电极端部产生一个偏斜的烧损。偏弧现象可以通过底电极线路特殊布置的电流输出、输入装置或者采用分别控制电流的输电装置来减小或避免。

2.4.5.3　冶金反应特点

电弧炉炼钢由交流供电改用直流供电后，因直流电流贯穿整个熔池，从金属熔池流向石墨电极，不仅造成了设备构成的变化，获得了许多比交流供电优越得多的技术经济指标，而且也会对直流电弧炉内的流体流动、传热和传质及渣/金间的冶金反应产生影响。

A 钢液的循环搅拌

直流电弧炉内，强大的直流电流定向地从炉底电极贯穿整个金属熔池流向石墨电极，产生一个强大的方向恒定的电磁力。在电磁力和摩擦力及气体上浮力等力的综合作用下，钢水在炉子中心区向下流动，达到炉底后向炉壁四周流动，再向上流向表面，并流回炉子表面中心。冶炼过程中，钢水始终存在强烈的定向循环流动。根据有关资料介绍，在一台20t/9MV·A变压器，电流为40kA的直流电弧炉内钢水的均匀混合时间只需4min。而在同容量的交流电弧炉内，10min后仍不能完全混合，需采用100L/min(标态)的底吹氮气搅拌才达到直流电弧炉同样的效果。即使不采用其他的搅拌措施，在130t单电极直流电弧炉内也不必担心废钢不能很好地均匀熔化。

直流电弧炉内钢液的循环搅拌方式和速度除受上面所述的各种力的影响外，还与底电极的形式、底电极的面积及熔池的形状（高径比 H/D 值）有很大关系。当电弧冲击区直径小于底电极直径时，只产生炉子中心区钢水向下流动的单一循环方式；当电弧冲击区直径与底电极直径大约相等时，产生上下两层流动方向不同的循环区。上层循环区，炉子中心区钢水向下流动；下层循环区，钢水循环方向恰好相反。熔池形状，高径比 H/D 越大，即熔池越深则钢水循环速度越大。

而熔渣在电弧的冲击下，炉子中心区熔渣向下流动，在渣/金界面上与逆向流动的钢水交错。再加上直流电弧炉都采用泡沫渣操作。这些因素都有利于渣/金间的接触，并加快渣/金反应。

B 渣/金界面反应

直流电弧炉内采用泡沫渣埋弧操作时，当渣层（或渣/金界面）有强大的外加直流电流通过时，会形成一电解系统，其中炉底电极为阳极，石墨电极为阴极。多数情况下，熔渣本质上是一个离子化了的溶液。因此，除了传统的纯化学反应外，还会有附加的电解反应参加到冶金反应中。电解时，在阳极（渣/金界面）发生失电子的反应，而在阴极（渣/气界面）则发生得电子的反应。因此，电解反应的参与，会加速钢中元素的烧损，从而使合金收得率和钢铁料收得率降低。同时不利于钢液的脱硫和脱氧，但有利于钢液的脱磷。

2.4.5.4 供电特点

由于直流电弧和交弧电弧的特性不同，由电弧燃烧稳定性所决定的许用电弧阻抗值也不同。直流电弧无每秒100次的点燃与熄灭现象，因此，直流电弧始终能保持稳定燃烧，其稳定性比交流电弧要好，直流电弧的阻抗值可选择得大些，交流电弧约4~5mΩ，直流电弧一般为6~9mΩ。图2-29给出了交、直流电弧炉主熔化期操作电流和电压关系。

直流电弧可在较高的电弧阻抗下稳定燃烧；在相同的功率下，直流电弧可在

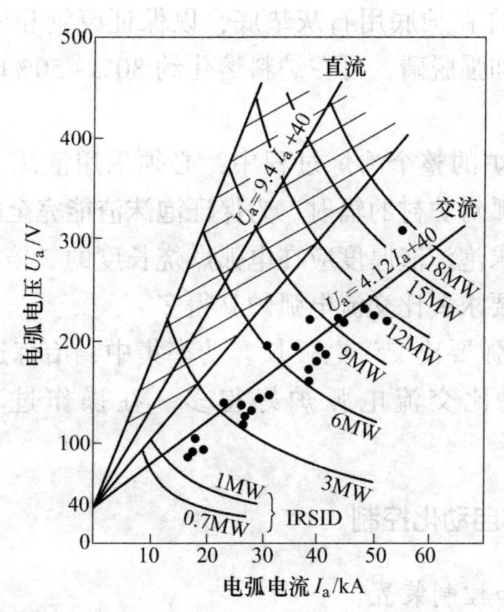

图 2-29 交、直流电弧炉主熔化期操作电流和电压关系

较高的电压和较小的电流下稳定操作。换句话说，在相同的功率下，直流电弧要比交流电弧长得多。由于工作电流较小，直流电弧炉石墨电极的端部消耗要比交流电弧要小。

表 2-15 为使用全废钢冶炼的 80t 直流电弧炉（Danieli 型直流电弧炉）的供电制度。其废钢铁装入量为 89t（其中生铁 18t），分三次装料，通电时间共 39min，出钢—出钢时间为 47min，出钢量为 80t。

表 2-15 80tDanieli 直流电弧炉的供电制度

操作步骤	第一篮料 48.3t	第二篮料 28.7t	第三篮料 12.0t	精炼
通电时间/min	15	9	13	2
最大电弧功率/MW	43	43	43	43
最大电流/kA	76	76	76	76
工作电压/V	813	813	813	813
电能/kW · h	9160	5580	8180	1380

2.4.5.5 造渣特点

由于直流电弧炉有底电极，要考虑废钢和底电极间良好的导电性；且因设计上的原因，相同的电弧功率时直流电弧的电压要比交流电压大得多；同功率下直流电弧要比交流电弧长得多且功率集中。因此，直流电弧炉的造渣制度与交流电弧炉相比有一定的差别和要求，主要表现在三个方面：

(1) 装料时不允许在炉底用石灰垫底，以保证废钢和底电极间保持良好的导电性。为提前造渣加强脱磷，可在炉料熔化约30%~50%时向炉内陆续加入石灰等造渣料。

(2) 在直流电弧炉的整个冶炼过程中，必须采用泡沫渣操作以埋弧，大幅度减轻大功率的长电弧对炉衬的辐射。为保证泡沫渣能完全覆盖住电弧并真正起到其良好的作用，要求泡沫渣厚度应在电弧燃烧长度的2倍以上。因此，直流电弧炉对泡沫渣操作的要求要比交流电弧炉高得多。

(3) 由于直流电弧要比交流电弧长、功率集中，冶炼过程中炉渣的温度很高，炉渣的流动性要比交流电弧炉好得多。在操作过程中需引起足够的注意。

2.4.6 直流电弧炉的自动化控制

2.4.6.1 检测和控制装置

采用电流、电压互感器以测量线路中实际的电流、电压并用于整流器和电极升降的自动控制，形成直流电弧炉功率输入控制系统如图2-30所示。弧流控制，通过改变晶闸管的触发角满足设定要求。弧压控制，则通过电极升降调节弧长使

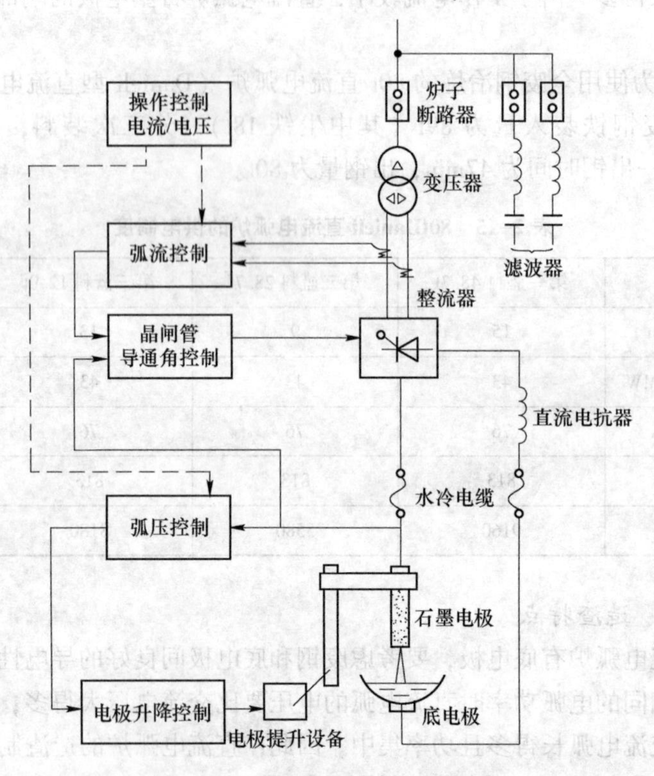

图2-30　直流电弧炉功率控制系统

弧压满足设定值要求。对直流电弧炉来说，弧功率即为弧流和弧压的乘积。因而，如果弧压和弧流都满足了设定要求，输入到电炉中的电功率就会自然能满足熔炼要求。

2.4.6.2 直流电弧炉的控制

直流电弧炉控制系统一般是以可编程序逻辑控制（PLC）为基础，具有对下列各项进行全面控制和检查的基本功能：高压开关装置，整流变压器，整流器，冷却水系统及炉子其他冷却部位的温度，炉子的移动，液压站，底电极温度、绝缘等，安全连锁装置，报警系统，以及各类有关工艺参数的采集。同时包括，以电极定位装置为控制单元的电压控制回路和以可控硅整流器为控制单元的电流控制回路。

各种控制设备的设置均在控制室的主控制台及面板内进行。一般来说，一个操作台设置两个彩色监控器，键盘（或鼠标）安装在操作台上。通过监控器和键盘（或鼠标）对电弧炉的运行及各环节主要参数进行全面的控制和监控。向辅助装置供电的低电压系统放置在炉子控制室内。

炉后控制台位于出钢口旁，用于控制炉子的出钢及出钢车的控制操作。其他操作的炉前操作台，一般放在炉门一侧，这样便于观察和冶炼操作。直流电弧炉控制模式如图 2-31 所示。

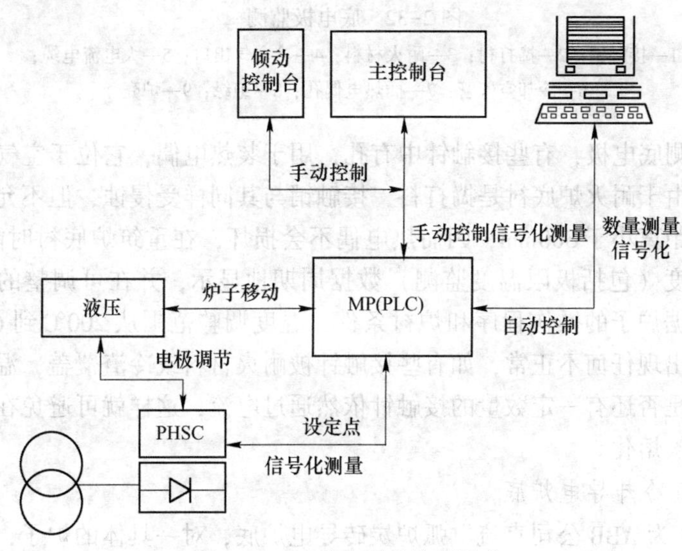

图 2-31 直流电弧炉控制模式

直流电弧炉的弧流和弧压控制方式与交流电弧炉基本相同，仅是控制元件有所区别。

2.4.6.3 直流电弧炉的炉底电极温度监控

直流电弧炉由于炉底充当导电阳极，为了保障炉子安全正常运行，炉底电极温度监测是十分重要的。通过炉底电极温度的监测，可以判断炉底的熔损情况，实现故障的诊断和预警。不同的炉底结构，其测量方式也不一样，以下以三种不同形式的底电极为例，介绍炉底电极的温度监测。

A 空气冷却触针式底电极

图 2-32 所示底电极，在炉底的中央打一个圆形孔，在孔的下面装有封闭式的法兰，在法兰上面固定两块水平放置的板，在板之间装有透平机样的空气导向叶片，大量的触针固定在底板上，并垂直向上延伸，穿过两板之间的空气，穿过炉底衬，直至金属熔池。

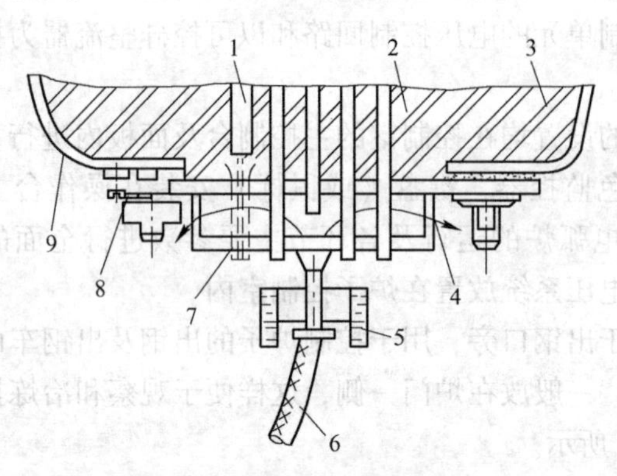

图 2-32 底电极监测

1—接触销；2—捣打衬；3—耐火材料；4—冷空气出口；5—大电流电缆；6—冷却空气管；7—插热电偶孔；8—绝缘；9—炉壳

为了监测底电极，有些接触针中有孔，用于装热电偶，它位于空气腔上部一定的高度。由于耐火炉底衬是捣打料，接触销与其同样受侵蚀，但不允许侵蚀到与空气腔的距离小于 300mm，因而热电偶不会损坏，在重筑炉底衬时能够再用。所测量的温度（包括极限温度监测）数据周期地显示，并在可调整的时间间隔内打印。根据炉子的操作程序和炉衬条件，温度调整范围从 200℃ 到 600℃，当炉子操作中出现任何不正常，如有些接触针被耐火材料或冷渣覆盖，温度监测装置就可验证是否还有一定数量的接触针依然通过电流，这样就可避免在不利环境下个别销子被熔化。

B 空气冷却导电炉底

图 2-33 为 ABB 公司直流电弧炉炭砖导电炉底，对一具体的炉子，即可根据炉底钢水温度和炉底各层导热性计算出实际冶炼时的温度。底电极温度监测元件采用镍铬热电偶，图 2-34 给出了某一时刻监测结果。当超过预定的温度极限时，即进行报警，以保护炉子安全正常运行。

预定的温度极限与炉底电极耐火材料的材质有关，且主要依赖于碳的成分，图 2-35 给出了构成导电炉底的镁碳砖的热电性能。

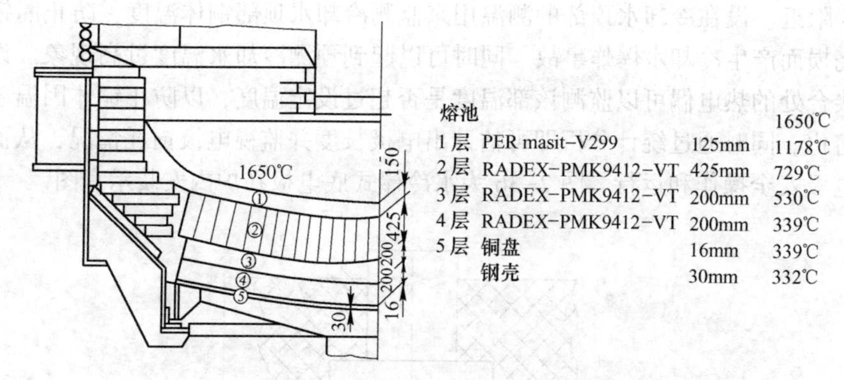

图 2-33 底电极温度分布图

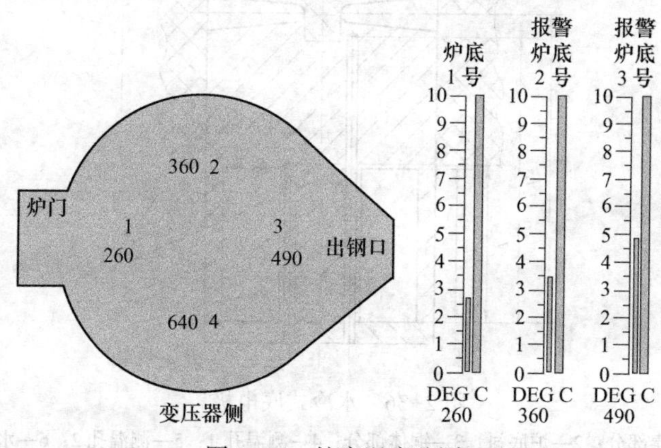

图 2-34 炉底温度监测

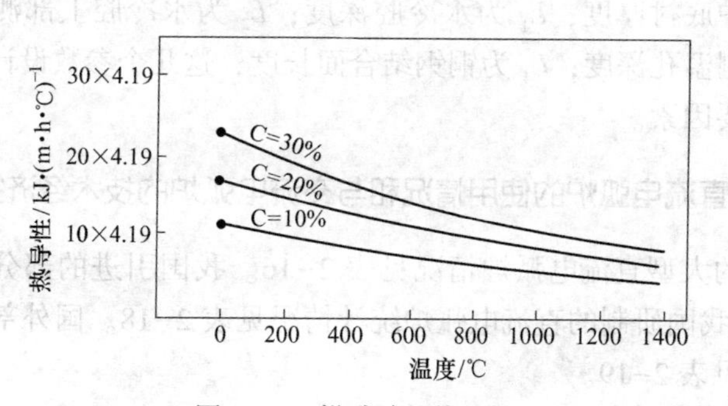

图 2-35 镁碳砖的热导性

C 水冷式棒状底电极

水冷式棒状底电极，钢棒 1 安装在炉底衬中用于导电，然后钢棒与铜体 3 相连并与直流供电系统相连。此底电极温度监测系统基于铜体温度和铜体中冷却水温度的测量。底电极测温设在两处，一处设在冷却水顶部 5；另一处设在铜钢接合处 4 附近。设在冷却水顶部的测温用来监测冷却水顶部铜体温度，防止漏钢将铜体烧损而产生冷却水爆炸事故，同时可以起到预测冷却水温度过高现象。设在铜钢接合处的热电偶可以监测该部温度是否超过设定温度，以防止铜体因温度过高而熔化。同时通过统计分析即可估计出电极长度并监视电极损耗情况，从而保证底电极安全操作和运行。图 2-36 为水冷棒式底电极在炉内安装示意图。

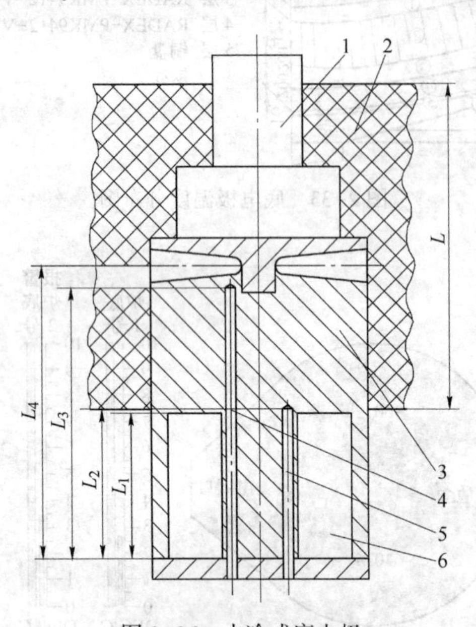

图 2-36　水冷式底电极

1—钢棒部分；2—炉底衬；3—铜体部分；4—测温孔 1；5—测温孔 2；6—水冷腔

图中 L 为炉底衬厚度；L_1 为水冷腔深度；L_2 为水冷腔上部测温孔深度；L_3 为铜钢结合处测温孔深度；L_4 为铜钢结合面长度，这几个参数设计是保证底电极正常工作的重要因素。

2.4.7　国内外直流电弧炉的使用情况和与交流电弧炉的技术经济指标比较

我国引进的大型直流电弧炉情况见表 2-16。我国引进的部分直流电弧炉情况见表 2-17。我国研制的直流电弧炉统计情况见表 2-18。国外部分已运行的直流电弧炉情况见表 2-19。

表 2-16　我国引进的大型直流电弧炉情况

引进企业名称	电炉容量/t	变压器容量/MV · A	连铸机	投产年份	备注
上海宝钢	150	100	六流圆坯	1996	双壳炉
上钢五厂	100	76	五流方坯	1996	
江阴兴澄钢铁公司	100	100	五流方坯	1997	

续表 2-16

引进企业名称	电炉容量/t	变压器容量/MV·A	连铸机	投产年份	备注
大冶钢铁公司	60	56	四流方坯	1997	
苏州苏兴特钢公司	100	100	五流方坯	1998	
杭州钢厂	80	60	五流方坯	1998	
长城特钢公司	100	90	四流方坯	1998	未使用
新疆八一钢厂二炼钢厂	70	60	四流方坯	1999	
兰州钢厂	70	45	弧形连铸机	2000	
北满特钢公司	90	85	四流方坯	2002	

表 2-17 我国引进的部分大型直流电弧炉情况

工艺技术参数	上钢三厂	上钢五厂	上海宝钢	江阴兴澄	苏钢	浦钢	苏兴特钢
电炉容量/t	100	100	150	100	100	100	100
炉壳直径/m	6.6	6.0	7.3	6.6	6.6		6.6
变压器容/MV·A	73	78	33×3	100	100	73	100
二次最大电压/V				638			
二次电流/kA				4×25			
冶炼周期/min	80	78	60	49	75	92	
电极消耗/kg·t^{-1}	1.4	1.5	1.3	0.92			
电耗/kW·h·t^{-1}	410	450	290	281	456	518	
日产炉数/炉		18.5	22.8/24.5				
底电极冷却形式	空冷	空冷	水冷	水冷			
底电极寿命/炉	2000	850	1500				
底电极根数/根			3	4			2
氧气消耗/Nm^3·t^{-1}	35	25	35	52	15.6	27.27	
炉子数量/台	2	1	1	1	1	2	2
其他			30%铁水 双炉壳	集束氧枪			
进口厂商	ABB	MAN GHH	Cleclm				

表 2-18 我国研制的直流电弧炉情况

使用单位	底电极形式	吨位/t	数量/台	投产年份
太原重型机械厂	2 根顶电极无底电极	10	1	1991
成都无缝钢管厂	风冷式底电极	5	1	1991
重庆特钢	水冷棒式底电极	5	1	1992

续表 2-18

使用单位	底电极形式	吨位/t	数量/台	投产年份
鞍山特钢	水冷棒式底电极	1.5	1	1992
鞍山特钢	水冷棒式底电极	10	1	1992
南京三炼钢新建和改造	水冷棒式底电极	0.5~15	27	1992
成都无缝钢管厂	风冷式底电极	30	1	1993
涟源钢铁公司	风冷式底电极	60	1	1995
武汉 471 厂	不详	30	1	1994
首钢特钢	水冷棒式底电极	15	1	1994
首钢特钢	水冷棒式底电极	30	1	1994
阿城钢厂	水冷棒式底电极	30	1	1994
首钢特钢	风冷与导电炉底	30	1	1995
合计			39	

表 2-19 国外部分已运行的直流电弧炉情况

序号	电炉容量/t	变压器容量/MV·A	炉壳内径/mm	投产年份	制造商	使用国家
1	25	11	4500	1978	ABB	瑞典
2	25	15	4000	1989	Clecim	日本
3	30	17.2	3800	1985	GHH	美国
4	30	22	4300	1987	Itaimpia	意大利
5	30	20	3800	1992	ABB	土耳其
6	32	9	4300	1976	ABB	瑞典
7	35	10	5000	1966	ABB	美国
8	35	15	4600	1988	GHH	日本
9	40	25	4300	1993	ABB	意大利
10	50	53	5200	1994	ABB	捷克
11	55	18	5000	1983	ABB	瑞典
12	55	53	5200	1992	ABB	新加坡
13	60	42	5100	1991	DVAI	美国
14	60	52MW	6100	1994	GHH	日本
15	70	42	5200	1991	ABB	美国
16	70	70	6700	1992	GHH	日本
17	70	46MW	5800	1994	GHH	美国
18	75	83	5800	1985	Clecim	法国
19	75	68	6100	1991	Clecim	日本

续表 2-19

序号	电炉容量/t	变压器容量/MV·A	炉壳内径/mm	投产年份	制造商	使用国家
20	80	67	5500	1992	ABB	马来西亚
21	80	75	5500	1993	ABB	马来西亚
22	100	107	5800	1992	ABB	韩国
23	100	65	6700	1992	GHH	韩国
24	100	60	7000	1992	GHH	日本
25	100	45MW	6500	1993	GHH	美国
26	100	92	6100	1994	ABB	日本
27	120	65	7000	1992	GHH	韩国
28	120	85	7000	1992	Clecim	日本
29	130	100	7000	1989	GHH	日本
30	150	80	7300	1992	GHH	美国
31	150	160	7300	1993	GHH	印度
32	150	70MW	7000	1992	GHH	日本
33	190	150	7300		Clecim	

与交流电弧炉相比，直流电弧炉炉顶电极消耗降低50%左右，其损耗以前端为主。这是由于将上部电极作为阴极，在阳极上由于电子撞击的“阳极辉点”消失，所以前端消耗减少了，而电极从三根变成一根，表面积变小，是侧面消耗减少的原因。表2-20为直流电弧炉与交流电弧炉石墨电极消耗的比较。

表2-20 直流电弧炉与交流电弧炉石墨电极消耗的比较 (kg/t)

炉 型	端部消耗	侧面消耗	合 计
直流电弧炉	0.72(60%)	0.48(40%)	1.20 (100%)
交流电弧炉	1.2(38%)	2.0(62%)	3.20(100%)

直流电弧炉的消耗量主要是功率消耗、耐火材料消耗、石墨电极消耗等，表2-21为直流电弧炉与交流电弧炉技术综合比较。

表2-21 直流电弧炉与交流电弧炉技术指标的综合比较

项 目		直流电弧炉	交流电弧炉	备 注
生产率		100	100~105	
单位消耗	总能量	100	95~100	
	石墨电极	100	60~80	
	修炉耐火材料	100	70~90	

续表 2-21

项　目		直流电弧炉	交流电弧炉	备　注
电弧偏向		100	0~10	DC 炉可以控制
钢液电磁搅拌效果		小	大	DC 炉也不充分
电压闪烁		100	50%	DC 炉减半
电路损失		约 4%	无	绝对值小，可忽略
感应加热		有	5%~6%	DC 炉操作容易
必要变压器容量		100	无	对相同功率输入
二级电压		100	105~110	
电器室必要的空间		100	100~110	
设备总成本		100	150~200	与闪烁有关
保修成本		100	80~120	与技术水平有关
功率单位耗量			约 80%	DC 炉可降低 10kW · h/t，但多数无差别
能损耗		大		DC 炉能损耗少（无电弧偏斜，电极损失少）
电损耗		小		损耗绝对值小，可忽略
电极	端部损耗	大	稍小	与 I^2 成正比，差别不大
	侧面损耗	大	小	依据氧化面积的差
	总损耗	大	小	DC 炉是 AC 炉减少一半，但是与带 SR 的 AC 炉比约减少 30%。炉子约大，DC 炉的单位耗量优势下降 50~100t 约减 30%，150t 约减 20%。700mm 以上的电极有 30%的增加。用大电极电流过大时，剥落及端部连接部的损伤增大
功率输入时的电流波动		大	小	DC 炉没有 AC 炉的中性点移动及由于用可控硅整流器直接控制电流，电流波动减少
闪烁		大	小	DC 炉可控硅整流器电流限制作用减少；比 AC 炉改善了 50%~60%，比带 SR 的 AC 炉改善 40%，DC 炉的闪烁对策费用减少

2.5　其他类型电弧炉设备

近年来电弧炉炼钢技术发展相当迅速，新炉型、新工艺层出不穷，技术经济指标大幅度提高，吨钢电耗已经降到 300kW · h/t 以下，吨钢电极消耗也降到了 1kg/t 多一点，出钢—出钢时间降到 40min，每炉通电时间仅 30min。之所以能获得如此大的经济技术效果，不是靠单一的技术改进所能实现的，而是多项技术的综合应用，既有设备方面，也有工艺方面，特别是替代能源的大量应用。就炉型而言，现在既不是直流炉时代，也不是交流炉时代，而是交、直流并存的时代，或者说是交、直流电炉转炉化的时代，电能与化学能（替代能源）综合应用的时代。所以，当前研究炼钢电弧炉，不能局限于某一个方面，而是要全方位地进行研究。特别是对于电弧炉设计人员，需要掌握一定的冶炼工艺，根据冶炼不同钢种、不同的冶炼工艺设计不同的炉型，否则我们的电炉炼钢水平与国外的差距就会越拉越大。

2.5.1 双炉壳电弧炉

2.5.1.1 双炉壳电弧炉的工作原理及其主要特点

从 20 世纪 90 年代中期，双炉壳电弧炉已成为电弧炉发展的又一个热点。其本质上类似于传统的废钢预热技术，只不过用炉壳来代替废钢预热的料篮，双炉壳电弧炉工作原理如图 2-37 所示。

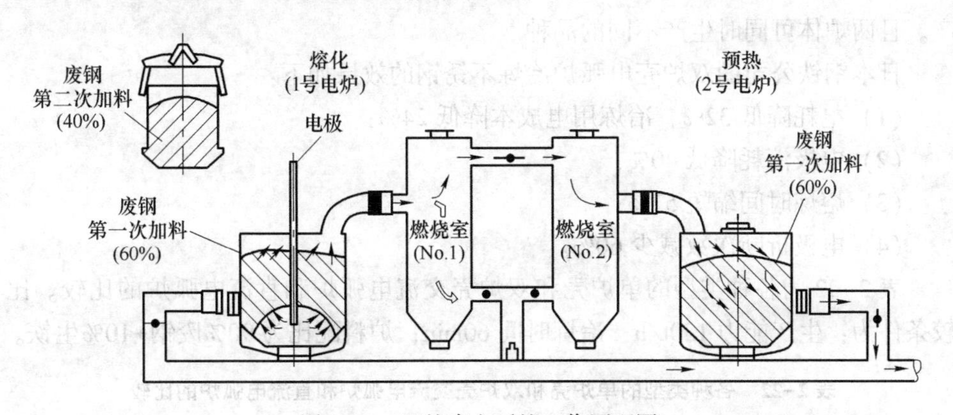

图 2-37 双炉壳电弧炉工作原理图

当 1 号炉进行冶炼时，所产生的高温废气由炉顶排烟孔排出，进入 2 号炉中进行预热废钢，预热后废气由出钢箱顶部排出、冷却与除尘。每炉钢的第一料篮（相当于炉料的 60%）炉料可以得到预热。

目前世界上几家著名的电弧炉设备制造商都开发了双炉壳电弧炉，并投入工业应用，有交流供电的，也有直流供电的双炉壳电弧炉，但直流供电占多数。

一般双炉壳电弧炉包括一套电极臂及其提升系统、一套常规的电弧炉变压器、两套由上炉壳和下炉壳及炉盖组成的炉体。可采用交流供电，也可采用直流供电。但因直流供电时，只有一根顶电极，当电极从一个炉壳工位旋转到另一个炉壳工位时，只有一套单电极的电极臂在旋转，显然整个机构可大大简化。

废钢加入炉内后并不是立即就通电熔化废钢，而是先用另一正在熔炼的炉壳内所产生的废气进行预热。也可增设辅助的烧嘴来辅助废气加强对废钢进行预热，在装入的炉料中开一个垂直孔，把加热器装在炉顶，把燃烧气体导入该孔中对炉料进行预热[13]。

2.5.1.2　双炉壳电弧炉可以达到的效果

采用双炉壳电炉可以达到如下效果：

(1) 预热时间 35~50min；

(2) 平均预热温度约 700℃；

(3) 预热效率 50%；

(4) 电位电耗降低 30%；

(5) 电极单耗降低 15%。

(6) 耐火材料单位电耗降低 15%；

(7) 熔化时间缩短 15%；

(8) 熔化能力（吨/月）提高 30%；

(9) 当一个炉体维修时，另一个炉体仍可照常工作，因此能保证车间不停产。且两炉体可同时生产不同的品种。

日本钢铁公司的双炉壳电弧炉冶炼不锈钢的效果如下：

(1) 电耗降低 32%，冶炼用电成本降低 24%；

(2) 电极消耗降低 40%；

(3) 熔炼时间缩短 57%；

(4) 电极折断次数减少 60%。

表 2-22 为各种类型的单炉壳和双炉壳交流电弧炉和直流电弧炉的比较。比较条件为：生产能力 130t/h；冶炼时间 60min；炉料配比为 90%废钢+10%生铁。

表 2-22　各种类型的单炉壳和双炉壳交流电弧炉和直流电弧炉的比较

项　目	常规交流电弧炉		常规直流电弧炉		Fuchs 交流竖式电弧炉		Fuchs 直流竖式电弧炉	
	单炉壳	双炉壳	单炉壳	双炉壳	无指条	带指条	无指条	带指条
变压器容量/MV · A	100	85	120	102	77	70	92	84
通电时间/min	46	54.5	47.5	55	48	48.5	48.5	49
断电时间/min	14	5.5	12.5	5	12	11.5	11.5	11
电耗/kW · h · t^{-1}	380	385	385	330	290	330	330	290
电极消耗/kg · t^{-1}	1.8	1.8	1.44	1.44	1.5	1.3	1.2	1.04
氧气消耗/Nm^3 · t^{-1}	40	46	40	46	34	35	34	35
燃料消耗/Nm^3 · t^{-1}	4	7	4	7	7	8	7	8
焦炭消耗/kg · t^{-1}	10	10	10	10	8	8	10	10
喷炭粉/kg · t^{-1}	4	4	4	4	4	4	4	4
耐火材料消耗/美元 · t^{-1}	3	3	2.55	2.55	2	2	1.7	1.7
石灰消耗/kg · t^{-1}	37	37	40	40	37	37	40	40

2.5.1.3 双炉壳直流电弧炉

任何电弧炉都由机械部分和电源系统组成，电源系统的使用时间仅占65%~75%。双炉壳概念的主要用途是使电弧炉电源系统的使用时间增加约20%，因此，对同样的电气系统，能获得更高的生产力。

实际上，按给定的生产能力，双炉壳直流电弧炉技术是节省总投资费用很有效的方案。

除上述优点外，双炉壳电弧炉技术能在给定的电源容量下达到最高的生产率。例如，法国联合冶金公司出钢量150/170t的双炉壳直流电弧炉的生产率达215t/h。同样，也可对给定的生产率，改变所需变压器的容量。

A 组成

双炉壳直流电弧炉的组成主要有：

(1) 相同的两个炉体，每个炉体由一只下炉壳和一只上炉壳加一只水冷炉盖组成。

(2) 一根可旋转的电极夹持器及其提升支架。

(3) 一套常规的直流电源。

(4) 一套直流电源开关。

B 废钢预热

双炉壳电弧炉的优点是可以在等待的炉壳中预热废钢。有两种方法可供使用：

(1) 在一只炉壳通电熔炼的同时，能把其炽热的烟气通入第二只炉壳用来预热已装好的炉料。在这种情况下，每吨钢液可节省电能约25~30kW·h，在不用任何燃烧器的情况下，每吨钢液的电耗将降至350~370kW·h/t，新日铁提供的双炉壳大都为这种形式。

(2) 在炉壳上安装氧燃烧嘴或助燃氧枪来直接加热废钢。这种方法只在炉壳断电预热废钢时有效，当直流电弧炉送电时点燃烧嘴没有任何优势。当使用这种燃烧器时，与废钢组合在一起的各种原料所产生的挥发气体可完全烧掉，不会产生有害烟气。采用这种炉壳预热装置可缩小供电系统容量约30%。双炉壳直流电弧炉—预热废钢炉料如图2-38所示。

C 缩短冶炼周期

对一座电弧炉炉用变压器的输送电流和切断电流时间的分析表明，在出钢—出钢时间内，变压器输送电流时间约占72%，切断电流时间约占28%。使用双炉壳可使输电时间达到92%，而断电时间仅为8%。断电时间从28%降到8%，是因为断电时间仅仅是电极提升、旋转、下降或滑移所需的时间。

例如，如果一座正常的普通电弧炉原先每炉的冶炼周期需要60min，或两炉的冶炼周期为120min。那么，如果是一座双炉壳电弧炉，则第一炉是在约58min

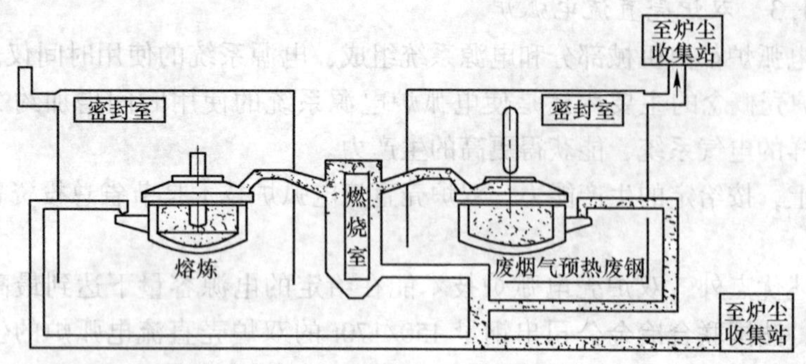

图 2-38 双炉壳直流电弧炉—预热废钢炉料

后出钢，而第二炉在 79min 后就可以出钢；如果中间有一座钢包炉，则每炉的平均冶炼周期就可达到约 40min。而且，采用氧燃烧嘴或助燃喷枪（输入功率一般为 3~15MW）替代一次能源可达到较高的生产率或降低电耗水平。如果取较高生产率的目标，那么，根据同样的供电条件，理论上就可达到 29min 这样短的平均冶炼时间。然而，如果不要求较高的生产率，也可利用该系统来降低变压器的装机容量，即使电网容量较低，电弧炉也仍然能够运行。

D 双炉壳直流电弧炉的应用情况

现在，国外采用这种电弧炉，冶炼周期不超过 50min。因此，这种电弧炉冶炼时间达到氧气转炉炼钢厂的指标，年产量可达 150 万吨。近年来，欧洲一些钢铁公司陆续采用双炉壳直流电弧炉代替传统的高炉—转炉生产线。例如，法国联合冶金公司冈德朗热钢厂 1994 年 7 月用一座生产为 215t/h 的现代化双炉壳直流电弧炉代替原有 2 台 240t 氧气顶吹转炉，用来生产线、棒材、钢梁和钢轨。1994 年 11 月，卢森堡阿尔贝德公司年产量 145 万吨的 190/155t 的双炉壳直流电弧炉投产，这座双炉壳直流电弧炉采用 4 支 5MW 烧嘴及前一炉剩留钢渣来预热炉料，冶炼周期 46min，最终将取代原有转炉炼钢设备生产全部钢梁产品。

近年来，美国、日本等还新建成一些这种双炉壳直流电弧炉炼钢车间用来生产板材。1992 年，新日铁为日本关西钢坯中心建造一座 120t、100MV·A 双炉壳直流电弧炉。在新日铁的双炉壳和一套供电系统的设计中，采用了炉壳本身代替废钢料罐预热废钢技术。新日铁双炉壳所使用的直流电弧炉采取炉底吹气搅拌熔池，缩短了废钢熔化时间和降低了单位电耗。所以，采用的电弧炉熔池比普通熔池深，以便有效利用吹气搅拌能。大同特殊钢公司曾在 25t 直流试验炉上进行了钢液流速模拟解析，结果表明最佳熔池深度（熔池深度/熔池直径）$H/D=0.3\sim0.4$。深熔池的实际搅拌时间比传统熔池缩短 40%，搅拌效果明显提高。因为所有配套设施均由两个炉壳共同使用，双炉壳系统比单炉壳系统额外增加约 5%的投资。为减少炉气温度降，两个炉壳之间的距离在保证维修要求的前提下缩至最短。该系统可达到的预热温度很高，能够解决低温预热系统带来的环境问题，还可降低熔炼电耗。日本关西钢坯中心，在相应给定的变压器容量下，生产率提高了22%，冶炼周期比传统型设计缩短43%，预热时间约25min，可降低电耗40~50kW·h/t。

表2-23为印度新日登罗伊斯帕特钢厂双炉壳电弧炉的技术参数。

表2-23　印度新日登罗伊斯帕特钢厂双炉壳电弧炉的技术参数

生产参数		数　值
年产量		270万~450万吨（2座双炉壳电弧炉）
生产钢种		板材、中碳钢、碳钢、管材
出钢量		2×180t
冶炼时间		（取决于炉料构成）
原料	废钢	0~100%
	热、冷直接还原铁	0~100%
	铁水	0~70%
	生铁	0~50%
机械参数	出钢量	180t
	电弧炉容量	210t
	炉壳直径	下炉壳：7500mm；上炉壳：7600mm
	出钢形式	偏心炉底出钢
	过程特征	转炉—电弧炉冶炼
电气参数	电源类型	交流电
	变压器功率	110MV·A
	二次电流	最大：76.4kA

当送入电弧炉中的主要炉料为铁水和直接还原铁时，可以使用顶吹氧枪，顶吹氧枪具有极高的效率。在这种情况下，所需电能低于200kW·h/t钢，并且变压器只用了其功率的50%左右。

使用这种双炉壳的经济效益非常明显。在一个炉壳内进行采用顶吹氧枪的转炉工艺过程，而在另一个炉壳内进行电弧炉工艺过程，两种工艺过程生产线均能达到最佳化。

在国内宝钢公司引进的150t双炉壳电炉运行情况上看，废钢的堆密度与废钢在电炉中的布料位置对废钢预热效果影响较大。其废钢预热温度可达300℃左右，总电耗降低30kW·h/t左右，冶炼周期45min。据介绍，这种预热方式的电炉使用的最大问题是烟道内部的积灰将发生会周期性的堵塞现象，影响预热效果。

E 双炉壳式电炉与转炉—电炉

由于电弧炉配置的功率越来越大，再加上替代能源（同时向炉内喷入固体燃料或气体燃料、液体燃料等），使每炉的通电时间越来越短（<30min），而辅助时间（出钢水、补炉、装料等）由于受各方面条件的限制，总要维持在10min左右。为了进一步缩短出钢—出钢时间，充分利用炉子的能源供给系统，提出了双炉壳交替电弧加热作业方式。最近几年，世界上各著名的电炉公司都推出了双炉壳电弧炉技术。双炉壳电炉，就是一套电源，两座炉壳的配置方案：在一个炉壳内进行熔化和精炼的同时，另一个炉壳进行出钢以及随后的加料，通电炉壳内一旦达到要求的钢水成分和出钢温度，电极就转到另一个炉壳上，然后开始新的冶炼周期，而停电时间还不到3min。双炉壳电弧炉，主要有两种结构形式：德马格公司[14]、克鲁西姆公司的双炉壳都是共用一套电极升降系统，电极升降系统通过转轴和导轨在两个炉壳间轮流作业，克鲁西姆的炉子没有支撑导轨；奥钢联的双壳炉机械部分完全是两个独立的系统，只不过共用一套供电系统罢了。

ABB公司最新推出的双壳炉采用深炉壳结构。它可一次装料加够足量废钢，即使使用低密度废钢（0.6t/m^3）也可以一次加够。采用深壳式结构的另一个目的是便于在炉壳的一定高度水平安装一定数量的二次燃烧氧枪，以便对炉壳底部熔化时产生的一氧化碳气体进行再燃烧，对炉壳上部的炉料进行预热[15]。

显然，深炉壳结构势必要使用长电极，这对电极升降装置提出了更高的要求，需克服由此而引起的断电极和电极消耗增加现象。

F 设计双炉壳电弧炉时应注意的事项

设计双炉壳作业时，有一个重要的设想是当一台炉壳在熔炼时，用该炉的废气来预热另一台炉壳内的废钢。但由于废气温度达不到废料中可燃性物质的燃烧温度，由此产生的节能效果并不显著，反而把废钢中的有机物带出，这是环保所不允许的，所以这一功能基本都未用，但可以在装料后未通电前用燃料烧嘴来预热炉料。所以采用双炉壳作业方式，在下列条件下才是合理的：一是通电时间：辅助作业（出钢、补炉、加料）时间低于4∶1，加热时间小于30min；二是当应用电弧加热中的废气预热另一个装入废钢的炉料时，要采用燃料烧嘴进行辅助加热以解决环保问题；三是最好采用混合加料法，即在装入废钢前先加入35%～40%的铁水，以缩短加热时间，也就是说在具有炼铁车间的联合钢铁企业更为有利。

2.5.2 竖式电弧炉

2.5.2.1 竖式电弧炉概述

对降低输入电弧炉内功率的要求，促进了Fuchs竖式电弧炉（简称竖炉）的开发。其想法是把废钢加入竖井，并用从电弧炉释放出的废气来预热。废钢置于与炉膛连通的竖井内，当炉底的废钢熔化时，不断进入炉内[16]。

1992年英格兰谢尔尼斯钢铁公司安装了Fuchs公司的出钢量为100t、留钢量为11~17t为偏心底出钢竖式电弧炉。竖井预热系统由一上小下大、坐在炉顶上的竖井所组成。废气由炉子的上方进入竖井内。此外，竖井水冷、内衬耐火材料的截面积为炉顶表面的35%。竖井内气流速度慢，因此，传热效果好。竖井顶部废钢温度为276~310℃。因为炉尘被竖井内废钢“过滤”，竖式电弧炉带出的炉尘比传统的电弧炉少11%。在精炼期，输入的热量有52%进入废气。该炉采用导电横臂，电极直径为610mm，变压器功率为80MV·A，功率因数为0.83，可节电22kW·h/t。

炉壳安装在炉架上，并由安装在炉架上每个角的4个液压缸倾动。这样，能使炉壳下降300mm，并移到第一篮料的加料位置，或移到出钢或除渣位置。炉底在4条轨道上运行，其中两条在中心，两条在外侧。由于炉顶水冷，竖井和电极臂固定且不能倾动。

通过三个途径把能量输入炉内：(1) 80MV·A电弧炉变压器；(2) 有6个容量为6MW的氧燃烧嘴，可分别独立控制并按预定的方案进行操作。烧嘴喷吹的氧燃比为1.5∶1到4∶1，并可只进行吹氧操作；(3) 水冷碳氧喷枪，最大能喷吹38.3m^3/min的氧（标态）和50kg/min的碳。它是强泡沫渣操作所必不可少的装备。一旦炉内形成足够的钢水量和渣量，就用消耗式吹氧管吹入37.4~38.5Nm^3/t钢水的氧气来造泡沫渣。

一炉钢的大致运行过程：炉子下降300mm坐在缓冲器上，炉子车平移到加料工位。第一篮料坐在支承构架上，通过爪式机构打开料篮。第一篮料约44t废钢。加料完毕，将炉子开回到炉顶正对的下方，并回升到炉子的上位。然后把第二篮料加入到竖井内，第二篮料约35t。一般前两篮料的装料时间不到2min。开始通电熔化废钢，约4min后提升电极并把最后一篮料（第三篮料）加入竖井内。然后一直通电熔化。出钢温度1638℃，平均通电时间为34min。

Fuchs竖炉电弧炉因炉尘黏附在竖井内的废钢上，使其炉尘量减少，且废气量减少，从而降低了排气风机的要求。与传统80MV·A的偏心底出钢电弧炉相比，Fuchs竖式电弧炉生产率提高20%。通过竖井的废气流将有相当于82kW·h/t的能量传到竖井内，而放热反应放出的能量约相当于154kW·h/t的电能。

除了传统的单竖井（单炉壳）结构的电弧炉，福克斯公司还开发了几种其他形式的竖式电弧炉。这些类型竖式电弧炉既有用交流供电的，也有用直流供电的。单电极直流供电具有明显的优越性。几种竖式电弧炉的结构特点如下：

(1) 竖井带水冷指条（托架）的单炉壳竖式电弧炉，如图2-39所示。第一篮料可承托在竖井内，并用精炼期的废气进行预先加热。这样可回收精炼期产生的废气热量。

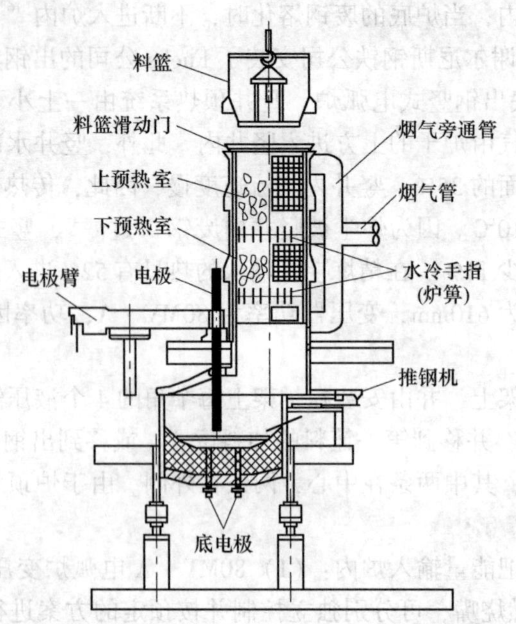

图 2-39 带水冷指条（托架）的单炉壳竖炉电弧炉

(2) 双炉壳竖井式电弧炉。有两套竖井式电弧炉炉壳，一套电极系统，可从一竖炉替换到另一竖炉。来自一个竖井的热废气可用于另一个竖炉的竖井内的第一篮料的预热。这样，能量回收率更高，并进一步减少电弧炉产生的炉尘。有两座此型的竖井式电弧炉分别在法国和卢森堡投产。其中，法国一台 90t 炉，投产两周，每天冶炼达 25 炉。其中最好一天的操作结果：电耗 351kW · h/t，电极消耗达 1.4kg/t，氧耗为 $25Nm^3/t$，天然气消耗为 $6.5Nm^3/t$。

(3) 带水冷指条的双炉壳竖井式电弧炉。它综合了前两种竖炉的特点。国外开发的竖炉中的竖炉部分主要用来预热废钢，它一般安装在炉盖之上，电弧炉变压器的对面。在当炉次生产时，预热下一炉次所用的废钢，从而达到节能的目的。

目前生产竖炉较多的是德国的福克斯公司（已与奥钢联合并）和卢森堡的保尔 · 沃特公司，其容量从 90t 到 170t。福克斯公司已有 18 套竖式电弧炉在世界各地运行。

竖式电弧炉的结构形式和应用场合多种多样：有用全部废钢为炉料的，也有用 55%海绵铁的，也有用 35%的热铁水的（如我国的安阳钢铁公司 100t 竖炉）；在竖炉结构上，有让废钢自然落下的，也有带托料机构的；在电弧炉结构上，有单炉壳的，也有双炉壳的；在炉体运动方式上，有竖炉旋开式，也有电弧炉炉体开出式；在供电方式上，有直流供电的，也有交流供电的。

竖炉结构形式的选择：由于采用废钢自然落下式竖炉结构，在精炼期，竖炉必须处于倒空状态，此阶段的热废气依然未能得到充分利用，而带托料机构的竖式电弧炉在整个冶炼周期废热均得以充分利用，就连向电弧炉内热装铁水时也能有效地进行预热。托料机构是水冷的。其工作过程是：在上一炉的精炼期加入下一炉的第一篮炉料之前托料机构必须处于关闭状态。当上一炉出钢操作完成之后，炉体开回至熔炼位置（或炉盖与安装在它上面的竖炉旋回到炉体上），打开托料机构，使预热的废钢落入炉膛，然后立即将第二篮废钢加入竖炉。采用这种办法可以使加料时间和能量损失减至最小。

竖式电弧炉运行指标确实令人鼓舞，如保尔·沃特公司的一台160t由直流供电、带托料机构的单炉壳式竖式电弧炉，当用100%废钢炉料时，每吨钢能耗降至310kW·h及26~28m^3氧气；当加入30%铁水时，吨钢电耗降低至创记录的200kW·h，供电时间缩短为30min。

竖炉除可以预热炉料外，还对电炉排出的气体有一定的过滤作用，与传统电炉相比粉尘量降低了25%，同时使金属收得率提高约2%。

表2-24为各种类型Fuchs竖式电弧炉的操作结果。

表2-24 各种类型Fuchs竖式电弧炉的操作结果

项　目	单壳竖炉电炉	双壳竖炉电炉		带指条（托架）的单壳竖炉电弧炉	
使用原料类型	100%废钢	100%废钢		50%废钢+50%DRI	65%废钢+35%铁水
炉容量/t	95	95	72	135	140
电耗/$kW \cdot h \cdot t^{-1}$	320~340	330~360	290~320	430	200
电极消耗/$kg \cdot t^{-1}$	1.6~2.0	1.4~1.8	1.4	1.0	1.0
氧耗/$Nm^3 \cdot t^{-1}$	25~30	25~30	25~30	30	25
燃料消耗/$Nm^3 \cdot t^{-1}$	6~8	6~8	6~8	4	6~8
装料碳/$kg \cdot t^{-1}$	10~15	10~15	8~10	10	0
喷炭粉/$kg \cdot t^{-1}$	5~7	5~7	3~7	5	3
通电时间/min	33~40	35~37	25~30	48	39
冶炼周期/min	51~60	37~39	35~40	63	48
生产率/$t \cdot h^{-1}$	96~112	146~154	108~123	128	175
年产量/万吨	80	110	85	92	125
技术特点	OBT出钢、炉顶预热、底吹搅拌				

1995年，我国张家港沙钢投产了一座90tUHP Fuchs竖炉电弧炉。该炉采用圆形底出钢（OBT）技术，铜钢复合导电横臂，自支承型水冷炉盖，氧-油燃烧嘴，惰性气体底吹搅拌，超声速炭氧枪机械手，在炉盖安装用于过热点保护的石灰喷粉装置，通过炉顶第5孔自动进料，带自动调节废气系统的连续式炉压监控装置，配备钢包精炼炉及计算机控制和7m半径的5流连铸机（具有结晶器电磁

搅拌、液面自动控制、保护浇注等技术)[17]。

2.5.2.2 竖炉电弧炉的优缺点

竖炉电弧炉的优越性为:

(1) 因渣中(FeO)降低,使液态钢水的收得率提高,可达93.5%。

(2) 烟道粉尘量减少20%(竖炉电弧炉为14.24kg/t,而传统电弧炉为18.14kg/t)。

(3) 烟道内炉尘的化学成分随着竖炉的操作工艺不同而变化。氧化锌含量从22%上升到30%。此外,石灰的含量从13%降到5%。

(4) 因产生的废气量降低,对排烟风机的功率要求从19.3kW·h/t降到10kW·h/t。

(5) 电耗降低17%,电极消耗降低20%,生产率提高15%。现在新建的竖炉电弧炉,其配备的氧燃烧嘴能力已大幅度提高。由于火焰长时间始终和冷废钢接触,CO的二次燃烧率比传统电弧炉大大提高。此外,通过调节烧嘴的氧流量,可控制废气内CO的含量,并促进了竖井底部的CO二次燃烧。带CO二次燃烧的竖式电弧炉,电耗可达350kW·h/t,电极消耗达1.8kg/t,氧耗为30Nm^3/t,天然气消耗为8.5Nm^3/t。

竖式电弧炉的缺点和应用条件:

(1) 高度比其他炉型高得多,不可能在旧有的炼钢车间装设,一次性投资较大,特点是基建投资较大。

(2) 要考虑对环保造成的影响,位于竖炉中金属废料不可避免地带有油污等可燃性物质,而这些可燃性物质与通过竖炉的热废气产生的不完全燃烧而生成的CO和NO_x等有害气体会污染环境。为了克服这一缺点,一是向电弧炉吹氧及可燃物质(炭粉、可燃气体或液体)以提高排入竖炉的废气温度。实践证明,当竖炉中的废料预热到800℃以上,即可使废钢中掺杂的非金属物质所产生的CO和NO_x等到排放量满足现行的环保要求,再就是设置符合要求的除尘净化设施。这就更增加了设备的一次性投资。

2.5.2.3 竖式电弧炉的废钢预热效果

几类废钢预热技术特点见表2-25。

表2-25 几类废钢预热技术特点

项 目	Consteel	双壳炉	手指竖炉
开发时间	1989年	1992年	1988年
国内样板	贵钢60t,涟钢70t	宝钢150t	珠钢150t,安钢100t
预热装置	加长烟道内传送带预热废钢	二个炉体交替熔炼和预热	与炉盖一体竖炉可升降和移动

续表 2-25

项　目	Consteel	双壳炉	手指竖炉
关键技术	废钢传送带、电炉倾动、二次燃烧和废气急冷技术	公用电极机械与短网系统、废气系统切换技术	竖炉移动机械、手指技术、氧燃烧嘴及二次燃烧技术
预热炉气温度/℃	1200~1500	700~800	1200~1500
废钢预热温度/℃	400~600	250~300	500~800
废钢预热比例/%	100	60	100
节电效果/kW·h·t^{-1}	40~50	25~30	80~100

2.5.2.4　辅助能源的利用

现代电弧炉技术进展的另一特点是电能不再是熔化废钢的唯一能源。氧燃烧嘴、炭氧枪、二次燃烧等辅助能源喷吹技术形成电炉的燃烧控制中心，对电炉节能越来越起到重要作用；而引入辅助能源的关键是如何提高能量的有效利用率。手指竖井式电弧炉成功利用了炉内喷吹和余热回收技术，实现了能量最优控制。

A　氧油烧嘴

传统交流电弧炉使用氧油烧嘴主要用于三个固定冷区，以实现炉料均匀熔化。直流电炉为使废钢包围单根电极，实现长弧操作，一般不宜使用烧嘴。此外烧嘴还用于熔化炉门区废钢，便于炭氧枪提前吹氧助熔和造泡沫渣。

竖井式电弧炉内，废钢布料侧重于竖井侧，在竖井侧布置氧油烧嘴，依靠烧嘴与电弧供电的合理匹配，实现废钢均衡熔化同时可避免废钢塌料。烧嘴使用效率一方面取决于废钢温度与受热面积，熔化初期或废钢温度和受热面积大，烧嘴效率可达80%；另一方面，烧嘴完全燃烧取决于在不同时间温度阶段合适氧油比例；竖井式电弧炉废钢受热面积大，为提高烧嘴能量利用率创造了极为有利条件。

B　二次燃烧

对任何炉型电弧炉，均发生如下反应：

$$2C+O_2 = 2CO \quad 2.85kW\cdot h/kg \tag{2-12}$$

$$2CO+O_2 = 2CO_2 \quad 6.55kW\cdot h/kg \tag{2-13}$$

可以看出，化学能的充分利用主要取决于反应式（2-13）CO的二次完全燃烧反应。但对传统电弧炉，炉内二次燃烧受到如下条件的限制：

（1）由于炉内温度较高，在有铁存在下，产物CO_2不稳定，主要是因为铁的氧化；

（2）二次燃烧反应发生在炉内熔池液面上，燃烧产物CO_2在炉内与电极反应导致电极消耗增加；

(3) 传统电炉中废气流速很大，反应气体在炉内停留时间很短，反应热量大部分随炉气排出，甚至二次燃烧反应发生在燃烧室或水冷烟道，不仅造成能源浪费，增加了除尘系统负担且控制困难。

手指竖井式电弧炉对系统二次燃烧极其有利。由竖炉手指风机吹入空气，使竖炉内 CO 燃烧反应自竖炉底部开始进行。根据输入电能功率和工艺情况控制风机转速，提高了二次燃烧率，并控制竖炉出口 CO 含量低于安全值。

竖炉内二次燃烧反应产生的 CO_2 气流在废钢料柱间以较低流速形成逆向流动，反应产生的能量有较长时间传给废钢，从而大大提高了二次燃烧的能量回收率。

二次燃烧反应在温度相对较低的竖炉内完成，而炉膛内 CO_2 含量较低，避免了 CO_2 与电极间发生反应导致电极消耗的增加，同时避免了传统电弧炉二次燃烧反应造成的铁损增加。

C 炉内供氧

电弧炉供氧带来的节能效果是通过 C、Fe 氧化放热来实现的。炉内氧化反应促进了熔池搅拌和温度成分均匀化，为炉中各种冶金反应提供了动力学条件；同时采用炭氧枪造泡沫渣对保护炉衬，稳定长电弧，增加热效率起重要作用。一般电弧炉氧气用量为 28~35m^3/t，超过此量则带来钢水收得率的明显损失。

竖井式电弧炉供氧除氧油烧嘴和炭氧枪用氧外，为确保二次燃烧效果和安全环保要求，竖炉系统设置辅助风机。手指风机吹入空气，使竖炉内废气中 CO 充分二次燃烧预热废钢，并控制竖炉出口 CO 含量低于安全值。竖炉出口辅助稀释风机促使废气中 CO 在燃烧室进一步燃烧，并控制废气氧含量高于特定值。另外，基于环保要求，利用辅助风机和二次燃烧烧嘴实现废气成分、温度自动调节和监控。

2.5.2.5 国内运行实例

于 1999 年 11 月 18 日投产的安钢 100t 手指竖井式电弧炉设计采用超高功率供电、35%热装铁水、100%废钢预热、辅助能源优化利用等先进技术，与同期建设的炉外精炼、板坯连铸机和已建成投产的 2800 中板轧机形成了一条完善的短流程生产线。在设备设计上，充分考虑了现代电弧炉先进的技术成果，对竖炉系统、RBT 出钢、兑铁水方式、水冷炉壁、氧油烧嘴、水冷炭氧枪、石灰喷吹、短网设计、电极系统、自动控制及除尘系统等方面单元设计方案均进行了优化选择。电弧炉主体技术装备达到 20 世纪 90 年代国际先进水平。

基于电弧炉炼钢的原料条件、钢质量、钢成本等多方面的考虑，安钢 100t FSF 炼钢原料结构常规采用 65%废钢和 35%铁水。100%废钢（含生铁）和 65%废钢+35%铁水两种工艺条件下连续六炉实际生产测试结果见表 2-26。

表 2-26 安钢 100t 手指竖炉式电弧炉实际运行结果

项 目	100%废钢		65%废钢+35%铁水	
	设计值	测试值	设计值	测试值
统计炉数/炉	6		6	
废钢装入量/t	108.7	109.5	70.7	73.5
铁水装入量/t	0	0	38.4	35.4
出钢量/t	100.0	95.0	100.0	101.1
通电时间/min	44.0	44.3	36.0	32.0
电耗/kW·h·t^{-1}	320.0	315.0	220.0	209.2
电极消耗/kg·t^{-1}	1.60	1.54	1.10	1.14
耗氧量/m^3·t^{-1}	32.0	34.0	35.0	36.5
耗油量/kg·t^{-1}	6.0	6.4	5.0	5.6
钢中氮含量/ppm	80.0	50.3	60.0	48.3
变压器容量/MV·A	72			
二次电压/V	550~990			
电二次压级数/级	12			
电极直径/mm	610			
最大炉容量/t	125			
留钢量/t	25			
氧枪氧流量/m^3·h^{-1}	3000~5500			
氧枪炭粉流量/kg·min^{-1}	5~50			
氧油烧嘴/MW	5×3.0			
油耗/L·t^{-1}	6~7			
冶炼周期/min	41			
平均冶炼电耗/kW·h·t^{-1}				222

从表 2-26 可以看出，两种工艺条件下的冶炼电耗、电极消耗、通电时间及相关指标均基本达到或超过设计水平；该指标与国内同类电弧炉相比，具有较大优势。同时，电弧炉主原料高配碳工艺（热装铁水或生铁），保证了冶炼过程较大脱碳速度，从而控制钢中氮含量达到较低水平，这将对电炉流程钢品种开发具有重要意义。但由于电弧炉冶炼成本问题，已经停止生产。

2.5.2.6 双电极竖井式直流电弧炉

A 结构形式

建立在几种成功的废钢预热技术诸如 Consteel 电炉、Fuchs 竖炉和最佳节能炉的基础上，日本石川岛播磨重工研制了一种建立在双电极直流技术基础上的竖炉预热炉——IHI 炉，如图 2-40 所示。

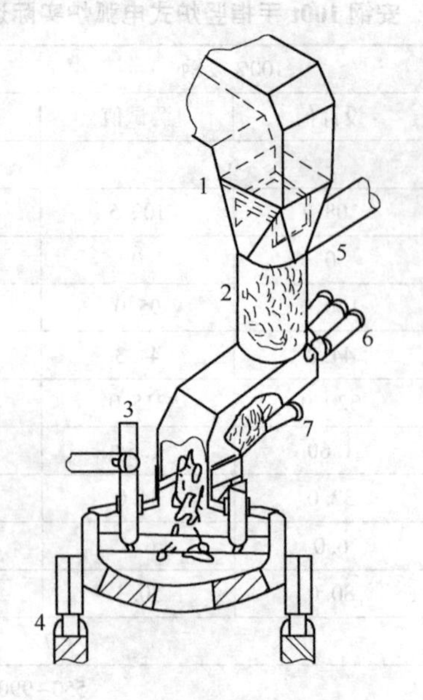

图 2-40 日本 IHI 电弧炉机械结构示意图

1—料斗；2—预热炉；3—电极；4—底座；5—排烟管道；6—上推料机；7—下推料机

第一座 IHI 工业设备，是在日本东京钢公司的宇都宫厂投产。这种直流炉是椭圆形的，采用两支石墨电极和两支由导电的炉膛砖组成的炉底电极（按 ABB 工业公司的直流炉设计）。有两个单独控制的直流电源，供电母线的布置要使两个电弧都向炉子中心偏移。这样，电弧的能量就会集中在中心，与普通炉子相比，炉壁的热负荷低。因此，可采用耐火材料炉壁代替水冷炉壁，因而可减少热损失。废钢从电极之间加入炉中。该炉子容量达到 250t（留钢 110t、出钢量 140t），因此能够保持均匀的操作条件（与 Consteel 概念相似）。钢水定期地通过炉子的炉底出钢口排出。

第二座 IHI 炉在东京钢公司的高松厂投产，出钢量为 66t（留钢 54t）。该炉仅采用一支石墨电极。

废钢加料系统由两个主要部分组成：预热室和装料设备。废钢从受料斗装入到预热室的上部。从炉子来的废气向上流经预热室，将废钢预热。在中间试验设备上，废钢预热温度达到 800℃之高。从预热室出来的废气出口温度为 200℃之低。在预热室的底部设有两排推料杆。推料杆可使废钢均匀地加入炉中。废气离开预热室顶部，流入袋式滤尘器。一部分废气返回到炉中，用来调节进入预热室的进口废气温度。该炉节电 30%，提高生产率 30%左右。

B IHI 炉的操作

废钢连续地喂入 IHI 炉，直到达到要求的熔池重量为止。接着是为出钢做准备的短时间的精炼或加热期。在整个熔炼期间，电力输入几乎是均匀的。绝大部分的炉子操作将是全自动的。根据预热室中的废钢高度，向预热室中装入废钢也将是全自动的。碳和氧的喷射，将根据泡沫渣的深度进行控制。这种设计的预计消耗指标为：

电耗：260kW · h/t 钢水；

吹碳：25kg/t 钢水；

吹氧：30Nm^3/t 钢水。

C IHI 炉设计的优点

与普通直流炉操作比较，电力消耗降低30%，生产率提高40%。此外，由于供电系统和煤气净化设备较小，因此投资费用较低。

表 2-27 为石川岛播磨重工根据理论计算及中间试验厂预热装置试验所做的热平衡，技术经济指标见表 2-28。

表 2-27 石川岛播磨重工根据理论计算的热平衡 (kW · h/t)

输入		输出	
电力	260	钢	387
碳燃烧	218	渣	39
小计	478	炉子损失	42
化学反应	112	电损失	30
废钢预热	138	废气	238
其他	8		
合计	736	合计	736

表 2-28 技术经济指标

技术参数	宇都宫厂	高松厂
出钢—出钢时间/min	60	45
通电时间/min	55	40
电耗/kW · h · t 钢水$^{-1}$	260	260
电极消耗/kg · t 钢水$^{-1}$	1.1	1.1
氧耗/Nm^3 · t 钢水$^{-1}$	31	29
炭耗/kg · t 钢水$^{-1}$	30	28

2.5.3 转炉型电弧炉

德马格公司综合了转炉和电弧炉的功能而开发了转炉电弧炉（也称“转电炉”），如图 2-41 所示。其主要的技术特征是在电弧炉内大量使用铁水，以优化能量的回收和最大限度提高电弧炉的生产率。电弧炉内使用的铁水量受最大供氧量和电弧炉的内形尺寸限制。其基本思想是在电弧炉的一个炉体内用氧枪吹氧进行脱碳，而在另一炉体内则用电弧进行废钢的熔化。它由以下部件组成：两套炉壳；一套可用于两套炉体的可旋转的电极系统；一套可供两套炉体的电弧炉变压器；一套可供两套炉体的可旋转的顶吹氧枪系统。炉体的形状类似于转炉，与传统的电弧炉炉体相比，其炉体耐火材料内衬要砌筑得更高。在运行时，一炉衬按转炉模式用顶枪进行操作，而另一炉衬则按电弧炉模式进行操作。冶炼到半个冶炼周期后，旋转顶枪与电极系统对调，因而两炉体的冶炼模式对调。两种模式——“电弧炉”和“氧气顶吹转炉”，在同一炉体内彼此紧挨着地完成一炉钢的冶炼。两个炉体的出钢是交替完成的。

工业生产用转炉型电弧炉已于 1997 年在印度伊斯帕特有限公司投产（2 台）。使用铁水（约 50%）、废钢、直接还原铁（DRI）和生铁，出钢量为 180t。当使用铁水和 DRI 时，其电耗低于 200kW · h/t。图 2-41 为该炉的主要结构形式。

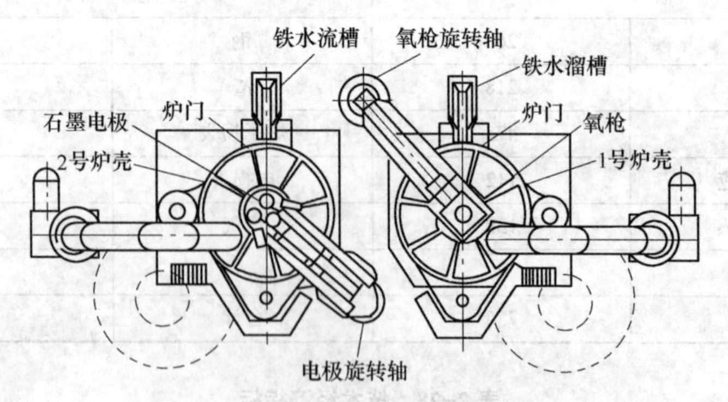

图 2-41　德马格公司的转炉型电弧炉

1998 年有一台转炉型电弧炉在南非萨尔德赫纳钢厂建成投产，它使用 45% 铁水和 55%DRI。铁水加入一个炉体内，并用顶氧枪脱碳。同时，加入 DRI 以回收脱碳期间产生的热量。一旦脱到目标碳量，则提枪并旋入电极进行电弧熔炼。同时加入 DRI 以平衡炉子的热量。在转炉型电弧炉吹氧脱碳期间产生大量的热，因此，此间必须加入 DRI 以回收能量，并可起到防止因过热而造成对炉衬的侵蚀。这三台转炉型电弧炉后都有薄板坯连铸机，这是选择转炉型电弧炉的重要原因。该炉型除具有优化炉料配比带来经济上的利益外，更具有很高的生产率和对原料的适应性。使用铁水作为“纯净”的炉料，可满足对钢的各种质量要求，且可根据废钢及其他原料的变化相应地调整炉料配比和固体炉料与铁水比。

把传统的转炉工艺和电炉工艺相结合应用于双炉座作业，于是就产生了新型的转炉—电炉式双壳炉，由德国德马格公司首先推出的。炉子只配一套电弧加热装置，但可轮流旋转到两个炉壳上使用；同样也只有一套顶吹氧枪系统，可轮流旋转到两个炉壳上使用。

工艺过程要分为两个阶段：

(1) 转炉工艺用顶吹式氧枪对铁水进行脱碳；

(2) 电炉工艺用于冷料（废钢或海绵铁）的熔化和过热铁水，使其达到出钢温度。

操作程序为先向“留钢”兑入铁水，即前炉留下的少量留钢，随即插入顶吹氧枪，氧气在到达枪位之前已经打开。在转炉阶段，熔池内的碳、硅、锰、磷元素含量已经减少，此为放热反应，产生热量。在吹氧过程中加入冷料如废钢或海绵铁可利用这部分热能并防止铁水过热。

脱碳反应完成之后，旋开顶枪，并旋入电极，开始电炉阶段的作业。在电炉阶段，加入剩余的固体料如废钢或海绵铁，直至达到所要求的出钢量，再提高钢水温度到要求值，即可向钢水包出钢。

转炉—电炉双壳式作业有两个显著的特点：一是入炉原料的灵活性，用户可按当地可能提供的原料和能源以其价格来合理配料，以降低生产成本；二是可提高成品钢的质量。因为在传统用废钢作炉料的电炉作业中，废钢中不可避免地带入一些残余元素，例如铜，但却不可能在炼钢工艺中去除。而在转炉—电炉作业中，可用部分由矿石直接提炼的原料（如海绵铁和铁水），大大提高了原料的纯净度，从而可提高成品钢的质量。

ABB 公司也开发了转炉型电弧炉。它也由两个类似于转炉的炉体组成，如图 2-42 所示。它能在废钢、DRI、HBI、生铁、铁水等原料不同比例配比的条件下操作，适应性很强。两个炉体交替执行转炉和电弧炉的功能。转炉模式时，炉壁操作孔关闭，用炉顶氧枪冶炼。电弧炉模式时（直流供电），则打开炉壁操作孔，从炉门插入喷枪进行传统的直流电弧炉操作，采用 ABB 公司开发的导电炉底。

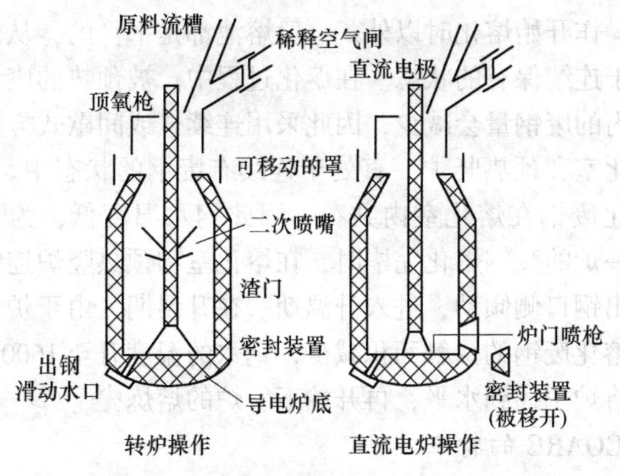

图 2-42 ABB 公司的 Arcon 转炉电弧炉

2.5.4 环保型高效电弧炉

为适应强化环保的需要，日本 NKK 公司从 1997 年开始新一代环保型高效电弧炉的开发。这种电弧炉的电耗低于 200kW · h/t（目标值是 150kW · h/t）[18]。通过 5t 试验炉的验证，成功地开发出一种新的环保型高效电弧炉（简称为 ECOARC），如图 2-43 所示。

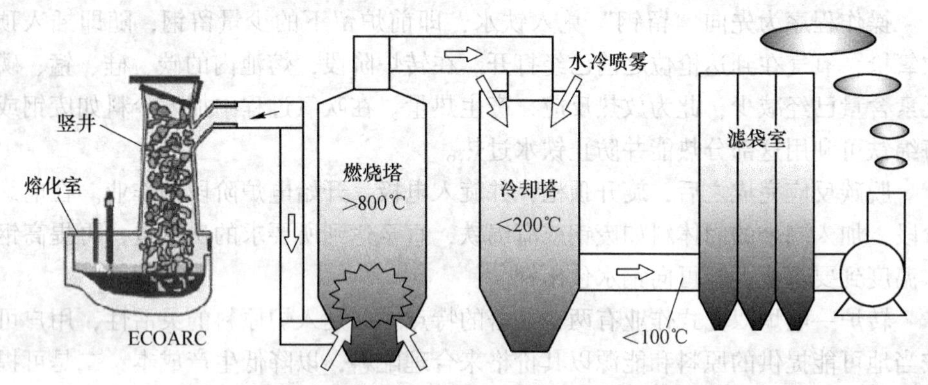

图 2-43 环保型高效电弧炉 ECOARC

2.5.4.1 结构形式及其操作概况

ECOARC 由熔化室和与熔化室连接在一起的预热竖炉所构成。由于熔化室和预热竖炉是完全连接在一起的，且预热竖炉和熔化室一起倾动，因此空气不会从连接处侵入竖炉。另外，熔化室周围空气的侵入也极少，整个炉子呈半密闭结构。熔化室吹入焦炭和氧作为辅助热源，竖炉下部装有吹氧装置，用于废钢加速熔化。另外，废钢采用连续式或间歇式方法从预热竖炉上部装入竖炉内。而且，炉内产生的烟气出预热竖炉后，经烟气燃烧塔、急冷塔和除尘装置除尘后再放散。

废钢的熔化操作开始熔化时以外，一般熔池都是平稳的，从熔化室到预热竖炉的废钢都是处于连续保有的状态。在熔化过程中，被预热的废钢在熔化室内进行熔化时，竖炉内的废钢量会减少，因此采用连续式或间歇式方法从竖炉上部装入新废钢，使熔化室和预热竖炉一直处于连续有废钢的状态中。在熔化过程中，由于钢水和未熔化废钢在熔化室内共存，因此钢水温度低，为 1500 ~ 1530℃ 左右。基于此，当一炉的废钢熔化完毕时，在熔化室和预热竖炉连续保有废钢的状态下，将炉子向出钢口侧倾动，进入升温期。在升温期，由于炉子的倾动，熔化室内的钢水与未熔化废钢的接触面积减少，钢水的温度升至 1600℃，升温后，留下热金属，然后将炉子摇到水平，再开始下一炉的熔炼[19]。

2.5.4.2 ECOARC 的特点

ECOARC 将熔化室与预热竖炉直接连接，并在熔化室和预热竖炉连续保有废钢的状态下进行熔化，其特征和优点如下：

(1) 高效率。由于吹入熔化室的氧和焦炭所发生的 CO 和 CO_2 气体会与竖炉下方熔化室内的废钢瞬时接触进行热交换，因此热效率极高。在熔化速度 150t/h、竖炉高度 6.7m、使用的氧量 33Nm^3/t 和竖炉内烟气的氧气度 $CO_2/(CO+CO_2)$ 为 0.7 的条件下，预热温度为 850℃、电耗为 210kW·h/t。如果采用前述的其他预热方式，由于用烟气预热的废钢远离熔化室，因此在烟气到达废钢之前，烟气的显热就已损失了，结果电耗达到了 270kW·h/t。

由于熔化室和预热竖炉是直接连接的，因此将废钢从预热竖炉装入熔化室的钩爪或推料杆等硬件设备省去。这样，可以增加氧的使用量，进一步提高废钢的预热温度。例如，在氧量 45Nm^3/t 的情况下，预热温度可超过 1000℃，电耗有望降为 150kW·h/t。如果采用前述的其他预热方式，由于烟气预热的废钢远离熔化室，因此将废钢装入熔化室的硬件设备则不可少，这样，由于氧量增大后的热负荷有可能使废钢装料系统发生热变形等，因此使用的氧量受限制。

(2) 废气氧化度控制。保证炉内和预热室的空气渗透的气密性是实现更低能耗的必要条件之一。如果废钢预热室和熔化炉不直接连接，则废钢预热室和熔化炉之间存在的间隙会增加空气的深入，导致废钢的过度氧化并降低预热室内的气体温度。由于 ECOARC 的熔化室和预热竖炉是直接连接的，因此竖炉内的空气侵入极少。另外，由于整个炉子为半密闭结构，因此炉内气氛中的氧浓度可确保低于 5%，废钢在预热竖炉内不会出现氧化问题。如果氧浓度低于 5%，即使预热温度为 1000℃，也几乎不会发生废钢氧化。如果采用前述的其他预热方式，由于熔化室与预热室分离，是单独倾动的，因此熔化室和预热室之间必然存在间隙，空气会由此侵入，使预热室内的氧化度接近 1，氧浓度也有可能超过 10%。

采用 ECOARC 可以抑制空气的侵入，总烟气量是以往电弧炉的 1/3~1/4 左右，因此烟气内的氧化度可保证在 0.6~0.7 左右，大约 30%的未燃 CO 经设置在炉下部的燃烧塔的燃烧，可使预热温度超过 900℃，是防止白烟、恶臭等二噁英产生的有效措施。由于排出烟气量少，因此仅用大约 30%的未燃 CO 就完全能使预热温度达到 900℃。

(3) ECOARC 冶炼过程中，其熔化和升阶段都在熔池状态下持续进行，具有如下诸多优点：

1) 降低钢液氮含量。冶炼过程可长期保持良好的泡沫渣操作，由于电弧始终可被泡沫渣覆盖，钢液中的氮侵入会减少。与常规电弧炉冶炼相比，ECOARC 钢液氮含量降低了 10ppm。

2) 降低电极消耗量。与常规电弧炉存在“穿井”期不同，ECOARC 电弧炉进行连续的熔池生产，因此废钢滑落钢水造成的电极损坏情况极少，且稳定的熔池操作使得电极与钢液间通电时的电弧更为稳定，进一步降低了电极消耗量。据报道，ECOARC 电弧炉（AC）电极消耗为 0.75kg/t，远低于常规电弧炉（AC）。

3）提高钢水收得率。ECOARC 冶炼过程将氧气一直向熔池喷射，避免了传统电弧炉氧枪的废钢切割工作，进而减少了过量 FeO 的产生。同时，良好的气密性可减少废钢的氧化。

4）粉尘产生量少。ECOARC 电弧炉的竖式废钢预热室可有效除尘，且由于采用连续埋弧的熔池生产和废钢加料不开盖，其冶炼过程粉尘产量明显减少。与常规电弧炉相比，ECOARC 电弧炉粉尘产生量可减少 50%左右，车间厂房内的环境也会更为清洁。

5）改善供电系统。由于持续熔池生产，ECOARC 电弧炉并没有常规电弧炉冶炼较大的功率波动，可在整个冶炼过程保持较高功率因数、较低的闪烁和高次谐波，可有效地保证电弧炉供电系统的可靠稳定运行和电能高效输入。图 2-44 对比了常规电弧炉和 ECOARC 电弧炉冶炼过程高次谐波产生情况，ECOARC 电弧炉冶炼高次谐波基本稳定保持在 5%以下，明显低于常规电弧炉。

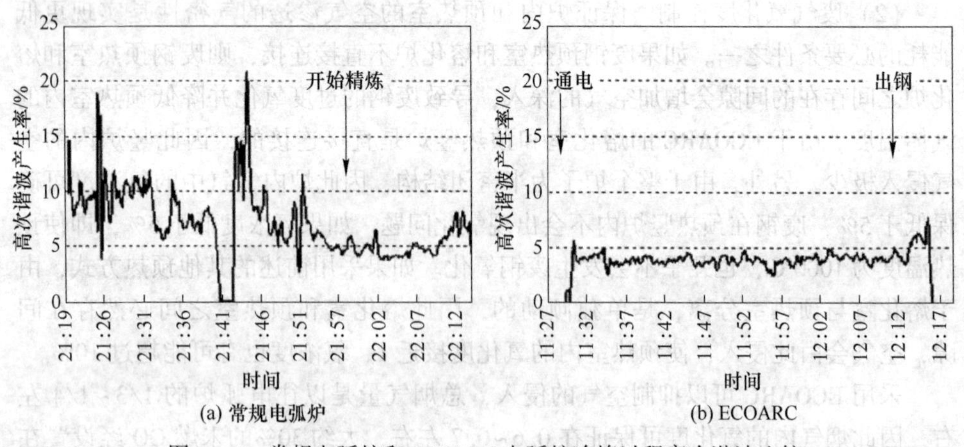

图 2-44 常规电弧炉和 ECOARC 电弧炉冶炼过程高次谐波比较

6）噪声较低。由于良好的泡沫渣操作和不打开炉盖的废钢装入方式，ECOARC 生产过程噪声大幅降低。图 2-45 比较了常规电弧炉和 ECOARC 电弧炉生产过程噪声测量情况，常规电弧炉熔化期噪声水平大于 100dB，而 ECOARC 的噪声水平始终小于 100dB，平均值约为 90~95dB。

2.5.5 量子电弧炉

量子电弧炉（EAF Quantum）是德国 Siemens VAI 公司最新研发的高效、节能、环保型电炉，如图 2-46 所示。其废钢连续预热系统在热循环期间利用炉内废气，可对所有待熔化的废钢进行均匀预热，可节约大量能源（≤280kW · h/t），缩短冶炼周期（<33min）和降低生产成本。此外，由于 EAF Quantum 拥有 FAST

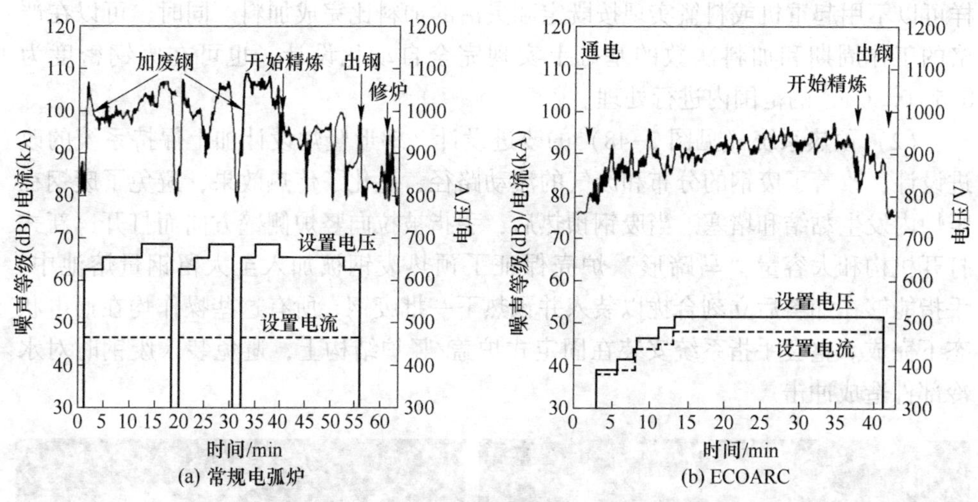

图 2-45 常规电弧炉和 ECOARC 电弧炉冶炼过程噪声水平比较

无渣出钢系统（Furnace Advanced Slag-free Tapping system）、新可调式废钢加料和防塌技术、最新分析技术和废气处理技术，不仅可以快速熔化炉料，还能在降低氧气和燃料消耗峰值的同时，将能源消耗降至最低（280kW·h/t）[20]。

量子电弧炉的特点主要包括以下几个方面：

（1）升降机系统装入废钢。废钢用卡车装入提升系统的废钢溜槽，或用电磁铁和机械爪经中间装料站送入提升系统的废钢溜槽（见图 2-47）。采用这种加料方式，可用起重机将废钢直接装入两个废钢存放箱中的其中一个，然后将废钢卸入废钢溜槽。

图 2-46 量子电弧炉（EAF Quantum）

图 2-47 溜槽升降系统

新加料技术则利用提升系统和废钢溜槽将废钢从地下卸料站送进电弧炉，这样可以不用起重机或料篮实现按既定和灵活的加料比完成加料。同时，可以在严格的工作周期和加料次数的基础上实现完全自动化设计，也可在废钢密度为 0.5~0.8t/m³ 的范围内进行处理。

（2）预热系统（见图 2-48）的改进设计。梯形竖炉设计加上保持系统的改进设计，改善了废钢的分布和废气的流动路径，优化了传热效果，避免了废钢在竖炉内发生黏结和堵塞。当废钢预热后，手指被拉向竖炉侧壁方向而打开，新式打开机构和大容量“马蹄形”炉壳保证了预热废钢被加入至大留钢量熔池中。手指能够在加料后立刻合拢以装入并预热下一批废钢。所有这些操作均在通电状态下完成。整套手指系统安装在固定式炉盖/竖炉结构上，避免装入废钢时对水冷部件造成冲击。

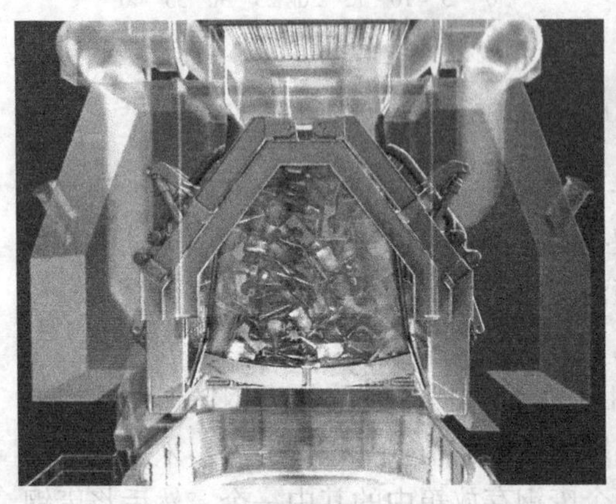

图 2-48　废钢预热系统

（3）平熔池操作。如图 2-49 所示，大留钢量废钢熔炼可减少平熔池操作闪变，提高预热效率。结合先进无渣出钢系统（FAST 虹吸设计）（图 2-50）、出钢和出钢口修复等，这些操作均可带电完成，实际上消除了断电时间，从而将出钢—出钢时间缩短到最低程度，显著提高了生产率。通过炉子底部氩气搅拌可改善剩余钢液和预热废钢之间的传热效率，并提高熔池内钢液化学成分和温度的均匀性。出钢时钢液总是在出钢槽之上，没有炉渣进入或被吸入钢包的可能。

（4）减少电弧炉动作。EAF Quantum 炉壳放置在带气缸和导向装置的底座上，可以向两个方向倾斜分别完成出钢和出渣（图 2-51）。龙门起重架支承的电极提升系统和吹氧枪、炭喷枪支架不能倾动，但可以灵活转出以方便电极滑动和快速更换炉顶中心件。所以，炉子倾斜对支承结构、轴承、高强电缆等施加的载荷较小（不超过传统电弧炉的龙门起重架）。

用简单炉壳转运和移动方案来减少炉子移动，通过快速更换炉壳来减少炉体的动作，以减少系统的维护。为了从底座上取出炉壳，转运车（见图 2-52）必须放入更换位置（即炉壳正下方），然后通过气缸和导卫装置下降炉壳并置于转运车上，随即拉出炉外进行耐火材料修理或炉壳更换。为了准备炉子停产维修后再启动，可利用剩余钢液或废钢在炉壳进入工作位置前装入炉壳。当炉壳回到操作位置时，气缸和导卫装置向上移动与炉壳一起连接到底座。

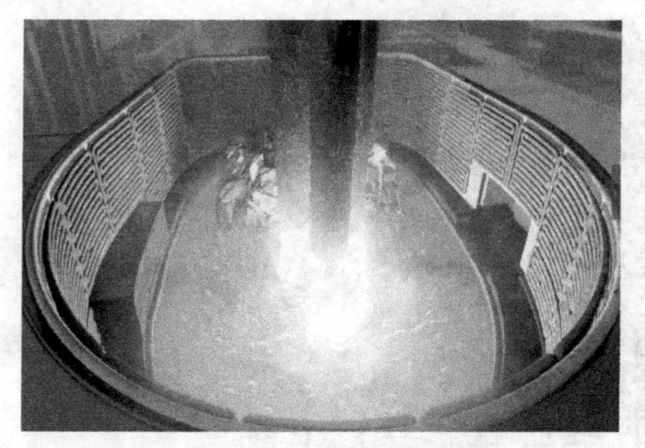

图 2-49 电弧炉平熔池冶炼

图 2-50 FAST 虹吸设计

流渣过程

出钢过程

图 2-51 EAF Quantum 流渣和出钢过程

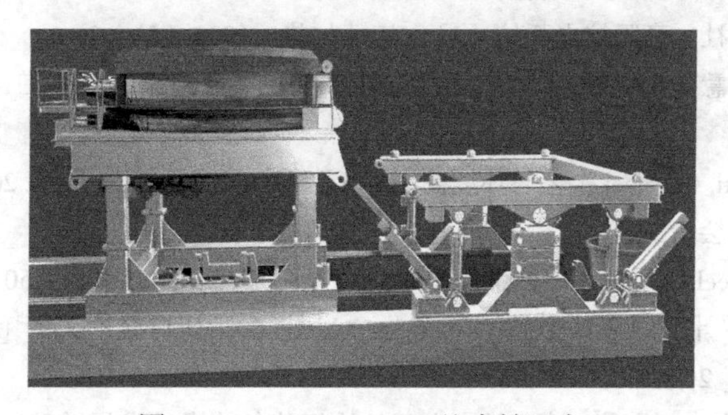

图 2-52 EAF Quantum 炉壳转运车

（5）高效废气治理。EAF Quantum 废气系统（图 2-53）综合性能良好，利用废气流自动导向系统处理废气，加强废气防漏措施，提高密封性，特殊的烟罩保证加料时灰尘和废气排放物不会外溢。该方案满足了将来的环保要求，而且无需安装厂房天篷。

图 2-53　EAF Quantum 顶部除尘系统

参考文献

[1] 李京社．谈谈超高功率电弧炉炼钢［J］．金属世界，1996（4）：6~7.

[2] 朱荣，何春来，刘润藻，李京社．电弧炉炼钢装备技术的发展［J］．中国冶金，2010，20（4）：8~16.

[3] 刘润藻．大型超高功率电弧炉炼钢综合节能技术研究［D］．沈阳：东北大学，2006.

[4] 李京社，李士琦，季淑娟，等．超高功率电弧炉炼钢工艺模型［J］．钢铁，1995（3）：16~22.

[5] 付建勋．超高功率电弧炉炼钢综合节能技术的探讨［A］．中国金属学会．2007 中国钢铁年会论文集［C］．北京：冶金工业出版社，2007.

[6] 孔祥茂，李京社．高阻抗电弧炉［J］．工业加热，1994（5）：3~6.

[7] 崔于飞，宋艳慧，李可卿，花皑．高阻抗电弧炉的运行优势［J］．工业加热，2012，41（2）：7~10.

[8] Giuliano Fanutti. Consteel 工艺与环境控制［A］．中国钢铁工业协会．2004 中国国际钢铁大会技术交流会论文集［C］．中国钢铁工业协会，2004.

[9] 张文怡．Consteel 电弧炉连续炼钢设备［J］．工业加热，2005（2）：50~52.

[10] 王中丙，帝・卡佩尼亚，李晶，等．Consteel 国际学术研讨会论文集［M］．北京：冶金工业出版社，2004.

[11] 朱荣，何春来，刘润藻，李京社．电弧炉炼钢装备技术的发展［J］．中国冶金，2010，20（4）：8~16.

[12] 李振洪．康斯迪电炉与废钢预热［J］．冶金能源，2006（4）：37~40.

[13] 杨永森．当代炼钢电炉新技术新炉型及其选用原则［J］．工业加热，1999（3）：14~18.

[14] Meied，张慧．曼内斯曼·德马克电炉新技术［J］．马钢技术，1999（1）：53~56.

[15] Gerhard Lempa. ABB 双壳节能电弧炉［J］．钢铁，1998（6）：21~24.

[16] 钱永辉．竖式电炉废钢预热工艺［J］．现代冶金，2010，38（6）：34~35.

[17] 盛月如．张家港润忠公司 90t 竖炉电弧炉［J］．特殊钢，1996（5）：34~37.

[18] 任江涛．中日 ECOARC-（TM）生态电弧炉促进普及协议书签约仪式在京举行［N］．世界金属导报，2017-12-26（B03）．

[19] Yasuhiro Sato. Realization of the coexistence of energy saving and environmental measure in the EAF-Concept of ECOARC［A］．中国金属学会．第八届（2011）中国钢铁年会论文集［C］．中国金属学会，2011.

[20] Markus Abel. Simetal Eaf Quantum-The future approach for efficient scrap melting［A］. The Chinese Society for Metals. Proceedings' Abstracts of Asia Steel International Conference 2012 (Asia Steel 2012)［C］. The Chinese Society for Metals，2012.

3 电弧炉机械设备

炼钢电弧炉机械设备主要由炉体装配、炉盖、倾炉机构、炉盖提升机构、炉盖旋转机构、电极升降机构、水冷系统、气动系统、液压系统、润滑系统等结构单元组成，是保证电弧炉安全稳定生产的重要组成部分。现代电弧炉因其种类不同，往往拥有不同的机械设备，但是总体上仍然应用上述各单元，只是在其设计上有相应的改进。

3.1 炉体装配

3.1.1 炉体

电弧炉炉体除了要承受炉衬和金属的重量外，还要抵抗部分炉衬砖与热膨胀时产生的膨胀力、装料时产生的强大的冲击力，还要考虑工作中的整体吊运。因此，炉体应具有足够的强度。大中型普通功率电炉的炉体的炉身四周焊有加固筋或加固圈，为了防止炉体受热变形，在炉体上部都采用箱式通水冷却的加固圈，水冷加固圈随着炉子容量的加大其高度也不断增大。渣线以上部分均通水冷却，使上炉体变成一个夹层的箱式水冷炉壳。在炉口的加固圈的上部设有沙封槽，使炉盖圈插入槽内，并填入镁砂使之上炉口在冶炼中处于密封状态，以防止烟气外逸。

为了防止炉子倾动时炉盖滑落，炉壳上口安装炉盖定位销或挡板。

若炉底装有电磁搅拌装置时，炉壳底部钢板应采用非磁性耐热不锈钢或弱磁性钢制造。

在高功率、超高功率电炉上采用管式水冷炉壁鼠笼管式炉壳，内挂管式水冷炉壁。

电弧炉的炉体构造主要是由冶炼工艺决定的，同时又与电炉的容量、功率水平和装备水平有关[1]。

3.1.1.1 上炉体

上炉体为了加工方便一般都做成圆筒形，也有少数做成锥形和梯形以利于延长炉衬寿命，竖炉炉体则做成椭圆形。

近年来，在我国由于炉料中轻型废钢较多的缘故，炉体高度有增高的趋势。炉体高度的增加，一方面可以减少加料次数，另一方面又可以延长炉盖使用寿命。

大量的资料表明，炉体钢板厚度大致等于炉壳内径的1/200。炉体用材料一般是普通碳素钢Q235-A、20号钢或20g。

对于30t以上的电弧炉，炉体一般都做成分体式，即上炉体和下炉体是分开的、可拆卸的。其目的主要是方便运输。

目前，电弧炉向大型化、高功率和超高功率方向发展，高功率和超高功率电弧炉基本上都采用管式水冷炉壁和管式水冷炉盖。由于要和管式水冷炉壁相配套，上炉体一般都做成鼠笼框架式，其结构形式如图3-1所示。

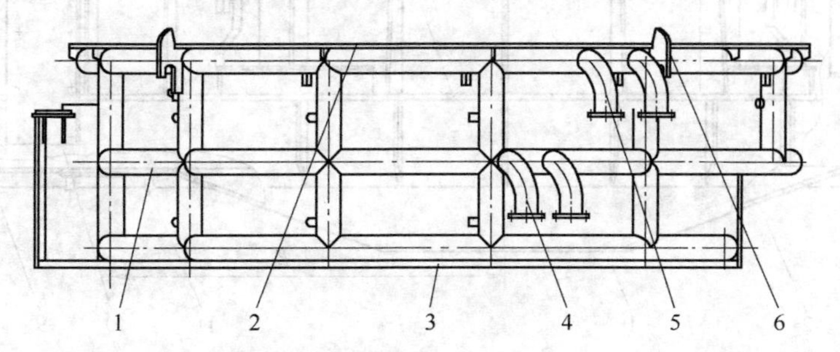

图3-1 鼠笼框架式上炉体

1—框架；2—上炉口；3—下炉体连接板；4—进水管；5—出水管；6—炉盖定位块

3.1.1.2 下炉体

下炉体主要用于盛钢水，它不仅要承受钢水的重量也要承受上炉体和全部耐火材料的重量，炉体工作环境恶劣，高温烘烤、急冷急热现象频繁，为此下炉体要有足够的强度和刚度。而炉底又是下炉体的关键部位。

炉底形状有平底、锥形炉底和球形炉底。球形底结构较合理，它的刚度大，所用耐火材料最少，所以许多大型电炉都采用球形底，但球形底制造比较困难，成本高。锥形底虽刚度比球形的差，但较易制造，所以目前应用较普遍。平底最易制造，但刚度较差，易变形，耐火材料消耗较大，已很少采用。炉底钢板厚度与炉体钢板厚度相同或稍大于炉体钢板厚度。为了使烘烤炉衬和炼钢时产生的废气、沥青、焦油以及卤水之类的废液顺利排出，防止炉衬崩裂和钢液吸气，在炉壳底部上每隔400~500mm钻有直径约20mm的小孔。

若炉底装有电磁搅拌装置，则炉底必须采用非磁性钢质材料制造，否则炉底会严重发热。

下炉体钢板用材料一般是普通碳素钢Q235-A、20号钢或20g。一般情况下，下炉体内径和上炉体水冷炉壁内径是同一个尺寸。为了防止装料时把下炉体砌筑炉衬损坏，下炉体与上炉体结合处在砌筑炉衬时，要砌筑成一个自然过渡斜度。

3.1.1.3 偏心底下炉体

偏心炉底出钢炉体结构（见图3-2）不同于槽出钢电炉。在出钢一侧有一凸腔部分，断面为鼻状椭圆形。在凸腔部分的底部布置出钢口，用以完成电炉的出钢。偏心底出钢一般要留钢留渣操作。在装料时，预先装入超过出钢量所需 10%~15%的废钢（指第一炉或出净后的头一炉），当出钢时，将这 10%~15%的钢水同钢渣一同留在炉中，这样就可防止氧化渣进入出钢包中[2]。

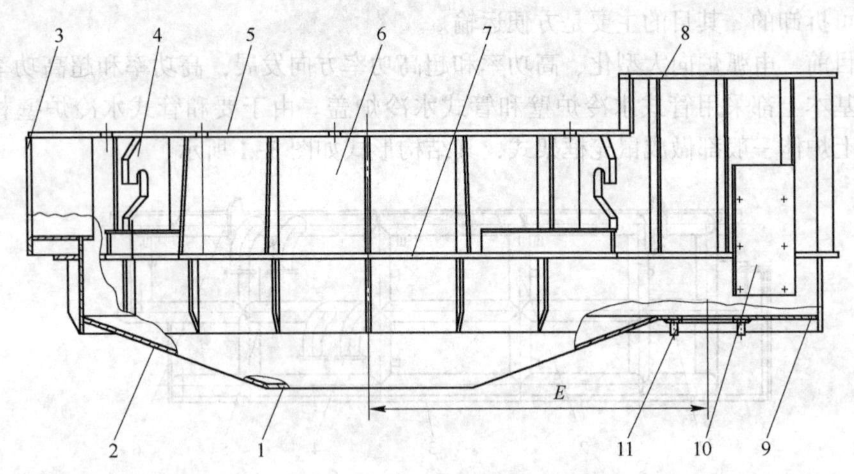

图 3-2 偏心底出钢下炉体结构图

1—炉底板；2—炉底锥板；3—炉门连接板；4—下炉体吊装板；5—上炉体连接板；6—围板；7—炉体座板；8—偏心区上盖板；9—偏心区底板；10—出钢口开闭机构连接座板；11—出钢口楔轴

3.1.2 水冷炉壁

3.1.2.1 采用水冷炉壁的意义

电弧炉设备与工艺正向大型化、超高功率化和快速熔炼（缩短炉内熔炼工艺过程）方向发展，开发出各种氧燃助熔技术，提高了炉料熔化速度，具有较高的时间利用率和变压器功率利用率。由于单位时间内向炉内输入的热能（主要是电弧电热）大大提高，炉衬所接受的热负荷也相应增大。因此，水冷挂渣炉壁技术也成为发展高功率、超高功率电炉不可缺少的一部分[3]。

由于电弧炉三相功率的不平衡性，也由于三根电极分布于等边三角形的三顶点，使炉壁圆周上与电弧的距离不等，造成传统的耐火材料炉衬的损蚀情况有如下特征：

(1) 整个环形炉壁耐火材料被侵蚀得很不均匀，有的部位耐火材料仍很厚，而有的地方耐火材料的工作层脱落严重，露出保温层砖衬。

(2) 炉内形成的高温区（热区）与低温区（冷区），使炉料熔化速度不均匀。同一水平面上炉壁接受的热负荷也极不均匀，于是便产生了炉壁上的“热点”与“冷点”。

(3) 炉壁热点耐火材料平均残留厚度小于冷点，其厚度差可达 100mm 以上。

通常2号电极（中相电极）所对的炉壁上热点处残留部分比其他两个热点处都薄，其厚度相差约为40~60mm。

以上耐火材料炉壁损耗特征说明，炉壁损蚀极不均匀，2号电极炉壁热点处损坏最为严重，有时该处炉壳会被烧穿造成漏钢事故，所以2号电极炉壁热点是热点中的“热点”，其次是靠近至出钢口的3号电极炉壁热点，再次是靠近炉门的1号电极炉壁热点。炉壁热点如图3-3所示。

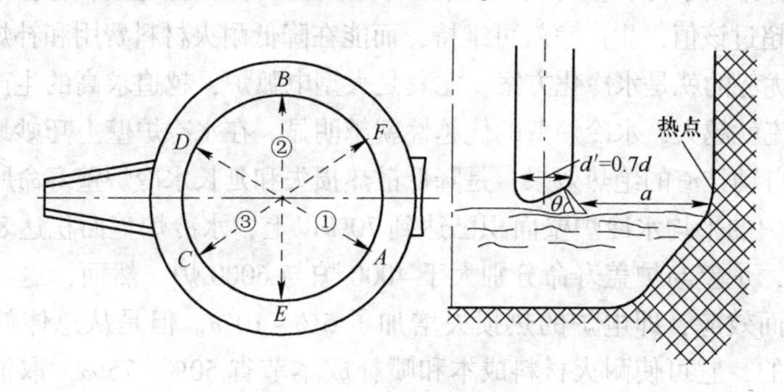

图3-3 炉壁热点示意图

d—电极直径

针对上述情况，改善炉壁工作条件，提高炉衬使用寿命的措施是：在电弧炉供电方面，从设备结构上设法解决三相电弧功率的不平衡性，如增大中间相（2号电极导电线路）的阻抗值，变压器二次电压分别调压；适当选择三相电极心分布圆（节圆）直径等，可以在一定程度上减少炉壁热点与冷点上热负荷的差异，从而提高炉衬的使用寿命。

在提高炉壁耐火材料质量方面，研制与采用高性能耐火材料和改进炉壁及炉坡的砌筑方法，如使用导热系数大的镁碳砖砌筑炉衬的热点区，镁碳砖的炉壁寿命高于镁砖炉壁。

然而，电弧炉供电功率不断提高，大量使用氧气或采用氧-燃助熔技术，使电弧炉耐火砖衬的使用条件更加恶劣，应该对耐火材料进一步采取措施，降低其消耗。UHP出现后，水冷炉壁的使用面积逐渐扩大，水冷面积可达渣线以上直到炉壁整个内表面（受热面）的60%~70%，而底出钢（CBT型）与偏心底出钢电炉（EBT型电炉）水冷面积比普通电弧炉有更高的比例，约达到80%~90%。

普通功率电弧炉、高功率电弧炉和超高功率电弧炉水冷挂渣炉壁的热流强度为：

	炉壁热流强度
普通功率电弧炉	$0.056MW/m^2(0.2GJ/(m^2 \cdot h))$
高功率电弧炉	$0.22MW/m^2(0.8GJ/(m^2 \cdot h))$
超高功率电弧炉	$>1.1MW/m^2(4GJ/(m^2 \cdot h))$

3.1.2.2 水冷炉壁使用效果

近年来，随着电炉功率的不断加大，水冷化率逐渐提高，现在在国外钢液面的上方的100~150mm以上部位几乎100%实现了水冷化。在国内，由于超装现象较为普遍，钢液面上方300~400mm以上部位实现了水冷化。

普通功率的电弧炉用耐火材料砌筑的炉衬，可以将它的散热损失降到很低的状态。但是，采用水冷炉壁与耐火材料炉衬散热损失相比，差别约为20kW·h/t。若输入功率超过该值，生产率就可维持，而能在降低耐火材料费用和补炉费用等方面达到综合优势的就是水冷化方案。尤其是大型电弧炉，越追求高的生产率，输入的功率、电流就越大，水冷炉壁的优越性就越明显。在水冷炉壁上巧妙地黏着耐火材料，发挥自动挂渣的绝热效果，是降低散热损失和延长水冷炉壁寿命所必须的。

现代电炉的平均水冷炉壁面积已达到70%以上，水冷炉盖面积达85%。使用这项技术后，炉壁与炉盖寿命分别大于4000炉与6000炉。然而，这项技术也带来了一个负面效应，即电炉的热损失增加了5%~10%。但是从总体效益来看还是非常有利的，它可使耐火材料成本和喷补成本节省50%~75%，取消了渣线上部耐火材料的修补作业，大大降低了操作工人的劳动强度，同时也大幅度减少了热停工时间，生产率提高了8%~10%，电极消耗降低0.5kg/t，生产成本降低5%~10%。

3.1.2.3 水冷炉壁的结构

水冷炉壁的结构分为铸块式、焊接箱式和管式等几种形式。各种形式的水冷炉壁都有一定的散热能力和相应的挂渣能力，可以成倍地提高电炉炉衬使用寿命。

在国外，在接近钢液处采用导热性好的铜制管式水冷炉壁，除此以外部位采用钢制管式水冷炉壁。而在国内铜制水冷炉壁则很少采用。

A 铸造块式水冷炉壁

铸造块式水冷炉壁一般有两种：一种是铸钢件块式水冷炉壁，另一种是内埋无缝钢管铸铁块式水冷炉壁。为避免水冷炉壁漏水和增加电耗，在水冷炉壁的热表面设有挂渣筋。由于水冷炉壁表面的温度远远低于炉内温度，炉渣与烟尘和水冷炉壁接触表面，就会迅速凝固，在炉壁表面挂起由渣层组成的保护层（挂渣层）。挂渣层既减少了热损失又有助于防止固体炉料与炉壁表面打弧，使炉壁的寿命大大增加，甚至可达到几千次。实践证明，电耗无明显增加，降低了生产成本。为保证安全，减少热损失和提高耐久性，必须选择合适的材料和结构形式。

铸造块式水冷炉壁可以在炉墙热点和易损坏的局部使用，也可以扩大到整个炉墙，制成全水冷炉壁。

图3-4所示为铸管式水冷挂渣炉壁。其铸块内部铸有无缝钢管做的水冷却管，在炉壁热工作面上附设耐火材料打结槽或镶耐火砖槽。

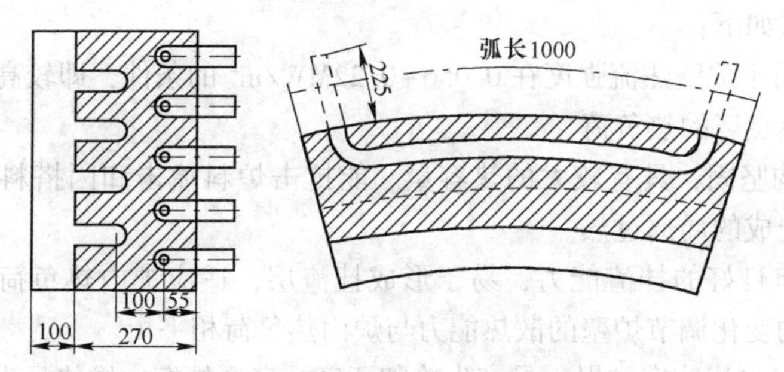

图 3-4 铸管式水冷挂渣炉壁

结构特点如下：

（1）具有与炉壁所在部位的热负荷相适应的冷却能力，适用于炉壁热流强度在 0.056MW/m² 的条件，即普通功率与较高功率电弧炉的热点区的热负荷。

（2）结构坚固，具有较大的热容量。能抗击炉料撞击和因搭料打弧以及吹氧操作不当造成的局部过热。

（3）具有良好的挂渣能力，易于形成挂渣层，适应炉内热负荷变动，通过挂渣层厚度的变化调节炉壁的散热能力与炉内热负荷相平衡。

（4）内部为管式水冷，冷却水流速度快，不易结垢[4]。

B 箱式水冷炉壁

箱式水冷炉壁采用 20mm 厚的锅炉钢板焊接而成，整体厚度在 150mm，每块面积大约为 0.5~0.8m²，水冷壁内部由导流板分割成冷却水道，水道截面积可根据炉壁热负荷来确定，在热工作面镶挂渣钉或焊上挂渣板（形成挂渣槽，筋板厚度约 15~20mm，筋板间距 60~80mm），其结构形式如图 3-5 所示。

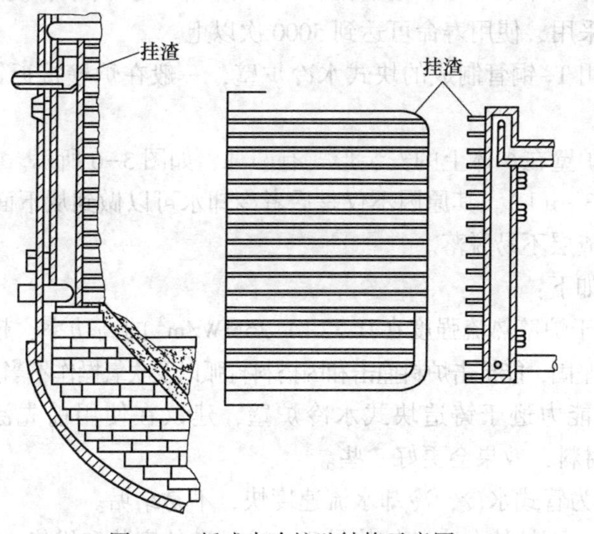

图 3-5 板式水冷炉壁结构示意图

结构特点如下：

（1）适用于炉壁热流强度在0.056~0.22MW/m^2的条件，即较高功率与高功率电弧炉的热点区的热负荷。

（2）结构坚固，具有较大的热容量。能抗击炉料撞击和因搭料打弧以及吹氧操作不当造成的局部过热。

（3）具有良好的挂渣能力，易于形成挂渣层，适应炉内热负荷变动，通过挂渣层厚度的变化调节炉壁的散热能力与炉内热负荷相平衡。

（4）冷却水流速度较慢，易产生冷却死区，寿命较短，维修量大。

箱式水冷炉壁虽然有报道称其使用寿命可达几千炉，但因其焊缝较长，存在漏水现象较多，应用受限而不被推荐。

C 焊接管式水冷炉壁

焊接管式水冷炉壁可以在炉墙热点和易损坏的局部使用，也可以扩大到整个炉墙，制成全水冷炉壁。

焊接管式水冷炉壁一般有两种：一种是用20g无缝钢管制成的块式水冷炉壁，管壁厚度不宜过薄，过薄的管壁不仅使用寿命较短，而且在出现搭料打弧时容易漏水而使维修量增大，一般管壁在10~15mm之间较好。两钢管之间最好留有10~15mm空隙，以便使用时挂渣牢靠。相邻两根钢管用锅炉钢铸弯头或用锅炉钢模制弯头相连接，最好在水冷炉壁的内表面上设有50~60mm长、直径30~40mm、壁厚4~5mm半管、且弧面朝下的挂渣钉。水冷块的大小一般在0.8~1.2m^2之间比较合适，面积过大会使冷却不均及维修困难。在大中型电弧炉上一般从上到下分成2~3块，这样设计便于调节水流量而使冷却效果更好。由于管式水冷炉壁具有冷却效果好、重量轻、制造方便、维护简单、使用寿命长等诸多优点而被广泛采用，使用寿命可达到5000次以上。

另一种是用T_2铜管制成的块式水冷炉壁，一般在炉壁接近钢水的下部上使用，寿命较高。

管式水冷炉壁在炉体上的安装形式有两种，如图3-6所示。图3-6(a)的安装方式不如图3-6(b)。其原因不仅是后者冷却水可以做到从下面进、从上面出，而且挂渣后挂渣层不易脱落。

结构特点如下：

（1）适用于炉壁热流强度在0.22~1.26MW/m^2的高功率、超高功率电弧炉。

（2）结构坚固，能抗击炉料撞击和因搭料打弧以及吹氧操作不当造成的局部过热。

（3）挂渣能力逊于铸造块式水冷炉壁，建议在使用前先涂上厚度为30~50mm的耐火材料，效果会更好一些。

（4）内部为管式水冷，冷却水流速度快，不易结垢。

（5）采用上下炉体分离的结构易于水冷炉壁的安装和维修。

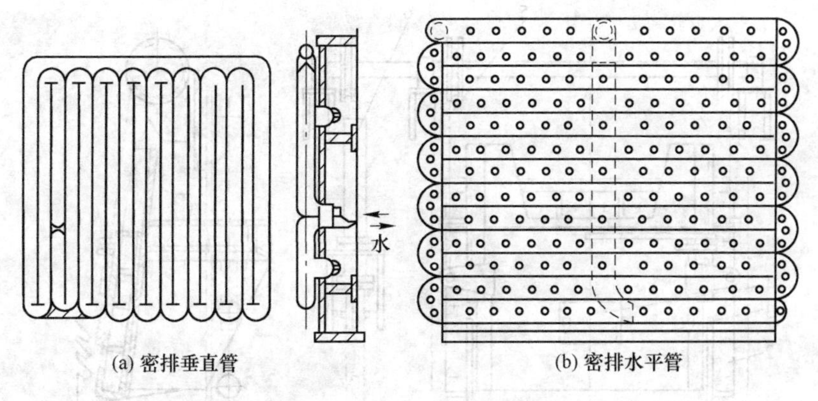

图 3-6　管式水冷挂渣炉壁

3.1.2.4　水冷炉壁块进出水管的连接

为了控制、检修或更换水冷炉壁块的需要，每块水冷炉壁的进、出水管都要单独设置阀门，并且经金属软管与上炉体进、出水路相接。经验认为，采用焊接方式连接的阀门，较螺纹连接的阀门漏水点少、维修量小。

3.1.2.5　水冷炉壁的试压检验

水冷炉壁在使用前必须经过打压实验，试验压力为使用压力的1.5倍，在试验压力下稳压10min，再降至工作压力，保压30min，以压力不降、无渗漏为合格。通水试验，进出水应畅通无阻，连续通水时间不应少于24h，无渗漏。使用时，随时注意水压和水流情况。

3.1.3　炉门装配

炉门装配由炉门框、炉门、炉门槛及炉门升降机构几部分组成，如图 3-7所示。

3.1.3.1　炉门

炉门供观察炉内情况及扒渣、吹氧、测温、取样、加料等操作用。通常只设一个炉门，与出钢口相对。大型电弧炉为了便于操作，常增设一个侧门，两个炉门的位置互成90°。

炉门高度一般为熔池直径的0.25~0.3倍，炉门的宽度为炉门高度的0.8倍。对于3t以下的电炉，炉门用钢板焊成，在炉内面可以做成砌筑耐火材料的炉门。3~30t普通电炉炉门可以做成内部通水的夹层式的炉门。对于大中型超高功率的电炉炉门采用水冷管式炉门比较多见。水冷管式炉门其厚度不用做的太厚，一般选用内径20~25mm，壁厚5mm的无缝钢管，材质为20g，内衬厚度为8~12mm的普通碳钢钢板即可。同时使门内衬比门框内边大50~100mm。炉门的进出水管

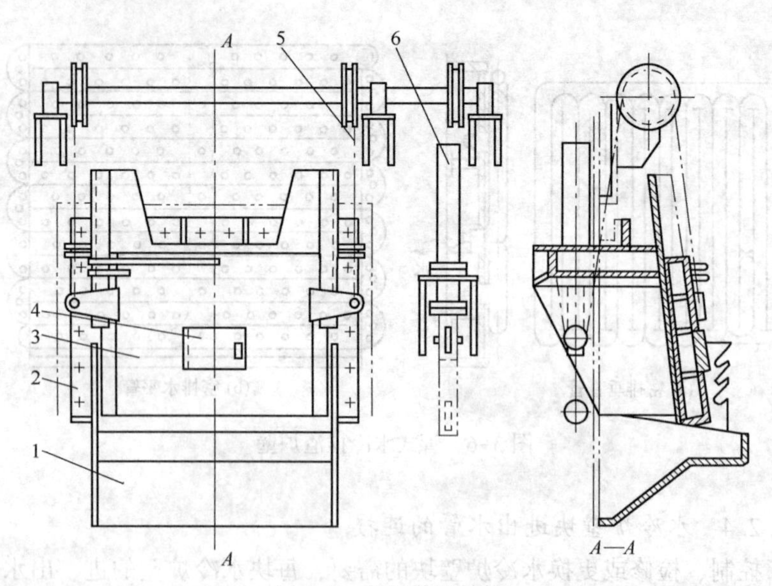

图 3-7 炉门装配结构

1—炉门槛；2—“Π”形焊接水冷门框；3—炉门；4—窥视孔；5—链条；6—炉门升降机构

与冷却水接口处尽量避开炉门高温处和防止炉门向外喷火烧坏水冷管，同时要考虑维护水冷管路的方便。

对炉门的设计要求是：在靠炉门框的一面要平整，能贴紧门框，长期使用不变形，升降简便、灵活，牢固耐用，各部件便于装卸与维护。

3.1.3.2 炉门框

中小型普通功率电炉，炉门框是用钢板焊成上面带有拱形的“Π”形水冷箱。其上部伸入炉内，用以支承炉门上部的炉墙。炉门框的前壁与炉门贴合面一般做成倾斜的，与垂直线成 5°~12°夹角，以保证炉门与炉门框贴紧，防止高温炉气、火焰大量喷出，减少热量损失和保持炉内气氛。为防止炉门在升降时摆动，在炉门框上应设有导向装置。

采用耐火材料为炉衬时，门框上部伸入炉内的长度比耐火材料炉衬的厚度小 50~100mm，用以支持炉门上部耐火材料的炉衬，使之不易塌陷。小型普通功率电炉炉门框采用板式夹层水冷式。

采用管式水冷炉壁作为炉衬时，炉门框也应采用管式水冷式。门框上部伸入炉内的长度和炉壁装入炉内的厚度相等即可。

水冷门框的高度不可做的过高，以防止用户超装或扒渣时，钢水进入到炉门框的下部而烧坏炉门框，使冷却水进入钢液中发生爆炸事故。

对于箱式水冷炉门框，水冷层厚度在 30~60mm，采用普通碳钢钢板焊接即可。对于管式水冷门框，一般选用内径 30~50mm，壁厚 8~10mm 的无缝钢管，材质为 20g 即可。

从使用效果上看，管式水冷门框寿命较长，维修量较少，而箱式水冷门框寿命较短，维修量较大。

3.1.3.3 炉门门槛

炉门门槛连接在炉壳上，上面砌有耐火材料，作为出渣用。一般把炉门槛做成斜底，以增加炉衬的厚度，用来防止在炉门槛下面发生漏钢事故。多数厂家在炉门槛端部横放一短电极，这样不仅会保护炉门槛，而且使扒渣操作更加方便，使用寿命较长。

3.1.3.4 炉门提升装置

炉门升降要求灵活、稳重、不被卡住，并能停留在任何位置上。炉门上升靠外力，下降靠自重或外力。开启的外力应留有足够的潜力，以克服炉门、炉门框受热变形后的附加阻力。炉门沿炉门框的对称轴上升和下降应灵活，不能存在卡阻现象。

小于 3t 的电炉，炉门一般用手动升降，它是利用杠杆原理进行工作的。大于 3t 的电炉炉门升降采用液压或气动。气动的炉门升降机构其炉门悬挂在链轮上，压缩空气通入气缸带动链轮转动而打开炉门，在要关闭时将压缩空气放出，炉门依靠自重下降而关闭。液压传动的炉门升降比气动的构造复杂，但能使炉门停在任一中间位置，而不限于全开、全闭两个极限位置，有利于操作并可减少热损失。

炉门升降缸由于处在高温区，一般应采用冷却水进行冷却，以防止温度过高而使密封件寿命过短或使液压介质温度过高。炉门升降缸的进出水管接口处尽量避开炉门高温处和防止炉门向外喷火烧坏管路，同时要考虑拆装管路的方便。如能使升降缸安装位置避开高温区或加保护则更好。

3.1.4 出钢机构

出钢方式根据炉子工艺要求不同有槽出钢、偏心底出钢、虹吸出钢和底出钢等。

10t 以下小型电炉和冶炼不锈钢品种的电炉，一般采用槽出钢方式。冶炼时，要求不带渣出钢的电炉一般采用偏心底出钢、虹吸出钢方式。也有采用炉底出钢方式，但是应用最广的是槽出钢和偏心底出钢。

3.1.4.1 槽出钢

传统的槽式出钢方法是在用渣覆盖钢液的状态下出钢的。其主要目的是防止钢液温度降低、提高脱硫率、防止钢液氧化。出钢槽开在炉门的对面，一般比炉门口高 100~150mm。出钢槽的长度以在保证倒清钢水的前提下越短越好，以减少出钢时钢液的二次氧化和吸收气体。但当采用天车吊包出钢时，一定要注意出钢槽过短会使天车吊钩钢丝绳与电极及炉体相干涉。对于横向布置异跨出钢的电炉出钢槽应长一些，一般都在 2m 以上。出钢口直径在 120~200mm 之间，冶炼时用镁砂或碎石灰块堵塞，出钢时用钢钎打开。出钢时，钢液随着出钢槽的倾斜流出，所以钢液点的位置会有很大的变化，调整承接钢液钢包的位置是很浪费时间的。

出钢槽由钢板焊成（梯形状），连接在炉壳上，槽内砌有大块耐火砖。出钢槽目前大多数厂采用预制整块的流钢槽砖砌成，使用寿命长，拆装也方便。为了防止出钢口打开后钢水自动流出及减少出钢时对钢包衬壁的冲刷作用，出钢槽与水平面成 5°~12°的倾角，槽出钢结构示意图如图 3-8 所示。出钢槽是一个易损件，特别是头部经常与钢水接触，很容易损坏，为此，常把出钢槽设计成体部和头部二段。其当头部损坏时，只要更换出钢槽头部即可，这样既省时又经济。

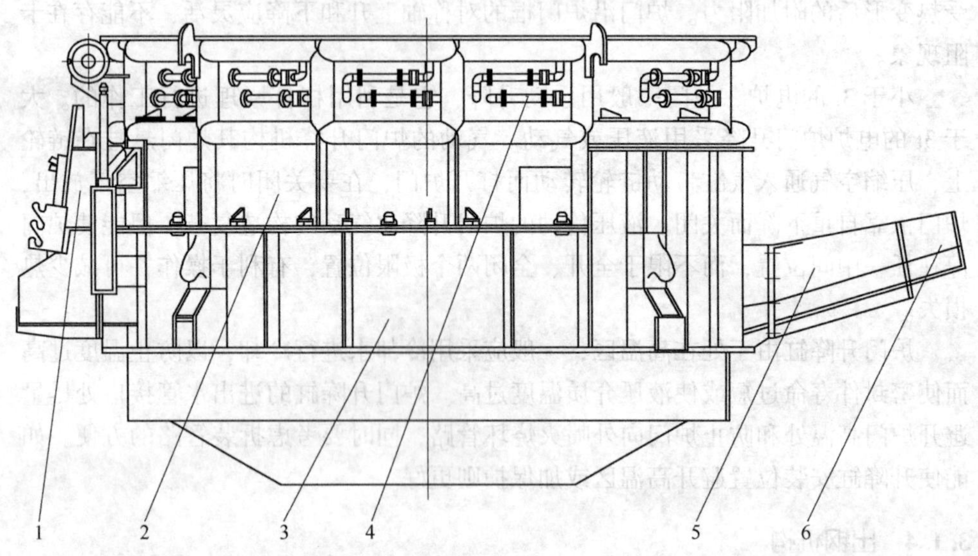

图 3-8 出钢槽结构示意图

1—炉门装配；2—上炉体；3—下炉体；4—水冷炉壁；5—出钢槽；6—出钢槽槽头

3.1.4.2 偏心底（EBT）出钢

A 偏心底出钢结构特点

偏心炉底出钢系统结构不同于槽出钢电炉。在出钢一侧有一凸腔部分，断面为鼻状椭圆形。在凸腔部分的底部布置出钢口，用以完成电炉的出钢工作，如图 3-9 所示。冶炼时，出钢孔用耐火材料充填后埋在钢液下面，出钢时打开出钢口后在钢水自重的作用下，冲开出钢孔使钢液自动流出。

B 出钢口开闭方式

偏心底出钢口的开闭机构有翻板式、旋开式和插板式三种。

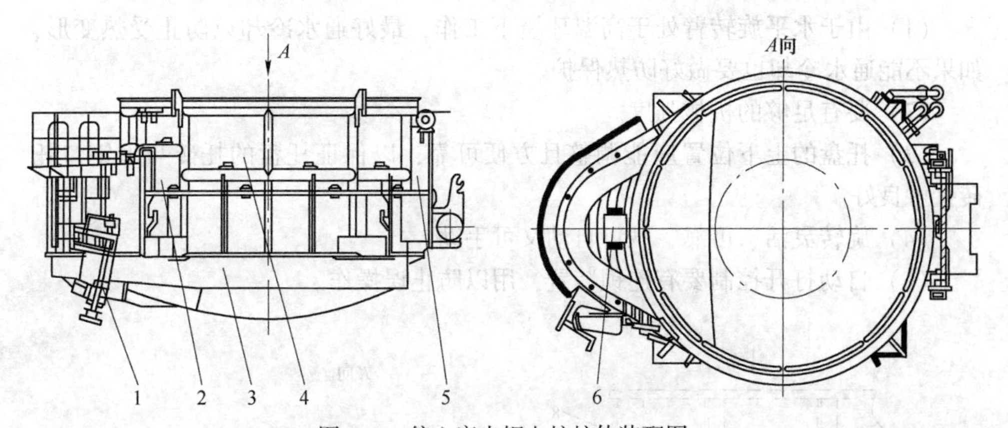

图 3-9　偏心底出钢电炉炉体装配图

1—出钢口开闭机构；2—上炉体；3—下炉体；4—水冷炉壁；5—炉门装配；6—填料口盖板

翻板式偏心底出钢的开闭机构结构如图 3-10 所示。翻板式偏心底出钢开闭机构虽然结构较为简单、可靠，但在出钢口打开时，翻板下垂距离钢水较近，受高温烘烤程度相对较强，寿命较短。翻板式出钢口开闭机构会增加钢包上口与出钢口距离，会延长出钢时间，降低钢水温度，影响钢水质量。因此，该种结构方式很少被采用。

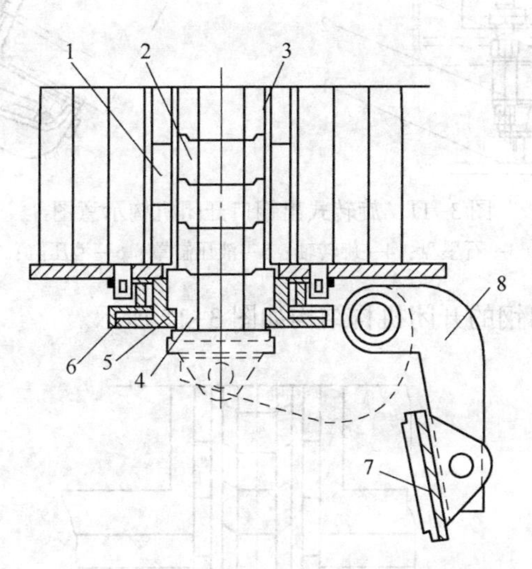

图 3-10　翻板式偏心底出钢的开闭机构示意图

1—出钢口砖；2—损耗砖；3—可浇筑耐火材料；4—尾砖；5—防松法兰；6—水冷底环；7—石墨板；8—翻板式盖板

旋开式偏心底出钢的开闭机构结构如图 3-11 所示。旋开式偏心底出钢的开闭机构由于结构简单、可靠，距离钢包上口相对较远，受高温烘烤程度相对较弱，使用较多。该种结构方式的设计注意点是：

(1) 由于水平旋转臂处于高温环境下工作，最好通水冷却以防止受热变形，如果不能通水冷却也要做好防热保护。

(2) 要有足够的机械强度。

(3) 托盘的上下位置应能调整且方便可靠，以保证托盘的托砖与出钢口托砖接触良好。

(4) 旋转灵活、可靠，既可自动又可手动。

(5) 自动打开控制要有连锁装置，用以防止误操作。

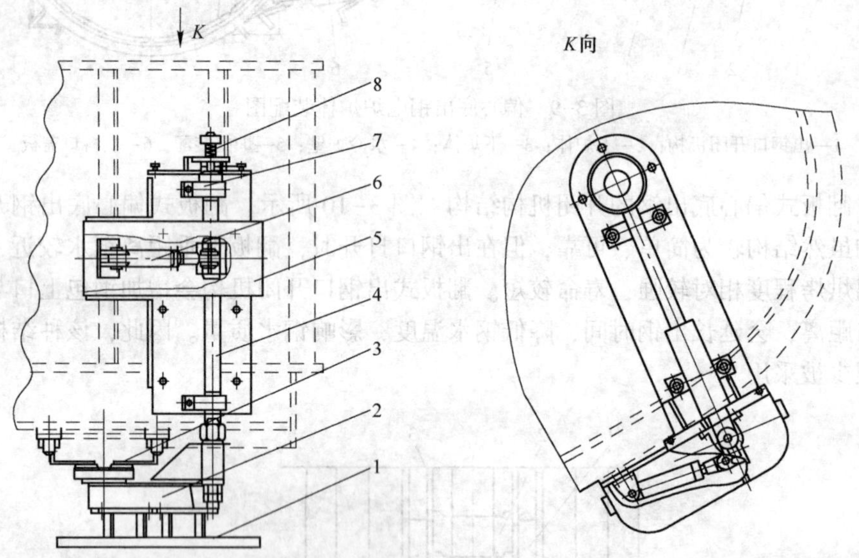

图 3-11　旋转式出钢口开闭机构示意图

1—挡火板；2—转臂；3—石墨盘；4—旋转轴；5—液压缸罩；6—液压缸；7—轴承座；8—弹簧

插板式偏心底出钢的开闭机构结构如图 3-12 所示。

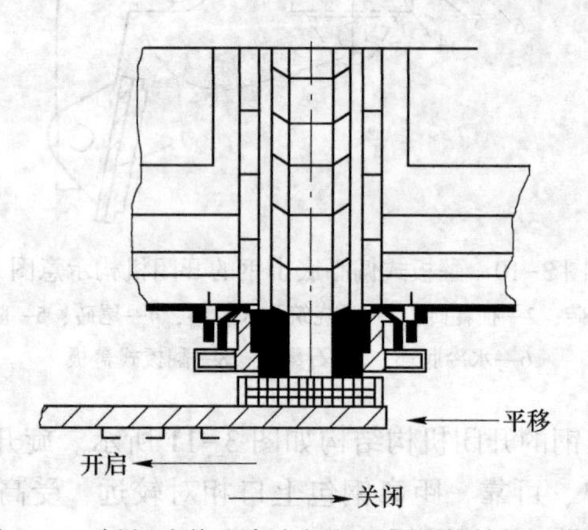

图 3-12　插板式偏心底出钢的开闭机构结构示意图

3.1.4.3 炉底中心（CBT）出钢

炉底中心出钢（CBT）电炉结构简单，如图3-13所示，扩大了炉壁的水冷面积，能最大限度地输入电能；但不能无渣出钢。

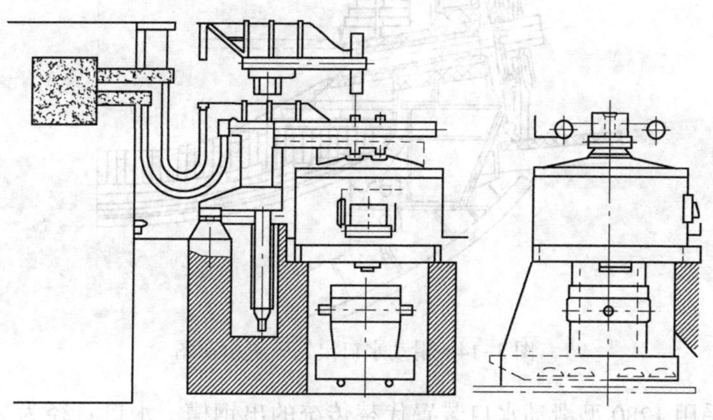

图3-13 炉底中心出钢（CBT）电炉结构（Ⅰ）

3.1.4.4 偏位炉底（OBT）出钢

OBT椭圆炉壳类似于EBT炉，但无偏心区，又类似于CBT炉。该法出钢孔的角度大，离炉底中心距离也大。该结构电炉结构简单、维修方便、经济，生产率高。炉底的出钢系统偏置于长轴一侧，出钢用滑动水口控制。

3.1.4.5 圆形底出钢（RBT）方式

RBT圆形底出钢方式的出钢口位置在炉底周围附近，既无低温区又可减少出钢时的卷渣量。出钢过程中有出钢量的连续称量和炉子倾动角度的连续测定，可全自动出钢操作。RBT出钢方式可使等高度水冷炉壁备件量减少，炉壁水冷面积增大，炉壁和渣线耐火材料砌筑方便。出钢孔填料的操作可完全由遥控控制。出钢孔采用滑板系统，用水冷夹套外加喷涂料的防热设计。

3.1.4.6 水平无渣出钢（HT）及水平旋转（HOT）出钢

其优点是：关闭出钢口的横板横向移动，总高度低，使出钢口至钢包顶端距离缩短到最短程度，这样出钢使钢水流程更短；并便于给钢包加盖出钢。

3.1.4.7 滑动水口式出钢

滑动水口式出钢装置类似于钢包的滑动水口，如图3-14所示。

滑动水口出钢口在电炉和转炉上均可使用。其结构和钢包滑动水口相似，只是比较大，操作也基本相同。与滑动水口机构配合的出钢口系统，由MgO-C质内管和座砖组装而成，与滑动水口同心并紧密配合，优点是改善了工作环境，免去了频繁的出钢槽修补工作，使出钢控制容易，且使炉内钢液残留量减少到最小，而滑板的使用寿命可达30次以上；同时，由于固定的钢液面减少了渣线的修补，耐火材料用量也明显降低。

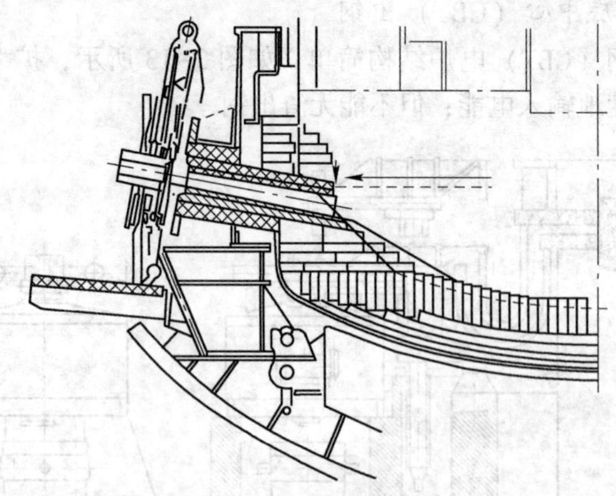

图 3-14　滑动水口出钢装置示意图

英国采用 1280 型滑动水口装置代替传统的出钢槽，水口直径为 200mm，最高浇注速度为 20t/min，对于 100t 电炉出钢时间为 4~5min。

该装置可阻止炉渣在出钢时流入钢包。在操作中，当排放至钢包的钢水达到需求量（由称重计量设备显示）或者看到有渣出现时，由液压系统操作，将耐火材料滑板关闭，切断时间仅 1s，能非常精确地控制钢水流量，并能防止任何炉渣被带出，从而改善了钢的性能，能生产出硫、磷含量低的纯净钢。使用滑动水口取得的效果如下：

（1）任意排渣，不仅能做到无渣出钢而且增加产量、降低电耗、电极消耗；

（2）增加合金回收率，出钢温度损失减少；

（3）一套耐火材料滑板最高使用寿命可浇注次数达到 48 次，炉内的耐火材料也随之降低；

（4）投资可在 6 个月内收回。

3.1.4.8　低位出钢

图 3-15 所示为低位出钢结构示意图。出钢口在钢水底部，这种电弧炉可以做到无渣出钢，操作简单，易于维护。

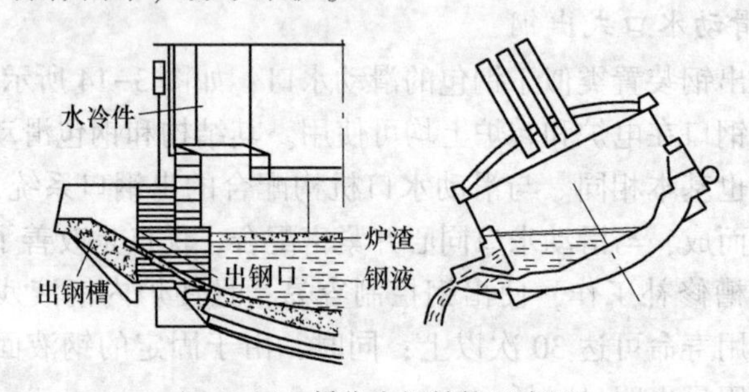

图 3-15　低位出钢结构示意图

3.1.4.9 塞棒出钢口

塞棒出钢口如图 3-16 所示。

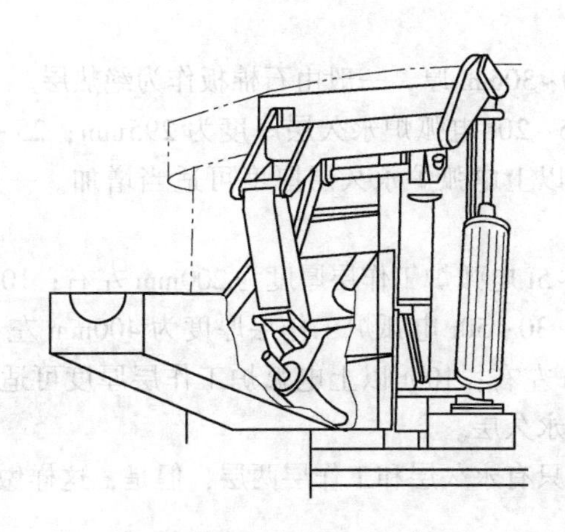

图 3-16 塞棒出钢口示意图

塞棒出钢即炉底侧面出钢，也称 STB 法，为低位出钢加塞棒开关的出钢口。电炉出钢口塞棒和钢包塞棒操作一样，易于维护，据称美国在 200t 电弧炉上使用，可使带渣量控制在 250kg 以下。用这一装置配以留钢操作，用 5~6kg/t 脱硫渣，脱硫率可达 70%~80%；用 2kg/t 的 Ca-Si 粉脱硫率可达 90%；铝需要量减少 0.5kg/t；硅收得率提高 10%。

3.1.5 炉衬

电弧炉炉衬是指电弧炉熔炼室的内衬，包括炉底、炉壁。炉衬有碱性炉衬和酸性炉衬两种，绝大多数电弧炉都采用碱性炉衬。电弧炉炉衬形状如图 3-17 所示。

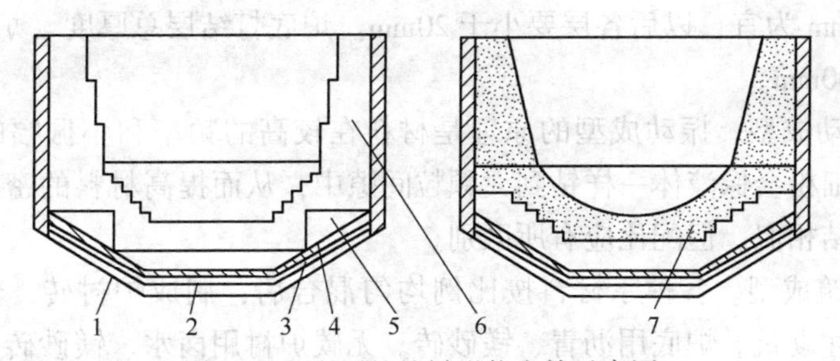

图 3-17 电弧炉炉衬形状砌筑示意图

1—炉壳；2—石棉板；3—硅藻土粉；4—黏土砖；5—镁砖；6—沥青镁砂砖；7—镁砂打结层

3.1.5.1 炉底的结构与砌筑

对电弧炉炉底结构的要求是：耐高温，导热系数小，抗热震性能好，抗渣性好，高温下有足够的机械强度，结构严密不会渗漏钢液和熔渣等。

过去，电弧炉的炉底结构自下而上分为绝热层、永久层（砌砖层）和工作层三部分。

（1）绝热层：10~30mm 厚，一般由石棉板作为绝热层。

（2）永久层：15~20t 电弧炉永久层厚度为 295mm；25~30t 电弧炉永久层厚度为 360mm；30t 以上电弧炉永久层厚度可适当增加。一般由黏土砖作为永久层。

（3）工作层：1~5t 电弧炉工作层厚度为 200mm 左右；10~30t 电弧炉工作层厚度为 300mm 左右；30~50t 电弧炉工作层厚度为 400mm 左右；50~80t 电弧炉工作层厚度为 500mm 左右；100t 以上电弧炉工作层厚度可适当增加。一般由镁碳砖或镁砂打结作为永久层。

近年来，炉底就只有永久层和工作层两层，但是，这样做使热量散失得更多一些。

（1）永久层（也称绝热层）。永久层是炉底最下层，它的作用是减少电弧炉的热损失并保证熔池上、下钢水的温差小。通常的砌筑法是在炉壳上先铺一层 10~20mm 后的硅藻土粉或石棉板（近年来也常有不用，但是，石棉板是绝缘材料，用它可以减少钢液向外散热，同时也可起到防止钢板受热变形的作用），上面再平砌一层绝热砖（镁砖），厚度为 65mm，砖缝应小于 2mm。永久层的总厚度一般为 65~80mm 左右。

（2）工作层。永久层上面是工作层，它直接与钢水接触。热负荷高，化学侵蚀严重，机械冲刷作用强烈，极易损坏，因此，必须保证它的质量。

工作层成型方法有打结、振动和砌筑三种。目前用得最多的是炉底镁砂打结及炉壁用镁碳砖砌筑。

（1）打结成型。打结用镁砂的粒度应有恰当的配比，打结要分层进行。第一层 30~40mm 为宜，以后各层要小于 20mm。炉底打结层总厚度（炉底中心处）约为 500~800mm。

（2）振动成型。振动成型的原理是材料在较高的频率和小振幅的振动作用下，小粒和细粉会像液体一样钻到大颗粒间隙中，从而提高材料的密度。所用原料与人工打结相似。但配比应有所区别。

（3）砌筑成型。各种原材料按比例均匀混合后，制成炉衬砖，然后，根据图纸要求尺寸砌筑。炉底用沥青、镁砂砖。无碳炉衬用卤水、镁砂砖。砌筑时砖缝要错开，缝隙要小于 2mm，用填料填紧。在炉坡处以均等阶梯距离环砌熔池深度，熔池各圈直径误差必须保证不大于 20mm。

对于超高功率电弧炉，炉底一般采用烧制成的白云石-炭砖砌筑，也有采用镁砂和白云石散装料捣打成型的。

为避免电极穿井到炉底时电弧直接烧坏炉坡，熔池底部直径应大于电极极心圆直径 300~500mm。

不用电磁搅拌钢液的电炉，其炉底厚度约等于熔池深度。

对于槽出钢的炉底，一般最大倾动角度在 40°左右才能出净钢水。为此，出钢口侧处炉坡角度不能大于 35°，否则会出现钢水倒不净的现象。

3.1.5.2 炉壁的结构与砌筑

冶炼过程中，炉壁（墙）除承受高温、急冷急热作用外，还承受炉气、烟尘、弧光辐射作用和料筐的碰撞与振动等；又由于渣线部位与熔渣和钢液直接接触，化学侵蚀、渣钢的冲刷相当严重，因此，砌筑的炉墙在高温下应具有足够的强度及抵抗冲刷与冲击的能力。炉墙与炉底炉坡紧密相接，也分为绝热保温层和工作层。绝热保温层紧靠炉壳，是由 10~20mm 的石棉板和里面竖砌一层砖缝不大于 1.5mm 的 65mm 厚的镁砖组成。砌砖层的作用主要是加强炉壁的坚固性。炉壁的工作层通常用镁碳砖砌制。

3.1.5.3 水冷炉壁衬

水冷炉壁衬是指水冷挂渣炉壁与水冷挂渣炉盖所采用的内衬。

水冷挂渣炉壁使用开始时，挂渣块表面温度远低于炉内温度，炉渣、烟尘与水冷块表面接触会迅速凝固，结果会使水冷块表面逐渐挂起一层由炉渣和烟尘组成的保护层。当挂渣层的厚度不断增长，直至其表面温度逐渐升高到挂渣的熔化温度时，挂渣层的厚度保持相对稳定状态。如果挂渣壁的热负荷进一步增加，挂渣层会自动熔化、减薄直至全部脱落，由于挂渣块的水冷作用，致使挂渣层表面温度迅速降低，炉渣和烟尘又会重新在挂渣块表面凝固增厚。由于水冷块受热面的挂渣层受它自身的热平衡控制，自发地保持一定的平衡厚度，从而可使水冷炉壁寿命较长。

但应注意，热应力会导致水冷箱钢板变形或焊缝开裂漏水，所以对于热负荷高的挂渣炉壁，在挂渣面上尽量不要出现焊缝，而且在使用之前最好在水箱表面涂抹一层耐火材料。

3.1.5.4 EBT 出钢口结构与砌筑

出钢口套砖分内外两层，外层为套砖，内层为套管。

(1) 套砖。出钢口外层由 3~4 节长约 203mm 的镁质或电熔镁砂的镁质套砖（袖砖）砌筑而成。

(2) 管砖。管砖孔径尺寸应根据炉子容量、出钢时间等因素决定，一般内径为 120~250mm，出钢口管砖主要为镁碳质。在管砖与套砖之间使用镁质干式捣打料充填。

(3) 尾砖。位于出钢口下部的尾砖（端砖）使用石墨质或镁碳质。尾砖下面是出钢口托盘盖板，盖板材质是石墨质材料。

在电炉装料之前，先用石墨质盖板封住出钢口后，将出钢口填入干状耐火颗粒料（镁橄榄石砂等）的引流砂后再装料进行冶炼。

偏心区出钢口用耐火材料示意图如图 3-18 所示。

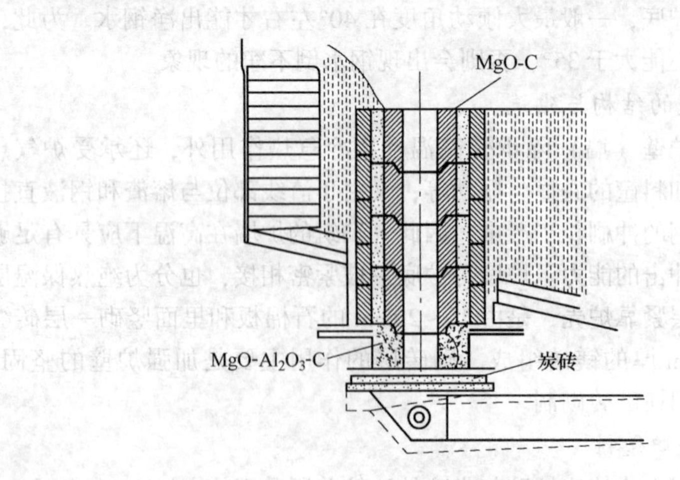

图 3-18 偏心区出钢口用耐火材料示意图

3.1.5.5 出钢槽的砌筑

对于槽出钢的电弧炉出钢槽的砌筑方法有：

(1) 砌砖出钢槽。采用锆质砖辅以抗钢水冲刷的氧化硅进行砌筑，使之对钢水的黏附、冲刷和对熔渣侵蚀具有良好的抗侵蚀作用。

出钢槽的质量好坏对出钢过程中钢液的二次氧化、钢液的降温，以及钢的内在质量均有严重的影响。目前出钢槽有三种砌筑方法：

1) 工作层用与出钢槽形状相似的异形砖砌筑，底部和周围用卤水镁砂填实。

2) 工作层用黏土砖砌筑，底部和周围用卤水镁砂填实。

3) 采用耐火混凝土直接成型。

出钢槽的工作面应该平整、结实、密缝，保证出钢的顺利进行。

(2) 预制出钢槽。采用预制大快砌筑出钢槽砖缝最小，对延长出钢槽寿命有利，同时可减少施工时间，能机械吊装，安装后即可使用。

(3) 整体出钢槽。出钢槽普遍采用不定形耐火材料制作，整体性好，寿命高，成本低。

3.2 炉盖装配

目前，炉盖根据电炉功率不同分为砌砖式炉盖圈、箱式水冷炉盖、管式水冷炉盖及雾化炉盖。

炉盖的种类及使用场合见表 3-1。

表 3-1 炉盖的种类及使用场合和特点

种类	使用场合	特 点
砌砖式炉盖圈	普通功率电炉	制造简单，易变形，使用寿命短，挨着炉盖衬的下部盖圈容易开裂，热量损失小。需要用耐火材料砌筑成整体炉盖，电极孔处需安放水冷环
箱式水冷炉盖	高功率电炉	制造复杂，易变形，容易出现冷却死点，造成冷却不均，易开裂，使用寿命较长。热量损失较小。三个电极孔处需要用耐火材料及内附耐火材料
管式水冷炉盖	超高功率电炉	制造复杂，冷却效果好，使用寿命长，热量损失大，需要在电极孔处预制整体中心小炉盖及内附耐火材料
雾化炉盖	所有功率	它是在炉盖外表面采用雾化冷却通水部位，采用未加压的水，即便产生裂纹，由于水的泄漏量小而危险性也小

3.2.1 炉盖圈与电极水冷圈

3.2.1.1 炉盖圈

炉盖圈要承受全部炉盖砖的重量，要有足够的强度，为防止变形，采用箱式通水冷却。箱体内圈和耐火砖接触面要做成斜形炉盖圈（见图 3-19），其倾斜与底边夹角理论上为 $\alpha=22.5°$，这样在砌筑炉盖时可不用拱脚砖（也称托砖），但实际上倾斜与底边夹角通常 $\alpha>22.5°$。

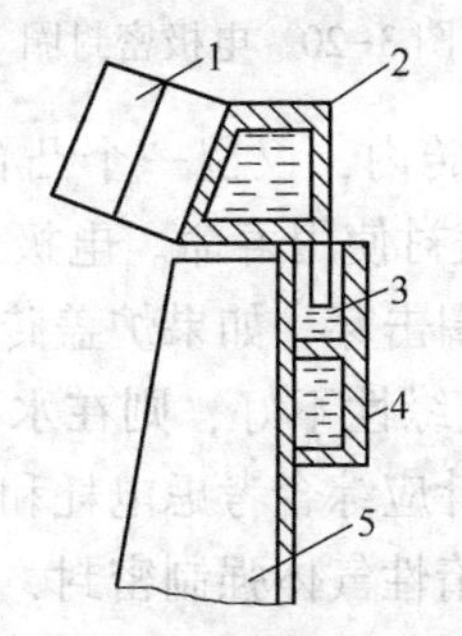

图 3-19 倾斜形炉盖圈

1—砌砖炉盖；2—炉盖圈；3—炉体砂槽；4—炉体水冷加固圈；5—炉墙

炉盖圈的外径尺寸应比炉壳外径稍大些，以使炉盖全部重量支承在炉壳上部的加固圈上，而不是压在炉墙上。炉盖圈与炉壳之间必须有良好的密封，否则高温炉气会逸出，不仅增加炉子的热损失，使冶炼时造渣困难，而且容易烧坏炉壳上部和炉盖圈。在炉盖圈外沿下部设有刀口，使炉盖圈能很好地插入到加固圈的砂封槽内。这就要求炉盖环的外径要大于炉体外径，两者间隙要在 30~50mm。这样不仅能保证炉体与炉盖密封，而且使炉盖打开与关闭容易。

经验认为，炉盖圈在挨着炉盖衬的内环下部一圈因其受冷热变化频繁，在此处产生的应力变化较大，容易开裂。为此，此处是设计者应当引起重视的部位。

将此处改为环管与上下板焊在一起使用，寿命较长。

3.2.1.2 电极密封圈

对于采用炉盖圈的耐火材料砌筑的炉盖，必须在三根电极孔处砌筑电极圈砖。同时必须在电极和电极圈砖之间加电极水冷圈进行密封，否则会使大量的烟气从电极孔处冒出。由于此处氧化反应激烈，不仅会使炉盖砖损坏严重，而且使电极在此处变细。电极水冷圈一般用 5~10mm 厚度钢板焊接成凸台箱（也有用细无缝钢管缠绕而成，但使用效果不好），内径比电极直径大 40~60mm，高度为电极直径的 0.5~1 倍。大电极取小值，小电极取大值。为了减少电能的损失，电极水冷圈不宜做成一个整环（整环会产生涡流），而是在圆环上留有 20~40mm 的间隙，以避免造成回绕电极的闭合磁路。大型电弧炉的电极水冷圈是用无磁性钢制成的。电极密封圈结构示意图如图 3-20 所示。

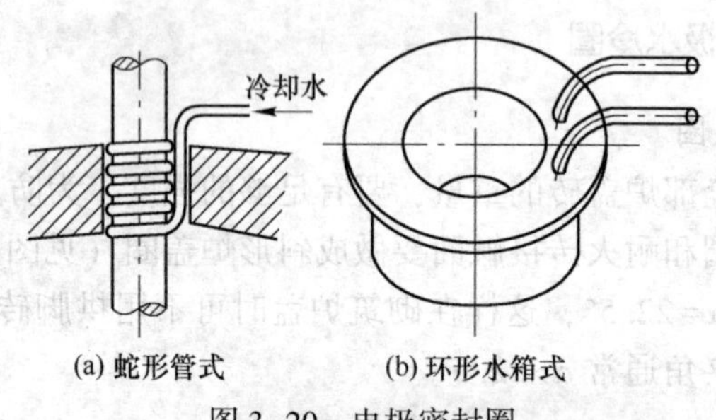

图 3-20 电极密封圈

通常电极水冷圈嵌入炉盖砖内，仅留一个凸台在炉盖砖上面，凸台高度在 80~100mm。这样可以提高炉盖衬使用寿命。电极水冷圈及其进出水管应与炉盖环绝缘，以免导电起弧使密封圈击穿。如果炉盖砖在高温下电阻不够（尤其是在中心部位），或者水冷圈对地绝缘性不好，则在水冷圈与电极之间有可能产生电弧，击穿水冷圈。密封圈的设计应综合考虑电耗和冷却效果。为了得到更好的密封性常在电极与水冷圈之间通惰性气体强制密封，其结构形式如图 3-21 所示。

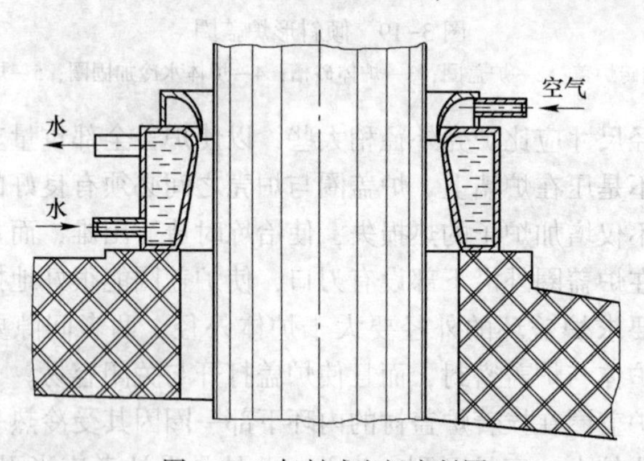

图 3-21 气封式电极密封圈

3.2.2 箱式水冷炉盖

箱式水冷炉盖有全水冷炉盖和半水冷炉盖两种。但是，半水冷炉盖很少采用。箱式全水冷炉盖如图 3-22 所示。

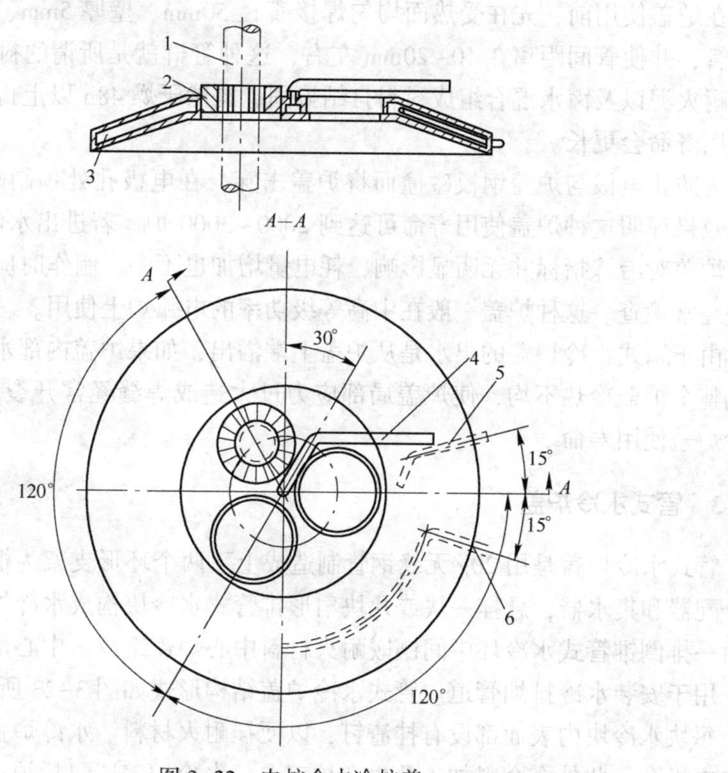

图 3-22 电炉全水冷炉盖

1—石墨电极；2—耐火砖；3—炉盖体；4—出水管；5，6—进水管

水冷炉盖由上盖板和下盖板两部分用锅炉钢板焊接而成。箱式水冷炉盖是在水冷环炉盖的基础上，增加两层拱形钢板焊接而成的全水冷炉盖。根据受热程度不同，上盖钢板可以薄一些，一般钢板的厚度在 8～10mm。下表面工作条件恶劣，钢板厚一些，一般钢板的厚度在 12～16mm。炉盖拱高在炉壳内径的 1/6～1/8 之间（或熔池上口直径的 1/9～1/10）。水冷炉盖的厚度在 220～250mm。但其顶部中心较平，也有的采用球缺体状冷压成形，然后对焊在一起，有的在上下层钢板之间采用撑筋的增强措施，所有的焊缝尽量采用双面焊。焊好后应进行消除内应力的热处理及水压试验，水压为 0.6MPa，并要求保持 30min 不渗漏。以压力不降、无渗漏为合格。通水试验，进出水应畅通无阻，连续通水时间不应少于 24h，无渗漏。使用时，随时注意水压和水流情况。

进水管设在炉盖圈下部，冷却水由炉盖圈里侧钢板处的均匀分布的进水孔进入炉盖，而由中央部位最高点的出水口流出。

水冷炉盖下层钢板上焊有挂渣钉，并不砌筑耐火材料，而是靠炉渣飞溅结壳保护。如果能在冶炼之前用 10mm 厚的石棉泥或水玻璃做成保护层，再在上面用卤水镁砂或其他耐火材料打结成厚度 60mm 来保护炉盖，效果更好。

在炉盖使用前，先在受热面均匀焊接直径 50mm、壁厚 5mm、高 50mm 左右的钢管，并使管间距离在 10~20mm 左右，这种管群就是所谓的衬骨。然后用镁砂和耐火泥以及卤水混合组成衬料打结捣固，自然干燥 48h 以上再使用，则炉盖的使用寿命会更长。

为防止电极与炉盖钢板碰撞而将炉盖击穿，在电极孔处预制耐火材料套管。使用效果证明这种炉盖使用寿命可达到 2000~3000 炉。若进出水温差控制得当，这种炉盖对冶炼指标并无明显影响，耗电量增加也不多。制作时应焊接牢固，使用时经常检查。这种炉盖一般在中高等级功率的电弧炉上使用。

由于箱式水冷炉盖的出水是从炉盖上端溢出，如果炉盖内部水流不畅，就会造成整个炉盖冷热不均，使炉盖局部应力过大造成焊缝经常开裂，增加维修量，减少炉盖使用寿命。

3.2.3 管式水冷炉盖

管式水冷炉盖是用 20g 无缝钢管制造成上下两个环形支架为框架，同时兼做水分配器和集水器，悬挂一块或几块扇形排管式水冷块构成水冷炉盖。其中心部分由一排倒锥管式水冷环中间镶嵌耐火材料中心炉盖组成。中心部件外侧有一平面，用于安装水冷排烟管道。管式水冷炉盖结构形式如图 3-23 所示。

每块水冷块内表面都设有挂渣钉，以便挂耐火材料。水冷炉盖中心部位设有三个电极孔，此外合金料加入孔也在炉盖上。水冷炉盖还包括炉盖上所有必要的管路、软管、连接件和阀门等。

3.2.4 炉盖的砌筑

3.2.4.1 *砌砖炉盖*

碱性电弧炉砌砖炉盖的材料一般采用一、二级高铝砖砌筑，也有采用铝镁砖砌筑的。铝镁砖主要用在炉盖的易损部位（如电极孔、排烟孔、中心部位），其余部位仍用高铝砖构成复合炉盖，其砌筑示意图如图 3-24 所示。

高铝砖炉盖采用 T 字形砌砖和环形砌砖两种砌法。T 字形砌砖法又有带电极孔砖、不带电极孔砖及带 Y 形水箱等多种砌法，这里仅介绍 T 字形不带电极孔砖的砌砖操作。

高铝砖炉盖厚度一般大炉子为 300~350mm，小炉子为 230mm。砌制前，先将炉盖圈套在拱形模子上，保持水平并拉线及找出炉盖中心和拱高，同时用样板

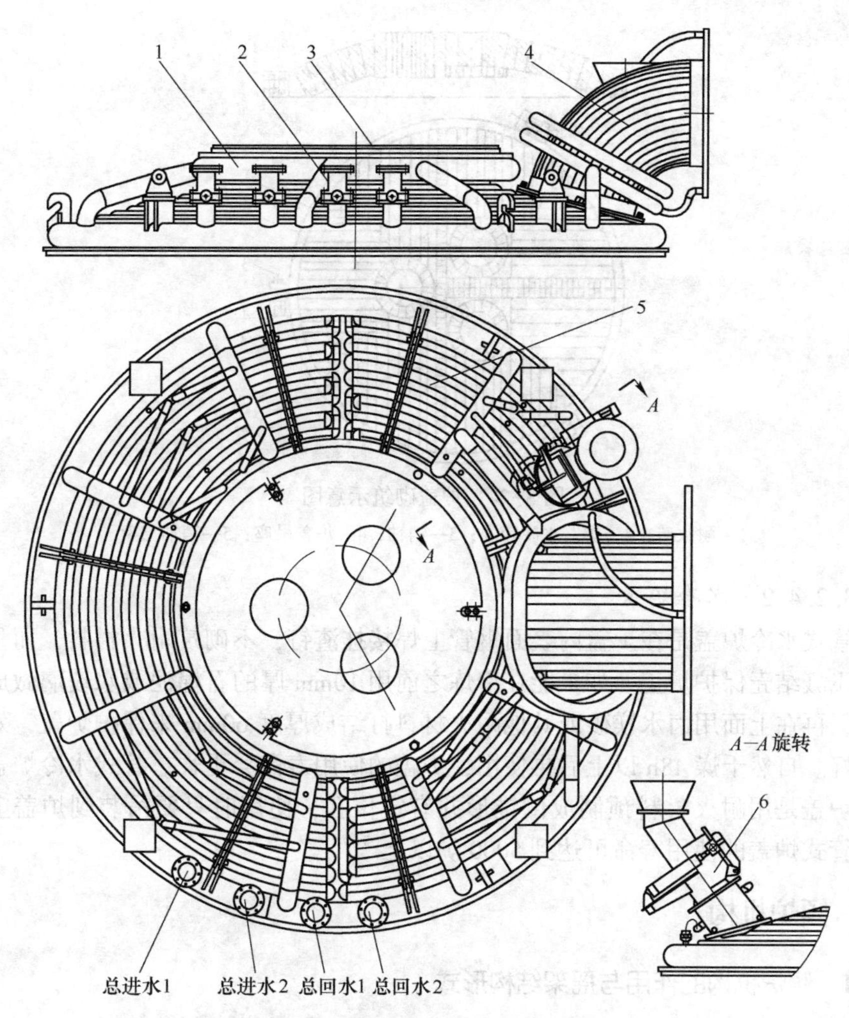

图 3–23 管式水冷炉盖结构示意图

1—水冷框架；2—进、回水蝶阀；3—耐火材料中心炉盖；
4—排烟管道；5—水冷块；6—加料斗

校正、放正电极孔、加料孔或排尘孔内径管胎。由于高铝砖砍磨困难，所以均采用异形砖。砌制前要预选砖，以使同行砖厚薄相同，几何尺寸无扭曲。砌砖时，先砌电极孔、加料孔或排尘孔，再砌中心部分砖，然后砌大梁和小梁。为使炉盖砌筑结实，砌筑过程中，各部位均要提起 1~2 块砖，先高出砖面 30~50mm，当炉盖砌好后，再用手锤垫木板打入，该砖称为提锁砖。

砌好的炉盖至少要风干两个星期以后才能使用，条件允许时，可在低于 600℃的温度下缓慢长期烘烤，以便消除砌制应力和去除水分，可在使用时降低急热对炉盖的不利影响。

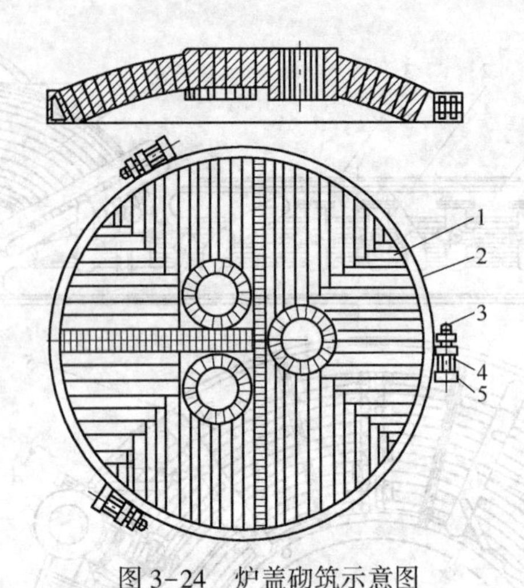

图 3-24 炉盖砌筑示意图

1—耐火砖；2—炉盖水冷套圈；3—销轴；4—炉盖吊座；5—销轴支架

3.2.4.2 水冷炉盖

管式水冷炉盖是在炉盖内表面钢管上焊接挂渣钉，不砌筑耐火材料，而是靠炉渣飞溅结壳保护炉盖。如果能在冶炼之前用 10mm 厚的石棉泥或水玻璃做成保护层，再在上面用卤水镁砂或其他耐火材料打结成厚度 60mm 来保护炉盖，效果会更好。自然干燥 48h 以上后再使用，炉盖的使用寿命会更长。管式水冷炉盖的中心炉盖是用耐火材料预制成倒锥形并有定位孔，使用时只要吊装到炉盖上即可。管式炉盖的使用寿命可达到 5000 炉以上[5]。

3.3 倾炉机构

3.3.1 倾炉机构的作用与摇架结构形式

3.3.1.1 倾动机构的作用与特点

在电弧炉冶炼中，倾动机构用来承载装在倾动平台上的炉体等部分的重量并做扒渣、出钢用。倾动机构的工作特点是负荷重。特别是对于整体基础式电炉来说，在倾动平台上除了安装炉体以外，炉盖提升旋转机构和电极升降机构都要安装在倾动平台上。冶炼时还要经常做倾炉动作，为了倾炉时的安全、可靠，对倾动机构的要求是[6]：

(1) 倾炉速度应当低而平稳，倾炉速度可以根据需要而调整。对于槽出钢电炉，出钢与扒渣倾炉速度一般在 0.7°~1.2°之间；对于偏心底出钢电炉，扒渣与出钢倾炉速度在 0.7°~1.2°之间。而出钢最大回倾速度在 3°~4°之间。

(2) 有足够的倾动角度，保证能将钢水倒净。

(3) 倾动到最大角度时不至于使炉子倾翻。

(4) 摇架坚固耐用，保证长期使用而不变形。

(5) 出钢时，电炉水平方向移动距离越小越好，以避免出钢时钢包移动距离过大。

(6) 倾动设备的布置要安全、可靠，应考虑到漏钢和扒渣时不被钢液或炉渣损坏，在接近钢包的高温区要对摇架进行隔热保护。

3.3.1.2 倾动机构的驱动方式

倾动机构驱动方式，可分为液压驱动和机械驱动两大类。

液压驱动由于其具有结构简单，可以实现无级变速，维修方便等优点而被广泛应用，但必须单独设置液压站。

机械驱动的倾动机构有电机减速器齿轮副式、电机减速器齿条副式、电机减速器垂直丝杠式、电机减速器侧面水平丝杠式等几种方式。它们的结构比较简单，但其运动平稳性较差，维修保养较为困难，同时还应注意炉子加料时不要把碎炉料掉进传动机构中卡住传动机构的啮合处。

在过去，液压驱动倾动方式和机械驱动倾动方式近乎各占一半，而现在除了冶炼不锈钢的电弧炉使用槽出钢以外，普遍采用 EBT 出钢方式。而 EBT 出钢要求出钢过程短，特别是出钢后需要变速高速回倾，机械驱动就难以做到，而液压驱动就较容易实现。另外从维修、安全等方面考虑，几乎已经不采用电动机驱动方式[7]。

3.3.1.3 摇架

摇架是电弧炉倾动机构中的主体部分，处于重要地位。不仅是因为它承载着电炉主体的大部分重量，而且还要在长期使用过程中保持不变形。这就要求摇架要有足够的机械强度和刚度，还要考虑漏钢时对摇架的损坏和出钢时钢水对摇架的烘烤等恶劣环境的考验。尤其对于整体平台结构的电弧炉，除炉体固定在摇架平台上以外，电极升降机构、炉盖提升旋转机构都安装在摇架上。除了摇架本身要做倾炉动作以外，电极升降和炉盖提升旋转也要完成相应的动作。如果摇架在使用过程中，在较短时间内就出现了变形，使炉盖旋转不灵，甚至不能旋转而造成电炉不能使用，就会给用户带来严重的经济损失。为此摇架设计要注意以下几点：

(1) 要充分考虑到电弧炉冶炼时的恶劣环境和可能出现的不利情况，对摇架高温烘烤区要采取防热保护。

(2) 要有足够的强度和刚度以防止在使用中变形。

(3) 从倾动时间上考虑希望倾炉操作时间短一些，这就要求倾动弧形半径 R 在数值上小一点。从电弧炉稳定性上考虑又希望倾动弧形半径 R 在数值上要大一点，在保证电弧炉稳定的前提下，两者尽量要兼顾。

(4) 对于整体平台结构的电弧炉，旋转机构要安装在摇架平台上，应尽量使旋转角度小一些，同时使结构尽量紧凑。

(5) 对于电极升降机构需要在摇架平台上开孔时，要注意开孔处是摇架强度和刚度的薄弱环节之处，在结构设计上尽量避免应力集中。

(6) 摇架和底座接触面要有可靠的定位装置，以防止倾炉过程中出现滑动现象。

(7) 为了保证炉盖旋转加料或更换炉体时炉子摇架不产生侧翻现象，两底座到炉体中心距离是不一样的，靠近变压器一侧的底座到炉体中心的距离一般要大于另一底座到炉体中心的距离，其具体尺寸需要计算后确定。

3.3.1.4 摇架在支撑底座上的定位方式

常见的摇架（又称弧形架）与支撑底座定位方式如图 3-25 所示。

图 3-25(a) 为扇形齿轮与齿条定位结构。在大、中型电炉上，将两个大扇形齿轮固定在弧形架弧形板的外侧面上，弧形架坐在水平倾动底座上。扇形齿轮与底座的直形齿条相啮合。倾动时，采用液压缸来完成倾炉工作。这种结构的优点是由于齿轮齿条只做传动定位而不承受炉体及弧形架等重力，齿轮齿条传动增加了倾动定位的准确性和稳定性，使用寿命长、维修量小；但制造难度大、质量也较大。由于优点明显而被广泛使用。

图 3-25(b) 为弧形板与平板形倾动底座销孔定位结构。这种结构与扇形齿轮相似，区别只是去掉扇形齿轮和齿条，而将摇架直接坐在两个平直形底座上。在每个平直底座上用一排或两排圆柱形定位销（或定位孔），而在弧形板上相对做成定位孔（或定位销），倾动时采用液压传动来完成倾炉工作。与齿轮齿条传动定位相比，这种结构制造相对简单，缺点是长期使用后，定位销如磨损严重，定位精度就会降低。

液压传动的弧形板滚轮式底座定位结构方式如图 3-25(c) 所示。这种结构是将整个摇架坐在四组（4 个或 8 个）滚轮上。承受较重的一侧滚轮称为主导轮，另一侧导轮称为副导轮。主导轮两侧做成带定位的凹槽（保证炉体在倾动时不发生横向位移，起到固定支座的支撑和导向作用），副导轮做成平形轮（弧形架在横向可作小距离的位移，起到游离支座的作用）。倾动时采用液压传动来完成倾炉工作。这种结构优点是倾炉时，炉子绕弧形半径中心做定位转动，这意味着倾炉时炉体位移量小，电缆及水冷软管长度可做得短一些。但是，面对旋转中心，重心的位置往往在前后方向上移动，倾炉液压缸需要控制推拉两个方向的力，为此，应采用活塞式液压缸。这种结构方式尤其适用于水平连续加料式电炉，因为可将炉体开口设计在炉体定轴转动中心附近，使偏心底出钢电炉在密封状态下进行倾炉操作。缺点是炉子容量越大，导轮直径就越大，加工和安装要求较高，轴承损坏时维修困难。

铰接式倾动方式如图 3-25(d) 所示，是奥钢联的 Comelt 竖式电炉的倾动机构的结构。这种结构是将整个摇架坐在两组铰接轴上。无论是电炉处于正常冶炼还是做倾炉扒渣、出钢，电炉重心始终处于支撑铰接垂直中心线的倾炉缸一侧。冶炼时在铰接支撑和倾炉缸之间设有水平支撑，扒渣倾炉时先脱开后倾炉。倾动时采用液压传动来完成倾炉工作。这种结构的优点是倾动时炉子绕铰接轴做定位转动，这也意味着倾炉时炉体位移量小，电缆及水冷软管长度短一些。

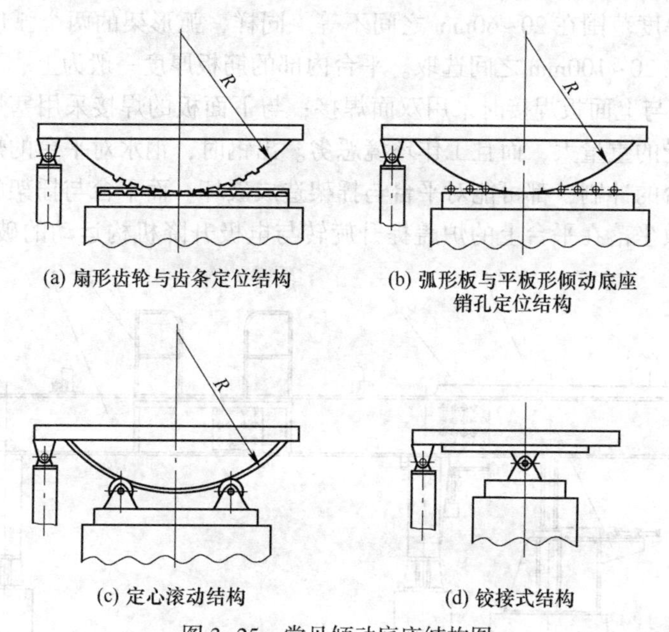

图 3-25 常见倾动底座结构图

综上所述，不论采用哪种支撑方式，为了使炉子倾动时不至于翻倒，都必须保证在倾动到最大角度时，其炉子整体重心最好低于其弧形半径中心，而且重心不能位移到弧形板与支撑接触点之外。

3.3.2 整体基础式电炉的倾炉机构

3.3.2.1 整体基础式电炉倾炉机构的结构组成

图 3-26 所示是一种常见的整体基础式（槽出钢）电炉倾动机构的机械结构。其中，平台防侧翻支撑 4 和平台水平支撑 11 在正常冶炼时是不支撑的，否则会影响倾炉的操作。装料时支撑是为了增加炉子的稳定性；更换炉体时支撑是防止炉子侧翻；停炉检修时支撑是便于更换零部件和其安全性的需要。

3.3.2.2 整体基础式电炉倾炉机构的特点

对于整体基础式电炉来说，在倾动平台上除了安装炉体以外，炉盖提升与旋转机构通过旋转轴承与平台连成一体，并通过旋转液压缸和支撑在平台上的旋转轮在倾动平台的旋转轨道上做炉盖旋转运动。将电极升降机构安装在旋转架的框架内，使倾动平台承受着炉体、炉盖提升与旋转、电极升降机构等的全部重量。不仅倾动机构本身要完成倾炉工作，而且电极升降、炉盖提升旋转也要在倾动平台上完成它们各自需要完成的工作。为此，倾动平台承受着沉重的负担，所以对于整体基础的平台的强度和刚度设计显得格外重要。特别是坐在平台上的炉体与电极升降机构的开口处是平台最为薄弱的环节。平台上、下面板的厚度，根据炉子的大小其厚度范围在20~60mm之间不等。同样，弧形架的两个弧形板与支撑立板厚度也在20~100mm之间选取。平台内部的筋板厚度一般为上、下面板厚度的2/3，并在与上面板焊接时采用双面焊接；与下面板的焊接采用塞焊。摇架与平台不仅承受的重量大，而且工作环境恶劣。出钢时，钢水对平台的烘烤、漏钢时钢水对平台的冲刷，都可能对平台与摇架造成破坏。而平台与摇架的变形与损坏，直接导致坐落在平台上的炉盖提升旋转与电极升降机构运动的破坏。因而，

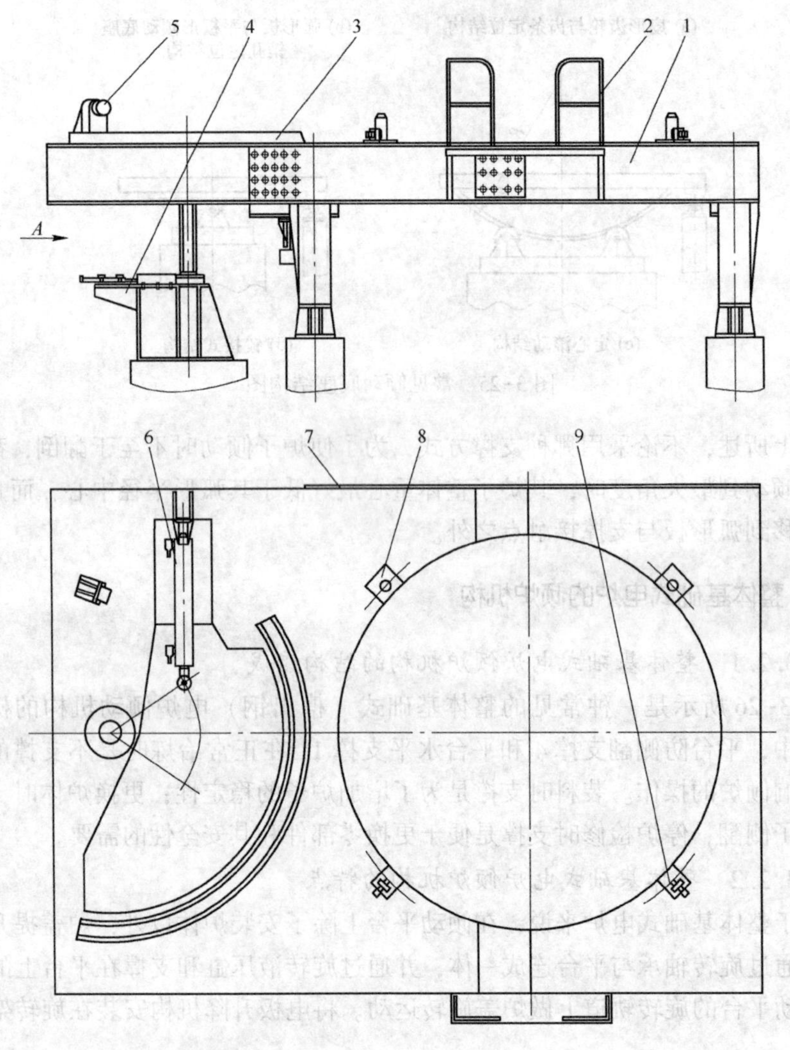

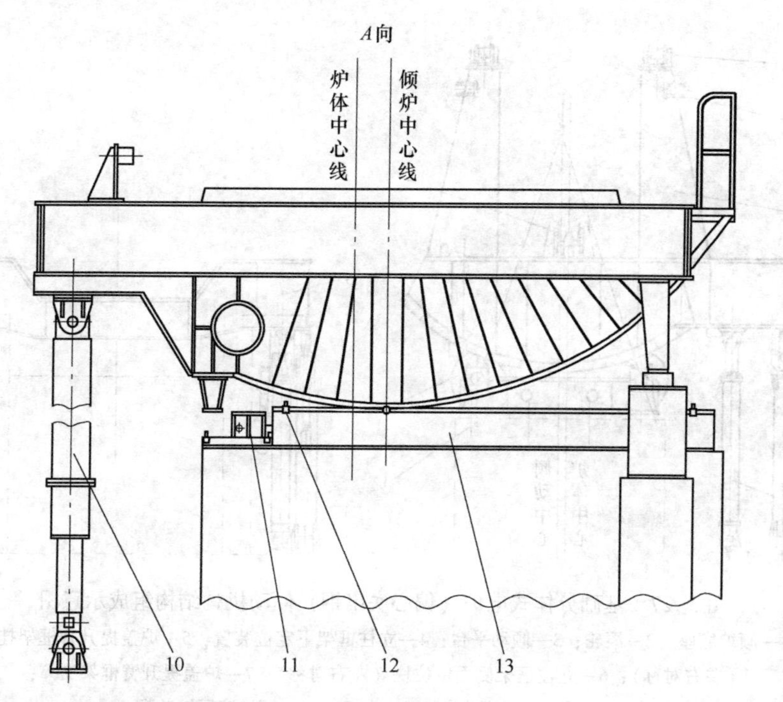

图 3-26 整体基础式电炉（槽出钢）倾动机构示意图

1—平台与摇架；2—出钢口维修平台；3—旋转导轨；4—平台防侧翻支撑；5—旋转架缓冲装置；6—旋转液压缸；7—隔热装置；8—炉体定位销轴；9—炉体顶紧装置；10—倾炉液压缸；11—平台水平支撑；12—倾动限位装置；13—底座

导致整个炉子不能运转。这样说的目的是为了说明平台设计的重要性，而不是说平台设计得越坚固越好，任何结构的设计都要考虑其技术与经济的最佳匹配。

焊接在平台上的旋转轨道，一是本身要进行机械加工并进行热处理以增加表面的强度和耐磨性，二是在与平台焊接时保证其水平度是很重要的。这是因为轨道的水平度，是关系到旋转滚轮在轨道上运动是否能够顺利行进的大问题。如果水平度达不到要求，炉盖就有可能无法进行旋转工作。

整体基础式电炉最突出的一个特点是倾动平台外形尺寸较大，为此也称为大平台结构。

整体基础式电炉另外一个突出的特点是由于电炉所有运动部件基本上都安装在摇架平台上，各运动部件相对独立运动，互不干涉。为此，定位精度要求较低，基础整体下沉后，对各部运动部件运动精度影响较小。

3.3.3 基础分体式电炉的倾动机构

3.3.3.1 基础分体式电炉倾炉机构的结构组成

基础分体式电炉倾炉机构的结构组成如图 3-27 所示。

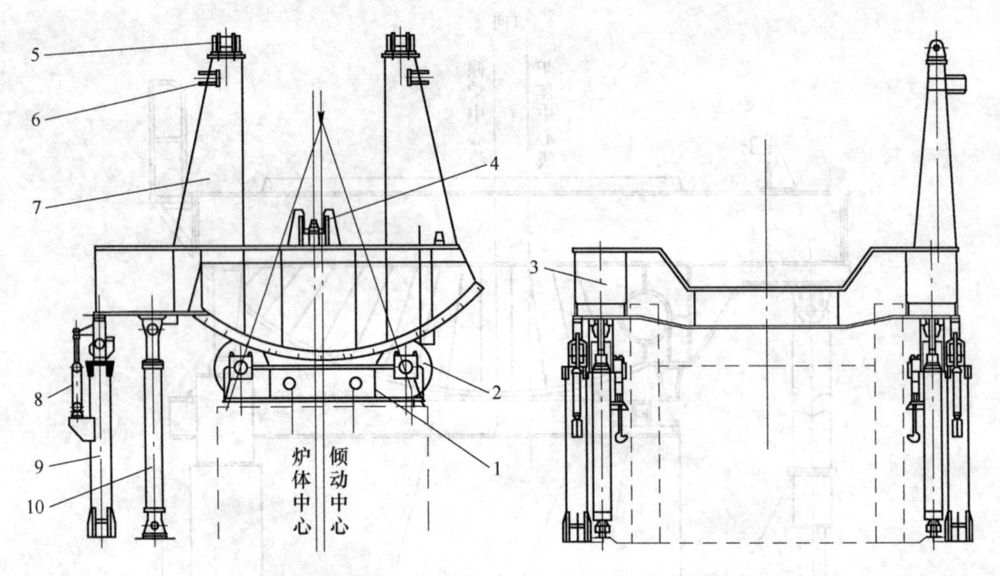

图 3-27 基础分体式电炉（偏心底出钢）倾动机构结构组成示意图

1—倾炉底座；2—滚轮；3—倾动平台；4—立柱框架下定位装置；5—炉盖提升臂框架挂轮（左右对称）；6—立柱框架侧面定位块（左右对称）；7—炉盖提升臂框架支撑；8—平台水平支撑装置；9—支架；10—倾炉液压缸装配

由于基础分体式电炉炉盖提升旋转装置的基础与倾炉机构的基础是分开的、相互独立的，所以炉盖提升旋转装置不安装在倾炉平台上而是独立的。如图 3-27 所示，炉盖提升臂框架悬挂在倾动平台上部的挂轮 5 上（左右对称悬挂）；炉盖提升臂框架侧面定位块 6 装在炉盖提升臂框架支撑 7 上，且左右对称安装；炉盖提升臂框架下部定位装置 4 设置在倾炉平台上。在炉盖提升臂框架内部安装电机升降机构，并与炉盖提升臂一起悬挂在摇架平台上。倾炉时，安装在倾炉摇架上的炉盖提升臂、炉盖和电机升降机构随倾炉摇架一起做倾炉运动，而炉盖提升旋转装置不动。

3.3.3.2 基础分体式倾炉机构的特点

基础分体式倾炉机构由于炉盖提升旋转装置不安装在倾动平台上，所以倾动平台外形尺寸较小。平台上只有炉体开口而无电极升降机构的开口，为此倾动平台的强度要比整体基础式电炉的倾动平台强度高，设计难度相对较小。

基础分体式倾炉机构正是由于炉盖提升与旋转装置单独设置，给电炉的倾炉机构与炉盖提升旋转机构的安装增加了难度。因为这种结构的特点，它要求炉盖提升装置与炉盖提升臂的顶起定位精度较高，安装误差和基础下沉以及长期使用该部分的变形，都可能造成炉盖提升定位的误差加大，给炉盖提升带来困难。目前，这种结构在水平连续加料电炉中应用较多，而非水平连续加料式电炉采用得较少。

3.3.4 倾炉机构的其他部分

3.3.4.1 水平支撑装置

电炉倾炉机构的水平支撑有前支撑、后支撑和侧支撑几种方式，根据电炉实际情况而设置，有的电炉设有三项支撑，有的设置一项或两项支撑。水平支撑装置常见的是由液压缸和支撑架组成。冶炼时使支撑脱开，设计时应保证在炉子倾动到最大角度时也不能和各支撑相干涉。水平支撑装置作用有：(1) 炉子在装料时减少振动、增加炉子的稳定性，以避免装料时的冲击和振动传给倾动机构而使装在平台上的所有部件产生晃动；(2) 在吊装炉体时，为了防止摇架由于重心发生较大变化而产生倾翻现象。另外在电炉检修和停炉不用时也需要支撑，以增加电炉的稳定性。

3.3.4.2 锁定装置

锁定装置常见的是由液压缸和支撑架组成，一般为自动锁定，也有手动锁定式。设计时应保证在炉子倾动时不和该支撑相干涉。冶炼时不锁定，而在炉子进行炉盖提升旋转、加料和更换炉体时必须锁定。以防止炉子由于重心产生变化而侧翻。

3.3.4.3 倾炉液压缸

在采用液压驱动作倾炉动力的电弧炉上，倾炉液压缸是必不可少的。

对于槽出钢的电炉，倾炉液压缸通常采用柱塞缸且头尾倒置，即将封闭端安装在上面。在倾动过程中，柱塞固定在基础上，缸体沿柱塞移动而柱塞又要摆动，因此缸体与摇架铰接，柱塞与基础铰接。为充分发挥其推力，使液压缸的摆动角度变化小，柱塞与基础的铰接点应稍移向炉子为好。

在偏心底出钢的电炉上，由于出钢后需要快速回倾，常采用双向活塞缸。在电炉出钢后除了靠自重回倾外，为了增加回倾速度，还要通入带有压力的液压介质以实现快速回倾。

液压缸内径尺寸是根据倾炉速度和推力的计算后确定的。油缸缸体材料一般采用20号无缝钢管，柱塞或活塞缸的活塞通常采用20号无缝钢管。柱塞缸的柱塞和活塞缸的活塞杆，加工精度要求较高，一般都需要进行热处理及渗碳（或渗氮）处理，以增加耐磨性。液压缸的密封，对于中高压液压缸常采用 Y_x 形密封圈，而对于低压液压缸常采用O形密封圈密封，也有两种方式的组合应用。

液压缸的行程是根据扒渣和出钢角度计算后确定的。

3.3.4.4 底座

底座是支撑摇架及摇架平台上安装的所有电炉部件的构件，底座下部坐在电炉基础上。

对底座要求主要有两点：一是具有足够的强度和刚度，长期使用不变形；二是使底座与基础固定的连接螺栓或连接板连接定位准确、可靠且调整方便，以便于安装。对于采用销孔定位的底座，其定位孔一定要大于定位销尺寸并留有足够的间隙。定位孔又不能过大，大了定位精度差，倾炉时弧形板就会产生滑动。不仅导致倾炉时电炉发生抖动，而且会使弧形板上的定位销磨损严重而降低使用寿命。

3.3.4.5　限位装置

限位装置也是倾炉机构必不可少的部件。电弧炉无论是出钢还是扒渣操作，为了防止因电炉倾动角度过大而发生事故，必须设置倾炉角度限位装置。倾动限位装置一般采用限位开关来限制倾炉角度，限位开关的质量和安装位置的精确性非常重要，必须给予高度重视，以保证电炉倾动时的安全。

3.4　炉盖提升旋转机构

要实现炉顶装料，就必须使炉盖与炉体能产生相对水平位移，将炉膛全部露出，用车间天车将装满废钢炉料料筐吊运到炉子的正上方后将废钢装入炉内。为此有两种办法：一是炉盖提升旋开后装料；二是炉盖提升后炉体开出装料。炉盖提升旋转式加料电弧炉由于具有明显优势被广泛采用，而炉体开出式加料式电弧炉使用较少。为此，这里主要介绍炉盖提升旋转加料式电弧炉，而对炉体开出式电弧炉仅做介绍。

3.4.1　炉盖提升旋转机构的概述

3.4.1.1　炉盖提升高度和提升与旋转速度

炉盖提升旋转机构是由炉盖提升装置和炉盖旋转装置两部分组成。根据炉子整体结构的不同，炉盖提升旋转机构的提升与旋转装置可分为两个独立结构装置；也有两个装置合并成一个不可分割的整体结构的。

炉盖提升与旋转装置的驱动方式有机械驱动和液压驱动两种方式；炉盖提升结构方式常见的有链条提升、连杆提升和液压缸顶起三种方式。

炉盖提升高度：5t 以下电炉约为 200mm；5～15t 电炉约为 300mm；20～80t 电炉约为 400mm；100t 以上约为 450mm。

炉盖提升或下降、旋开或旋回时间，一般都是在 15～20s 之间。炉盖的旋转速度通常是变化的、可调整的，炉盖旋转开始与接近旋转结束时，要求慢速；而炉盖旋转中间段是快速进行的。这样做的目的主要是为了节约加料时间。

3.4.1.2　机械驱动式炉盖提升旋转机构

图 3-28 为机械驱动式炉盖提升旋转机构的结构简图。

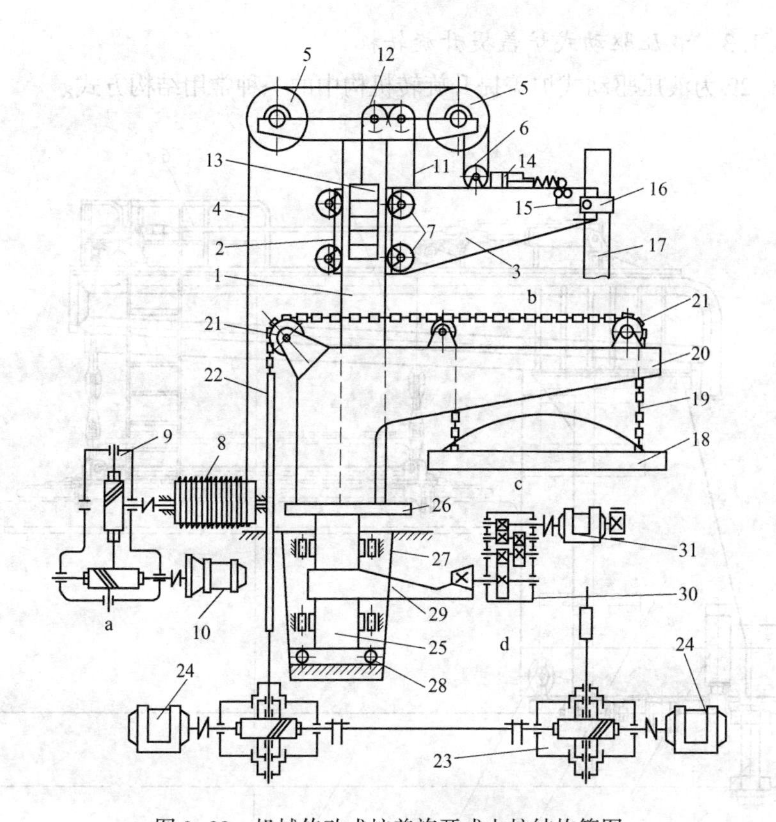

图 3-28 机械传动式炉盖旋开式电炉结构简图

a—电极升降机构：1—固定式立柱；2—电极升降台车；3—电极横臂；4—钢丝绳；5，6—滑轮；7—车轮；8—卷筒；9—二级蜗轮减速器；10—电动机；11—链条；12—链轮；13—平衡锤；

b—电极夹持机构：14—气缸；15—杠杆系统；16—卡箍；17—电极；

c—炉盖提升机构：18—炉盖；19—链条；20—吊梁；21—链轮；22—拉杆；23—蜗轮丝杆减速器；24—电动机；

d—炉盖旋转机构：25—旋转立轴；26—旋转框架；27，28—轴承；29—扇形齿轮；30—减速器；31—电动机

炉盖提升时由链条分三点或四点悬挂，链条绕过链轮，通过调节螺栓连接在一块三角板上。传动系统装在炉盖提升桥架的立柱上。然后通过电机减速器带动钢丝绳和滑轮组，带动三角板上下移动，从而使炉盖升降。平衡锤 13 的作用是为了减少传动功率。采用链条传动主要是因为链条挠性好，同时炉顶温度高，链条比钢丝绳安全可靠，使用寿命长。

炉盖旋转时，电动机带动减速器的输出齿轮与扇形齿轮一起转动，从而驱动旋转立柱带动整个旋转框架和炉盖一起转动，完成炉盖的旋开和旋回动作。

机械驱动式炉盖提升旋转机构，因其结构复杂、维修量大，现在很少被采用。

3.4.1.3　液压驱动式炉盖提升旋转机构

图 3-29 为液压驱动式炉盖提升旋转机构中的一种常用结构方式。

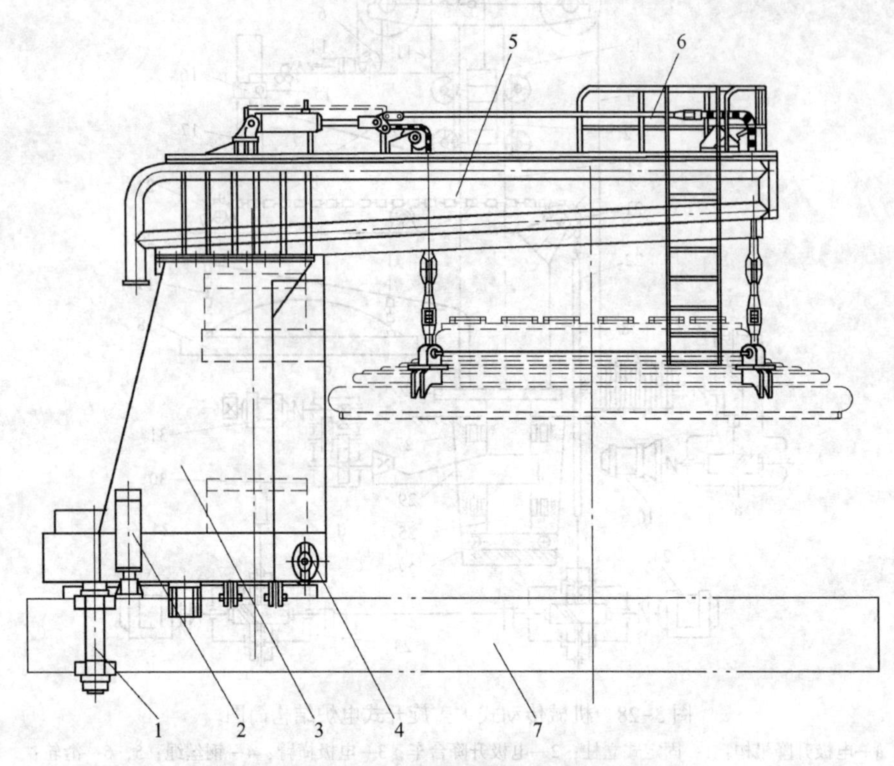

图 3-29　液压驱动式炉盖提升旋转机构结构简图

1—旋转装置；2—旋转锁定装置；3—旋转架；4—支撑导轮装置；
5—炉盖吊架；6—炉盖提升装置；7—倾炉摇架平台

炉盖提升装置由提升液压缸的活塞杆与链条链接，通过链轮装置吊挂炉盖。炉盖提升液压缸为双向液压缸，通过活塞的伸长和缩回实现炉盖的提升和下降。

炉盖旋转是通过装在倾炉平台上的液压缸实现的。

液压驱动式炉盖提升旋转机构，由于其结构简单、运动平稳、维修量小、安装维护方便等优点，被广泛使用。目前，几乎所有电炉都采用液压驱动的炉盖提升与旋转机构。

无论是整体基础式还是基础分开式电弧炉，其旋转方式都是一样的。基本上有轴承旋转式（交叉滚子轴承旋转式、主轴旋转式、转盘轴承回转式）、立柱旋转式（四连杆旋转式、齿轮旋转式）、炉体悬挂旋转式等几种。50t 以下的电弧炉，交叉滚子轴承旋转式和四连杆旋转式较为常见。现在，主轴承旋转式、转盘轴承旋转式更为多见。

3.4.1.4 炉盖提升与旋转机构的润滑

在炉盖提升装置中，特别是当采用链条提升结构时，由于链条和链轮长期处于高温区，加之灰尘的污染，其工作条件十分恶劣，为此该部分的润滑问题显得很棘手。无论是采用润滑油还是润滑脂，由于温度高、环境恶劣而使润滑困难。链轮采用自润滑设计效果较好一些，链条需要经常人工润滑。

在旋转机构中，旋转主轴和轴承的润滑是不可忽略的。旋转主轴安装在摇架平台内部，无法看到主轴润滑的情况，需要把润滑点用油管接到外部。特别是交叉滚子轴承和转盘轴承因其直径较大，旋转角度较小，会有润滑盲点。要保证它的润滑，最好在内圈设有润滑点通过油管接到外部与主轴一起进行集中润滑，同时要防止润滑装置被灰尘污染或被掉下的重物损坏。

3.4.2 炉盖提升装置

3.4.2.1 链条提升装置

链条提升方式如图 3-30 所示。提升装置安装在炉盖的吊臂的上面。

两个双作用液压缸 9 的活塞杆通过链条 4 与三角形连接板 8 连接，三角形连接板 8 的另外两点与两条链条、连杆相连。链条的下部连接着调整螺母 3 和炉盖连接座 1。安装时将调整好的炉盖连接座 1 焊接在炉盖的相应位置上即可。

链条提升所采用的链条有板式链、套筒链、锁链环等几种链条。锁链环一般不多见，板式套筒链一般用在 10t 以下电炉上，最常用的是板式链条。这三种链条都已标准化，使用时按其相应标准选取即可。值得注意的是，在选取链条规格型号时，一定要重视在使用中吊起炉盖时的安全性。除了要定期更换链条外，在使用过程中决不能出现由于链条的断裂造成炉盖脱落而出现人员伤亡事故。

链条提升方式的特点是：由于炉盖和提升装置是柔性连接，具有缓冲性，对炉盖、炉体或提升装置损坏性较小，即使长期使用，炉盖整体变形量也很小，安装、调整、维修都很方便适用。

链条提升装置工作在炉盖的正上方，处于高温和烟气的烘烤之中，灰尘污染严重，工作环境极其恶劣，润滑效果差。

3.4.2.2 连杆式提升方式

连杆提升方式如图 3-31 所示。

连杆提升式和链条提升式的区别是将链条改为连杆，无需链轮。连杆与连杆的连接是通过三角板连接在一起的，合理设计每个连杆的运动轨迹可达到炉盖升降的目的。

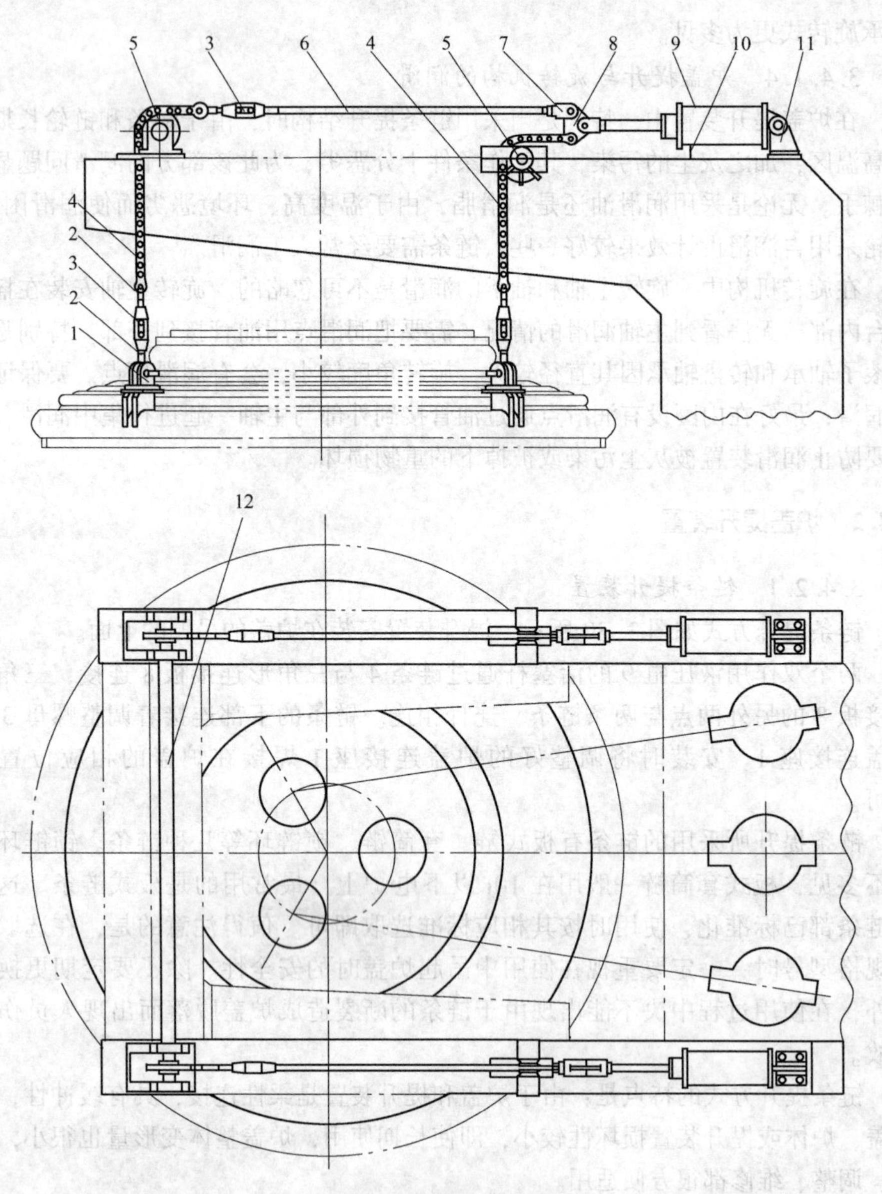

图 3-30　链条提升方式示意图

1—连接座；2，7—接头；3—调整螺母；4—板式链；5—链轮装置；
6—拉杆；8—三角形连接板；9—提升缸；10—提升缸支撑板；
11—提升缸支座；12—同步轴

这种炉盖升降方式并不多见，对于炉盖升降行程较小的电炉尚可，对于炉盖升降行程较大的电炉，由于连接连杆的三角板所占空间较大，使用中出现故障不易查找，一般不被采用。

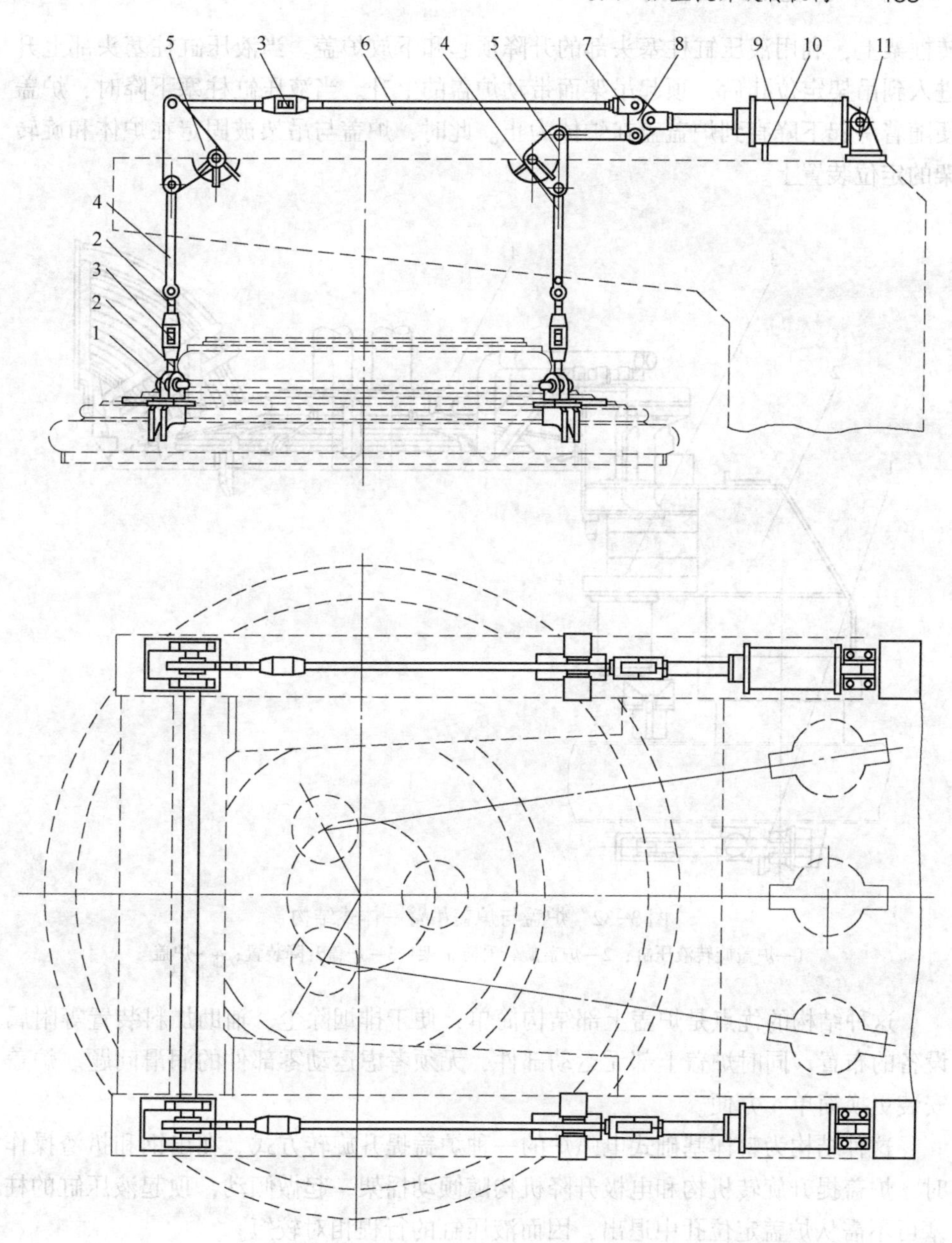

图 3-31 连杆提升方式结构示意图

1—连接座；2，7—接头；3—调整螺母；4—连杆；5，8—三角形连接板；6—拉杆；9—提升缸；10—提升缸支撑板；11—提升缸支座

3.4.2.3 顶起提升式

A 炉盖与炉盖吊臂一体式结构

炉盖与炉盖吊臂一体式结构形式如图 3-32 所示。液压缸立装在炉盖提升旋

转框架上，利用液压缸柱塞头部的升降顶起和下放炉盖。当液压缸柱塞头部上升进入到吊架定位孔后，顶起吊架而带动炉盖的上升。当液压缸柱塞下降时，炉盖便随着一起下降直到炉盖盖在炉体为止。此时，炉盖与吊架被固定在炉体和旋转架的定位装置上。

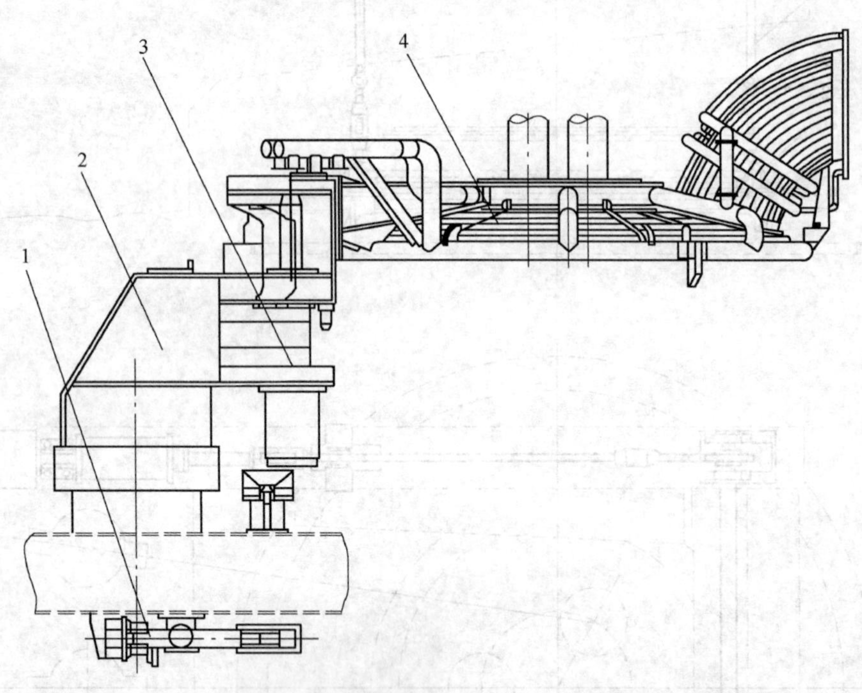

图 3-32 炉盖与炉盖吊臂一体式结构

1—炉盖旋转液压缸；2—炉盖旋转升降框架；3—炉盖升降装置；4—炉盖

这种结构的优点是炉盖上部结构简单，便于排烟除尘、辅助加料装置等附属设备的布置。同时炉盖上部无运动部件，无须考虑运动零部件的润滑问题。炉盖安装更换简单、方便。

这种结构为整体基础式电弧炉的一种炉盖提升旋转方式。在出钢和扒渣操作时，炉盖提升旋转机构和电极升降机构随倾动摇架一起做倾动，顶起液压缸的柱塞可不需从炉盖定位孔中退出，因而液压缸的行程相对较短。

对于炉盖和吊架一体式结构，由于炉盖提升处于悬臂状态，长期使用容易产生炉盖与悬臂的变形，特别是在较大容量的电弧炉上使用，变形更加明显。为此，炉盖与吊臂整体强度与刚度设计是一个重点。

B 炉盖与炉盖吊臂分体式结构

图 3-33 所示为基础分体式电弧炉的炉盖升降吊臂结构简图；图 3-34 为与图 3-33 相配合的炉盖升降及旋转装置简图。

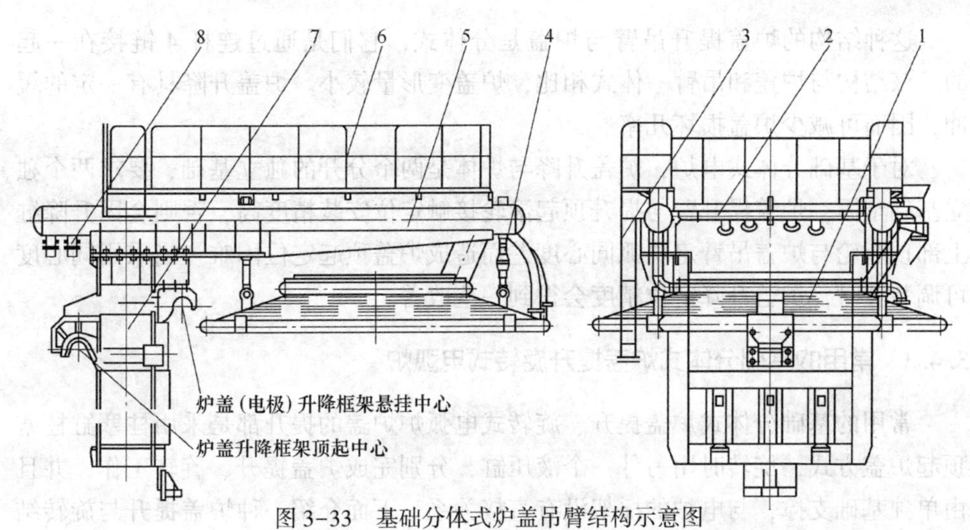

图 3-33 基础分体式炉盖吊臂结构示意图

1—炉盖；2—水冷平台；3—梯子；4—炉盖提升连杆；5—炉盖吊臂；6—栏杆；
7—炉盖提升与电极升降立柱框架；8—炉盖升降臂冷却装置

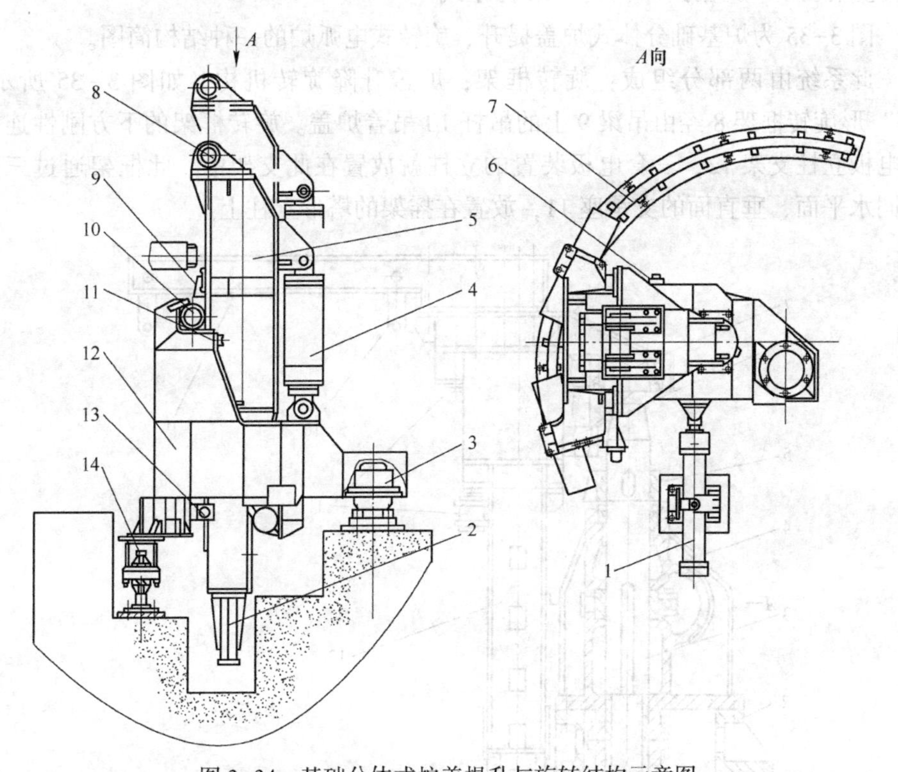

图 3-34 基础分体式炉盖提升与旋转结构示意图

1—旋转液压缸；2—炉盖升降支架；3—旋转装置；4—炉盖升降柱塞缸；5—炉盖升降立柱；
6—旋转缓冲装置；7—旋转轨道；8—炉盖顶起滚轮；9—炉盖定位装置；10—升降立柱导向轮；
11—立柱侧面导向装置；12—旋转框架；13—旋转框架缓冲装置；14—旋转支撑滚轮

这种结构的炉盖提升吊臂与炉盖是分体式，它们是通过连杆 4 链接在一起的。该结构与炉盖和吊臂一体式相比，炉盖变形量较小。炉盖升降具有一定的缓冲，因而可减少炉盖损坏几率。

对于基础分体式电炉，炉盖升降与炉体是两个分开的独立基础，要求两个独立基础牢固；炉盖提升臂与提升顶起滚轮接触定位安装精度高，否则会因升降缸上部顶起轮与炉盖吊臂定位弧同心度差而造成炉盖顶起定位困难。当采用同心度可调装置时，炉盖升降定位精度会得到一些改善。

3.4.3 常用的基础分体式炉盖提升旋转式电弧炉

常用的基础分体式炉盖提升、旋转式电弧炉炉盖的提升都是采用柱塞缸柱塞顶起炉盖方式，旋转时用另外一个液压缸，分别完成炉盖提升、旋转工作，并且由单独基础支撑，与电炉的摇架没有直接关系。下面介绍一种炉盖提升与旋转结构比较紧凑的一种基础分开式电弧炉。

3.4.3.1 炉盖提升、旋转结构方式

图 3-35 为炉基础分体式炉盖提升、旋转式电弧炉的一种结构简图。

此系统由两部分组成：旋转框架；炉盖升降旋转机构，如图 3-35 所示。“Γ” 形旋转框架 8 经由吊梁 9 上的吊杆 10 吊着炉盖。旋转框架的下方刚性连接着电极立柱支架 12，三套电极装置的立柱就放置在此支架中。此框架通过三个不同水平面、垂直面的支承座 11，放置在摇架的塔形立柱上。

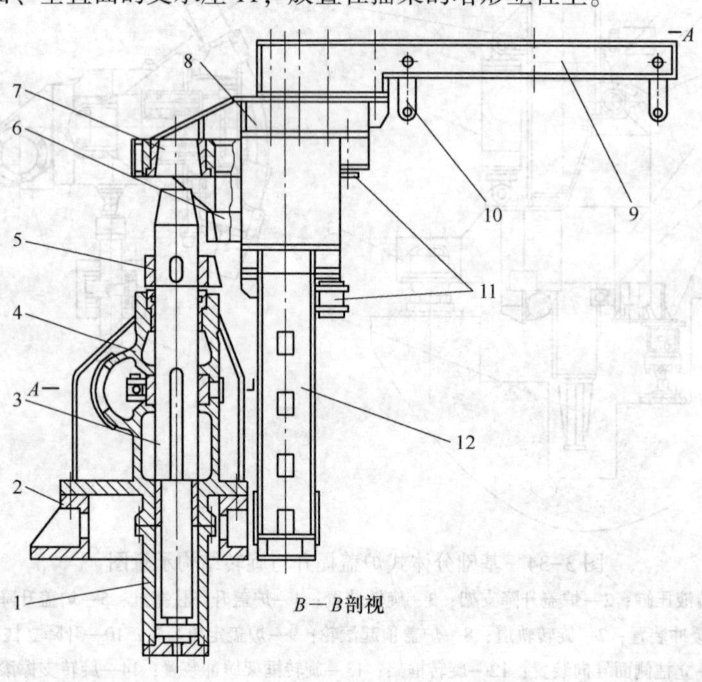

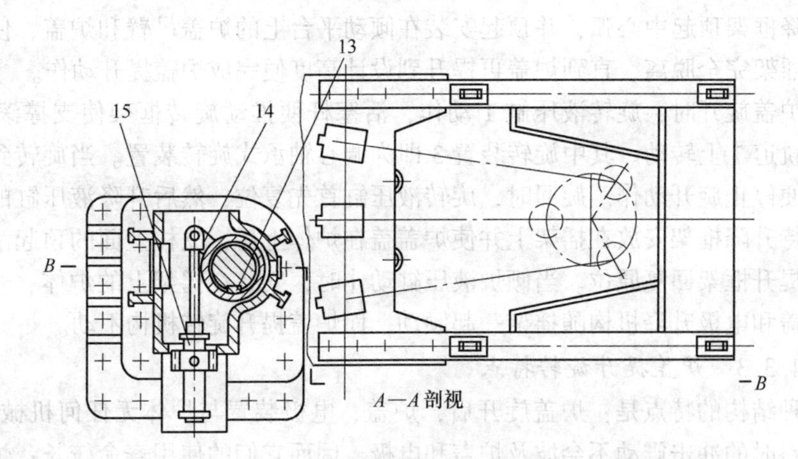

图 3-35 基础分开式电炉炉盖升降旋转机构

1—升降液压缸；2—底座；3—立轴；4—壳体；5—凹形托块；6—凸形托块；
7—锥形钢套；8—“Γ”形旋转框架；9—吊梁；10—炉盖吊具；11—支承座；
12—电极立柱支架；13—键；14—推杆；15—旋转液压缸

炉盖升降旋转机构有两个液压缸：升降液压缸 1 和旋转液压缸 15。升降液压缸固定在壳体 4 的下部，其柱塞即为立轴 3 的下段，立轴的上段为顶头，并装有凹形托块 5，顶头与凹形托块分别与旋转框架上的锥形钢套 7 及凸形托块 6 相配。立轴的中段上开有长键槽。壳体 4 通过底座固定在基础上，其上有两个轴承，立轴在此二轴承内既能升降，又能旋转。旋转液压缸水平地铰接在壳体中部，其活塞杆与推杆 14 铰接，推杆上固定着滑键 13。

炉盖提升时柱塞在液压驱动下升起进入固定导槽后将炉盖顶起，一般当炉盖提升高度为 400~500mm 时开始旋转打开炉盖。

需旋开炉盖时，首先升降液压缸动作，立轴上升，立轴通过顶头、凹形托块将旋转框架顶起，从而带着炉盖、电极装置一起上升，上升至一定高度（20~75t 电炉的上升高度为 420~450mm）后，炉盖、整个电极装置与炉体脱离，旋转框架也脱离摇架上的塔形立柱。然后旋转液压缸动作，活塞杆通过推杆，键使立轴带着旋转框架转动。当旋转角度达 75°~78°时，炉膛全部露出。旋回时，旋转液压缸首先复位，然后升降液压缸回复原位。即旋转框架支承在摇架的三个塔形立柱上，并与立轴脱离，炉盖盖在炉体上。当倾动液压缸动作时，支承在摇架上的炉体、炉盖、旋转框架及整个电极装置随摇架一起倾动。

3.4.3.2 调心轴承的应用

图 3-34 为基础分体式电炉的炉盖提升与旋转装置的又一种结构简图。炉盖提升时，柱塞缸 4 在液压驱动下带动升降立柱 5 上升。立柱在升降立柱导向轮 10 与立柱侧面导向装置 11 的导向下垂直上升，使安装在立柱上部的顶起滚轮进入

炉盖升降框架顶起中心弧，并顶起安装在倾动平台上的炉盖吊臂和炉盖，使升降框架与摇架完全脱离，直到炉盖再提升到设计高度便完成炉盖提升动作。

当炉盖旋开时，旋转液压缸 1 动作，活塞杆便推动旋转框架使支撑滚轮 14 在旋转轨道 7 上转动。其中旋转装置 3 即为调心轴承式旋转装置。当旋转到设计角度时便停止旋开动作。旋回时，旋转液压缸首先复位，然后升降液压缸的柱塞下降。待升降框架安放在摇架上并使炉盖盖在炉体上后，立柱上面的顶起滚轮开始脱离提升框架回复原位。当倾炉液压缸动作时，安装在摇架上的炉体、升降框架与炉盖和电极升降机构随摇架一起倾动，而炉盖提升旋转机构不动。

3.4.3.3 *炉盖提升旋转特点*

这种结构的特点是：炉盖旋开后，炉盖、电极装置与炉体无任何机械联系，所以装料时的冲击震动不会波及炉盖和电极，因而它们的使用寿命较长；炉盖旋开后，整个旋开部分有其自身的基础，所以电炉的稳定性问题就显得比较简单，即旋开后所产生的较大偏心载荷与摇架无关。但由于此基础是独立的，而又要求与旋转框架间有较准的距离，因此对电炉的设计、施工安装要求较高。

这种形式的电弧炉为全液压式，应用较广，在国外其容量已达 200t。

3.4.4 旋转架与吊臂

3.4.4.1 *旋转架*

图 3-36 为常见的一种旋转架结构。

旋转架是用来旋开炉盖的，其上部吊架支撑臂 1 和炉盖吊架用刚性连接或用螺栓（或销轴）连接在一起，下部通过安装在旋转架平台 7 上部的旋转机构与摇架平台 9 相连。旋转架也是安装、固定电极升降立柱的部件。在旋转架旋转平台 7 和二层平台 2 的电极升降立柱孔处，安装立柱导向轮，用来支撑和固定电极升降立柱并起到立柱升降导向作用。旋转架工作的特点是承载力大，长期受高温烘烤和烟尘污染，又处在强大磁场之下，所处环境十分恶劣。为此，旋转架的强度和刚度是旋转架设计的重点，尤其是旋转平台，通常其内部安装旋转轴承和支撑滚轮 5，一旦产生变形就会给旋转带来困难，严重时就无法完成旋转动作。

为了防止旋转架变形和安装在旋转架平台上的部件受到损坏，以及导向轮受热而失去润滑功能等，在靠近炉体一侧一般常常加装挡火板 3，以防止高温的烘烤。

在旋转架的下面设有电极升降立柱吊架的连接支架 6，用来固定电极升降缸。旋转缸连接支架 8 和旋转缸铰接在一起，以便完成旋转动作。

3.4.4.2 *炉盖吊架*

炉盖吊架的作用不仅是用来吊装炉盖，而且在炉盖吊架上还设有操作平台、梯子、栏杆等，以供操作人员在炉上接装电极及其他操作与维护。

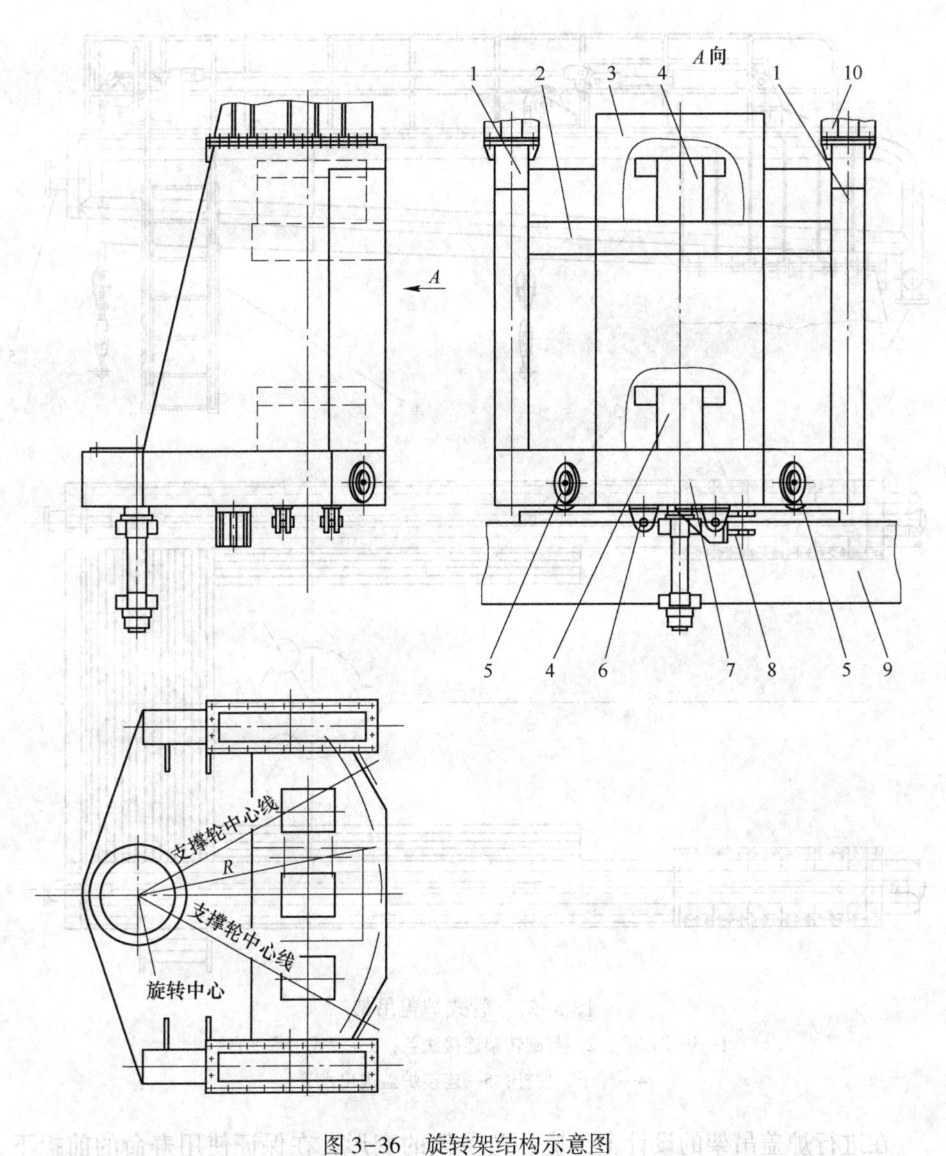

图 3-36 旋转架结构示意图

1—吊架支撑臂；2—二层平台；3—挡火板；4—中间相立柱支架；5—支撑滚轮；6—立柱吊架连接支架；7—旋转架平台；8—旋转缸连接支架；9—倾动摇架平台；10—炉盖吊架

早期普通功率的电弧炉炉盖吊架一般都是由钢板焊接成枪体箱形。但是，在超高功率电炉出现以后，使炉盖顶部环境更加恶劣，造成吊架使用寿命大大缩短，因而不得不进行改进吊架的设计，现在多数采用管式水冷吊架，如图 3-37 所示。吊架的改进不仅延长了使用寿命，也使操作人员的工作环境得到了很大的改善。

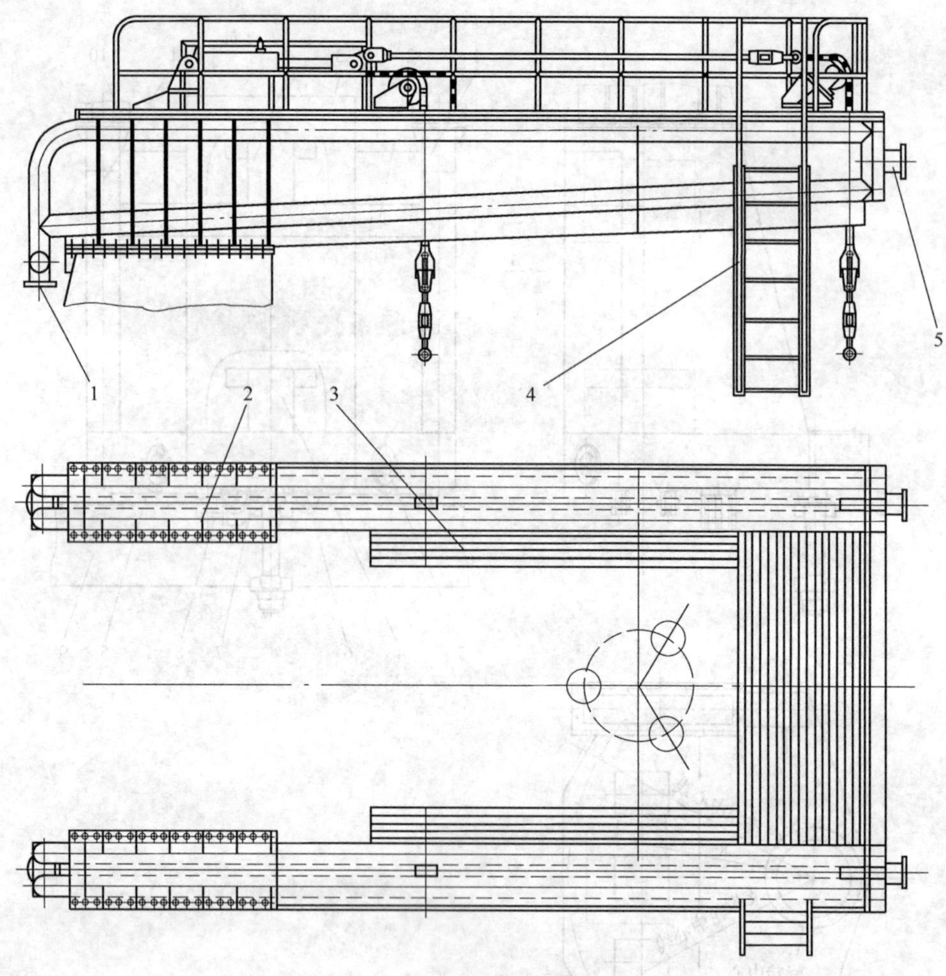

图 3-37 管式炉盖吊架

1—进出水管；2—与旋转架连接法兰；3—管式水冷平台；
4—梯子、栏杆；5—连接炉盖进出水管

在进行炉盖吊架的设计上，应严防吊架的变形，在保证使用寿命的前提下，要考虑吊装点的受力的合理性以及吊架的经济性和整体的美观性。同时要把吊架进、出水管的设计和炉盖进出水管路设计作为整体考虑，使冷却水进出管路尽量减少，以减少维修量。

3.4.5 炉体开出式电弧炉简介

炉体开出式电弧炉是将炉盖、电极提升后，炉体用台车开离炉盖并把炉体上口完全暴露出来，用加料筐进行加料，加完料后再将台车开回原来位置，炉盖下降盖在炉体上。此种电弧炉称为炉体开出式电弧炉，如图 3-38 所示。

炉体开出式电弧炉的基础是由两个独立基础组成。一个基础作为炉子基础，另一个基础作为台车加料基础。当然，也可以做成一个连体的整体基础（见图3-38）。

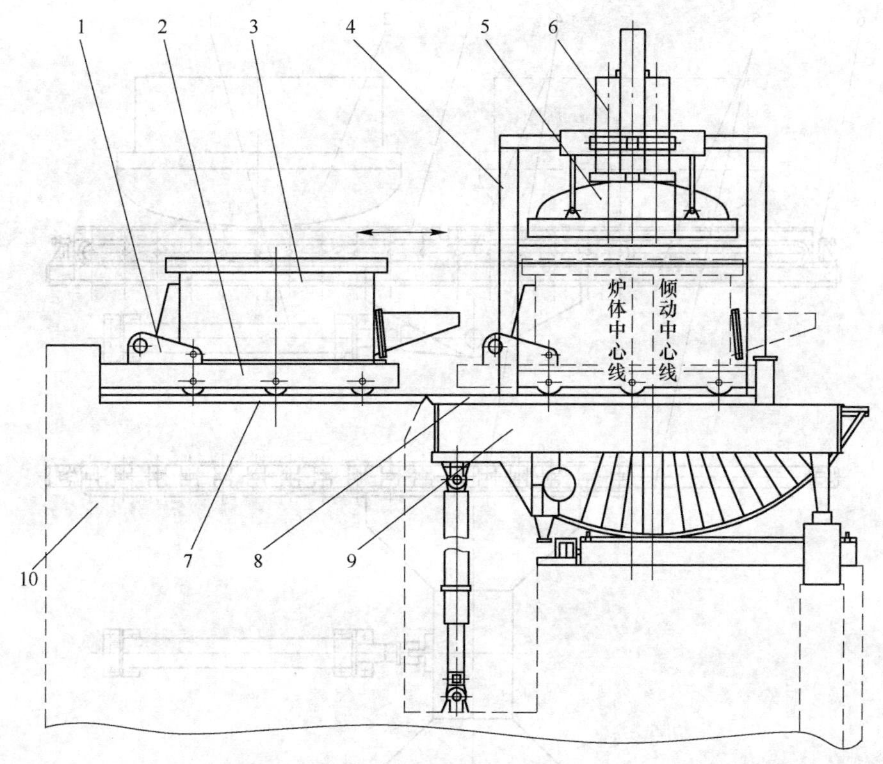

图 3-38 机械传动式的炉体开出式电炉

1—电机减速器驱动装置；2—炉体台车；3—炉体；4—电极升降框架；5—炉盖；6—电极升降机构；7—台车加料基础轨道；8—倾动平台台车轨道；9—倾动机构；10—电炉（含加料台车）基础

而炉体平台上设有炉体开出轨道和装有炉体的台车。炉体在台车上沿轨道在炉门和出钢口中心线开进、开出完成加料。

炉体开出式电弧炉的开出驱动方式有机械和液压两种。近年来，由于很少采用炉体开出式电炉，在此只做简单介绍。

3.4.5.1 机械驱动式炉体开出式装料系统

机械传动就是在装有炉体的台车上装有一套电动机齿轮减速器传动装置。电动机经减速器驱动车轮沿倾炉摇架上的轨道开至炉前基础轨道上，进行加料。为了使炉体平稳地通过摇架和基础轨道接缝处，台车最好是除了装有四个车轮外，在车体中间处再增加两个辅助车轮，以增加车轮与两轨道接缝处接触时运动的平稳性。

3.4.5.2 液压炉体开出式装料系统

图 3-39 为一液压炉体开出式电炉加料结构简图。液压传动的炉体开出机构

是炉体支撑在活动架 3 上，液压缸 1 的活塞推动辊道 4 沿固定梁 5 滚动，活动架连同炉体一起在辊道上移动。由于相对运动关系，炉体行程为活塞行程的 2 倍，炉体开出速度一般为 10~15m/min。

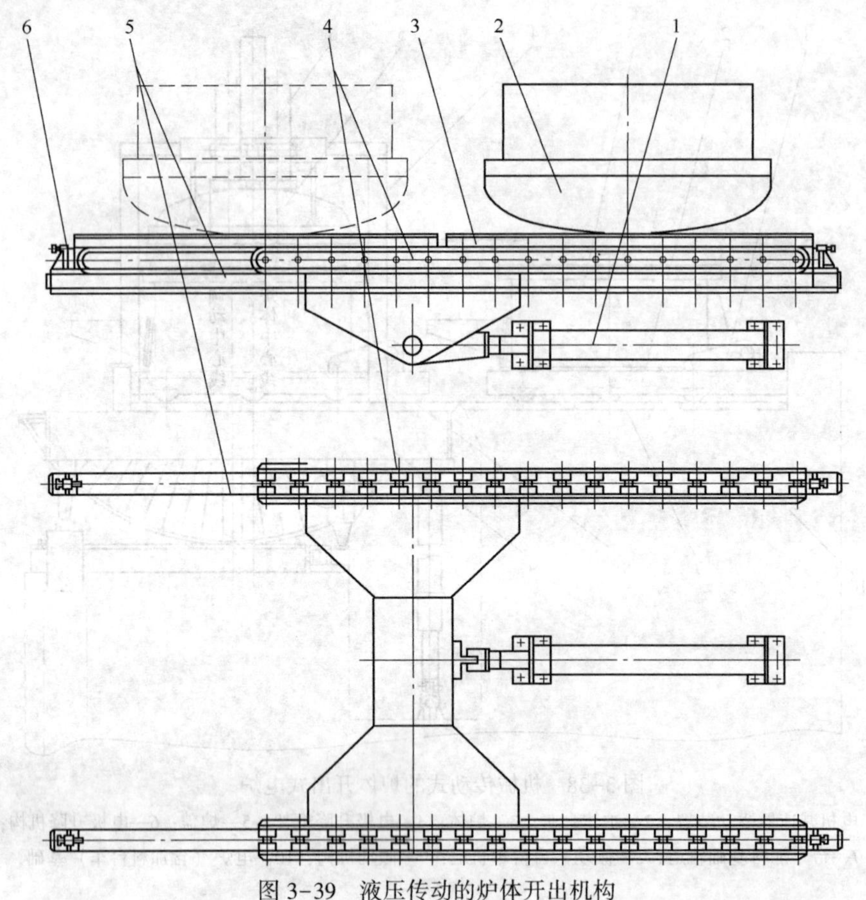

图 3-39 液压传动的炉体开出机构

1—液压缸；2—炉体扇形架；3—活动架；4—辊道；5—固定梁；6—炉体运动限位

这种炉体开出加料方式虽然具有装料时冲击震动不会波及炉盖、电极以及水冷电缆较短的优点，但因炉体开出速度不可能快，所以装料时间较长，其结构庞大复杂，因此已很少被采用。

表 3-2 为炉盖旋开式和炉体开出式电炉优缺点比较。

表 3-2 炉盖旋开式和炉体开出式优缺点比较

名称	优点	缺点
炉盖旋开式	1. 旋转部分重量较轻； 2. 炉子的金属结构重量也较轻； 3. 炉前操作平台不需移动	1. 炉子中心与变压器的距离较长； 2. 短网较长

续表 3-2

名称	优 点	缺 点
炉体开出式	1. 短网较短； 2. 龙门架可以和倾动弧形架连在一起	1. 开出部分重量较大，且承受进料的机械冲击，因而要加强进料处的地基和加大炉体开出机械功率； 2. 炉前操作平台需要移动； 3. 炉子的金属结构重量大

3.5 电极升降机构

电极升降机构是电弧炉的重要组成部分，电极升降机构担负着向炉内输送电弧功率、熔化炉料的重要任务。每座交流电弧炉都装有三套电极升降机构。它们都装在电极升降框架中，依电炉的装料系统不同，此框架可以是旋转的、移动的或固定的。有的小容量电弧炉则将电极装置直接固定在炉壳上。电极通过装于炉盖中央部位的三个电极孔伸入炉膛内。电极在炉膛内的分布既要能均匀加热熔化炉料，又要不致使炉衬产生过热。通常把它们布置在炉体中心电极分布圆等边三角形的三个顶点上，且中间电极处于距电炉变压器最近的那个顶点上。三角形的外接圆称为电极分布圆，其直径一般为熔池上口直径的 0.25~0.30 倍。

电极升降横臂随废钢的熔化而进行高度的调整，并能将电极位置调整到合适且可以输入最大功率的位置，使电极在冶炼过程中灵活而稳定的工作。在废钢熔落或塌料等急剧变化中，维持合适的电弧的电极控制方法。

电极升降机构是由电极夹持器、电极夹紧松放装置、横臂（或导电横臂）与导电管、升降立柱、液压缸（或机械传动）立柱导向轮组、绝缘件、限位装置等组成。交、直流电弧炉的电极升降机构仅是电极根数不同而已，在结构上没有大的差别。但是，正是由于直流电弧炉只有一套电极升降装置而使结构更加简化，更加便于炉子的整体布置。

3.5.1 电极升降机构与其结构形式

电极升降机构的工作条件是极其恶劣的，横臂长期受高温烟气的烘烤，强大的交流电流使铁磁体构件受到感应磁场的强烈影响，同时受短网电流的冲击，使整个电极装置产生强烈的振动。因此，电极升降机构的设计更加显得格外重要。

3.5.1.1 电极升降机构的结构

电极升降机构的设计要求有：

(1) 系统应具有很高的刚度与强度。

(2) 系统应具有可靠而又合理的绝缘部位，且电磁感应最少。

(3) 易于安装、调整，维修方便。

(4) 某些零部件应通水冷却。

(5) 合适的升降速度，且能自动调节。自动提升速度一般要求为9~12m/min，目前也有做到18m/min；下降速度要慢一些，一般在6~9m/min即可，以避免电极插入炉料或钢液中造成短路。

(6) 电极升降不灵敏区要小。它是衡量灵敏性的指标，以额定电流的百分数表示，不灵敏区越小越好。但与机构本身的响应特性（由导轮摩擦、液压传动时，与液压缸的阻力损失、液压元件泄漏和本身特性等因素所决定；机械传动时，与机械传动部分的摩擦与效率、传动副本身的机械特性等因素所决定）关系很大，一般不灵敏区在±10%以内。

(7) 过渡性时间。这是衡量电极调节装置对电流变化反映速度快慢的一个指标，它与不灵敏区的大小、系统的惯性等有关，一般为0.1~0.2s。目前在20~100ms之间。

(8) 稳定性。系统应处于稳定调节，但因系统的弹性产生振荡（停位不准）设计时应使其振荡为阻尼振荡，且它的次数在二次以内。

(9) 系统的质量应尽量小，刚性好，润滑性好。

(10) 为了减少电磁感应而使零部件发热，横臂上的连接螺栓要用非磁性材料制造，要求连接螺栓有足够的强度以保证连接的可靠性。

(11) 各导轮转动灵活，使其与立柱松边的间隙不大于0.5mm，导轮直径要适当，上下导轮组间距尽可能大一些，以提高立柱的稳定性。

常见电极升降形式有两种：小车升降式和立柱升降式。

3.5.1.2 小车升降式结构

一般小车升降式有齿条传动和钢丝绳传动两种结构形式。图3-40为齿条传动小车升降式电极升降机构，图3-41为钢丝绳传动小车升降式电极升降机构简图。它与齿条传动相比仅是把齿条换成钢丝绳，把齿轮换成滚筒，其他结构基本不变。

用立柱上下固定支座，将立柱固定在旋转架的上下平台上。横臂与升降小车用螺栓连接成一体，小车下面安装齿条传动装置。工作时，力矩电机驱动减速器的输出齿轮，带动齿条和升降小车沿立柱轨道上下运动，从而实现电极升降。

调整导轮的偏心轴和立柱自身转动角度，以及调整横臂与电极夹持器连接垫板的厚度，可以调整电极的位置。

小车升降式电极升降机构的优点是升降部分重量轻、结构简单。但因增加了配重使固定立柱高度增高，增加了厂房高度。这种传动形式结构，在电极直径小于350mm以下的炉子上使用较多。

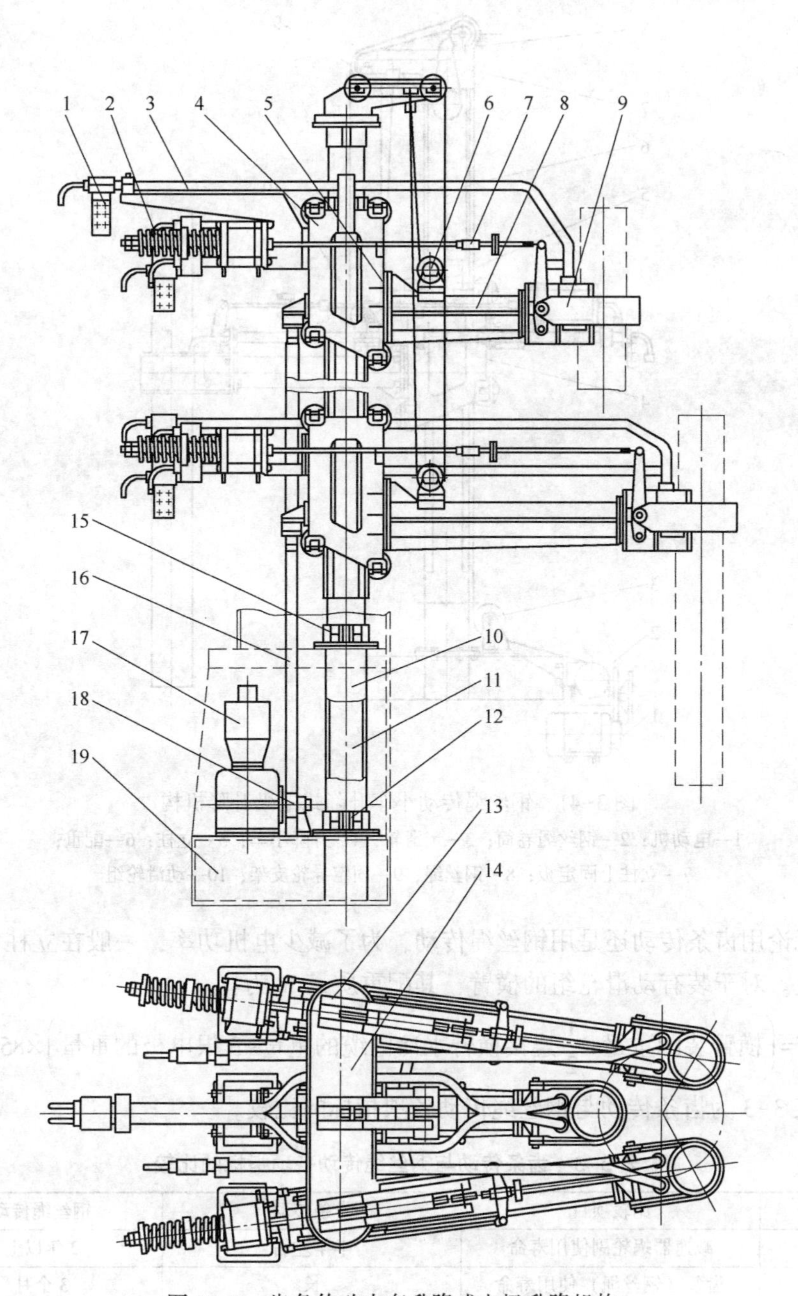

图 3-40 齿条传动小车升降式电极升降机构

1—电缆连接座；2—电极夹紧松放装置；3—导电管；4—升降小车；5—绝缘件；6—动滑轮组；7—拉杆装配；8—横臂；9—夹持器；10—立柱；11—配重；12—立柱下固定支座；13—固定导轮支架；14—立柱上固定板；15—立柱上固定支座；16—齿条传动装配；17—电机、减速器；18—齿条导向轮；19—旋转架

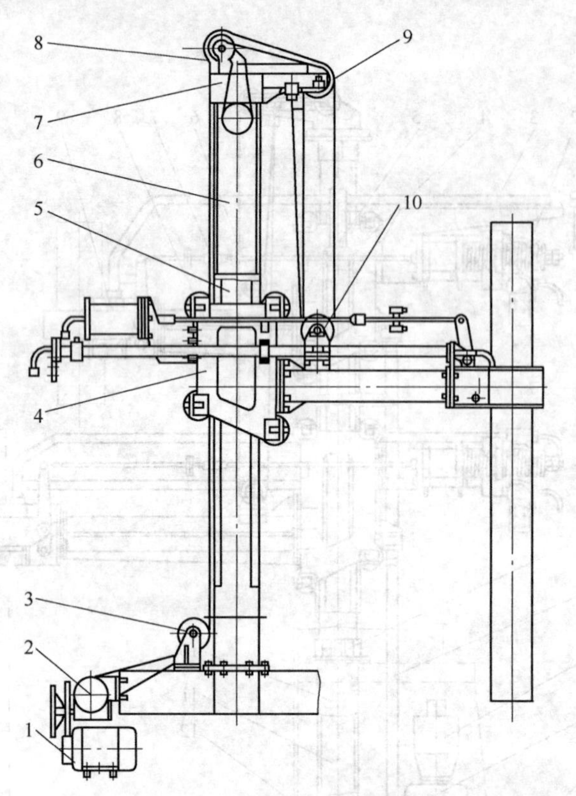

图 3-41 钢丝绳传动小车升降式电极升降机构

1—电动机；2—钢丝绳卷筒；3—定滑轮；4—升降小车；5—立柱；6—配重；7—立柱上固定板；8—钢丝绳；9—固定导轮支架；10—动滑轮组

无论用齿条传动还是用钢丝绳传动，为了减少电机功率，一般在立柱内部装有配重。对于装有动滑轮组的横臂，其配重质量 W 为：

$$W=\left(\text{横臂装配重量}+\frac{1}{2}\text{连接横臂水冷电缆的重量}+3\text{ 根电极的重量}\right)\times 85\%$$

表 3-3 为齿条传动与钢丝绳传动各项指标的比较。

表 3-3 齿条传动与钢丝绳传动各项指标的比较

序号	比较项目	齿条传动	钢丝绳传动
1	减速器蜗轮副使用寿命	半年左右	2 年以上
2	齿条（钢丝绳）使用寿命	长	3 个月
3	安装调试情况	严格	简单易调
4	维修量	少	大
5	限位要求	有	无
6	缓冲性	无	有
7	电极折断情况	较多	较少

3.5.1.3 立柱升降式结构

立柱升降式是将横臂和立柱用螺栓连接件把两者连接成一体，用液压或机械方式驱动立柱沿立柱导向轮做上下垂直运动，从而实现电极升降运动。

A 机械驱动式

机械驱动式结构如图 3-42 所示。横臂 1 和立柱 7 用螺栓连接件连接在一起，在立柱的下端安装了动滑轮 8。动滑轮在电机、减速器 4 及钢丝绳卷筒 2 的作用下使立柱在立柱导向轮 5 的内部垂直运动。采用这种方式也要利用装在立柱内部的配重 6 来减轻立柱与横臂的重量，以减轻电动机的功率。这种结构由于结构复杂、维修不便，现在很少采用。

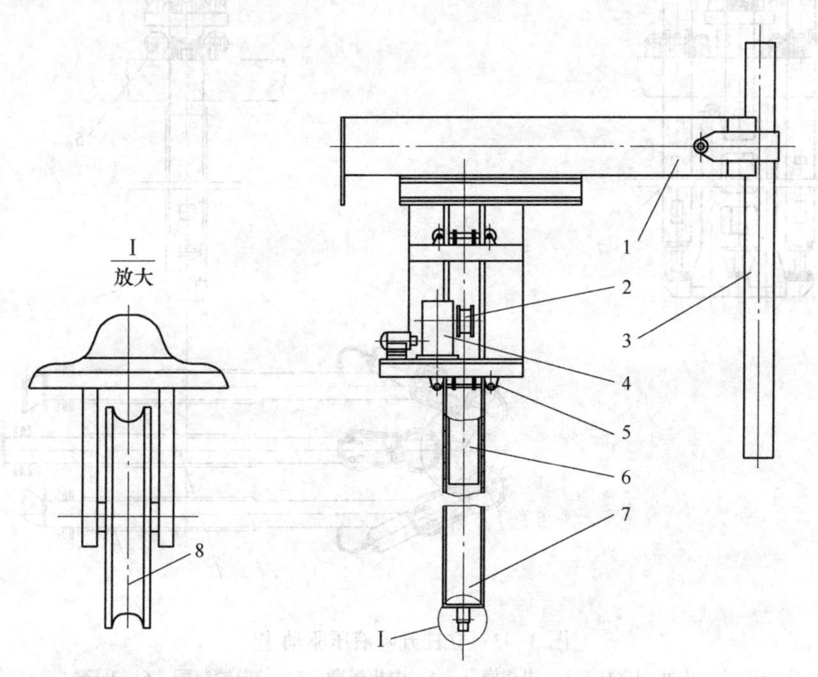

图 3-42 机械驱动式立柱升降机构简图

1—横臂装配；2—钢丝绳与卷筒；3—电极；4—电机减速器；
5—导向轮装配；6—配重；7—升降立柱；8—动滑轮

B 液压驱动式

将液压缸安装在立柱内部，利用液压缸柱塞的伸缩而带动立柱做上升和下降运动。它比机械传动可更为简单地实现立柱升降运动，使电极升降机构可以做得更为紧凑，液压升降反应速度快且可较容易地实现速度的调整，因而被广泛采用。这种结构如图 3-43 所示。

在设计时要注意以下几点：

(1) 液压缸缸体材料常选用 20 号钢，厚度计算要保证有足够的强度和刚度；

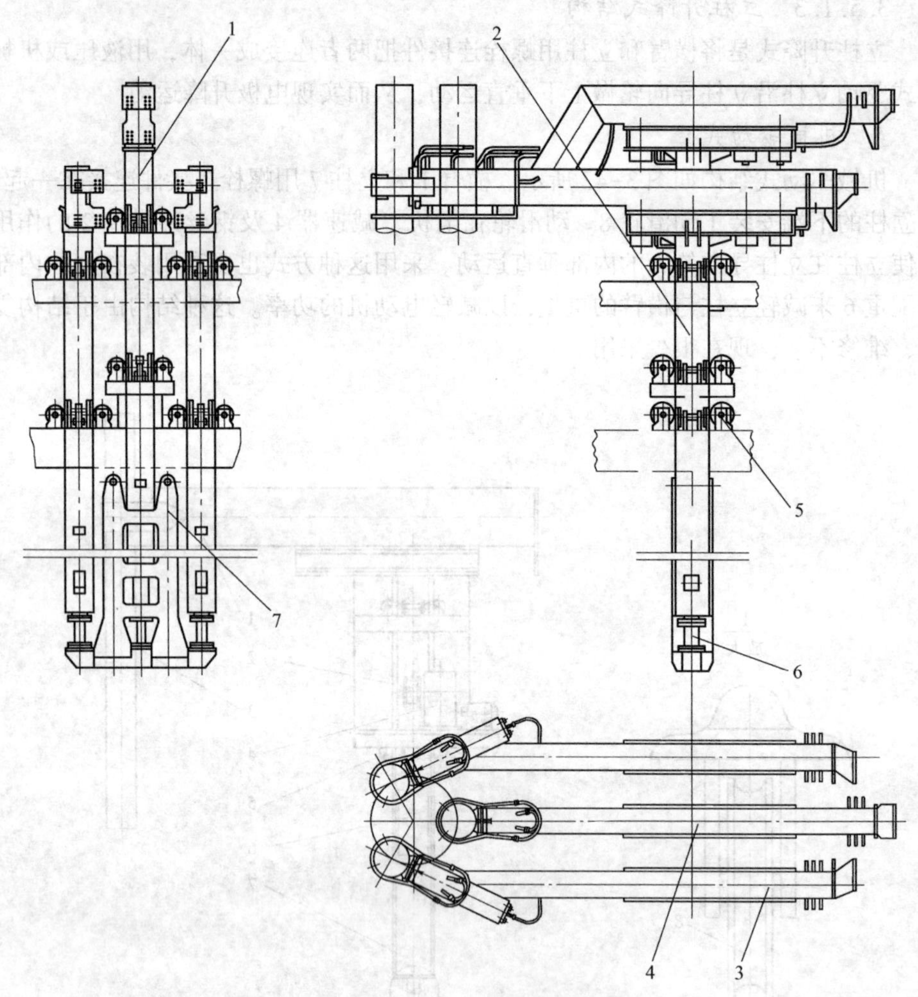

图 3-43 立柱升降液压驱动式

1—边相立柱；2—中间相立柱；3—边相横臂；4—中相横臂；5—导向轮装配；6—升降缸；7—吊架

（2）柱塞通常选用 20 号钢，表面加工精度、形位公差要求较高，用以保证其可靠的密封性；

（3）柱塞要进行渗碳、氮或镀铬等处理，以保证其具有好的耐磨性和抗腐蚀性；

（4）选择密封性、耐磨性好的密封件；

（5）为保证升降速度的要求，一定要进行缸体油液进、出速度的计算来确定液压缸内径，以满足升降速度的要求。

该电极升降机构的导电横臂和立柱采用预紧螺栓连接，绝缘部位在立柱和导电横臂连接处。电极夹紧、放松装置安装在横臂内靠近电极部位，整个横臂通水冷却。

升降液压缸6装在立柱1(2) 的内部，升降液压缸的下端固定在立柱吊架7上。立柱可沿装在框架上的2层导向轮5内升降。因而把这种形式的立柱称为升降式立柱。此种形式的横臂可以在立柱上面进行前、后和摆动任一方向上调节，以实现横臂长度及水平偏角的调整，使电极处于所需要的位置。

3.5.2 小车升降导电管式横臂

小车升降导电管式横臂如图3-44所示，用于小车式电极升降机构中。由于小车升降式电炉通常用于电极直径在350mm以下的小型电炉中，导电管式横臂是小车升降式电极升降机构的最佳选择。而导电横臂用于小车升降式电极升降机构中并不可取，其原因在于变压器的额定容量较小，导电横臂的优势不仅不明显，相反使结构变得复杂化。

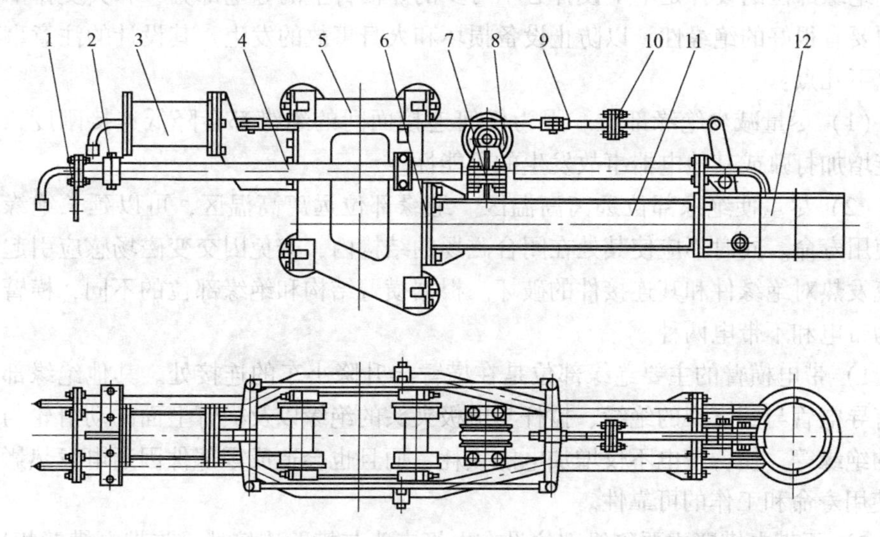

图3-44 导电管式横臂结构示意图

1—电缆连接座；2—导电管绝缘连接；3—电极夹紧松放装置；4—导电管；5—升降小车；6—横臂绝缘连接；7—滑轮座绝缘连接；8—滑轮；9—拉杆装配；10—拉杆绝缘连接；11—横臂；12—电极夹持器装配

升降小车5由升降框架和四组导向轮组成。框架前面与横臂11连接，后面与电极夹紧松放装置3连接。每组导向轮中装有一对滚动轴承，导向轮材质一般为铸钢件或锻钢件。

横臂前端与电极夹持器12连接，两者之间装有几块厚度不等的钢板，可用来调整电极前后位置。在横臂上布置着两根（或两根以上）导电管4。导电管前部和电极夹持器相连接，导电管后部装有电缆连接座1，使它能和电缆相连接。导电管的作用就是将电流传送到电极上。

电极夹紧松放装置3安装在升降小车后部并与拉杆装配9连接，通过电极夹持器的拉抱（或顶紧）装置夹紧或松放电极。

在20世纪80年代以前的普通功率电弧炉上普遍采用导电管式横臂，现在，在小型电炉上仍然可以见到。而10t以上电炉基本上全部采用了导电横臂。

3.5.2.1 导电横臂结构和材质

横臂不仅是承受电极质量的部件，横臂上还要承担电流冲击所引起的电动力、上升与下降的惯性力，以及强大电流引起的感应磁场的影响。而且横臂处于高温及烟气的熏烤，工作环境十分恶劣。所以对它的结构强度、刚度，材料的选择，绝缘的设计，导电管的布置等均应予以全面的考虑。横臂的形状一般由普碳钢钢板焊接成矩形或用钢管制作。

3.5.2.2 绝缘部位

绝缘部位的设计是电炉设计必不可少的。横臂上的导电部分，和其支持部分必须要有很好的绝缘性，以防止设备损坏和人身事故的发生。其设计的注意事项有以下几点：

(1) 尽量减少绝缘部位。因为任何连接面间的绝缘都会降低连接刚度，还可能增加打弧或其他电器事故发生的可能性。

(2) 尽量使绝缘部位远离高温区。绝缘部位远离高温区，可以延长绝缘件的使用寿命。同时不应使其处在闭合磁场的结构内，避免因交变磁场感应引起的涡流发热对绝缘件和其连接件的破坏。根据横臂结构和绝缘部位的不同，横臂可分为带电和不带电两种。

1) 带电横臂的主要绝缘部位是在横臂与升降小车的连接处。其他绝缘部位还有导电管与其支架的绝缘、拉杆与电极夹头的绝缘以及横臂上面的动滑轮与横臂的绝缘等。横臂带电不仅增加电能损耗，而且也会造成零部件因通电发热影响其使用寿命和工作的可靠性。

2) 不带电横臂主要绝缘部位设在电极夹头与横臂连接处。与带电横臂相比，此布置避免了横臂带电的缺点，但绝缘部位处于高温区易于损坏。

3.5.2.3 导电管的设计与布置

导电管负载着数以万计安培的强大的电流，当电流通过时，在它的周围将产生强大的交变磁场。同时呈现较为明显的集肤效应和邻近效应。这不但加大了导电管的电阻，而且加大了二次回路的感抗，并使三相电路的感抗不平衡。在炉用变压器容量选定后，减少感抗可以用较低的电压、较大的电流和较大的电弧功率，从而使电炉能在短电弧的情况下稳定地工作。相间功率转移现象对于小容量普通功率供电的电炉是没有意义的。但随着炉子容量的增大，高功率、超高功率供电技术的采用，必须研究短网的功率转移现象。短网的各个部分均有感抗产生，而其中的挠性水冷电缆和导电铜管二段的感抗极不平衡。所以对导电管的布置必须给予足够的重视。

目前，减少感抗的方法有：

(1) 缩短二次回路的长度，在条件允许的情况下，使电炉尽量靠近变压器，将弧形板半径适当减小，以减小倾动时的电缆长度。减小电炉装料时的旋转角度，以减小旋转时的电缆长度。

(2) 在电气和操作上允许的情况下，使三相电缆和导电管尽量靠近。

(3) 使变压器二次出线中心线和炉子中心线偏离一个合适的距离。

(4) 合理安排导电管的布置，减少电损失。注意和其他机构保持足够大的距离，导电管支架不应形成封闭的磁路，绝缘件固定用连接螺栓要采用非磁性材料，以避免在这些构件中产生感应涡流损失。

中相导电管一般布置在横臂正上方，二根导电管距离较近。边相导电管布置在横臂靠近中相侧的一面，二根导电管距离较远。这种布置方式是根据短网阻抗不平度要求决定的。至于距离的远近的确定，应当从短网的阻抗不平度计算中得到。根据交流电集肤效应的理论，导电铜管的壁厚最好不大于10mm。导电铜管的最大壁厚尽量不要超过15mm，管壁过厚对于交流电来说是没有意义的。水冷导电铜管电流密度在4.5~6A/mm^{2}之间选取。

3.5.2.4 电极夹持器

对于电极直径小于350mm的小型电炉来说，在电极夹头和抱带（或颚板）材质的选择上，对于小于3t以下的电炉采用普碳钢制造即可；对于3~10t的电炉则应选则不锈钢为好。

3.5.3 导电横臂

3.5.3.1 导电横臂的特点与组成

导电横臂是现代电弧炉电极升降机构必不可少的部件。其在电弧炉上的布置情况如图3-45所示[8]。

从图3-45中可以看出，导电横臂取消了导电铜管结构，使横臂即可作为支撑部件又可作为导电部件，简化了短网结构。在布置上，两边相1(3)号导电横臂相对于2号（中相）导电横臂是对称布置的。其间距A在允许的条件下，应尽可能小一些，这样做可以减小炉子结构尺寸，但是也必须考虑到立柱导向轮安装调整的方便等，所以尺寸不可能做的太小。中间相比边相抬高是根据短网布置需要的，其抬高尺寸B的数值，是从短网三相平衡计算中得到的。

使用导电横臂的优点是：高的功率输入提高了生产率；改善了阻抗和电抗指标；电弧对称性和稳定性好，节圆直径小，降低了耐火材料消耗；电极横臂刚性大，电极可快速调节而不会造成系统振动；电极横臂有效冷却和绝缘；减少了维修工作量[9]。

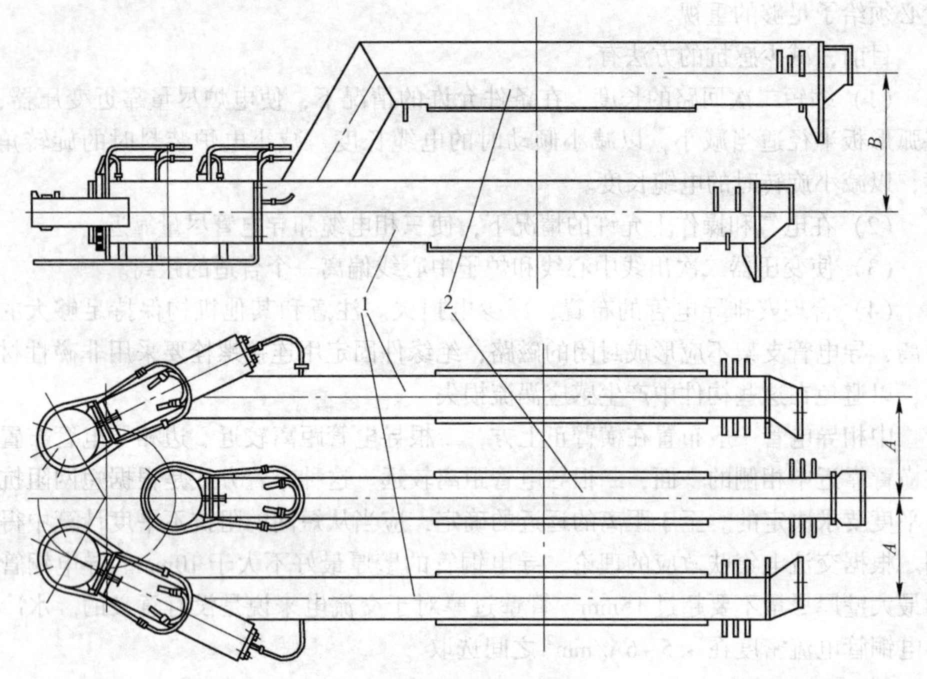

图 3-45 交流电弧炉导电横臂布置图

1—1、3 号边相导电横臂；2—中相导电横臂

导电横臂有铜钢复合臂与铝合金臂两种，而近来国内铜钢复合导电横臂居多，在日本几乎全部由铝合金臂所取代。特别是由于直流供电没有集肤效应，因而铜钢复合板导电横臂是不适合的。在直流电弧炉中使用铝合金导电横臂有许多优越性。铝合金臂由于重量轻，进一步提高了电极升降的速度和控制性能。由于振动衰减可改善电弧的稳定性，又使电弧功率越发增大，这就是选用铝合金臂的理由[10]。

导电横臂是电炉的重要部件。一个好的导电横臂应具有导电性能优良、工艺加工性好、各部件使用寿命长、检查与更换易损件方便等优点。以边相导电横臂为例说明导电横臂的结构，如图 3-46 所示。

3.5.3.2 导电横臂体

A 导电横臂的形状

导电横臂体一般是一个高大于宽的矩形体，冷却方式有空心夹层水冷和整体水冷两种，而大多数做成内外夹层整体水冷式。

在导电横臂发明的初期，空心夹层水冷导电横臂内部和外部形状都设计成矩形。由于有焊缝的存在，在高温和强大的水的压力下、在频繁上下无规律的运动和振动作用下，经常发生漏水。而一旦出现内部漏水不仅很难找到漏水点，即使找到漏水点修复也非常困难。而且横臂内部存在磁场，也导致装在横臂内部的电

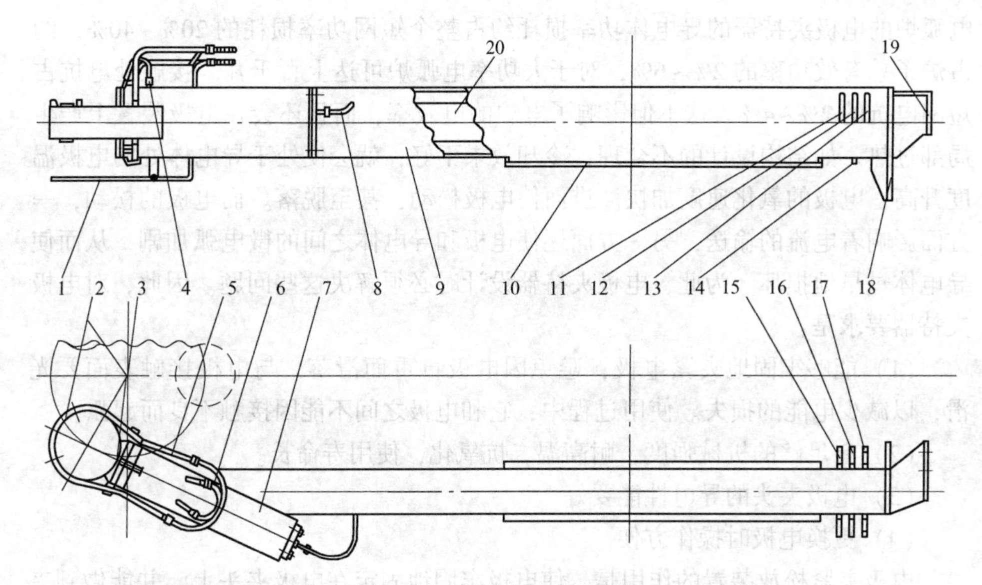

图 3-46 导电横臂的组成

1—电极喷淋环；2—电极抱带；3—电极夹头；4—电极喷吹；5—电极抱带进出水金属软管；
6—电极夹头进出水金属软管；7—电极夹紧松放装置；8—电极松放液压缸进油管；
9—横臂体；10—连接板；11—电极抱带出水管；12—电极夹头出水管；13—横臂体出水管；
14—电极松放液压缸进油管；15—电极抱带进水管；16—电极夹头进水管；17—横臂体进水管；
18—水冷电缆连接板；19—水冷电缆连接板；20—内层无缝钢管

极松放缸的密封件，由于涡流现象存在导致过热而容易损坏。后来改用无缝钢管做内层后，基本解决了漏水和涡流现象存在的问题，不仅使用寿命得到了很大的提高，而且减少了维修量。

整体水冷导电横臂的内部都充满了冷却水，为了使冷却效果更好一点将横臂作成上下隔层，冷却水从下层进入，从上层流出。

B 导电横臂体的材料

导电横臂材料采用铜钢复合板：外层是4~15mm厚的铜板，一般厚度不宜大于10mm；内层是10~20mm厚的钢板。二者经爆炸焊接在一起。

导电横臂的外部通常制作成矩形，外面的铜板用来导电，内部的钢板用做支撑臂。用铜板代替导电管，既可大幅度地增加导电面积，又大幅度地降低了电抗、电阻值，使有功功率提高了3%~6%。

铝合金横臂体全部采用铝合金制造，使横臂整体质量大为减轻。

3.5.3.3 电极夹持器和电极夹紧松放装置

电极夹持器是由电极夹头（也称导电体）和抱带（或颚板）组成。电极夹持器有两个作用：一是固定电极；二是把电流传送到电极上。它是影响电炉二次回路电参数的重要部件，同时对电弧炉的安全运行也极为重要。实验指出，一般电弧炉的电极夹持器的导电体功率损耗约占整个短网功率损耗的20%~40%，约占炉子总有效功率的2%~6%，对于大功率电弧炉可达上百千瓦。接触处电抗占短网电抗的2%~4%。这不但影响了电炉的电效率，而且还会在电极装置上产生局部过热。如结构设计的不合理，冷却效果不好，就会使处于导电体处的电极温度升高，电极的氧化速度加快。进而使电极松动，甚至脱落。而电极的松动，一方面影响着电流的输送，另一方面还使电极和导电体之间的微电弧加剧，从而使导电体过早地损坏。为此，电极夹持器设计时必须解决这些问题。因此，对电极夹持器要求是：

(1) 能够牢固地夹紧电极，避免因电极自重而滑落，与电极接触表面要光滑，以减少电能的损失。使用过程中，它和电极之间不能因接触不良而起弧。

(2) 有足够的机械强度，耐高温，抗氧化，使用寿命长。

(3) 电极夹头的导电性能要好。

(4) 更换电极时操作方便。

电极夹紧松放装置的作用是，使电极牢固地固定在电极夹头上，并能做到夹紧、松放自如，受高温恶劣环境的影响小。夹头的夹持件（抱带或颚板）的行程在20~50mm，以保证更换电极的需要。

3.5.3.4 电极喷淋技术

采用电极喷淋技术，是降低电极表面温度和电极消耗的一项有效措施。当冷却水直接与石墨电极接触后，在电极表面会形成均匀的水膜，在降低电极温度的同时，还能减少电极侧壁的氧化，从而降低电极消耗。喷在电极表面的水顺电极侧壁而下，下降过程中与炽热电极进行热交换，当水流到炉盖处，就已经完全汽化[11]。

电极喷淋技术结构简单、投资少；操作方便、易于维护。可以节约电极20%，且使炉盖中心部位的耐火材料的寿命提高3倍。

虽然电极喷淋结构简单，但是，如果设计得不好会经常损坏，达不到使用效果。喷淋水冷管材质应采用壁厚8~10mm不锈钢管。图3-47为把喷淋圈做成后

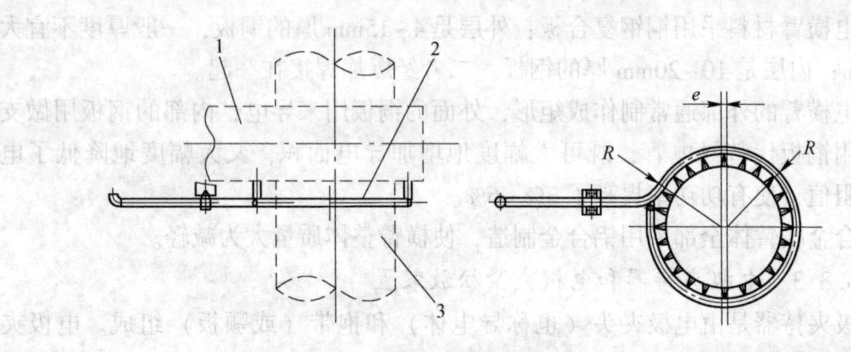

图3-47 电极喷淋水冷圈的设计与连接

1—电极抱带；2—喷淋环；3—电极

直接和电极抱带焊接在一起。R 为喷淋环半径，e 是偏心距，e 的尺寸一般取电极行程的1/2。该系统水环的孔径、孔数的设计及水流量的控制是此项技术的关键。

3.5.4　电极升降立柱及其固定装置

3.5.4.1　立柱形式

电极升降立柱的形式有固定式和升降式两种。固定式立柱使横臂小车沿着立柱导轨升降，一般用于小型电弧炉中；升降式立柱在立柱内部装有液压缸，在液压缸的作用下，立柱带动横臂升降，升降式立柱常常用于10t以上电弧炉。

固定式立柱见图3-40序号10。固定式立柱的下部用立柱下固定支座12固定在旋转架19的下平台上。立柱的中部用立柱上固定支座15固定在旋转架19的上层平台上，为增加立柱的刚度，三根立柱的上端是用立柱上固定板14连在一起的。立柱上焊有轨道，装有电极横臂的小车可在轨道上作上下运动。通常固定式立柱使用无缝钢管制造，并在其上焊有升降小车轨道。在立柱内部装有横臂配重。

图3-48为升降式立柱装配结构简图。升降式立柱用螺栓将横臂与立柱连接在一起。通过调整装在立柱上部的螺栓，可进行横臂的前进与后退和水平方向转动的调整，加上横臂本身的升降，因而它也具有三向转动和三向平移的调整性能。

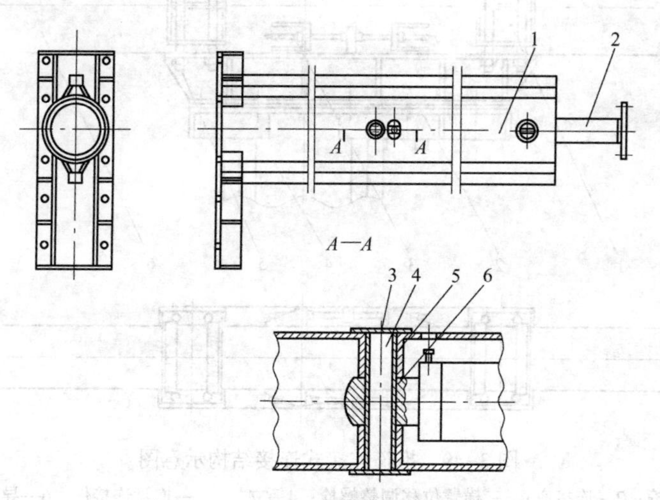

图3-48　升降式立柱装配示意图

1—立柱；2—液压缸；3—压盖；4—轴；5，6—套

升降式立柱的优点是升降部分的整个系统刚度性好，在其他相同的情况下，

可做得比固定式立柱低。三根立柱不相连，导电管较容易布置，又没有闭合磁路，所以电损失少。因此，大中型电炉多数采用升降式立柱。缺点是质量较重，特别是对采用机械驱动升降的立柱，为了减少驱动力而增加配重装置，更增加了结构的复杂性。

3.5.4.2 横臂的调节与立柱固定方式

A 横臂在立柱位置上的调节

炉盖上的电极孔一般是用耐火材料预制而成，由于制作上的误差会使电极与电极孔壁相碰或使电极在其孔内位置偏向某一方向，这样就需要调整电极在炉盖电极孔内的位置。要调整电极就要调整横臂在立柱上的位置。设计上，要使横臂在立柱上既能做一个小角度的旋转，又能在前后方向上移动一定的距离（一般能保证前后移动约50mm即可）。

B 横臂与立柱固定方式

横臂与立柱固定方式目前常见的有抱箍连接式、法兰连接式、预紧长螺杆连接式几种方式：

(1) 抱箍连接式，如图3-49所示。把横臂6用抱箍1固定在立柱4上，在抱箍处、横臂的四周用绝缘板衬垫，抱箍上的长螺杆5穿过立柱连接孔，将横臂固定在立柱上。这种结构方式，调整横臂前后左右位置比较容易，但其绝缘和连接的可靠性较差，因而使用者较少。

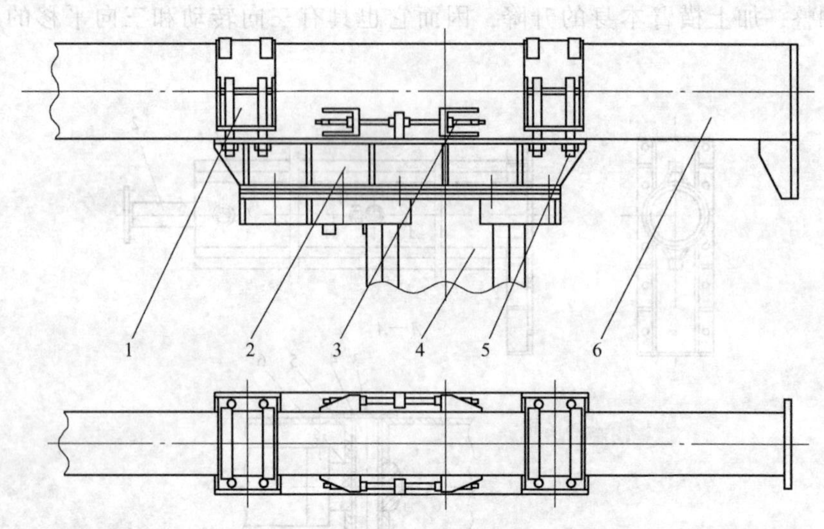

图3-49 抱箍连接式连接结构示意图

1—抱箍；2—连接座；3—横臂位移调整螺栓；4—立柱；5—抱箍连接件；6—导电横臂

(2) 法兰连接式，如图3-50所示。在横臂7的下面和立柱连接处焊有矩形法兰板1。法兰板二侧开有长槽孔。在横臂与立柱接触面之间装有绝缘板6，将横臂与立柱绝缘。通过连接螺栓2把横臂固定在立柱5上。这种结构方式，调整横臂前后左右位置比较有限，其绝缘和连接的可靠性较差，目前较少被采用。

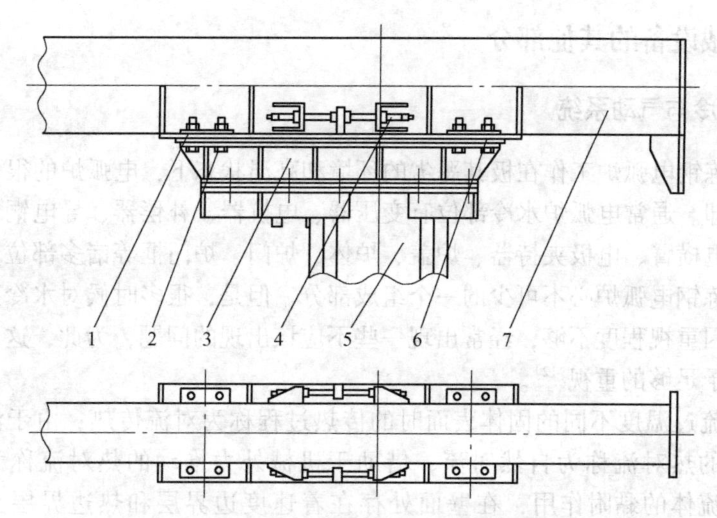

图 3-50 法兰连接式连接结构示意图

1—连接板；2—连接螺栓；3—连接座；4—横臂位移调整螺栓；5—立柱；6—绝缘件；7—导电横臂

（3）预紧长螺杆连接式，如图3-51所示。在横臂的下面和立柱连接处设有三个直径较大的长杆螺杆3，在横臂下面加工三个螺纹孔，在立柱连接座的相应位置上加工出三个通孔。横臂与立柱接触面之间装有绝缘板1，而在长螺杆上装

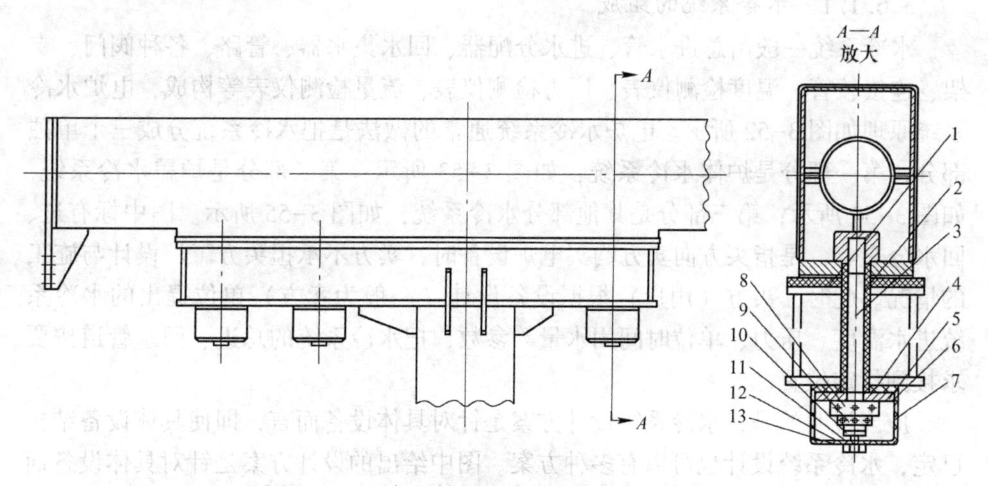

图 3-51 预紧长螺杆连接式连接结构示意图

1—绝缘板；2—绝缘套；3—长拉杆螺栓；4—绝缘垫；5—垫板；6—绝缘套；7—护罩；8—圆螺母；9—紧固圆螺母；10—内六角螺钉；11—绝缘套；12—垫圈；13—绝缘垫

有绝缘件2、4、6、11、13，使带电的长螺杆与立柱绝缘。通过预紧长螺杆把横臂固定在立柱上。这种结构方式，调整横臂前后位置比较有限，但其绝缘和连接的可靠性较好，目前使用较多，紧固时需要专用工具。

3.6 机械设备的其他部分

3.6.1 水冷与气动系统

由于炼钢电弧炉工作在极其恶劣的环境和高温状态下，电弧炉的很多部件需要通水冷却。通常电弧炉水冷部位有变压器、电抗器、补偿器、导电铜管、水冷电缆、导电横臂、电极夹持器、炉盖、炉体、炉门、炉门框等诸多部位，所以水冷系统是炼钢电弧炉必不可少的一个组成部分。但是，很多时候对水冷系统的设计，往往因重视程度不够，经常出现一些不应该出现的问题，为此，这里提醒设计者要给予足够的重视[12]。

流体流过温度不同的固体表面时的传热过程称为对流传热；由于流体存在温差引起的热对流称为自然对流；借助于机械外力推动的热对流称为强制对流。由于流体的黏附作用，在壁面处存在着速度边界层和热边界层，壁面和流体间的传热要靠导热。因此，对流传热是包括导热和热对流的综合现象。工业应用的冷却器，其器壁两侧与不同的流体接触，传热过程属于对流传热。

单相流体的水冷却器，按冷却水流速划分为普通水冷却（水流速小于3m/s）和高速水冷却（水流速大于6m/s）两大类。

3.6.1.1 水冷系统的组成

水冷系统一般由总进水管、进水分配器、回水集水器、管路、各种阀门、支架、连接软管、温度检测仪表、压力检测仪表、流量检测仪表等构成，电炉水冷系统原理如图3-52所示。电炉水冷系统通常的做法是把水冷系统分成三个单独部分，第一部分是炉体水冷系统，如图3-53所示；第二部分是炉盖水冷系统，如图3-54所示；第三部分是其他部分水冷系统，如图3-55所示。图中标有进、回水分交点，是指买方向卖方购买电炉设备时，卖方不承担买方工厂设计与施工的情况。此时，买方（用户）根据设备设计（一般为卖方）单位提出的水冷系统进水温度、压力、单位时间用水量等参数，把水冷系统的总进、回水管道按要求接到指定位置。

应当说明的是，水冷系统设计方案是针对具体设备而言，即使具体设备结构已定，水冷系统设计也可以有多种方案。图中给出的设计方案是针对具体设备而言，仅为其中的一种方案的情况。不是最佳方案，仅是为了对水冷系统构成进行说明。

图3-52~图3-55中各种符号意义见表3-4。

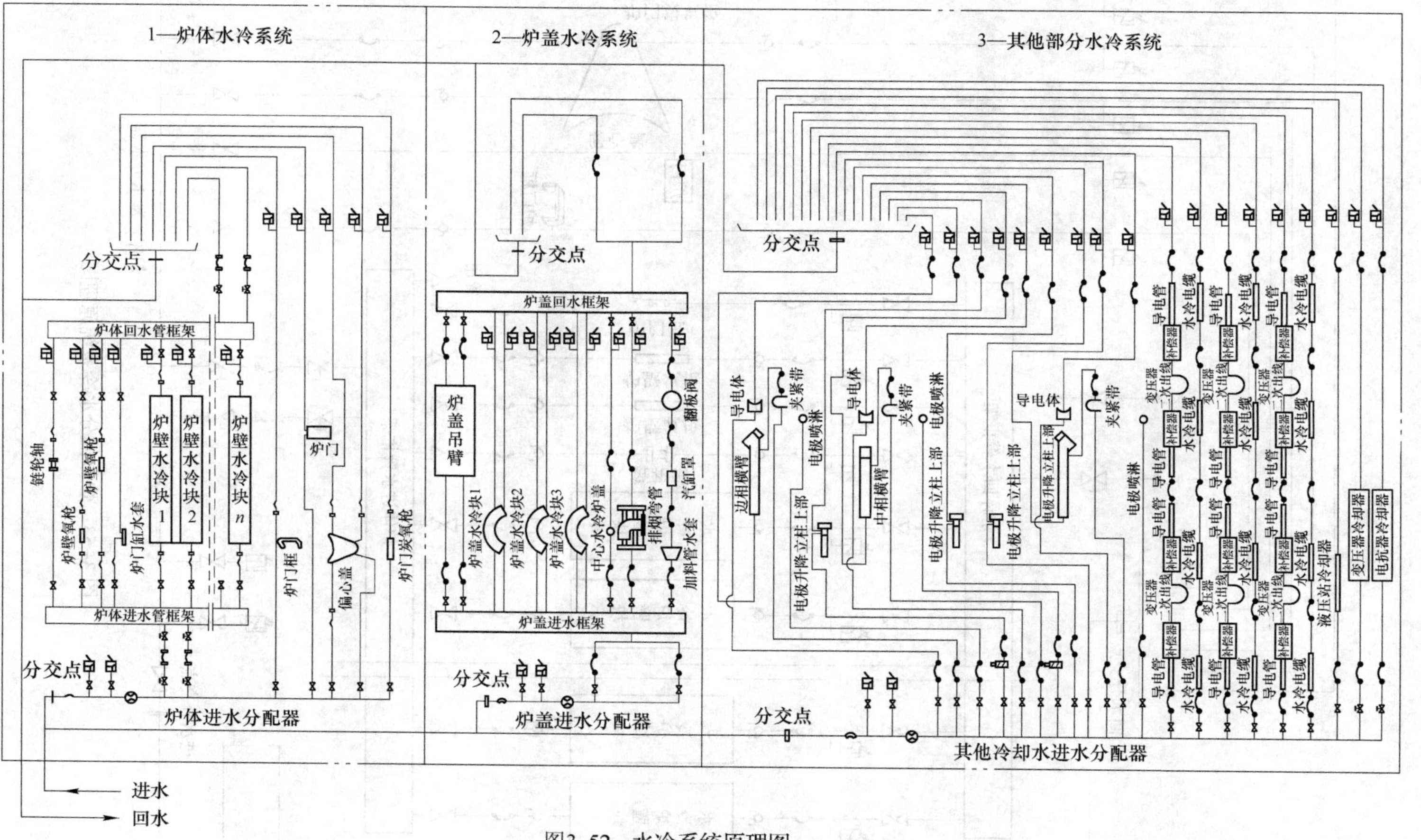

图3-52 水冷系统原理图

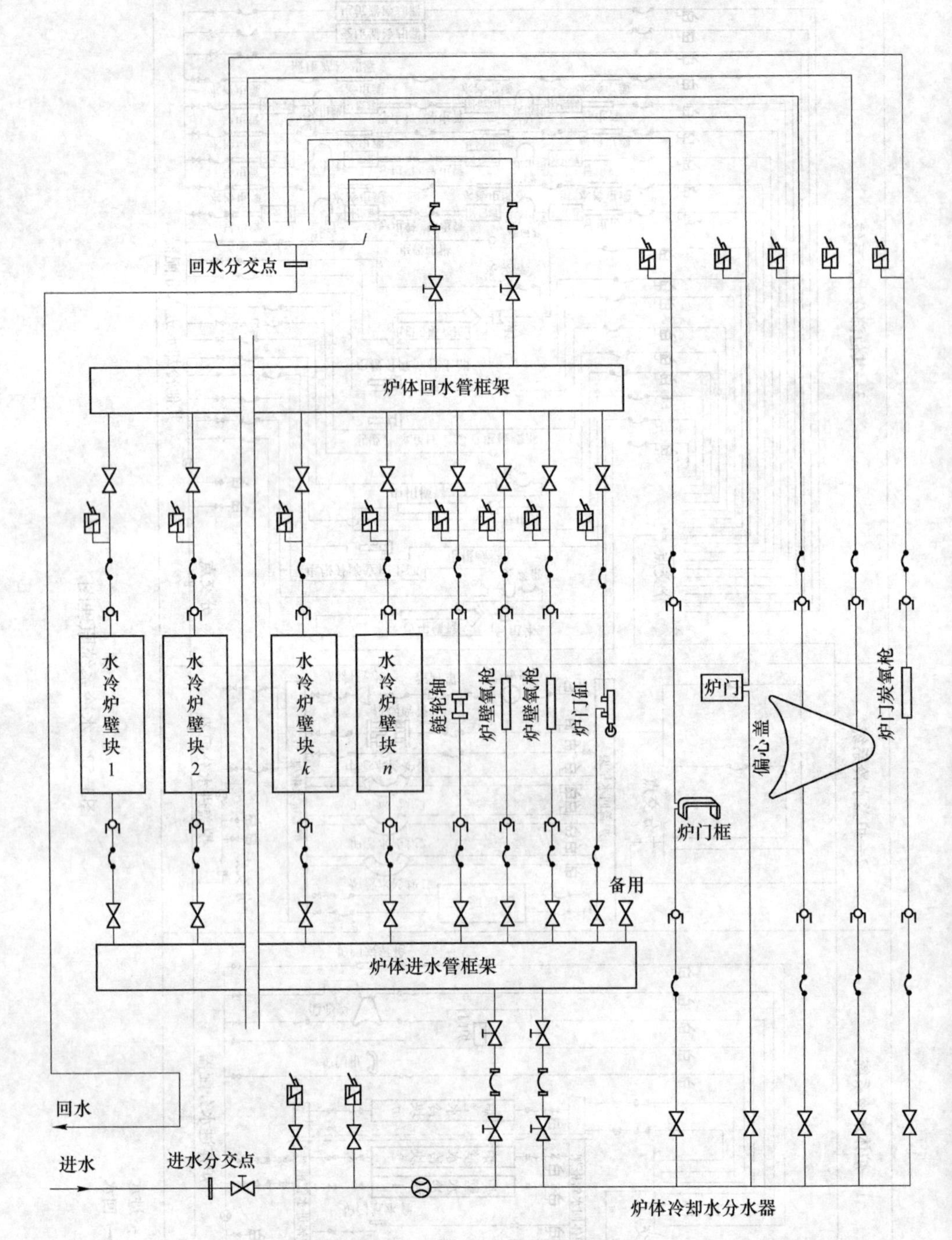

图 3-53　炉体部分水冷系统原理图

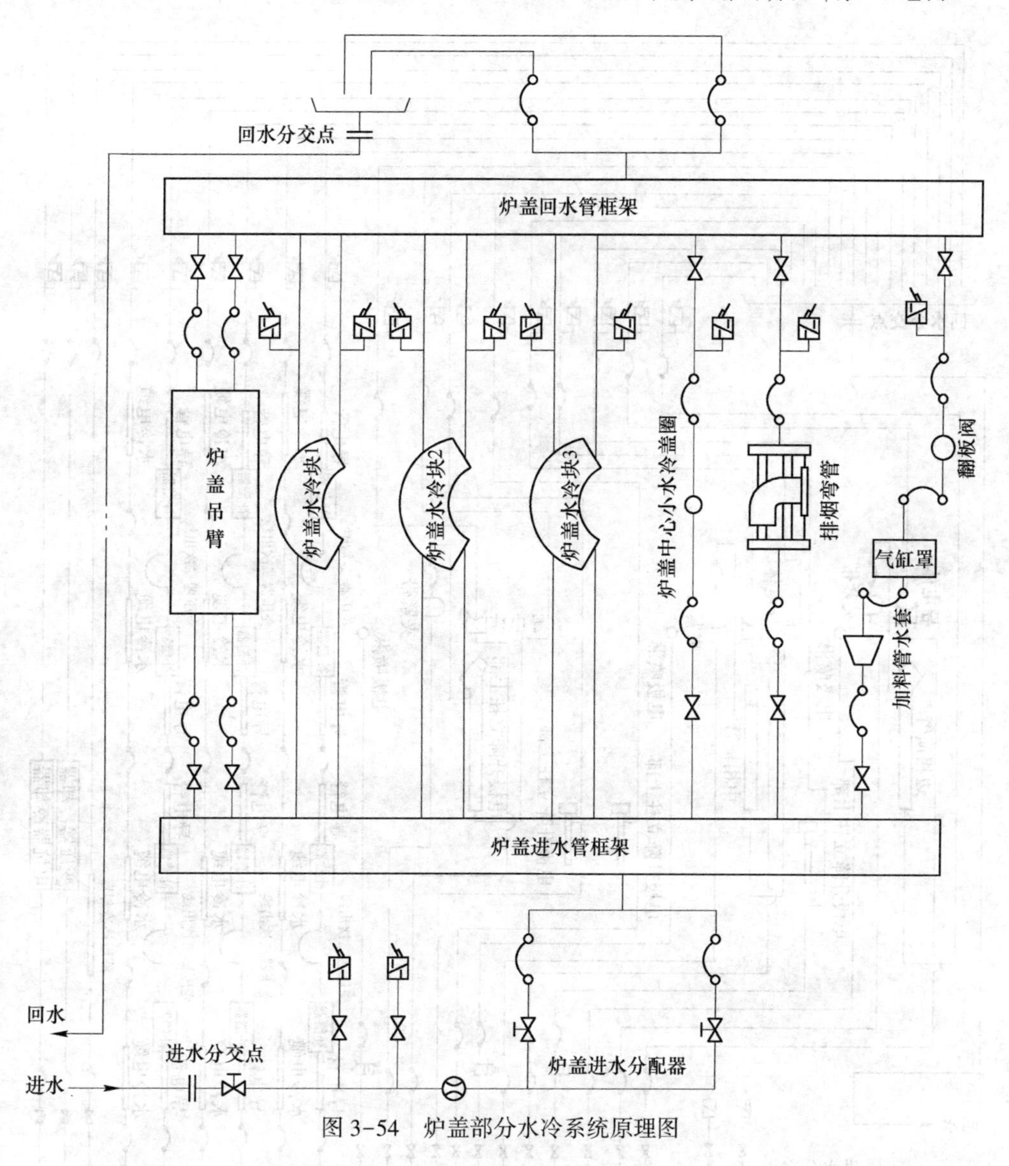

图 3-54 炉盖部分水冷系统原理图

表 3-4 图 3-52~图 3-55 中各种符号的意义

符 号	名 称	符 号	名 称
	金属软管		手动单夹式蝶阀
	钢丝胶管		球阀
	胶管		电磁阀
	快换接头		配对法兰
	一体化温度变送器		压力变送器
	电磁流量计		

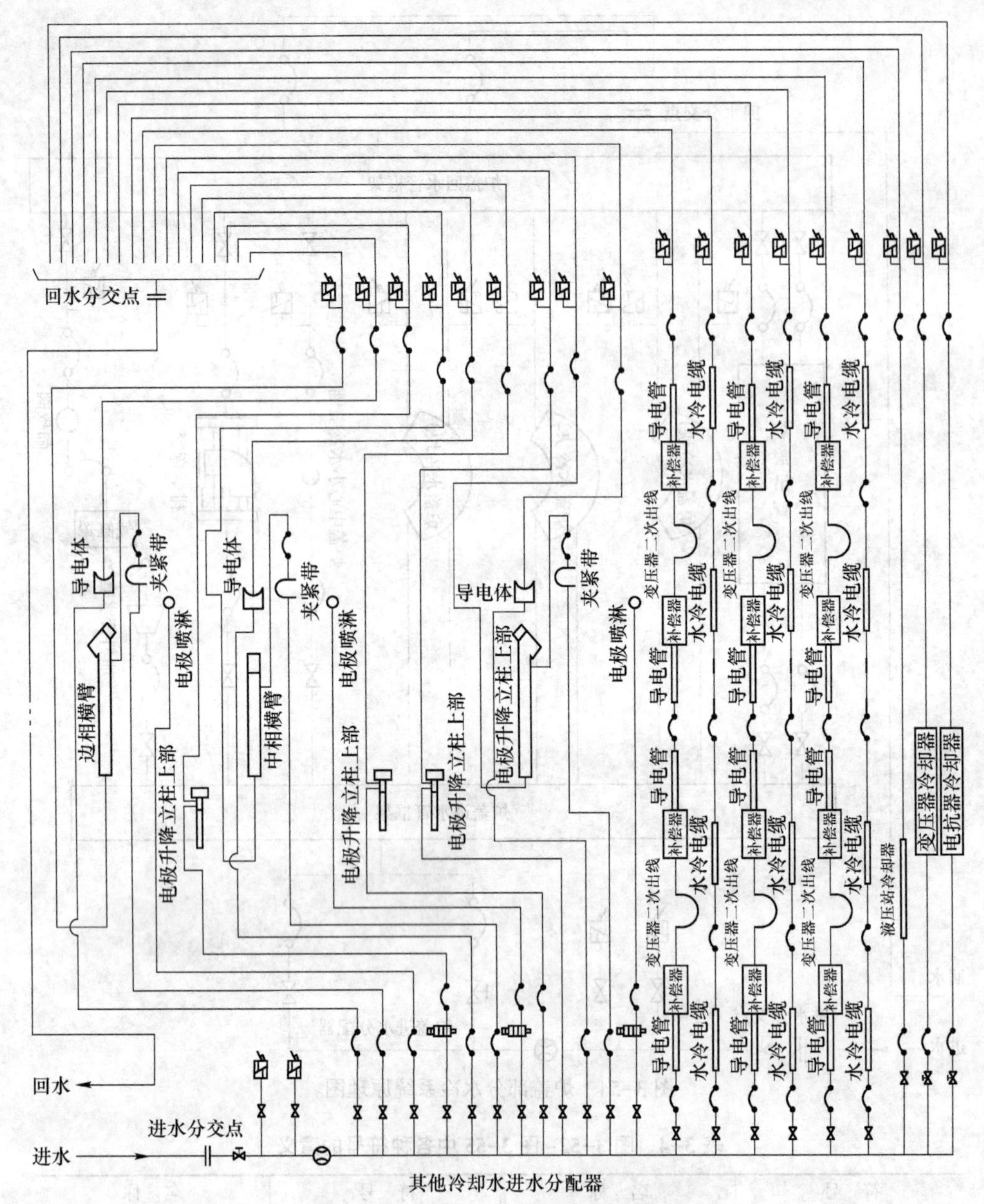

图 3-55 其他部分水冷系统原理图

3.6.1.2 汽化冷却

汽化冷却技术在国外已经应用，汽化冷却的最大优点是冷却水消耗量明显减少并且安全可靠。

在单相冷却器中为保持单相流体传热，工业用水允许温升 10~20℃，软水冷却允许温升 20~50℃，则水能吸收的热量为 40~210kJ/kg。但是，在常压下水变成蒸汽，可以吸收大量的热，即汽化潜热达2256kJ/kg，则冷却过程中水吸收的总热量达2500kJ/kg。比较说明，汽化冷却吸热量为水冷却的12~60倍。

3.6.1.3 压缩空气系统

压缩空气系统一般称为气动系统。在电弧炉设备中，一般应用在需要用气体进行喷吹，或不便于用液压缸而采用汽缸做动力源的高温区。

气动系统的气源，一般都是与车间其他设备共用而不需单独设置。只要在设计中给出电炉设备所需要的气体压力、流量等参数即可。使用时用户根据要求，把气体用管道接到所要求的位置即可。有时，为了使所供气体压力稳定，在设备附近设有专用储气罐。

气动系统一般是由气动三联件、压力表、阀门、管路、支架等组成，如图3-56所示。除了电极汽化喷淋用气体需要连续使用以外，其他部位用气体一般都是间歇式。

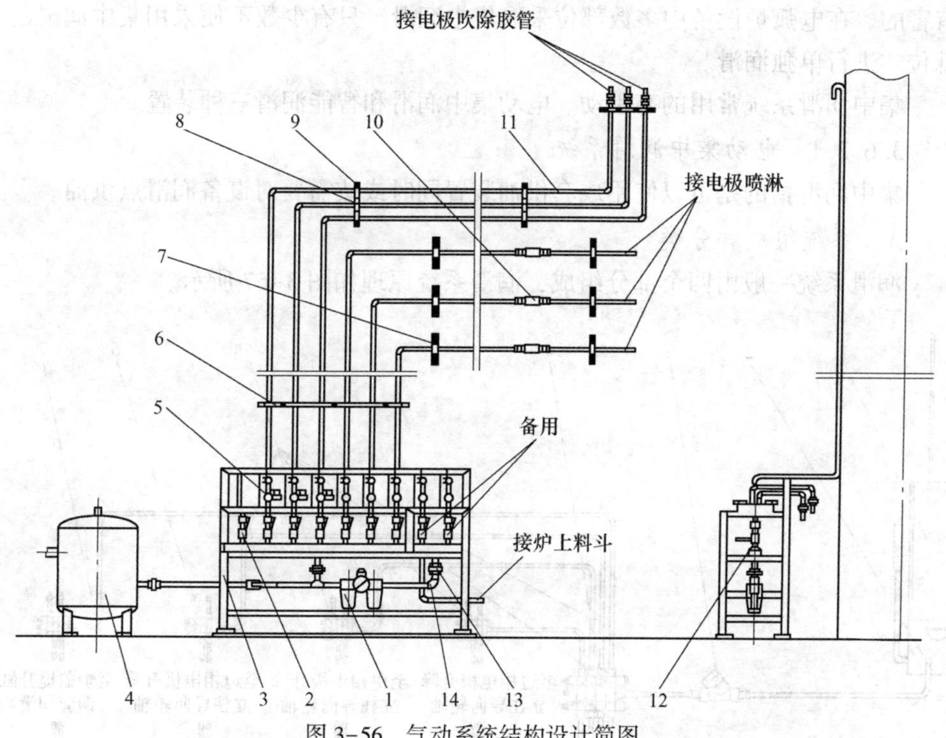

图3-56 气动系统结构设计简图

1—气动三联件；2—球阀；3—支架；4—储气罐；5—电磁阀；6~8—管夹；9—膨胀螺栓；10—单向阀；11—管路；12—管箍；13—活接头；14—弯头

气动系统的安装位置，一般是安放在炉门侧便于操作的地方。气动系统的安装，一般根据用户现场实际情况进行配管并选择管路走向。在配置管路中，要求走向合理、排列有序、美观、整洁和便于操作。管夹安装位置要合理，管路固定要牢靠，拆装管路应方便等。

3.6.2 润滑系统

润滑指在机械设备摩擦副的相对运动的两个接触面之间加入润滑剂，从而使两摩擦面之间形成润滑油膜，将直接接触的表面分隔开来，变干摩擦为润滑剂分子之间的内摩擦。

润滑的使用可以起到降低摩擦阻力、减少表面磨损、降温冷却、防止腐蚀、减震及密封等作用。

电弧炉设备长期工作在高温和大量烟尘环境下，润滑显得更加重要。根据电弧炉机械设备各运动部件间歇周期运动的规律，可以采用经济的定期润滑系统来实现，这种润滑方式可使系统定量的润滑介质，按预定的周期时间对润滑点持续供油，使摩擦副保持适量的油膜。但是，过多或过少的润滑介质对摩擦副是同样有害的。在电弧炉设备中多数部位采取集中润滑，只有少数不便采用集中润滑的部位才进行单独润滑。

集中润滑系统常用的有手动、电动集中润滑和智能润滑三种装置。

3.6.2.1 电动集中润滑系统

集中润滑指的是可以使用成套供油装置同时或按需要对设备润滑点供油。

A 系统组成和分类

润滑系统一般由四个部分组成，润滑系统原理如图 3-57 所示。

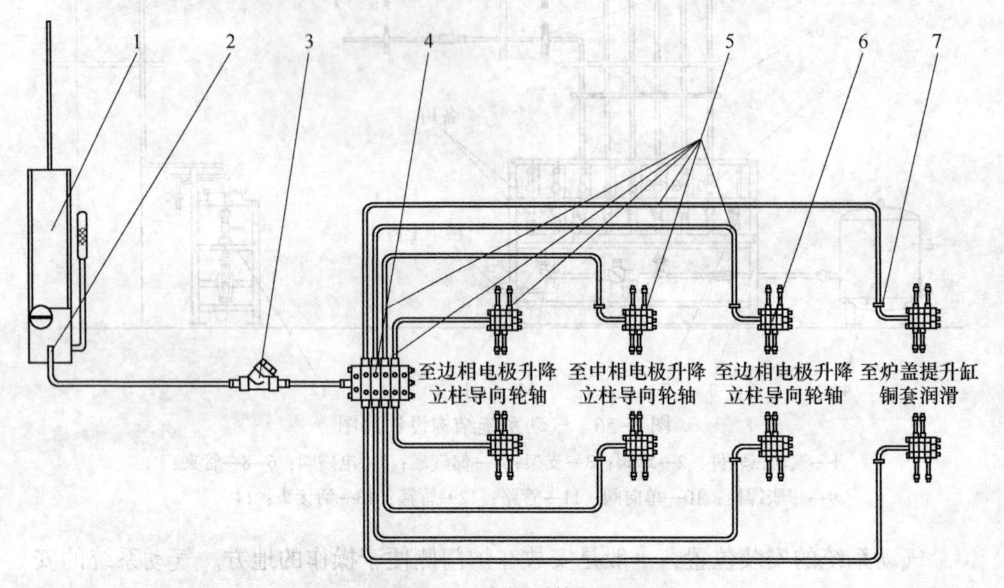

图 3-57 润滑系统原理

1—润滑泵（手动或电动）；2—管接头；3—滤脂器；4，6—递进式分配器；5—管路；7—管夹

(1) 润滑泵1，按需要要求提供润滑介质，润滑泵一般有手动或电动两种方式供油；

(2) 分配元件4、6，按需要定量分配润滑介质；

(3) 附件由管接头2、柔性软管5（或刚性金属硬管）、管夹7分配块等组成。

(4) 控制系统由电子程控器和压力开关、液位开关等控制元件组成。

润滑泵按预定要求周期工作，对润滑泵及系统的开机、关机时间进行控制，对系统压力、油罐液位进行监控和报警，对系统的工作状态进行显示。

集中润滑系统根据润滑介质的不同，可以分为润滑油润滑和润滑脂润滑；根据系统分配元件的不同，可以分为单线阻尼系统、容积式润滑系统、递进式润滑系统、双线润滑系统、喷雾润滑系统、油气冷却润滑系统；根据系统应用情况的不同，又可以分为常规润滑和重型润滑。其中重型润滑主要指应用于重型机械的润滑，如钢铁、冶金、矿山、港口机械、发电设备、锻压设备和造纸机械等。电弧炉设备集中润滑系统，一般采用重型润滑系统。

B 几种重型机械集中润滑系统简介

a 单线递进式润滑系统

组成：单线递进式润滑系统是由润滑泵、递进式油量分配器、管路附件和控制部分组成。系统供油时递进式油量分配器中一系列活塞按一定的顺序差动往复运动，各出油点按一定顺序依次出油，出油量主要取决于递进式油量分配器中活塞行程与截面积。

系统用脂范围一般在 NLGI 000 号~2 号，工作压力 1~25MPa，排量范围 0.08~20mL/次，过滤精度150μm，可设有润滑点1~200个，管路长达150m，递进式油量分配器最多可接三级。

系统可配备给油指示杆和堵塞报警器，实现对各点注油状况的监控，一旦系统堵塞或某一点不出油，指示杆便停止运动，报警装置立即发出报警信号。

特点：

(1) 注油量精确；

(2) 可独立区域的操作与监控；

(3) 检查故障简明；

(4) 易于测定故障点。

b 单线多点式润滑系统

组成：单线多点式润滑系统是指有多条供油主管路同时供油的系统，最多可达十几条。每条主管路可直接向润滑点供油，也可通过分配器向润滑点供油。系统由多点润滑泵、递进式油量分配器、管路及附件等组成。

系统用脂范围一般在 NLGI 000 号~2 号，工作压力 1~20MPa，排量范围 0~

1.2mL/次，润滑点 1~36 个，管路长达 40m。

特点：

（1）多点润滑泵各出油口的排量可调；

（2）独立管路、供油量精确；

（3）可由需要润滑的设备驱动。

c 双线润滑系统

组成：双线润滑系统是指供油主管路有两根，一个工作循环内两根主管路通过换向阀交替供油，使双线分配器两侧的出油口向润滑点定量输送润滑油的系统。该系统由润滑泵、滤油器、换向阀、双向分配器、压差开关、控制器、管路及附件等组成。

系统用脂范围一般在 NLGI 000 号~3 号，工作压力 1~40MPa，排量范围 0~15mL/次，润滑点可达上千个，管路长达 150m。

特点：

（1）出油量可以根据需要连续调节；

（2）系统检测比较方便；

（3）可以根据需要增加或减少润滑点的数量；

（4）某一点的堵塞不影响整个系统的工作。

3.6.2.2 智能润滑系统

根据各润滑部位润滑周期和润滑量，经在计算机上设定后能定期、定量自动对润滑部位进行给油，及时检测到润滑管路是否堵塞并报警。

A 系统说明

智能润滑系统可适应不同设备工作制度、现场环境温度等条件；可根据设备润滑部位的不同要求，采用不同油脂；一套系统可满足单台设备或多台设备。

智能润滑系统能够克服传统的润滑方式运行不可靠、计量不准确、不易调整、设备运行故障率高且不易检修等缺点。采用 PLC 作为主要控制元件，应用显示器及上位计算机作为显示与操作系统，使整个润滑系统的工作状态一目了然。现场供油分配直接受 PLC 的控制，供油量大小、供油循环时间的长短都由主控系统自动控制，并可通过显示器或主机监控操作系统远程方便地调整供油参数，以适应设备的不同润滑要求，从而使设备得到合理、可靠的润滑。流量传感器实时检测每个润滑点的运行状态，如有故障及时报警，且能准确判断出故障点所在，便于操作工的检查与维护。

B 系统的工作原理

润滑系统可进行手动、自动运行。

手动运行：主控面板上的按钮对应现场的相应润滑点。开启油泵后，润滑脂被压注到主管路中。按下润滑点按钮，电磁给油器得到信号，开始供油，润滑脂压注到相应的润滑点；松开润滑点按钮，电磁给油器失去信号，停止供油。各点供油量可根据润滑点的需要人为控制。

自动运行：系统自动运行时，首先启动电动润滑泵，待主给油管道压力升至设定值后，依次打开现场各电磁给油器，按照事先设定的值逐个给各润滑点供油，供油同时流量传感器进行检测，如有故障及时报警。所有润滑点给油结束，系统进入循环等待时间，循环等待时间到后开始下一个给油过程。自动运行时文本显示器和上位计算机显示给油状态及各参数值。

C 工艺技术条件

适宜环境温度：

年平均温度	0~28℃
极端最高温度	约 80℃
最热月平均温度	约 35℃
极端最低温度	-40℃
最冷月平均温度	-26℃

D 智能集中润滑系统主要特点

（1）系统采用可编程控制器和文本显示器，设定对话式中/英文菜单，给油量调节方便，可实现整机自动化控制要求。

（2）与主控室微机通信，可实现远程实时监控、控制和操作。

（3）采用专为润滑脂设计的电磁给油器控制给油，给油量调整范围大，精度高。

（4）采用高灵敏流量传感器，实时检测各润滑点给油状况，如有故障，及时报警，方便检查维修。

（5）每个电磁给油器箱装一个精密过滤器，确保给油元件工作可靠，并保证润滑点能得到洁净润滑脂。

（6）每一润滑点的给油量和给油间隔时间单独控制，避免润滑油脂的浪费，减少环境污染，适应不同的润滑制度要求。

（7）逐点供油，逐点检测，给油和检测可靠性大大提高。

（8）系统压力设有机械、电器三重安全保护，保证设备运行可靠。

3.6.2.3 润滑介质的选择

轴承的润滑根据使用润滑剂的不同分为脂润滑和机油润滑两种。对于电弧炉产品来说，适用于脂润滑。脂润滑与机油润滑相比，具有不需特殊的供油系统、可有效地防止杂质水分和水气侵入、可保证轴承长期运转而不需更换润滑剂、结构简单等优点，而被广泛应用。不足的是，当轴承转速高时摩擦损失较大，会使轴承温升增加，因而在使用中对轴承的转速和工作温度有一定的限制。

最常用的润滑脂有钙基润滑脂、锂基润滑脂、铝基润滑脂和二硫化钼润滑脂等，在物理机械性能及适应温度等方面存在较大的差异，应根据不同的工况条件，选择适宜的润滑脂种类，以满足其使用要求。

选择润滑脂时，主要应按工作温度、轴承负荷和转速三个方面考虑。若按工作温度选择时，由于润滑脂的黏度与温度间关系甚密，一般润滑脂的黏度对轴承不应低于13mm^2/s。在具体选择润滑脂时，应重点考虑润滑脂的滴点、针入度和低温性能。一般通则为轴承的工作温度须低于润滑脂滴点10~20℃。当选用合成润滑脂时，其工作温度应低于滴点温度20~30℃；若按轴承负荷选择时，轴承的负荷越大，润滑脂的黏度应越高，即选用针入度小的润滑脂类型。保证在负荷作用下，在接触面间可有效地形成润滑油膜。当按轴承工作转速选用润滑脂时，由于轴承的转速越高，套圈滚动体和保持架运动中引起的摩擦发热越大，故宜选用适应于其具体使用工况的各种应用性能的润滑脂。由于轴承使用场合的特殊需要，还应按不同润滑脂所具有的其他性能进行选用。如在潮湿或水分较多的工况条件下，钙基脂因不易溶于水应为首选对象；钠基脂易溶于水则应在干燥和水分少的环境条件下使用。

3.6.2.4 润滑部位的保养

电弧炉各运动部位应定期加注润滑油。

电弧炉设备润滑部位及注油周期推荐值见表3-5。

表3-5 电弧炉设备润滑部位及注油周期推荐值

序号	润 滑 部 位	润滑方式	注油时间
1	炉门提升轴	干油	每周一次
2	倾动液压缸铰链轴	干油	每周一次
3	炉盖旋转油缸铰链、炉盖转臂铰链	干油	每周一次
4	升降立柱导向轮、炉盖提升缸铜套	干油	每天一次
5	炉盖旋转轴承	干油	每2天一次
6	电极升降缸底座	干油	每月一次
7	各种支撑、锁定缸铰接、轴套及运动部位	干油	每月一次
8	维修平台支承轮	干油	每周一次
9	转盘轴承	干油	每3天一次

注：1. 干油采用合成复合钙基润滑脂（SY1415-80）或锂基润滑脂（SY1412-75）都可，但在高温工作环境下，推荐采用锂基润滑脂。

2. 注油周期可根据实际使用情况进行增减。

3. 转盘轴承在安装投入使用100h后，应全面检查安装螺栓的预紧力矩是否符合要求，以后每连续运转500h重复上述检查一次。

参考文献

[1] 杨金岱. 现代化电弧炉及其辅助设备的设计思想 [J]. 钢铁研究学报, 1991 (3): 42.

[2] 阎立懿, 肖玉光. 偏心底出钢 (EBT) 电弧炉冶炼工艺 [J]. 工业加热, 2005 (3): 48~50.

[3] 孙丽娜. 电弧炉水冷炉壁技术 [J]. 特殊钢, 1989 (6): 11~16.

[4] 闫立懿, 武振廷, 徐宝印, 李延智, 孙世东, 吴岩. 电弧炉炉壁水冷化与管式水冷炉壁的设计 [J]. 特殊钢, 1995 (2): 33~38.

[5] 孙立国, 田丰, 胡嘉泉, 柴君. 电弧炉水冷炉盖有关问题的探讨 [J]. 工业加热, 1996 (5): 29~31.

[6] 蒋克铸. 电弧炼钢炉倾动机构的研究 [J]. 冶金设备, 1986 (5): 10~16.

[7] 张武, 马文睿, 吴茂刚. 电弧炉倾动系统的故障分析与改进 [J]. 装备制造技术, 2011 (9): 182~183.

[8] 张大方. 导电横臂的开发应用 [J]. 工业加热, 1994 (5): 22~25.

[9] 余杨, 赵渭康. 电炉导电横臂技术的发展趋势 [J]. 冶金设备, 1999 (3): 48~49.

[10] 李玮. 浅析铝合金导电横臂应用于电弧炉冶炼的优越性 [A]. 中国金属学会. 第八届 (2011) 中国钢铁年会论文集 [C]. 北京: 冶金工业出版社, 2011.

[11] 刘纲, 朱荣, 卢帝维, 江国利. 电炉电极降耗机理及工艺研究 [J]. 冶金设备, 2008 (3): 56~59.

[12] 杨柳, 温江辉, 张梁. 电弧炉水冷设备和维护探讨 [J]. 科技传播, 2014, 6 (13): 181.

4 电弧炉电气设备

电弧炉利用电弧的能量来熔炼金属，现代电弧炉向着大型化、智能化、绿色化的方向发展；提高单位功率，降低冶炼电耗成为电弧炉发展的重点研究方向，这就对电弧炉的电气系统有了更高的要求。电气系统是电弧炉实现智能控制的基础。本章主要介绍了电弧炉的电气特性、高压供电系统、变压器及电抗器的原理及参数确定、短网组成及特点、电弧炉的低压控制系统、电极升降系统及控制、电弧炉供电对电网的影响及控制，通过本章内容可全面了解电弧炉的供电及电弧炉的电气控制。

4.1 电弧炉的主电路

4.1.1 电弧炉主电路的组成

电弧炉炼钢是靠电能转变为热能使炉料熔化并进行冶炼的，电弧炉的电气设备就是完成这个能量转变的主要设备。

电弧炉电气设备主要分两大部分，即主电路和电气控制与自动调节系统。主电路的任务是将高压电转变为低电压大电流后输送给电弧炉，并以电弧的形式将电能转变为热能[1]。

4.1.1.1 电弧炉主电路

由高压电缆至电极的电路称为主电路。如图 4-1 所示。它由隔离开关 2、高压断路器 3、电抗器 4、电炉变压器 7 及低压短网几部分组成。

电炉通过高压电缆供电，电压在 3kV 以上，电炉变压器的一次侧（高压侧）有隔离开关和高压断路器。断路器的作用是保护电源。当电弧电流超过设定电流的某一数值时，断路器会自动跳闸，把电源切断。

在线路上串联电抗器是为了缓和电弧电流的剧烈波动和限制短路电流。

电炉变压器是一种降压变压器，一般具有过载 20%的能力。在变压器的高压侧配有电压调节装置。调节电炉的输入电压，电压调节装置有无励磁调压和有载调压两种。有载调压装置在结构上比较复杂，是在不切断电源的情况下进行电炉电压调节的。

为了监视电炉变压器的运行情况和掌握电力情况，供电线路上装有各种测量仪表。由于电炉一次侧电压高，二次侧电流大，必须配置电流互感器和电压互感器，以保证各种测量仪表正常工作及操作人员的安全。

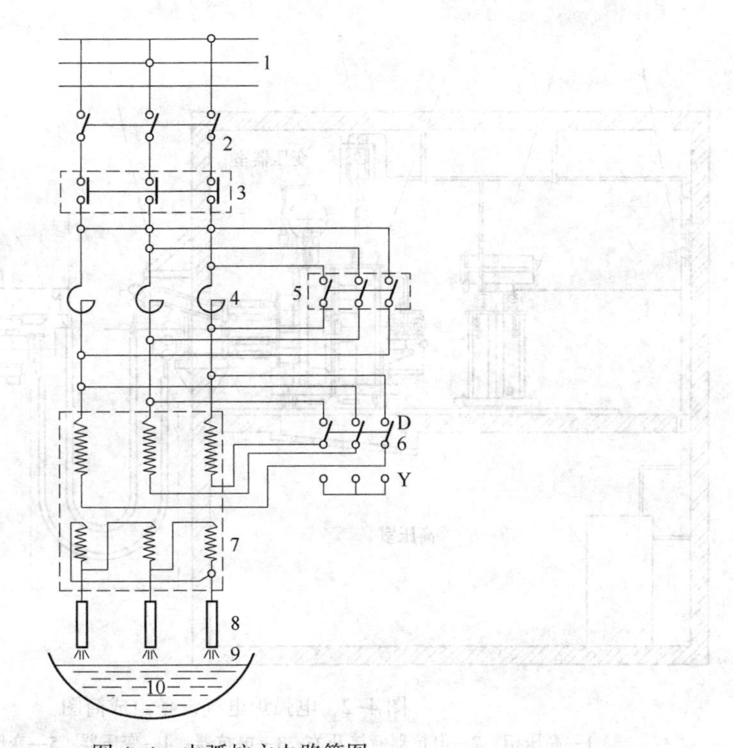

图 4-1 电弧炉主电路简图

1—高压电缆；2—隔离开关；3—高压断路器；4—电抗器；5—电抗器短路开关；
6—电压转换开关；7—电炉变压器；8—电极；9—电弧；10—金属

为避免发生事故，还必须设置信号装置和保护装置。信号装置可在发生故障前就发出信号，使操作人员注意或通过自动调节来改正，保护装置则在发生故障时能使变压器与供电线路分开，切除故障，防止设备损坏。

电极升降自动调节系统的任务是根据冶炼工艺的要求，通过调整电极和炉料之间的电弧长度，调节电弧电流和电压的大小。

电弧炉除装有电极升降自动调节装置外，还装有一些电气控制装置来控制电弧炉的其他机械设备。如按钮、电阻器及限位开关等。

4.1.1.2 电弧炉电气设备组成

电弧炉电气设备组成如图 4-2 所示。电弧炉的电气设备是将主电路转化为实现主电路功能的具体电气设备。它是由高压进线电缆接入高压柜 1，高压柜出线后分两路，一路直接和电抗器相连接；另一路经电抗器断接开关 2 和变压器相接，以实现电抗器的接通和断开的切换。变压器在和高压柜出线相连接时，在变压器室内应设置变压器隔离开关 5，以便于变压器检修时断开此开关。短网（常被称为大电流线路）6 在图中为虚线框以内部分，该部分是从与变压器出线相连接的补偿器开始，经导电铜管一直到和导电横臂相连接的水冷电缆为止。

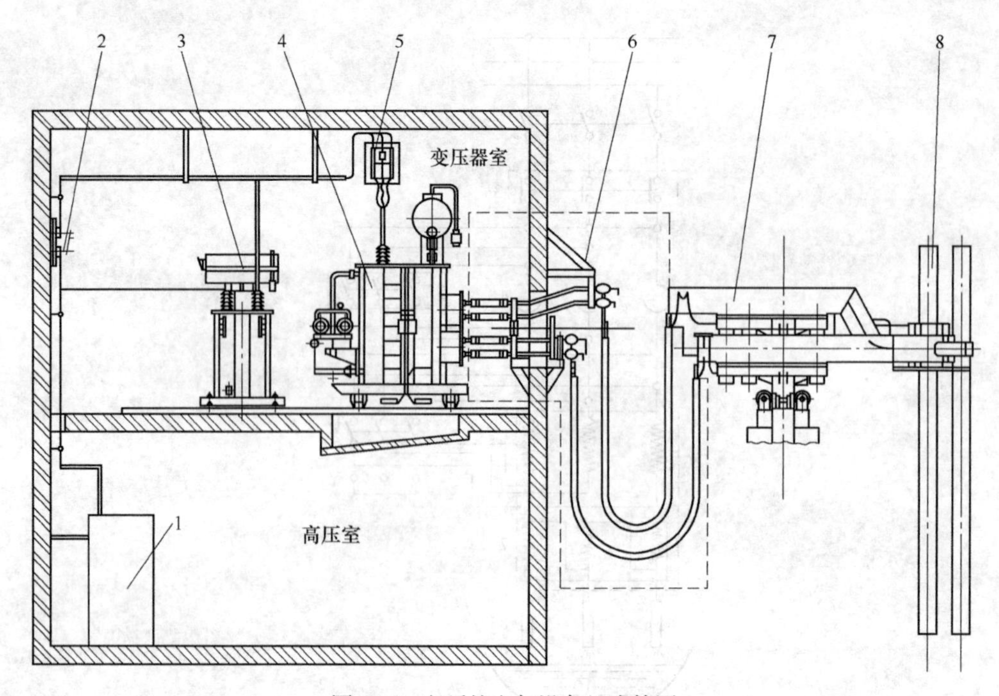

图 4-2 电弧炉电气设备组成简图

1—高压柜；2—电抗器断接开关；3—电抗器；4—变压器；5—变压器隔离开关；
6—短网（虚线框内部）；7—导电横臂；8—电极

4.1.2 主要技术参数

4.1.2.1 工作短路电流

电弧炉的工作短路电流按规定要限制在变压器二次侧额定电流的 2.5~3.5 倍以内。这是因为电弧炉在熔化期（有时氧化期）内，出现工作短路状态是不可避免的，在一炉钢整个冶炼期间内的短路次数可达数十次，甚至上百次。而电弧炉主电路中所有电气设备都要在这一状态下运行，为了使设备安全正常运行，必须对工作短路电流予以限制。由于工作短路电流是一个很大的无功冲击电流，会引起电源电网严重的电压波动和电压闪变，产生很多的高次谐波，使电网交流正弦波发生畸变，为此也需要限制短路电流。限制电弧炉工作的短路电流的措施是加大电路的总阻抗，主要是总感抗。

4.1.2.2 主电路总感抗

主电路总感抗等于电炉电抗器、电炉变压器、补偿器、铜管或铜排、挠性电缆、导电横臂、石墨电极和电源系统的感抗之和。通常他们都是以变压器额定容量为基准值的相对值表示。

当电弧炉工作短路电流为变压器电流的 2.5~3.5 倍时，相应的总感抗相对值等于电流倍数的倒数，相应的总感抗相对值为 28.6%~40%。

主电路总感抗的另一个作用是能稳定电弧燃烧。从这个观点出发，要求总感抗在 35%左右。

电弧炉短网的电参数除了通过计算求出外，还可以用工业短路试验的方法或模拟试验的方法求出。电弧炉的工业短路试验就是在已经运行的电弧炉上，在炉料化清以后，选用适当的电压等级，将电极插入钢液中，人为地形成短路，测量有关的电压、电流及功率，根据测量值计算求出各相短网阻抗值。因为变压器二次侧有很强的磁场和感应电势，因此测量是在变压器一次侧进行，然后折算到二次侧，根据三相短路试验数据可以求得三相短网阻抗的平均值。根据单相短路试验数据，可以求得各相短网阻抗值及阻抗不平衡系数。

4.1.2.3 三相电弧功率不平衡度

$$K_{ABC} = \frac{P_{max} - P_{min}}{P_c} \times 100\% \tag{4-1}$$

式中 P_c——平均功率。

因为：
$$P_{ABC} = I(\sqrt{U^2 - I^2X^2} - Ir)$$

所以有：
$$K_{ABC} = f(I、U) \propto \frac{I}{U}$$

当功率一定时，低电压、大电流将使三相电弧功率不平衡度加大，而小电流、高电压将使三相电弧功率不平衡度减小。

4.1.2.4 功率因数

$$\begin{aligned} \cos\varphi &= \sqrt{1 - (\sin\varphi)^2} = \sqrt{1 - (xI/U)^2} \\ &= \sqrt{1 - (x/Z)^2} = \sqrt{1 - (X\%)^2} \end{aligned} \tag{4-2}$$

由式（4-2）可以看出，当 X 一定时，低电压、大电流，使 $x\%$ 增加，$\cos\varphi$ 降低，反之 $\cos\varphi$ 提高。

4.1.3 电弧炉电气特性

4.1.3.1 短网等值电路

从电路的角度来看，电弧炉主电路中的电抗器、变压器与短网等都可用一定的电阻和电抗来表示。而把每相电弧看成一个可变电阻，炉中的三相电弧对电弧炉变压器来说是构成 Y 形接法的三相负载，其中点是钢液。假设电弧炉变压器空载电流可略去不计；三相电路的阻抗值相等，电压和电流值相等；电压和电流均视作正弦波形；电弧可用一可变电阻表示。依此假设，便可做出电弧炉三相等值电路图 4-3(a)。设三相情况相同，考察其中一相，能得到图 4-3(b) 的等值电路，以表示整个电弧炉在电路上的特性。

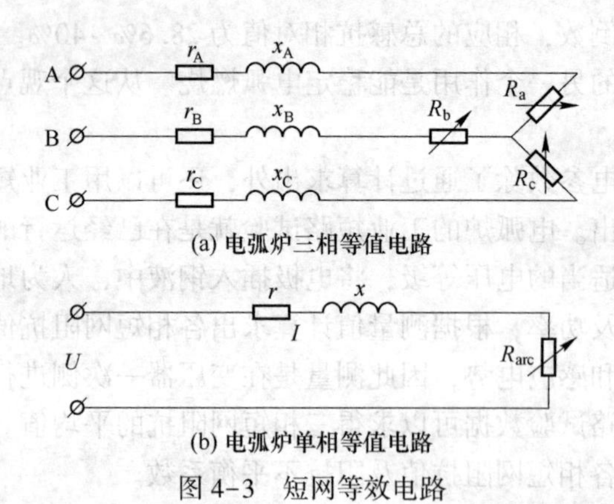

图 4-3　短网等效电路

U—单相等值电路的相电压，$U=U_2/\sqrt{3}$；I—电弧电流；R_{arc}—电弧电阻；
r—单相等值电路电阻，$r=r_{抗}+r_{变}+r_{网}$；x—单相等值电路电抗，$x=x_{抗}+x_{变}+x_{网}$

4.1.3.2　电弧炉的电气特性

A　电气特性曲线

由图 4-3(b) 单相等值电路看出它是一个由电阻、电抗和电弧电阻三者串联的电路。按此电路，根据交流电路定律，可以作阻抗、电压和功率三角形，如图 4-4 所示。

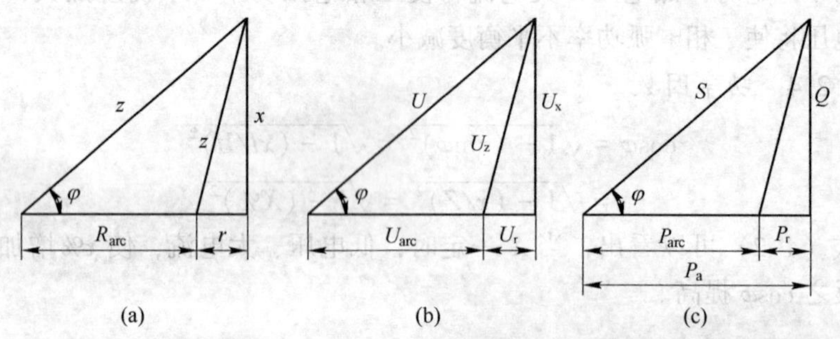

图 4-4　阻抗三角形（a）、电压三角形（b）和功率三角形（c）

上述等值电路由图 4-4 可以写出表示电路各有关电气量值表达式，见表 4-1。

表 4-1　电路各有关电气量值表达式

序号	参数名称	单位	计算公式	备注
1	相电压	V	$U = U_2/\sqrt{3}$	
2	二次电压	V	U_2	
3	总阻抗	mΩ	$Z = \sqrt{(r + R_{arc})^2 + x^2}$	
4	电弧电流	kA	$I = U/Z$	

续表 4-1

序号	参数名称	单位	计算公式	备注
5	表观功率	kV·A	$S=\sqrt{3}UI=3I^2Z$	三相
6	无功功率	kW	$Q=3I^2x$	三相
7	有功功率	kW	$P=\sqrt{S^2-Q^2}=3I\sqrt{U_\varphi^2-(Ix)^2}P_a$	三相
8	线路损失功率	kW	$P_r=3I^2\cdot r=p-p_{arc}$	三相
9	电弧功率	kW	$P_{arc}=3I^2R_{arc}=3IU_{arc}=3I[\sqrt{U^2-(Ix)^2}-Ir]$	三相
10	电弧电压	V	$U_{arc}=P_{arc}/3\cdot I=IR_{arc}$	
11	电效率	%	$\eta_E=P_{arc}/P$	
12	功率因数	%	$\cos\varphi=P/S$	
13	耐火材料磨损指数	MW·V/m²	$R_E=U_{arc}^2\cdot I/d^2$	

由表 4-1 中序号 5~13 可以看出，上述各电气量值在某一电压下（x、r 一定）均为电流 I 的函数，$E=f(I)$。将它们表示在同一个坐标系中（见图 4-5），便得到理论电气特性曲线。

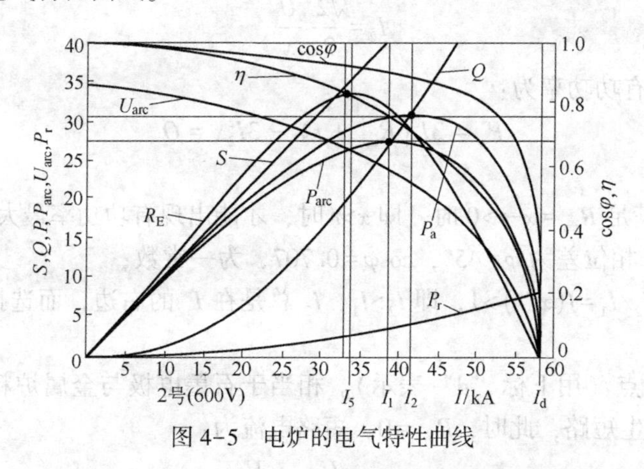

图 4-5 电炉的电气特性曲线

B 特殊工作点

（1）空载点（用下标“0”表示）。相当于电极抬起成“开路”状态，没有电弧产生，此时，$R_{arc}\to\infty$，$I_0=0$，$P_0=0$。虽然 $U_{arc}=U$，$\cos\varphi=\eta=1$，但因无任何热量放出，故研究此点无任何意义。

（2）电弧功率最大点（用下标“1”表示）。电弧功率是进入炉内的热源，研究此点很有意义。由电弧功率与电弧电流表达式（表 4-1 中序号 9 和 4 公式），有函数关系：

$$P_{arc}=f(I)=f[\psi(R_{arc})] \tag{4-3}$$

对该复合函数求导，并令导数等于零，解得，当 $R_{arc}=\sqrt{r^2+x^2}=z$ 时，电弧功率有最大值。将此式代入表4-1中序号4公式中得：

$$I_1=\frac{U}{\sqrt{(r+\sqrt{r^2+x^2})^2+x^2}}=\frac{U}{\sqrt{2z(r+z)}} \tag{4-4}$$

对应的最大电弧功率为：

$$P_{arc}=3I_1^2R_{arc}=\frac{3}{2}\frac{U^2}{r+z} \tag{4-5}$$

分析：

1）I_1 对应的电弧功率最大，此点对应的 $\cos\varphi$、η 比较理想；

2）当 $I_{工作}>I_1$，P_{arc} 减少，同时 $\cos\varphi$、η 值降低；

3）工作电流的选择一般为 $I_{工作}\leqslant I_1$；

4）为了提高 P_{arc}，可提高 I_1，通过提高变压器的二次电压 U 或降低回路的电抗 x 与电阻 r，可以使所选工作电流大些。

（3）有功功率最大点（用下标“2”表示）。同上述类似方法可求出，当 $R_{arc}=x-r$ 时，有功功率有最大值，此时电流为：

$$I_2=\frac{\sqrt{2}}{2}\frac{U}{x} \tag{4-6}$$

相应最大有功功率为：

$$P_a=3I_2^2(R_{arc}+r)-3I_2^2x=Q \tag{4-7}$$

分析：

1）只有满足 $R_{arc}=x-r>0$ 时，即 $x>r$ 时，才能出现有功功率最大值；

2）U 与 I 相位差为 $\varphi=45°$，$\cos\varphi=0.707$，为一常数；

3）比较 $I_2/I_1=f(x/r)>1$，即 $I_2>I_1$，I_2 总是在 I_1 的右边，而选择 $I_{工作}$ 时，主要考虑 I_1。

（4）短路点（用下标“d”表示）。相当于石墨电极与金属炉料接触或插入钢水中，即发生短路，此时，$R_{arc}=0$，短路电流为：

$$I_d=\frac{U}{\sqrt{r^2+x^2}}=\frac{U}{z} \tag{4-8}$$

分析：

1）因为 $R_{arc}=0$，$P_{arc}=0$，所以 $P_a=P_r=3I^2r$，即有功功率全部消耗在装置电阻上，炉内无热量输入；

2）$P_{arc}=0$、$\eta=0$，但 $\cos\varphi\neq0$；

3）$R_{arc}=0$，使短路电流很大，$I_d/I_n\geqslant2\sim3$，极易损坏电器设备，故要求短路电流要小，短路时间要短。

短路，有人为短路与操作短路。人为短路，如送电点弧，短路的目的是要起弧，这要求时间短，即做瞬间短路；短路试验要求电极插入钢水中，为避免损坏电器，试验中采用最低档电压，使短路电流尽量小些，且短路时间尽量短。对操作短路应加以限制，通过提高电路的电抗可以限制短路电流，同时使电弧燃烧连续稳定。

通过上述对几个特殊工作点的分析，将各特殊工作点工作状态列于表4-2中。

表4-2 几个特殊的工作点各有关电气参数值表达式

特殊工作点	空载	短路	有功功率最大	电弧功率最大
R_{arc}/Ω	∞	0	$R_{arc}+r=X$	$R_{arc}=Z$
I/A	0	$U/\sqrt{3}Z$	$0.707U/X$	$U/\sqrt{2Z(r+Z)}$
P/W	0	ΔP	$1.5U^2/X$	—
P_{arc}/W	0	0	—	$3U^2/2(r+Z)$
U_{arc}/V	$U/\sqrt{3}$	0	—	—
$\cos\varphi$	→1	≠0	0.707	>0.707
η	→1	0	—	—

此外，还有耐火材料磨损指数最大值（用“R_{Emax}”表示）。耐火材料磨损（侵蚀）指数（R_E，$MW\cdot V/m^2$），表征炉衬耐火材料的热负荷及电弧辐射对炉壁的损坏程度。其表达式为：

$$R_E=\frac{P'_{arc}U_{arc}}{d^2}=\frac{IU_{arc}^2}{d^2}$$

式中 P'_{arc}——单相电弧功率；

I——电弧电流；

U_{arc}——单相电弧电压；

d——电极侧面至炉壁衬最短距离。

用以上类似方法可求出，当 $R_{arc}=(r+\sqrt{9r^2+8x^2})/2$ 时，耐火材料磨损指数有最大值，此时电流为：

$$I_{re}=\frac{U}{\sqrt{(1.5r+0.5\sqrt{9r^2+8x^2})^2+x^2}} \tag{4-9}$$

对应最大耐火材料磨损指数为：

$$R_{Emax}=\frac{I_{re}^2R_{arc}^2}{d^2} \tag{4-10}$$

式中 d——电极侧面至炉壁衬最短距离，m。

4.1.3.3 运行工作点的选择与设计

电弧炉运行时主要是确定一个合理的工作点。而确定一个合理的工作点，主要在于确定一个合理的电极工作电流。

目前，较为常用的方法是根据已知的二次工作电压 U(V)、操作电抗 X_{op}(Ω) 和线路电阻 r(Ω)，设定合理的 $\cos\varphi=(0.70\sim0.84)$ 值，然后求出各项参数和指标。所用计算公式见表 4-3。

表 4-3　电弧炉运行工作点的工程分析计算公式

序号	参数和指标	单位	计算公式
1	操作电阻（每相）	Ω	$R_{op}=\sqrt{\dfrac{\cos^2\varphi\cdot X_{op}}{1-\cos^2\varphi}}=\dfrac{X_{op}}{\tan\varphi}$
2	操作阻抗（每相）	Ω	$Z_{op}=\sqrt{R_{op}^2+X_{op}^2}$
3	工作电流（每相）	A	$I=U/(\sqrt{3}\cdot Z_{op})$
4	有功功率（初级）	W	$P=3R_{op}\cdot I^2$
5	无功功率（初级）	var	$Q=3X_{op}\cdot I^2$
6	表观功率（初级）	V · A	$S=\sqrt{P^2+Q^2}$
7	电弧功率	W	$P_{arc}=P-3rI^2$
8	电弧电阻（每相）	Ω	$R_{arc}=R_{op}-r$
9	电弧电压（每相）	V	$U_{arc}=IR_{arc}$
10	电弧弧长	mm	$L_{arc}=U_{arc}-(35\sim40)$

4.1.4　电弧炉供电制度的确定与优化

供电制度是指电弧炉冶炼各阶段所采取的电压与电流。供电制度的严格定义，是指某一特定的电弧炉，当能量供给制度确定之后，在确定的某一电压下工作电流的选择。而电气特征是制定供电制度的基础。

从供电曲线表面上看，当能量供给制度确定之后，供电制度实际上就变成了在某一电压下工作电流的确定。在传统的确定方法中，以“经济电流”概念来确定工作电流，其确定方法也适用超高功率电弧炉。

4.1.4.1　经济电流的确定

从电气特性曲线图 4-5 中可以发现，在电流较小时，电弧功率随电流增长较快（即 dP_{arc}/dI 变化率大），而电损功率随电流增长缓慢（即 dP_r/dI 变化率小）；当电流增加到较大区域内时，情况恰好相反。这说明在特性曲线上有一点（电流）能使电弧功率与损耗功率随电流的变化率相等，即 $dP_{arc}/dI=dP_r/dI$，这一点所对应的电流叫做“经济电流”，用 I_5 表示。

因为电流小于 I_5 时，电弧功率小，炉料熔化得慢；电流大于 I_5 时，电弧功率增加不多，电损功率却增加不少，故电流 I_5 得名为“经济电流”。另外，在经

济电流 I_5 附近 $\cos\varphi$、η 也比较理想。

由电弧功率、电损功率及电弧电流表达式（表4-1中序号9、8和4公式），有如下关系：

$$P_{arc} \text{ 或 } P_r = f(I) = f[\psi(R_{arc})]$$

式中，P_{arc}、P_r 分别对 R_{arc} 求复合函数的导数，并联立求解得：$R_{arc}=r+\sqrt{4r^2+x^2}$，此时对应的电流，即为经济电流 I_5：

$$I_5=\frac{U}{\sqrt{(2r+\sqrt{4r^2+x^2})^2+x^2}} \tag{4-11}$$

将 I_5/I_1 比值同除以 r 可得：$I_5/I_1=f(x/r)<1$，即 I_5 在 I_1 的左边，此时 $\cos\varphi$、η 仅与 x/r 比值有关。

分析：

（1）$I_5<I_1$，只有当 x/r 很大时，I_5 才能接近 I_1；

（2）实际设计中，比值 $x/r=3\sim5$，对应 $\cos\varphi=0.83\sim0.88$，$\eta=0.82\sim0.86$。而 $I_5/I_1=0.81\sim0.89$，应该说比较理想，这比 I_1 时还要好。

4.1.4.2 工作电流的确定

由 $I_{工作}\leqslant I_5=(0.8\sim0.9)I_1$，并将耐火材料磨损指数 $R_E=U_{arc}^2\cdot I/d^2=f(I)$ 表示在图4-5的电气特性曲线中，可以看出 $I_{工作}=I_5$ 时恰好在 R_E 最大值附近。

小型普通功率电炉 R_E 较低，$R_E<400\text{MW}\cdot\text{V/m}^2$。一般 $R_E<400\sim450\text{MW}\cdot\text{V/m}^2$ 为安全值，此时炉壁热点损耗不剧烈。但对于大型超高功率电炉，炉壁热点损耗极为严重，R_E 的峰值不小于 $800\text{MW}\cdot\text{V/m}^2$。此时工作电流的选择必须避开 R_E 的峰值（这也是初期的超高功率电炉采用低电压、大电流的原因），所选择的工作电流不再是 I_1 左面接近 I_5 的区域，而是接近 I_1 或者超过 I_1（当然是在 $1.2I_n$ 的范围内），此种情况下 P_{arc} 增加了，虽然 P_r 有所增加，$\cos\varphi$ 略有降低，但由于低电压、大电流电弧的状态发生了变化，成为"粗短弧"使电炉传热效率提高，更主要是炉衬寿命得到保证，R_E 减小。

采用泡沫渣时，可以实现埋弧操作，此时不用顾及 R_E 的影响，而采用低电流、高电压的细长弧供电（操作）。那么，确定工作电流的原则不变，仍为 $I_{工作}\leqslant I_5<I_1$。

$I_{工作}\leqslant I_5$ 是有条件的，必须考虑变压器额定电流 I_n 的允许值，即设备允许的最大电流 $I_{max}=1.2I_n$。在电炉变压器选择正确时，应能保证 I_{max} 接近 I_5，否则将出现以下情况均对设备不利：

（1）$I_{max}\gg I_5$，说明变压器选大了（电流大了），由于经济电流要求 $I_{工作}\leqslant I_5\leqslant I_{max}$，使得变压器能力得不到充分发挥，否则工作点不合理。

（2）$I_{max}\ll I_5$，说明变压器选小了（电流小了），因为若满足经济电流确定原

则 $I_{max} \leqslant I_{工作} \leqslant I_5$，使得变压器长时间超载运行，这些对设备都是不利的，也不经济。

综合考虑，工作电流选择的原则为：$I_{工作} \leqslant I_{max} \leqslant I_5 < I_1$。

当能量供给制度确定之后，供电制度可根据工艺、设备及炉料等条件选择各阶段电压，再根据工作电流确定原则来选择工作电流。

4.1.4.3　供电对功率因数影响

（1）供电与电弧状态：

$$L_{arc} = U_{arc} - 40 \tag{4-12}$$

式中　L_{arc}——电弧长度，mm；

U_{arc}——电弧电压，V。

这说明 $L_{arc} \propto U_{arc}$。当电弧炉供电采取低电压、大电流时，电弧的状态为粗短弧；而当电弧炉供电采取高电压、小电流时，电弧的状态为细长弧。

（2）电流与回路电抗的关系。由阻抗三角形电弧电流与短路电流的关系分别如下：

$$I = U/[(R_{arc} + r)^2 + X^2]^{1/2} \tag{4-13}$$

$$I_d = U/(r^2 + X^2)^{1/2} \tag{4-14}$$

即电压一定时，增加电抗值有利于电弧稳定燃烧，以及限制短路电流。

（3）电抗百分数与功率因数：

$$X\% = X/Z = I_x/U = \sin\varphi \tag{4-15}$$

$$\cos\varphi = [1 - (I_x/U)^2]^{1/2} \tag{4-16}$$

（4）影响功率因数的因素：X 一定时，$\cos\varphi \propto U/I$；I/U 一定时，$\cos\varphi \propto 1/X$。不同电抗百分数 $X\%$ 对应的功率因数值见表 4-4。

表 4-4　不同电抗百分数 $X\%$ 对应的功率因数值

$X\%$	40	50	60	70	80
$\cos\varphi$	0.916	0.866	0.8	0.71	0.60

4.2　高压供电系统

在电炉设备中，高压供电系统是指从高压供电柜进线端开始到变压器一次侧进线端结束。在这一段供电线路中，主要设备是高压供电柜设备。

高压供电系统基本功能是接通或断开主回路及对主回路进行必要的计量和保护。

4.2.1　高压柜

用来接受电能、分配电能的电气设备称为配电装置。成套配电装置是以断路器为主体，将其他各种电器元件根据主接线的要求和控制对象及主要电气元件的特点，将高压电器、测量仪表、保护装置及其附属设备按一定的接线方式组合为一个整体，构成配套电装置（又称高压开关柜）。高压开关柜是由一次电器元件，二次控制，保护、测量、调整元件和电器连接，再加上辅件、柜体（壳体）等组成的整体。高压开关柜是由专业制造厂定型设计，并进行标准化、系列化生产。

4.2.1.1 高压开关柜分类

按断路器安装方式，高压柜分为移开式（手车式）和固定式。移开式或手车式（用 Y 表示）表示柜内的主要电器元件（如断路器）是安装在可抽出的手车上的。由于手车柜有很好的互换性，因此可以大大提高供电的可靠性，常用的手车类型有隔离手车、计量手车、断路器手车、PT 手车等，如 KYN28A-12 柜型。固定式（用 G 表示）表示柜内所有的电器元件（如断路器或负荷开关等）均为固定式安装的，固定式开关柜较为简单经济，如 XGN2-10、GG-1A 柜型等。

按安装地点，高压柜分为户内和户外。用于户内（用 N 表示）表示只能在户内安装使用，如 KYN28A-12 等开关柜；用于户外（用 W 表示）表示可以在户外安装使用，如 XLW 等开关柜。

按柜体结构，高压柜分为金属封闭铠装式开关柜、金属封闭间隔式开关柜、金属封闭箱式开关柜和敞开式开关柜四大类：

（1）金属封闭铠装式开关柜（用字母 K 来表示），主要组成部件（如断路器、互感器、母线等）分别装在接地用金属隔板隔开的隔室中，如 KYN28A-12 型高压开关柜。

（2）金属封闭间隔式开关柜（用字母 J 来表示），与铠装式金属封闭开关设备相似，主要电器元件也分别装于单独的隔室内，但具有一个或多个符合一定防护等级的非金属隔板，如 JYN2-12 型高压开关柜。

（3）金属封闭箱式开关柜（用字母 X 来表示），开关柜外壳为金属封闭式的开关设备，如 XGN2-12 型高压开关柜。

（4）半封闭型（敞开式）开关柜，无保护等级要求，外壳有部分是敞开的开关设备，如 GG-1A(F) 型高压开关柜。

4.2.1.2 对高压柜功能的要求

高压开关柜无论由几面柜组成，都应满足 IEC298、GB3906 等标准要求。

高压柜应具有“五防”功能：

（1）高压开关柜内的真空断路器小车在试验位置合闸后，小车断路器无法进入工作位置（防止带负荷合闸）。

（2）高压开关柜内的接地刀在合位时，小车断路器无法进合闸（防止带接地线合闸)。

(3) 高压开关柜内的真空断路器在合闸工作时，盘柜后门用接地刀上的机械与柜门闭锁(防止误入带电间隔)。

(4) 高压开关柜内的真空断路器在工作时合闸，合接地刀无法投入(防止带电挂接地线)。

(5) 高压开关柜内的真空断路器在工作合闸运行时，无法退出小车断路器的工作位置(防止带负荷拉刀闸)。

高压供电系统对主回路所能进行的保护有：过电流速断和过负荷保护；欠压和失压保护；以及变压器轻、重瓦斯；调压开关重瓦斯、油温极限及冷却器故障等。可在主控制室显示各数据和保护动作的状态。

真空断路器，具有“就地”和“远程”操作功能，即能够在主控室操作台和高压柜两地操作。合分闸采用弹簧(或永磁)操作机构。合分闸电源采用带储能的DC220V电源，确保在断电状态下可靠分闸。

对于只配有一台高压真空断路器的选型，一般都要求配备一台真空断路器手车，使其一工一备。其断路器应满足IEC56、GB1984、JB3855等标准要求。当工作高压真空开关发生故障(或所有次数到极限值时)，可将真空手车拉出(进行维护或更换)，将备用手车式真空开关投入，以缩短故障停工时间。高压真空断路器规格、型号的选择根据所选制造单位不同而不同，其使用寿命也不同。

4.2.1.3 高压柜计量的参数

高压供电系统所计量的主要技术参数有：高压侧电压、高压侧电流、功率因数、有功功率、有功电度及无功电度，每炉钢的有功电度和无功电度可在电炉的HMI界面LCD上查阅。

高压柜上有进线电压、一次电流表，并设有来电指示器。高压供电系统对主回路所能进行的保护有：过电流速断和过电流保护，欠压保护，以及变压器轻、重瓦斯；调压开关重瓦斯、油温极限及冷却器故障等。其系统保护采用微机综保进行可靠保护。

4.2.1.4 高压开关柜的组成

开关柜由柜体、电器元件(包括绝缘件)、各种机构、二次端子及连线等组成。对于电弧炉设备的高压柜来说，进线在10kV以下一般由1~2面高压柜组成；进线在35kV以上一般由3~5面高压柜组成。

柜体的材料：

(1) 冷轧钢板或角钢(用于焊接柜)；

(2) 敷铝锌钢板或镀锌钢板(用于组装柜)；

(3) 不锈钢板(不导磁性)；

(4) 铝板（不导磁性）。

柜体的功能单元：

(1) 主母线室（一般主母线布置按“品”字形或“1”字形两种结构）；

(2) 断路器室；

(3) 电缆室；

(4) 继电器和仪表室；

(5) 柜顶小母线室；

(6) 二次端子室。

4.2.2 高阻抗电弧炉的供电主电路与保护措施

4.2.2.1 高阻抗电弧炉的主电路

高阻抗电弧炉主电路与传统电弧炉主电路的主要区别在于，前者的主电路中串联一台很大（同容量的1.5~2倍左右）的电抗器。它使电弧连续稳定地燃烧，电弧电流减小，电弧电压提高，电弧功率加大，电效率提高，谐波发生量及对供电电网的冲击减小。

电抗器分为固定电抗器和饱和电抗器两种。前者的缺点是不能自动调节电抗值。当工艺改变，需要改变电抗时，要提起电极、断电，然后才能改变电抗；而饱和电抗器则能根据炉况，自动地改变电抗值，基本上达到了恒电流电弧炉操作。

4.2.2.2 电抗器的过电压保护措施

真空断路器的操作过电压是由于电路中存在着电感、电容等储能元件，在开关操作瞬间放出能量，在电路中产生电磁振荡而出现的过电压。在电感性负载电路中，真空断路器的分断操作会产生严重的高频振荡波形。测到过的最高值约为电源峰值的4.5倍。高阻抗电弧炉变压器原边串联一个很大的电抗器，其电感值非常大，因而产生的分断过电压非常高，已运行的高阻抗电弧炉现场也确实证明了这一点，因此，必须采取特别有效的过电压保护措施。

常用的过电压保护措施有阻容保护和避雷器保护。前者也有几种不同方案，但效果最好的方案如图4-6所示。

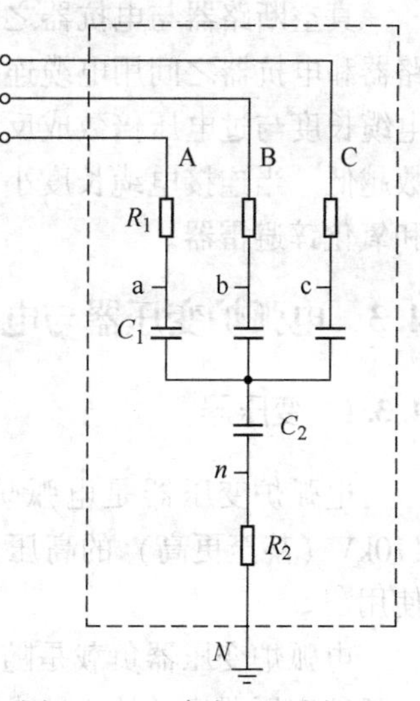

图4-6 双路式RC过电压吸收装置

这种双路式RC过电压保护器的运行结果表明能够消除分断过电压振荡，R_1C_1 主要保护相间过电压，R_2C_2 主要保护对地过电压。对于用来吸收相间

电路存储能量的 R_1C_1 值选用 0.1μF 的电容器比较合适。根据《电机工程手册》第三篇高压开关设备所述，对于频繁进行投切操作的电弧炉变压器的真空断路器，过电压保护装置选 $C_1=0.1\sim0.2\mu F$，$R_1=100\Omega$。

组合式 RC 装置中的 C_2 的接入是为了消除相对地的过电压，同时又能解决常规三组 RC 吸收装置中对地电流过大而烧毁电阻 R_1 的缺陷。

关于第二种方案，用氧化锌避雷器截止操作过电压也有不同方案，效果最好的是三相组合式氧化锌避雷器，如图 4-7 所示。它能够抑制分断真空断路器时引起的相间和相对地操作过电压，达到保护变压器和防止真空断路器相间和相对地闪络的目的，三相组合式金属氧化物避雷器能实现相间和相对地同时保护，因而一台三相组合式避雷器可代替 4 台普通型避雷器。对 35kV 电压，可选用 Y0.1W-41/127×41/140 型。

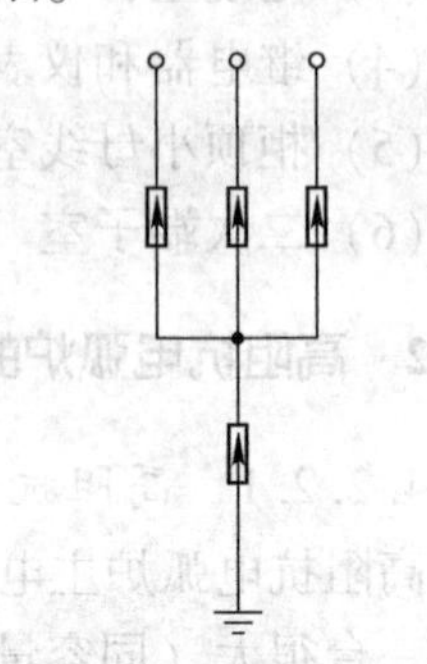

图 4-7 三相组合式金属氧化物避雷器

用真空断路器切断电炉变压器，通常都是在无载情况下进行操作（保护装置动作除外）。经验证明，真空断路器切断空载变压器时，产生的过电压最高，必须采取加强型的过电压抑制措施。因此对于高阻抗电弧炉设备来说，需要采用阻容吸收器（RC）和避雷器双重保护措施。其工作原理是用电容器减缓过电压波头，用避雷器限制过电压峰值。因为后者是由放电间隙和氧化锌非线性压敏电阻串联而成的。在产生过电压时，放电间隙被击穿，过电压加在氧化锌非线性电阻上，其阻值迅速减小，流过的电流迅速增大，这样就限制了过电压。

真空断路器与电抗器之间连线类型和长度与过电压值也有关系。如果真空断路器和电抗器之间用电缆连接，由于电缆本身的电感及较大的分布电容，则连接电缆长度与过电压倍数成反比例关系，即连接电缆越长，电抗器承受的过电压倍数越低。当连接电缆长度小于 6m 时，在电抗器的原边必须重复加装 RC 吸收器和氧化锌避雷器。

4.3 电弧炉变压器与电抗器

4.3.1 变压器

电弧炉变压器是电弧炉的主要电气设备之一。其作用是将输入高达 10～110kV（甚至更高）的高压，降低到 100～1200V 后输出，产生大电流供电弧炉使用[2]。

电弧炉变压器负载是随时间变化的，电流的波动很厉害，特别是在熔化期，电弧炉变压器经常处于冲击电流较大的尖峰负载。电弧炉变压器与一般电力变压器比较，具有如下特点：

（1）变压比大，一次电压很高而二次电压又较低。

（2）二次电流大，高达几千至百万安培。

（3）二次电压可以调节，以满足冶炼工艺的需要。

（4）过载能力大，要求变压器有20%的短时过载能力，不会因一般的温升而影响变压器寿命。

（5）有较高的机械强度，经得住冲击电流和短路电流所引起的机械应力。

（6）变压器工作时最高温度小于95℃。

（7）电弧炉变压器的一次（高压）线圈规定既可接成Y形又可接成△形，而二次（低压）线圈只能接成△形。当接成Y-△形时，$I_e=I$，当接成△-△形时，$U_e=U$。

电弧炉变压器的主要参数包括：

（1）一次额定电压。该电压是供电网络加在变压器一次线圈上的电压，也即供电网络的标准电压。主要有6kV、10kV、35kV和110kV，称为U_1(V)。

（2）二次电压。二次电压也称为低压侧电压U_2(V)。其大小及级数主要取决于炼钢工艺的要求，范围一般在100~1200V之间。

（3）额定电流。不论变压器为何种连接方式，其低压侧线圈中的额定电流I_2保持不变。而高压线圈中的电流I_{1e}随着二次电流的改变而改变。

（4）额定容量。二次电压最高时的容量定义为电炉变压器的额定容量S_e(kV·A)：

$$S_e=\sqrt{3}U_eI_e\times10^{-3} \tag{4-17}$$

但必须注意的是：

1）当变压器一次为星形（Y）连接时：

$$U_e=\sqrt{3}U,\quad I_e=I \tag{4-18}$$

2）当变压器一次为三角形（△）连接时：

$$U_e=U,\quad I_e=\sqrt{3}I \tag{4-19}$$

式中 U_e，U——分别为变压器空载时的线电压和相电压；

I_e，I——分别为线电流和相电流。

（5）供电电源频率。在我国电源频率$f=50$Hz，但在国外电源频率各国的规定是不同的。

（6）线圈的连接线路和连接组。线圈连接成Y-△形或△-△形，连接组标号：Yd11(11为初级和次级相位角相差11°）或Dd0(0为初级和次级相位角相差0°)。

（7）变压器性能数据包括：

1）负载损耗：代表一次、二次线圈的电阻热损失的大小，还代表由于线圈漏磁在油箱和铁制品件上产生的附加损耗。其数值是上述两项之和，其数值越小越好，前者占大部分。

2）空载损耗：描述磁路的热特性（磁滞损），其数值越小越好。

3）空载电流：描述磁路硅钢片磁性能的好坏，其数值越小越好。既代表硅钢片质量的好坏，还代表一次线圈的匝数设计的是否合理，数值小代表硅钢片质量好，线圈匝数合理。空载损耗和空载电流代表磁路的特性。

4）短路阻抗：是一、二次线圈由于漏磁产生的电抗（变压器阻抗就是短路阻抗）的数值，该数值不一定是越小越好。

（8）效率。一般中小型变压器 $\eta=95\%\sim98\%$，大型变压器 $\eta=99\%$。

（9）变压器铭牌数据见表4-5。在变压器铭牌上标有变压器接线方式，接线时应按其接线图接入线路中。

表4-5　变压器铭牌数据

序号	名　称	单　位	数　值
1	型号		
2	额定容量	kV · A	
3	额定电压	V	
4	相数		
5	频率	Hz	
6	连接组标号		
7	调压方式		
8	使用条件		
9	冷却方式		
10	冷却装置		
11	绝缘水平		
12	互感器电流比		
13	器身重	t	
14	油重	t	
15	油箱总重	t	
16	附件重	t	
17	总重	t	
18	运输重	t	
19	出厂编号		
20	外形尺寸（长×宽×高）	mm	

（10）电弧炉变压器允许过载能力。在熔化期内通常允许过载20%运行。总的允许过载能力为：

冶炼周期 T	允许过载持续时间
$T\leqslant 2h$	$100\%T$
$2h>T<3h$	$75\%T$
$3h>T<4.5h$	$55\%T$
$T>4.5h$	2.5h

4.3.2 电弧炉变压器功率及电气参数的确定

电弧炉变压器容量确定的目的，是为了选择与电弧炉容量及冶炼时间等相匹配的变压器。电弧炉变压器的容量的确定是一个比较复杂的问题，它受电弧炉出钢量、冶炼时间、炉料情况、炉衬材质、电效率、热效率等许多因素的影响，必须全面综合加以考虑。由于电弧炉向大型化与超高功率发展，为此要求与之相匹配的变压器容量也不断增大，二次电压不断提高。一般来说，变压器与电弧炉容量的匹配应考虑以下因素：

（1）电弧炉仅仅是作为熔化炉使用还是作为熔炼装置；

（2）原料情况及冶炼的钢种；

（3）产品产量与冶炼周期；

（4）采用何种熔炼工艺及辅助能源使用情况；

（5）当变压器采用高功率或超高功率时，电弧炉炉体结构和其他相关技术是否配套；

（6）选择不同功率水平要考虑电弧炉的作业制度，是间断生产还是满负荷的连续性生产；

（7）选用何种功率水平还要考虑到车间或工厂的供电条件是否满足要求等。

4.3.2.1 电弧炉变压器容量的确定

A 理论计算公式

在电弧炉的整个熔炼过程中，各个阶段所需要的能量不同，应根据炉内温度的情况，以及冶炼时期的特点来确定功率的大小。

在确定变压器功率的时候，应考虑电弧炉的生产率最大和吨钢电能消耗最小两个方面：

$$P_n=\frac{60WG}{t_{on}\cos\varphi C_2}\quad(kV\cdot A)\qquad(4-20)$$

式中 t_{on}——总通电时间，min；

$\cos\varphi$——功率因数，一般为0.8~0.85；

C_2——变压器功率利用率，一般为0.65~0.75（普通功率~超高功率）；

W——电能单耗，kW·h/t；

G——出钢量，t。

由式（4-20）可以看出，当电炉的出钢量、功率因数、变压器利用率及通电时间确定后，变压器额定容量仅与电能单耗参数有关。

B 耶德聂拉尔公式

根据耶德聂拉尔推荐的公式来计算变压器的容量：

$$P_n=\frac{100D_k^{3.32}}{\tau} \quad (kV·A) \tag{4-21}$$

式中 P_n——变压器的视在功率，kV·A；

τ——额定装料量的熔化时间，h；

D_k——炉壳外径，m。

一般熔化期的平均功率 P_c 为：

$$P_c=0.8P_n \tag{4-22}$$

熔化期的有用功率 P_y（用于炼钢过程本身的功率）为：

$$P_y=P_c\cos\varphi\eta_r \tag{4-23}$$

式中 $\cos\varphi$——熔化期的平均功率因数；

η_r——熔化期的电效率。

4.3.2.2 二次电压的确定

在实际工作中为了熔炼的正常进行，在熔炼的各个时期中，应输入不同的功率及不同长度的电弧，这一目的可以通过改变二次侧电压来达到，为此二次侧电压设置成多级电压。电压的级数因炉子的大小而异，小炉子可用5~7级，中等炉子可采用9~15级，大炉子采用17~23级以上。

利用较高的二次电压便于向炉中输入大功率，现代化高阻抗电炉的二次电压已达到1200V左右。

A 普通阻抗电炉最高二次电压的确定

普通阻抗电弧炉最高二次电压的确定可由式（4-24）计算得出：

$$U_2=K\sqrt[3]{P_n} \quad (V) \tag{4-24}$$

式中 K——系数，普通功率取 $K=13\sim15$；超高功率、超高功率取 $K=15\sim17$，为适应埋弧期操作常采用后者，也是近年发展趋势。

P_n——变压器额定容量，kV·A。

在实际应用中，大中型炉子的最高二次电压可以近似地用下面两个经验公式计算：

（1）对于碱性电弧炉：

$$U_2=180+9.4P_n \quad (V) \tag{4-25}$$

（2）对于酸性电弧炉：

$$U_2=184+15P_n \quad (V) \tag{4-26}$$

式中 P_n——变压器的额定容量，MV·A。

B 最低二次电压的确定

最低二次电压的确定主要是满足电炉工艺要求，即钢液保温的要求，确定保温电压。另外，适当低的电压有利于短路实验，以确定短网电参数。

还原期使用较低的电压，小型电炉一般不超过150~160V。大中型电弧炉一般不超过180~230V。

C 二次电压级差

(1) 对于变压器三角形接法，当设定二次侧最高电压为U_{21}(V) 时：

1级：U_{21}(V)；

2级：$U_{22}=0.85U_{21}$(V)；

3级：$U_{23}=U_{22}\times0.85$(V)；

⋮

N级：$U_{2n}=U_{2(n-1)}\times0.85$(V)。

(2) 对于变压器星形接法，当设定二次侧最高电压为U_{21}(V) 时：

1级：U_{21}(V)；

2级：$U_{22}=U_{21}/\sqrt{3}$(V)；

3级：$U_{23}=U_{22}/\sqrt{3}$(V)；

⋮

N级：$U_{2n}=U_{2(n-1)}/\sqrt{3}$(V)。

(3) 恒压差。国外电弧炉变压器大多采用恒压差，恒压差有利于计算分析与操作显示等，其范围为15~30V。一般对于小于35MV · A电炉变压器，级差取15~20V；电炉变压器大于35MV · A时，级差一般取25~30V。

D 恒功率段与恒电流段电压范围

现在，变压器一般都设有恒功率段与恒电流段。恒功率段与恒电流段电压范围应根据冶炼工艺要求、操作水平加以确定：

(1) 恒功率段是满足炉料熔化与快速提温期间不同阶段均能大功率供电，即主熔化期或完全埋弧期采用高电压、低电流，快速升温期埋弧不完全或电弧暴露期采用低电压、大电流供电。

(2) 恒电流段是满足精炼期的调温、保温的需要，即满足低电压、小电流供电。

(3) 段间（分档）电压，即恒电流段的最高电压或恒功率段最低电压，其确定主要考虑两点：

1) 满足非泡沫渣时的供电，不能太高；

2) 限制设备的最大载流量，不能太低。

现代电弧炉炼钢“三位一体”流程，电炉仅作为高速熔化金属的容器，没有还原期，氧化期也很短，可以说二次电压级数太多意义不大，当然级数多一些，即压差小些，有利于延长有载开关的使用寿命。

为了缩短电炉的冶炼周期，必须提高吨钢输入功率（包括表观输入电功率、电效率及功率因数）、化学热和物理热、降低电耗和减少热停工时间，这就是电弧炉冶炼周期的综合控制理论。

4.3.2.3 二次侧额定电流

电弧炉变压器二次侧额定电流，是变压器二次侧额定电压时的电流。在较低二次侧电压工作时，其额定电流保持不变，即恒电流输出。一般大型电弧炉变压器都设有恒功率段与恒电流段。而把恒电流输出段的最高电压常常被称为额定（分档）电压。

输入炉子的电流大小必须随着炉子尺寸的增加而增加，关于额定电流的计算可按式（4-27）进行。

$$I_2=\frac{1000P_{\mathrm{n}}}{\sqrt{3}U_2}\ (\mathrm{A}) \tag{4-27}$$

式中 P_{n}——变压器的额定容量，kV·A；

U_2——变压器二次侧分档电压，V。

4.3.3 电抗器

电抗器串联在变压器的高压侧，其作用是使电路中感抗增加，以达到稳定电弧和限制短路电流值的目的。

在电弧炉炼钢中的熔化期，经常由于塌料而引起电流波动，甚至发生短路。电弧也因电流的波动而不稳定，短路电流常超过变压器额定电流的许多倍，导致变压器寿命降低。接入电抗器后，使短路电流不大于2.5~3倍的额定电流，整定时间不超过6s。在这个范围内，电极的自动调节装置能保证提升电极降低负载，而不至于跳闸停电；同时使电弧保持连续而稳定。但是，因为它的电感量大，使无功功率消耗增加，降低了功率因数，从而影响变压器的输出功率。因此，它不能总是接在线路上，要很好地掌握电抗器的接入、断开时机，并控制使用时间，以减少无功功率的消耗。

变压器容量不大于5500kV·A的电弧炉，电抗器安装在变压器箱体内，称为内附电抗器。变压器容量大于5500kV·A的电弧炉电抗器与变压器箱分开，串联安装在高压柜后变压器一次侧进线前，称为外附电抗器。而更大的电炉（变压容量器容量大于9MV·A）则因为电路本身的电抗相当大，一般就不需要另加电抗器了。但是，对于高阻抗电弧炉，为了稳定电弧，则需要在变压器一次侧串联一台电抗器，使用的时间也较长。

电抗器的主要参数如下：

（1）阻抗值：

$$Z_K = \frac{U_K}{I_K} \tag{4-28}$$

式中 U_K——电抗器的相电压，V；

I_K——电抗器的相电流，A。

（2）额定容量。电抗器额定容量系根据已确定的阻抗 Z_K 数据以及电抗器铭牌上所标示的额定电流来确定，即

$$Q_K = Z_K I_K^2 \tag{4-29}$$

式中 Z_K——阻抗值；

I_K——电抗器铭牌上的额定电流，A。

（3）电阻值：

$$r_K = \frac{P_K}{I_K^2} \tag{4-30}$$

式中 P_K——瓦特表测量值；

I_K——电流表测量值，A。

电抗器内电阻值非常小，计算时可以忽略。

（4）感抗：

$$x_K\% = \frac{Q_K}{S_e} \times 100\% \tag{4-31}$$

式中 Q_K——电抗器额定容量，kvar(1var=1W)；

S_e——电炉变压器额定容量，kV·A。

电抗器的性能数据包括电抗器容量、电抗器压降、短路阻抗和电抗器总损耗。

电抗器的铭牌数据见表4-6。在电抗器铭牌上标有电抗器接线方式，接线时应按其接线图接入线路中。

表4-6 电抗器铭牌数据

序号	名 称	单 位	数 值
1	型号		
2	额定容量	kvar	
3	额定电流	A	
4	相数		
5	频率	Hz	
6	使用条件		
7	冷却方式		
8	绝缘水平		

续表 4-6

序号	名　称	单　位	数　值
9	器身重	t	
10	油箱及附件重	t	
11	油重	t	
12	总重	t	

4.4　电弧炉短网

4.4.1　短网的组成及特点

4.4.1.1　短网的组成

电弧炉的短网是“主电路”设备中的重要组成部分，如图 4-8 所示。短网也称为大电流线路，是从电弧炉变压器低压侧出线端到石墨电极末端为止的二次导体的总称。但在实际叫法上，常常把与变压器出线相连接的补偿器到与横臂尾部相连接的大截面集成水冷电缆这一段线路称为短网（或大电流线路）。

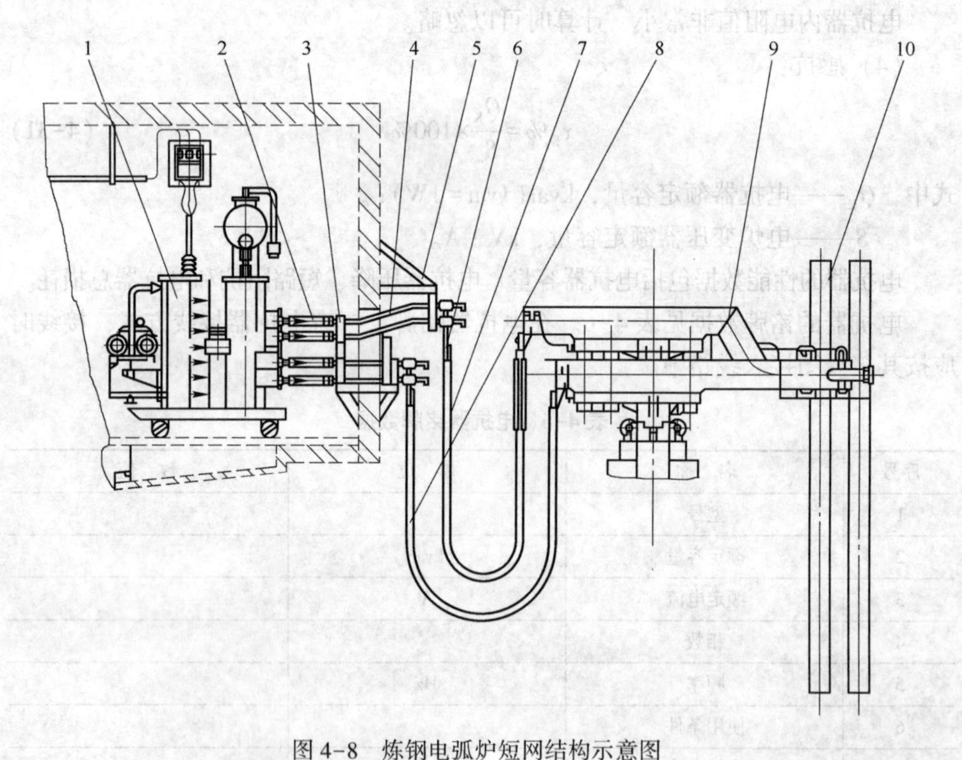

图 4-8　炼钢电弧炉短网结构示意图

1—电炉变压器；2—补偿器；3—绝缘件；4—管式铜排；5—短网支架；6—连接铜板；7，8—大截面集成水冷电缆；9—导电横臂；10—石墨电极

由于变压器采用了顶进侧出线方式，该部分的导电铜管的根数与变压器出线根数相同（一般每相为2~4个U形管，出4~8根线），并且一一对应。大电流线路导电铜管空间布置，一般情况下与变压器出线保持一致；而在和水冷电缆连接段，将中相抬高后三相多呈正三角形（或等腰三角形）布置方式，其具体布置尺寸应由计算后确定[3]。

大电流线路的固定是采用不锈钢（或其他非磁性材料）做支架5，常以酚醛玻璃布板作为绝缘件3，用不锈钢螺栓作为连接件将铜管4固定在支架5上。安装时，补偿器2一端与变压器出线相连，另一端和水冷导电铜管相连。水冷电缆7、8的连接，其一端固定在铜管连接板6上，另一端与横臂尾部相连。

A 补偿器

补偿器是用来防止短网在通过强大电流时产生的机械振动传给变压器，也就是说是用来保护变压器而设立的。现在，由于变压器多数采用了侧面出线而使短网结构大为简化，补偿器概括起来主要有以下几种结构：

(1) 水内冷补偿器。水内冷补偿器与大截面水冷电缆类似，把多股铜绞线组成圆篓状，两端与铜接头压成一体，铜接头的内孔为圆爪形锥套，通过特制的接头使之与变压器出线铜管及出墙铜管压紧连接，外部用橡胶管做外套，用钢制卡箍紧压在补偿器接头上。这种补偿器既通水又导电，直接将两边的电路和水路相连，无须再外接水管，从外部看更为简洁。这种结构的补偿器在超高功率电弧炉上运行，效果良好，使用广泛。

(2) 风冷式铜皮补偿器。这种补偿器是将多个薄铜皮叠成一组形成绕性，两端为铜接头加工件，薄铜皮组与两端的铜接头焊成一体。根据两端需要连接对象的形状，铜接头有圆形、半圆形和平板形三种结构。这种补偿器只用于导电。水路由另外的橡胶管连接，因此，使用不如上一种简单。另外，由于采用风冷，因此导体数量多、截面大，但安装、拆卸比较方便。

(3) 风冷式软电缆补偿器。这种补偿器不用铜皮，而是用多股铜绞线，其两端分别与两个铜接头压制成一体。铜接头可以是平板形，也可以是圆形。这种补偿器的优点是在任意方向都有绕性，对两端被连接物的位置尺寸要求不高，安装方便；同时，长度可以任意长，可以减少中间连接点长度；另外，由于补偿器的两个端头采用加工件，使接触良好，减小了接触电阻。

B 导电铜管（或铜排）

补偿器一端和变压器出线端连接，另一端和导电铜管相连接。导电管一般用紫铜管制造，导电铜管的外径一般取等于或大于变压器出线管外径，管壁厚度一般取10~15mm之间。当然，对于大容量变压器管壁厚度也有近20mm的。

C　水冷电缆

大截面水冷电缆结构如图 4-9 所示。大截面水冷电缆将每股 300~500mm² 的铜绞线电缆压接成一根，一般每根电缆截面积在 1200~6000mm² 之间，每相用 2~4 根电缆，使短网的布置和结构大大简化。由于每根电缆中的铜绞线经过几何换位，铜绞线的电流均匀；铜绞线之间有绝缘隔开，相互位置被固定，整根电缆之间位置拉开，并且受重力的影响，不再相互摩擦；铜绞线与铜接头压接成一体，铜接头面积大，而且是加工面，因此，接触面接触性能好；电缆及接头均通水冷却，冷却效果好。大截面水冷电缆大大提高了运行的可靠性，另外，由于电缆束之间位置固定，使电抗值变化小，也起到了稳定电弧的作用。由于其优越性非常突出，目前国内外普遍应用。

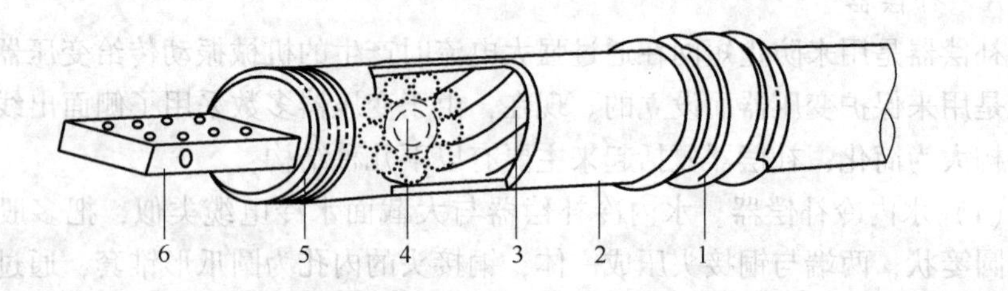

图 4-9　大截面水冷电缆结构示意图

1—保护套；2—橡胶绝缘管；3—铜线电缆；4—中心管；5—不锈钢箍；6—导电接头

挠性电缆的长度与选型：

（1）根据炉体倾动至极限位置时，从电极横臂的电缆可动连接座到变压器二次铜母排末端之间距离而定。

（2）满足炉盖旋转时所需要的软电缆长度。对于偏心底出钢电弧炉，旋转到极限位置时所需要的电缆长度会比倾动时电缆长度更长。

（3）当炉体倾至极限位置时，变压器室外墙上硬母排高度与横臂电缆连接座高度相适应，这样就可使挠性电缆长度缩短。同时要兼顾电极升降时横臂最低点与最高点时与变压器出墙上硬母排高度尽量保持对称。

（4）有的电炉为了减少电缆长度，变压器出线中心线和炉体中心线错开一定距离，两者不在一条线上，这样可以使电缆缩短。

（5）电弧炉的炉体中心与变压器之间距离尽量缩短，但对于软电缆两端距离不能小于其所采用的电缆最小弧形半径的 2 倍，否则会影响电缆的使用寿命，各种型号大截面集成水冷电缆的载流量与最小弯曲半径见表 4-7。

（6）在电缆根数选择时总是希望根数越少越好。但是，电缆截面越大不仅弯曲半径会增大，而且增加了电缆的长度。在电缆电流密度相同的情况下，截面大的电缆寿命会比截面小的电缆寿命短。

表 4-7 各种型号大截面集成水冷电缆的载流量与最小弯曲半径

型 号	载流/A	最小弯曲半径/mm	型 号	载流/A	最小弯曲半径/mm
WCCB1200	5400	350	WCCB3600	16200	580
WCCB1600	7200	400	WCCB4000	18000	650
WCCB2000	9000	415	WCCB4400	19800	660
WCCB2400	10800	430	WCCB4800	21600	700
WCCB2800	12600	480	WCCB5200	23400	750
WCCB3200	14400	525	WCCB6000	27000	900

D 大电流线路水冷管路的连接

大电流线路水冷管路的连接方式，一般是将水冷电缆、导电铜管与变压器出线端串联在一起。也可以有不同的进回水线路，但是，总的原则是在保证冷却效果的前提下，结构越简单越好。

对于大型电炉，由于电流强度大，连接铜板发热严重，有时也采用水冷结构。例如，我国舞阳钢铁公司从奥钢联引进的 90t 超高功率电弧炉，与补偿器连接的水冷连接座厚度为 38mm 的铸铜件，与水冷电缆连接的水冷连接座厚度为 35mm 的铸铜件。水冷连接座中间通水冷却，其与补偿器及水冷电缆的连接面均为加工面，保证了导体间的良好接触。

E 对大电流线路的要求

(1) 各绝缘件安装时，保证绝缘性能可靠，对地电阻不小于 0.5MΩ；

(2) 与支架相连接的非磁性钢板要预埋在墙体内部，预埋钢板外平面和墙体表面处在同一平面位置，以便于支架与预埋板的焊接；

(3) 所有连接表面要光滑平整，连接螺孔要倒角，不允许有飞边毛刺的存在；

(4) 连接螺栓要有防松动措施，在工作一周后，重新拧紧一遍，以后每隔二个月再检查一次；

(5) 尽量减少接触面的接触电阻；

(6) 在墙体进出口墙面上要装有防灰尘盖板，经常检查并及时清除灰尘。

4.4.1.2 短网工作特点

短网工作特点是电流大、长度短、结构复杂、工作环境恶劣，不能按通常电气装置载流导体进行选择。当几百万安培的大电流流过时，会引起很强的交变磁场，使导体具有很大的电感。它的电抗远大于有效电阻，加之互感系数不均匀，会产生功率转移现象。因此，短网的结构、几何尺寸、电气参数、运行温度等都将直接影响电弧炉各相的经济指标。如何选择合理的短网、改进短网的导电性能、节能降耗、提高电炉效率等，一直是电炉设计人员所要研究的重要课题[4]。

（1）电流大。目前，世界上最大容量的电弧炉已达400t以上，流过短网的电流近百万安培。由于在短网导体中流过如此巨大的电流，短网导体的电阻势必消耗数量可观的有功电能，使电弧功率降低；同时，由于该电流在导体周围建立起强大的交变磁场，交变磁通必然在短网导体中产生自感电势及互感电势，使短网导体及其周围的铁磁体构件中产生非常大的功率损耗，引起铁磁体构件的发热。

另一方面，由于短网导体不可避免地存在不对称性，使得电流沿各个导体分布不均，各导体之间以及相与相之间产生功率转移等现象，使三相电弧功率不等，严重影响整个电炉的运行指标。

由于电流大，使短网导体间存在的与电流平方成正比的电动力很大，特别是在熔化期电流波动大，短网导体间相互吸引、排斥的冲击力很大，使短网导体抖动，接触处容易松动，接触电阻发热使接触处氧化以至损坏，电缆摆动和相互摩擦使电缆绝缘损坏。由于短网工作环境温度高，导电尘埃多，使得短网导体与炉体之间的绝缘容易损坏。一旦短网发生故障，必然造成电炉热停工，使热损失增加，生产率下降。

（2）长度短。整个短网长度，大型电弧炉不超过30m，小型电弧炉仅为10m左右。由于短网损耗非常大，在设计短网时，必须尽量缩短整个短网长度。特别是挠性电缆的长度，以便最大限度地降低短网的损耗。研究表明短网每增加0.5m，功率因数下降0.5%左右。短网电缆长度减少1m，可使电抗减小5%~8%。

（3）结构复杂。短网各段导体的结构、形状不同，并联导体的根数不同，排列方式不同。因此，在进行短网的设计时，既要考虑集肤效应和临近效应的影响，又要注意导体的合理配置、最佳换位，使有效电感尽量减少，各导体电流均衡及各参数值尽量接近。

（4）工作环境恶劣。短网导体是在温度特别高、导电尘埃非常多的恶劣环境下工作。为此，必须注意短网的冷却问题，具体的如抗腐蚀性问题、绝缘的防污问题，并重视短网导体及其绝缘物的清洁工作。

实践证明，短网的电参数对炉子正常运行起着决定性作用，炉子的生产率、炉衬寿命以及功率损耗、功率因数数值在很大的程度上取决于短网电参数的选择。

从短网的电阻、电抗两个电参数来看，短网电抗不论在绝对值上还是在重要性上都要比短网电阻重要得多，短网电抗是主要矛盾，要减少短网阻抗首先要减少短网电抗，要使三相阻抗平衡，首先要解决三相电抗平衡问题。同样容量的炉子，短网连接线路及其导体布置不一样，其短网电阻和电抗的数值也不一样。一般来说，炉子容量越大，短网电抗就越大。短网设计应使其阻抗在 $(2\sim4)\times10^{-3}\Omega$

范围内。短网电抗约为短网电阻的3~7倍。炉子容量越大，这个倍数就越高。

此外，由于变压器线圈匝间及线圈与铁芯之间不可能没有间隙，即不可能消除漏磁通，所以很难将变压器的阻抗电压相对值降低至6%以下。由此可知，要降低整个电炉主回路的电抗，只能依靠降低短网电抗来达到。

4.4.1.3 短网导体允许负荷

A 导体允许温度

短网导体的截面大小，主要取决于导体中的电流大小。由于导体本身存在着电阻 R，当流过电流 I 时，就将放出一定的热量，并向四周大气散放，因为导体的温度高于周围空气的温度。为了避免导体温度过高而影响其机械强度和附近其他设备，通常是按照规定的电流密度来决定所需导体总截面。而对相同截面的导体，则应使其周长加大，从而使其散热表面加大。

规定短网导体允许负荷的标准是导体的极限温度和电气功率损失。电气装置中，规定导体极限温度是70℃。这个温度是从经济合理性规定的，电炉短网也是按此温度条件来选择导体。

B 短网导体允许负荷

当交流电流流经导体时，导体截面上电流的分布是不均匀的。由于集肤效应和邻近效应的影响，导体截面上距离中心越远的地方或者某一外侧的电流密度就大一些，因而在实际设计中，对于流过特大电流的大截面导体，往往采用宽厚比为10~20的矩形截面导体，或者采用管状或槽形截面的导体，而很少采用圆形或方形截面的导体。无水冷却的硬铜母排及板式补偿器导体中的电流密度规定为1.5~1.6A/mm^2，而厚度小于10mm硬铜母排的电流密度电流密度可达1.9~2.0A/mm^2；硬铝母排的电流密度规定为0.8~0.9A/mm^2，而厚度小于10mm硬铜母排的电流密度可达1.28~1.3A/mm^2。

4.4.2 功率转移现象

在三相电弧炉中，电极的工作条件是不相同的，边相的两根电极工作也不一致。如果有一根电极所形成的电弧很快地将炉料熔成井，而另一根电极的电弧却缓慢地将炉料熔成井，就会在炉内发生严重的温度不均衡现象，使得一根电极下部的钢液在精炼时期过热，并损坏炉顶和炉墙。尽管电源电压和电流大小在所有三相中相等，但上述现象仍然发生。这表明，在同样的负荷电流下，每相的相阻抗是不相同的。

防止功率转移的方法：

(1) 将三相不运动的导体（变压器出线和铜管）布置在等边三角形的三个顶点上，而将运动的导体（导电横臂或导电管）布置在长等腰三角形的三个顶点上，或采用三相导体双线法。

(2) 分别调节变压器各相的二次电压，使加到各相的电压分别为不同的数值，这样就可以提高“减弱相”的电压，并相应地降低“增强相”的电压。

(3) 按不同的电弧阻抗，各相以不同的电流和电压操作。

4.4.3 短网的优化

4.4.3.1 短网优化的必要性

短网的优化要适应电弧炉技术的发展。高阻抗超高功率电弧炉采用的是高电压、低电流供电。这样带来以下优点：电损失功率降低，电耗减少；电极消耗减少；三相电弧功率平衡改善；功率因数提高[5]。

不但单体设备要优化，更重要的是设备的匹配优化及电参数的优化。就短网的电参数而言，电阻直接消耗有功功率；而电抗一方面是增加无功功耗，降低功率因数；另一方面起到稳定电弧、限制短路电流。由于电抗与电阻的比值 $X/R=3\sim7$ (大炉子取大值)，以及对三相电弧功率平衡的影响也以电抗为主，因此，对短网电参数中电抗的研究更为重要。正确的短网设计应使阻抗在 $(2\sim4)\times10^{-3}\Omega$ 范围内。

实践证明，短网的电参数对炉子的正常运行起着决定性的作用。炉子的生产率、炉衬寿命、电效率及功率因数数值，在很大程度上取决于短网电参数的选择。如果三相阻抗设计不平衡，必将导致三相电弧功率不平衡，从而造成炉料的熔化速率不相同，熔化时间延长，更为严重的是造成炉壁的热负荷不均匀，使炉衬局部过热，降低炉衬寿命[6]。

4.4.3.2 导电横臂优化

导电横臂的优化主要包括导电横臂导电材料的选择、导电横臂结构与布置[7]。

A 导电横臂材料的选择

导电横臂的材料的选择主要是导电横臂导电材料的选择。目前，导电横臂导电材料主要有铜钢复合板和整体铝板两种材料，两者相比见表4-8。

表4-8 铜钢复合导电横臂与铝导电横臂的比较

比较项目	铜钢复合板	整体铝板
质量	重	轻（约为铜钢复合横臂的一半）
电极响应性	标准	电极控制的响应性提高
电极升降速度	标准	电极升降速度可能高速化
电阻损失	损失大； 由于导电面积增大，复合铜板的厚度一般只有4~6mm，而电流在铜导体透入深度9.5~10mm，因而使部分电流流过钢材，电阻损失增加	损失小； 电流在铝导体透入深度为17mm。电流全部在铝导体（厚度在20~50mm）内部流动，电阻损失较小

续表 4-8

比较项目	铜钢复合板	整体铝板
振动衰减性	低	高； 铝材在物理性质上，振动衰减性大； 由于电弧稳定，输入功率增加
其他	设备可靠性、机械强度、耐腐蚀性、维修大体相同，阻抗对大型炉两者都能充分降低	

铝导电横臂所采用的铝 Al-Mg 系合金 A5083 或 A5052。一般铝给人们的印象是强度较弱，但实际上 Al-Mg 系合金的比强度（见表 4-9）比钢强，其焊接性和耐腐性能优良。这也是在日本导电横臂全部采用铝导电横臂的原因所在。

表 4-9　Al-Mg 系铝合金和钢的比强度比较

比较项目		铝合金 A5083	钢 Q235B（普碳钢）
密度/g·cm^{-3}		2.71	7.85
比强度 /kg·mm^{-2}	抗拉	27/2.71=9.96	41/7.85=5.22
	屈服	11/2.71=4.06	24/7.85=3.06

B　导电横臂的结构与布置

从电力损失上讲，铝合金的电阻率约为纯铜的 3 倍。但是铝臂的导体形状和截面积由机械强度来决定，将横臂作为导体时，截面积的富裕极大，因而铝臂电流密度极低，即使考虑集肤效应和邻近效应，实质性电阻损失也比铜钢复合臂小。图 4-10 表示已考虑到三角形配置的三相铝臂的集肤效应和邻近效应的电流分布的例子。大电流导体要注意电流集中在导体拐角部位和接近于其他相的部位。

图 4-10　铝导电横臂的电流分布（三角形配置）

C 电极分布圆

电极分布圆对各种电极直径都有一个适当的范围，而电极分布圆尽可能小的看法是不正确的。为了确定电极分布圆，应当注意以下几点：

(1) 与导体导电部位的间隔——电绝缘性有关；

(2) 防止电极夹持器附近飞弧（与最大二次电压和周围气体有关），特别是对变压器容量较大的高阻抗电弧炉的二次最高电压较高的情况下，更为明显；

(3) 炉盖电极孔的绝缘的可靠性与最高电压和有无电极喷水有关；

(4) 防止熔池平展时期在电极前端的渣面上电极间飞弧（与最大电压、周围气体、电极前端的振动有关）。

导电横臂特别是铝导电横臂，因为从导体形状和尺寸结构上已经充分降低了电抗，没有必要进一步缩小电极分布圆。另外，电磁力也作用于电弧之间，如果电极分布圆过小的话，电弧特性就变得不稳定。

因此，电极分布圆必须从电极直径、与炉壳内径的平衡、最高电压、电流、所要求炉子侧的电抗，以及机械系统的刚度、固有振动频率等方面进行综合考虑。对于铝导电横臂电极直径500mm时，电极分布圆直径为电极直径的2.5倍，即1250mm。600mm的电极比例多少要小一些。

4.5 电弧炉低压控制与自动化技术

4.5.1 炼钢电弧炉低压电控与自动化设备

4.5.1.1 低压电控设备的组成

电弧炉的低压供电系统来自车间低压配电室，进线电压380/220V三相四线制。它主要给液压泵站的电机及加热器、高压柜分合闸电源、变压器调压控制器、油水冷却器，电弧炉辅助设备如炉前氧枪装置、钢水测温仪，加料系统设备，以及控制系统所需的仪表电源、不间断电源、HMI及PLC等供电，并根据不同系统的配置，由多个柜、台、箱组成。

4.5.1.2 自动化系统的主要功能

通常，电弧炉炼钢基础自动化系统应具备人机对话、报表打印、数据采集和通信、装料控制、高压系统控制、变压器与电抗器控制、电弧炉冷却系统监测、电极升降自动控制、设备本体动作的控制、辅助能源输入控制、设备连锁控制、废气回收和除尘控制等功能。

A 人机对话

人机对话是指炉前操作员与炉前操作室中工作站之间的人机交互过程。包括：

(1) 数据和画面显示。计算机基础自动化采集的设备状况、冶炼过程信息、过程计算机计算的设定点数据都可显示在工作站画面上，为现场人员提供操作指导。

人机对话的画面可大致分为通用对话画面、数据库对话画面和过程对话画面三类。表 4-10 为常见人机对话画面分类列表。

表 4-10　人机对话画面分类列表

通用对话画面	数据库对话画面	过程对话画面
对话菜单 报表菜单 事件登记 优先级、口令分配 链路测试	电弧炉计划画面 质量数据画面 废钢数据画面 合金/添加料数据画面 极限值画面 电弧炉数据画面 电能操作图 烧嘴操作图	工厂状态画面 电弧炉过程状态画面 炉启动画面 温度输入画面 装料指令画面 合金/添加料输入 物料一览 废钢清单 电弧炉事件记录

(2) 数据输入。当有些数据不能通过检测自动获得时，可通过工作站键盘键入或通过鼠标对可选项进行选择；现场设备也可作为有些数据的手动备用。

(3) 现场设备的计算机操作。报表打印提供冶炼生产所需要的各种报表。报表分为两类，即周期性报表和事件报表。前者是以每炉、每班、每天为周期的冶炼过程、冶炼数据的汇总和统计；后者是以备忘录的形式记录各个操作周期内发生的随机事件，尤其是异常事件，如电极折断、等待时间等。

B　数据采集与通信

数据采集指的是基础自动化 PLC 通过模拟量输入板、数字量输入板检测冶炼过程和设备有关的电工量和热工量数据；数据通信指的是与过程计算机或外部设备间的通信。

a　数据采集

PLC 数据采集是用传感器对物理量（如温度、压力、流量或位移）进行采集、转换为模拟量信号，然后由模拟信号通过 A/D 转换为数字信号，再由 CPU 进行处理后进行控制、显示、存储或打印的过程。

b　原始数据的可靠性

原始数据必须可靠，无论是人为或非人为的干扰，都将破坏优化工作。数据中的误差大致可分为以下两类：

(1) 系统误差。虽然允许仪表存在系统误差，但是对于分别记录同样信号的仪表之间的系统误差将会使可靠性降低。例如，有的检测项目数据是由数人分别观测和记录的，人的具体观测能力难免存在差异，还常遇到仪表本身的误差或零点漂移问题，同一仪表在不同时间的误差都会降低系统的可靠性。

(2) 随机误差。由于生产现场复杂，震动大、灰尘多，甚至有水雾，测量数据难免产生波动，出现随机误差。同时，人工观测记录也难免有随机误差。有时也会出现由于粗心大意造成人为误差等。

c 样本标准化

由于原始样本集的变量量纲不同，不同变量数据大小差别很大。如温度可能是 10^3，而化学成分可能是 10^{-1}；同时，数据分布范围也不一样。数据平均值和方差不一样，会导致夸大某些变量影响目标的作用，掩盖某些变量的贡献，不能有效地进行统计处理。因此，必须要对原始数据进行标准化（也称数据表度）。

d 数据预处理

数据采集系统在采集数据时，各种干扰的存在使得系统采集到的数据偏离其真实数据。去掉采样数据中的干扰成分，可用软件对采样数据做预处理，使采样数据尽可能接近真实值，以便使数据的二次处理结果更加精确。

由于炼钢现场环境比较恶劣，干扰源较多，为了减少对采样数据的干扰，提高系统的性能，一般在进行数据处理之前，先要对采样数据进行数字滤波。

所谓“数字滤波”，就是通过特定的计算程序处理，减少干扰信号在有用信号中所占的比例。故实质上是一种程序滤波。数字滤波克服了模拟滤波器的不足，使系统的可靠度增加、稳定性好。常用的数字滤波方法有中值滤波法、算术平均值法、一阶滞后滤波法（惯性滤波法）、防脉冲干扰复合滤波法等。

C 系统控制

电弧炉冶炼设备的基本控制包括本体设备控制和辅助设备控制。电弧炉炼钢的能量主要来源于通过三相电极输入的电能，而电极升降自动控制则是根据过程控制计算出的设定点控制电极的位置，从而跟踪设定点及其变化。

电弧炉冶炼设备很多部件都要通水冷却。冷却系统监测检测有关冷却介质的温度、压力、流量等信息，确保冷却设备正常运行，并提供有关炉况的一些参考信息。

设备连锁控制主要指液压站、空压机站、炉子本体、高压开关设备、炉用变压器、电机控制等设备间的安全连锁控制，以免造成误动作，避免发生事故。

电弧炉冶炼过程中需要向炉内加入废钢、造渣辅料和合金料，装料控制就是要快速、准确地将这些料装入炉内。

设备本体控制主要指电弧炉的炉门开闭、出钢口开闭、扒渣与出钢倾炉、炉盖提升与旋转等控制。

辅助能源输入控制主要指氧燃烧嘴、炭氧枪等辅助能源输入设备的控制。

废气回收和除尘控制即通过对废气回收和除尘设备的控制，保证废气回收和除尘过程顺利运行[8]。

4.5.1.3 电弧炉自动化系统构成

A 硬件系统结构

根据电弧炉设备与附属设备组成的具体情况和对计算机控制水平要求的不同，其硬件系统设计是根据工艺、设备要求而配置的。硬件系统结构简图如图4-11所示。

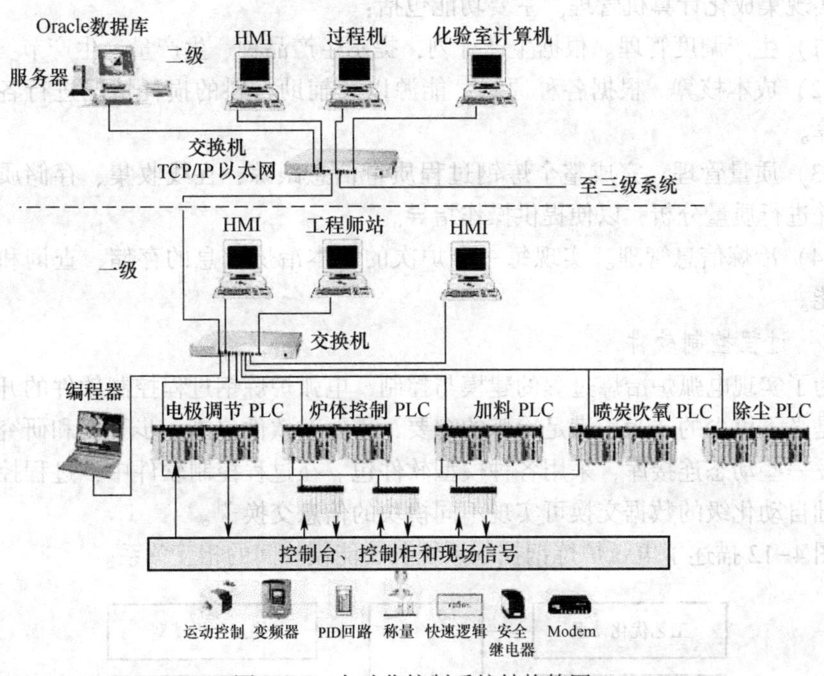

图 4-11 自动化控制系统结构简图

通常可采用工业以太网及 Profibus 现场总线将 HMI、PLC、远程 I/O、变频器及现场仪表等设备连接起来。通过点-点实现设备的信号交换，构成炉子的基础自动化系统控制。

基础自动化主要完成数据采集、数据处理、进行逻辑判断、系统状态闭环控制、输出系统状态、动作命令以及控制信号等功能。

基础自动化系统由可编程控制器（PLC）、人机接口计算机（HMI）和工程师站及编程器组成。HMI 实现了操作者和 PLC 之间的通信，电弧炉生产工艺操作画面可全部在 HMI 上实现。

B 系统功能

按照功能不同，电弧炉的计算机控制系统共分为三级：基础自动化系统（一级）、过程控制计算机系统（二级）、生产管理计算机系统（三级）。

基础自动化系统主要用于生产设备和单元操作的监视和控制。基础自动化系统的快速、准确的动作，有助于提高钢的质量和产量，缩短冶炼时间，降低冶炼成本。另外，采用计算机实现基础自动化，采集大量的基础信息，可为实现过程优化控制，乃至生产管理奠定基础。基础自动化与过程控制系统主要功能前面已有叙述，在此不再重述。

生产管理（三级）系统的总体目标是利用计算机网络通信和数据库等技术，集成企业中的人、各种管理控制功能、生产工艺设备和生产技术，以及外部环境，实现集成化计算机管理。主要功能包括：

(1) 生产调度管理。根据生产计划，提示生产品种、生产量、生产节奏。

(2) 成本核算。根据各种原料、能源以及辅助材料的损耗情况进行各种成本核算。

(3) 质量管理。完成整个炼钢过程质量信息跟踪，在线收集、存储质量信息，并进行质量分析，以便提供操作指导。

(4) 冶炼信息管理。实现每一个炉次的基本冶炼信息的存储、查询和统计等功能。

C 过程控制软件

为了实现电弧炉冶炼过程的建模与控制，电弧炉炼钢过程控制软件的开发与编制是必不可少的。为了满足冶炼的需要，需要对软件包进一步开发和研究，同时开发一些动态连接库，采用各种模型软件包。在过程控制软件中，过程控制级和基础自动化级的数据交换可实现不同模块的信息交换[9]。

图 4-12 描述了电弧炉炼钢控制系统各功能模块间的相互关系。

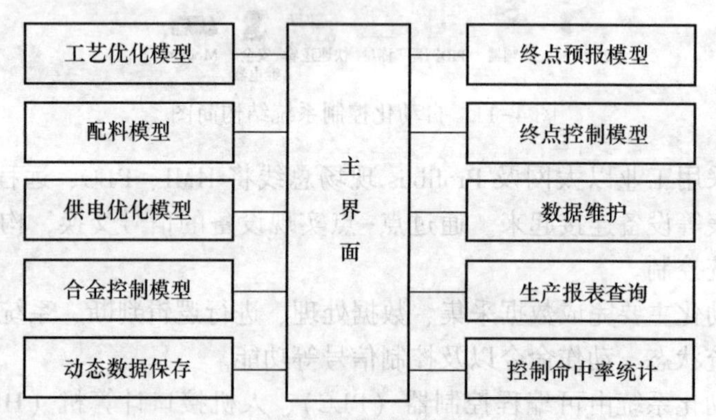

图 4-12 电弧炉炼钢控制软件功能模块

D 过程控制软件包功能

电弧炉过程自动化系统的主要目标是通过优化冶炼过程，达到降低成本、提高产量和质量的目的。另外，过程自动化系统还负责通信功能，收集过程数据并将设定信息传递到基础自动化系统，向生产管理系统传递与生产计划、生产实绩相关的信息。过程优化主要包括工艺优化模型、供电模型以及终点预报和控制模型等各种模型的应用。

4.5.2 电弧炉炼钢自动化控制对象

电弧炉炼钢基础自动化系统，主要用于生产设备和单元操作的监视和控制，由于其快速、准确的动作，可以提高钢的质量和产量，缩短冶炼时间，降低冶炼成本。此外，由于采用计算机控制实现基础自动化，可以采集更多的信息，达到与客观一致的操作结果，为进一步实现标准化操作、过程优化、改进工艺制度奠定了基础。

4.5.2.1 废钢配料控制

废钢是电弧炉炼钢的主要原材料。当需要一个新炉次时，根据所炼钢种的技术条件计算出废钢配料单，根据炉容量和废钢情况分一批次或多批次配料。一直到各种原料实际装入值等于所需要的数值或在允许的公差范围内时，废钢场交通控制器向计算机报告装料循环完成，计算机将本批次配好的废钢品种、各品种重量、累积重量等信息传送到电弧炉控制系统中。

4.5.2.2 散装料配料与铁合金加料控制

散装料是指造渣、助熔、补炉用的粉状或粒状原料，例如冶金石灰、萤石、焦粉、矿石等。这类炼钢辅料多在冶炼过程中加入。由于所需品种、数量随机性较大，配料一般用 PLC 进行控制。散装料按品种经上料系统分别装入高位料仓，不同的料种送入对应的料仓，这样料仓号即为料号，在 PLC 设定中用该料仓号代表该种料。料仓中实际储料情况可用料位计或料仓重量信号来反映，低于下限时及时补料。PLC 使该料仓下的给料机开动，物料进入称量斗，WE 检测进入称量斗物料的重量并将代表重量（料重和称量斗重）的信号送入 WIT。WIT 完成去皮重、定标，显示净物料重量并送出统一 4~20mA DC 信号到 WIC。WIC 是一个小型过程控制设备，可选用定型 PLC。它完成的功能包括：

（1）按冶炼需要，接受需送入炉内的料种和重量设定。

（2）按选定料开动给料机向称量斗送料。

（3）监测称量斗内该料种的料重情况，达到在料重设定值 90%之前使给料机快速给料，当料重达到设定值的 90%以上时转为慢速给料，达到设定值 100%时停止给料（这样控制的目的是保证配料精度，快慢比约为 10 : 1）。

（4）放料控制。称量斗内物料已配好，WIC 启动皮带输送机，在得到皮带机已运行信号后，WIC 启动称量斗下的给料机，将料放到皮带机并送入炉内。

上料控制分手动和自动两种控制模式，手动控制可在现场操作箱和计算机画面上进行，通过按钮或开关，分别对溜管、皮带机、振料电机及插板阀等设备进行控制。自动控制时，PLC 根据监控计算机画面上设定的合金重量，自动完成起振、准确停车、称量、传送及下料整个加料过程。期望的合金重量又可通过最佳合金料添加模型获取。上料控制系统必须有连锁装置。

铁合金配料检测与控制同散装料配料，这里不再赘述。

4.5.2.3 电极升降调节

电极升降的调节作为电弧炉自动化控制系统的核心部件，是保证电弧炉持续高效运行在一个精确工作点的关键因素（详见4.5.3节）。

4.5.2.4 炉体PLC控制系统

电弧炉本体PLC系统主要完成采集过程变量、系统状态，进行数据处理、逻辑判断、闭环控制信号计算，输出系统状态、动作命令及控制信号，完成炉子的动作及显示。

炉体动作控制：

（1）电弧炉炼钢炉体动作有炉门开、关控制；

（2）EBT出钢口开、闭控制；

（3）炉体倾动与出钢控制；

（4）炉盖提升与旋转控制；

（5）弧形架支撑与锁定控制；

（6）旋转架锁定控制；

（7）电极夹持器控制；

（8）其他附属设备控制。

为防止人工误操作发生事故，电弧炉上一般设有各种保护和连锁控制。

炉体倾动及炉盖提升之间应设有连锁装置。防止炉盖上升时炉体倾动，或炉体倾动时提升炉盖；防止炉盖未提升时旋转炉盖，同时必须在高压断路器断开时，才允许炉盖提升与旋转。

炉子在非出钢操作时，是不允许打开出钢口操作的。为此，要设有防止误操作的出钢口锁定控制等。

4.5.2.5 液压系统控制

一般情况下液压站的控制模式分自动和手动两种，手动干预优先。手动操作分现场和远程两种，现场与远程转换开关设在液压柜（操作箱）上。现场手动优先。

在液压柜（箱）或HMI上，通过手动操作全部液压泵（各个电机）的启动和停止，对循环冷却泵电机、加热器进行操作。

自动运行方式是根据液压系统提供的检测信号由PLC自动进行的：液压系统设有几台主泵（一台备用），当某台液压泵有故障时，系统将给出指示，自动切换到另一台泵；当液压系统油温高（≥50℃）时，循环冷却水路电磁阀打开；当液压系统油温低（≤30℃）时，循环冷却水路电磁阀停止；当液压系统油温过低（≤5℃）时，加热器自动启动。

4.5.2.6 设备冷却水系统的监控

电弧炉炼钢设备的冷却系统很多，系统冷却点包括变压器、电抗器、导电铜管、大截面水冷电缆、导电横臂、电极夹头、电极喷淋、炉盖、炉体、炉门、炉门框、旋转架提升臂、旋转架平台、液压站等。

系统具有压力、流量及温度的监测和报警，总进水应设有压力、流量、温度的监测、显示及报警装置，回水支路设温度监测、显示及报警装置。

电弧炉水冷系统的监控除了可以有效地监视水冷设备的冷却情况和水冷系统的运行情况，还可以为冶炼过程提供更多的信息，用于能量计算和能量输入的控制。

现代超高功率大容量的电弧炉冷却系统进水与回水系统，一般都是通过数个并联的支路实现的。在总进水与各进水分支路上一般都要设置进水压力、流量、温度检测仪表。在炉体与炉盖的每块水冷块上，都要分别检测各个回路的冷却水流量和各回水温度，以便真实反映各水冷块冷却情况。

A 温度测量

电弧炉各部分的热负荷变化很大，例如，在所谓“热点”区域的炉壁所受辐射就比炉子其他地方大得多。吹氧时某些炉壁的冷却水温度明显上升，邻近除尘导管的炉盖区域也是这样。因此，必须单独测量这些特殊区域的冷却水回水温度。Pt100 热电阻可用来测量水温。考虑到测量电缆的热负荷，特别是在炉门和出钢口区域，可采用“铠装热电偶”的结构，把 Pt100 热电阻和测量作成一体，这里的电缆为 MgO 绝缘的镍导体，并带有一铬镍铁合金的外部护皮，最大测量范围为 1000℃。对于温度较低的区域，也可采用标准的拧入式热电阻，最大允许测量温度为 250℃。

对于存在危险的地方，如果局部区域的温度过高，应采用声光报警提醒操作人员采取措施，并自动减少或停止向炉内输送的电功率。

B 流量测量

流量测量通常是对各个独自的水冷支路进行监测，如炉盖和炉壁即为不同的水路。目前采用最多的是测量进水流量。在有些特别危险的区域，如水冷炉壁的“热点”区，通常要检测进水和出水的流量。根据这些区域的情况，测量元件安装在炉上固定的地方。

流量的测量可用传统的差压法、感应式传感器或其他特殊方法。无论采用何种方法，对于进水流量的测量都是没问题的，但要注意安装条件并要避免大电流电缆的感应磁场的影响。

如果测量回水流量，则应设置在有压回水支路上才有意义。对于直径小于 80mm 的管路，推荐用感应式传感器，对较大管路直径采用差压法比较好。

以上测量信息，变换后，送入 PLC 进行监控。

C 安全监控

安全监控由进水总管流量、压力和每一炉块出水流量开关来完成。通过这些监测可判断下列危及炉体安全情况：

(1) 水流量、压力都低于下限值，表明供水可能中断，炉壁有可能烧漏；

(2) 水压正常，流量低，表明炉体冷却系统可能堵塞，降低或失去冷却作用；

(3) 水压正常，流量大增，表明炉体系统有严重漏水；

(4) 每一个水冷块出口的流量开关监测每一个水冷块的冷却情况，如某水冷块出口流量太少就表明该水冷块被堵，反之，则表明该水冷块漏水。

D 显示冶炼状况

采用水冷块炉壁的电弧炉，由于水冷块均匀分布在炉壁四周，水冷块出水温度反映了炉内冶炼情况。冶炼时出水温度上升，停炉时温度下降；在炉料熔化期，已熔化部分附近的水冷块出水温度较未熔化部分出水温度高；接近熔化完毕时出水温升快；若炉料全部熔化，则各水冷块出水温度趋于一致。因此，综合全部水冷块出水温度变化情况，可以快速、灵敏、客观地反映炉料熔化情况，及时按冶炼需要调节电功率和电压。将水冷块出水温度检测及数据处理综合产生一个新装置——炉料熔化指示器，以指导冶炼操作。同时，水冷炉壁块温度的高低也表明了水冷炉壁冷却水的流量、冷却面积设计合理性等多种信息。

4.5.2.7 钢水测温和定氧定碳

电弧炉炼钢在冶炼过程中要根据熔池中钢液的温度、碳含量和其他化学成分，决定需要添加炼钢辅料的品种和数量以及冶炼终点。准确地掌握这些化学成分需要取样送到化验室分析，但这往往跟不上冶炼需要，会延长冶炼时间、增加电能和物资消耗。因此，除化验分析外还需要在炉前快速检验钢水温度和碳、氧含量。为此，现代炼钢要求设置钢水测温、定碳、定氧装置。目前多用消耗式(一次性使用) 探头装在测温枪上，由手动测温枪完成操作。现在，测温探头的生产技术已很成熟，因而得到普遍应用。但定氧、定碳探头的命中率还不稳定，尚待完善。应该说明的是采用探头在炉前定氧、定碳只是取其快捷，可指导冶炼操作，不能代替每炉钢决定牌号的最终分析。

4.5.2.8 出钢车的控制

出钢车电机可采用变频调速控制方式，将转速曲线直接设定到变频器中，通过开关量信号启动变频器来完成出钢车行走控制，可使出钢车慢速启动—匀速行驶—慢速精确停止。

出钢车的操作在炉后操作台进行，出钢车的运行分点动控制和连续控制方式。点动控制由点动进和点动退按钮控制出钢车的运行，连续控制由前进和后退按钮控制出钢车运行，出钢车启动后会根据接近开关情况，自动减速并停在工位上。

当出钢车设有钢水称重传感器时，其模拟量信号输送到 PLC，在计算机台

HMI 的 LCD 上显示。

4.5.2.9 高压控制

A 高压隔离开关

高压隔离开关主要用于电炉设备检修时断开高压电源，有时也用来进行切换操作。高压断路器的作用是使高压电路在负载下接通或断开，并作为保护开关在电气设备发生故障时自动切断高压电路。因为隔离开关没有灭弧装置，只能在无负荷时才可接通和切断电路，因此隔离开关必须在高压断路器断开后才能操作，否则闸刀和触头之间会产生电弧而使闸刀熔化，并极易造成相间短路及对地短路，甚至对于操作人员产生伤害。因而，要进行连锁控制，使断路器闭合时隔离开关无法操作。在隔离开关附近还装有信号灯，以指示高压断路器通断情况。

B 真空断路器控制

真空断路器的合分闸操作在主操作台上进行，主操作台上设有合分闸操作的转换开关。

开关扳到合闸或分闸位置后即可松手，合闸或分闸命令维持数秒钟后自动撤销，以防止烧毁线圈。

通常在操作台上设有允许合闸指示灯，当具备合闸条件，则指示灯亮，此时合闸命令才能被接受。

合闸条件如下：

(1) 变压器、电抗器无重瓦斯；

(2) 调压开关无重瓦斯；

(3) 变压器、电抗器油温没有超高；

(4) 液压系统油位正常；

(5) 液压系统油温正常；

(6) 电抗器没处在换挡状态。

真空开关在下列情况下应能自动分闸：

(1) 变压器、电抗器重瓦斯；

(2) 调压开关重瓦斯；

(3) 变压器、电抗器油温超高；

(4) 一次过流；

(5) 一次欠压；

(6) 液压系统油位过低报警；

(7) 液压系统油温超高报警；

(8) 二次过流报警。

控制系统接到分闸命令后，首先抬电极，直到电弧电流小于一定值（可根据用户要求来确定）后，才分断电源，这样有利于延长真空开关寿命。

为了快速处理紧急情况，在主操作台上应设有紧急分闸按钮，控制系统接收到紧急分闸命令后，不管电弧电流多大，立即分断电源。

若控制系统同时接到合闸和分闸命令，则分闸命令优先。

真空开关合分闸前，隔离开关电磁锁锁定（确保真空开关合闸后，隔离开关不能操作）；真空开关分闸后，隔离电磁锁锁定打开。

4.5.2.10 变压器/电抗器监控与换挡控制

变压器运行时，由于铁芯的电磁感应作用会产生涡流损失和磁滞损失，也就是“铁损”；同时电流流过线圈，因克服电阻要产生“铜损”。铁损和铜损会使变压器的输出功率降低，同时变压器发热。变压器发热会使绝缘材料老化，降低变压器的使用寿命。温度过高会使绝缘失效，造成线圈短路，使变压器烧坏。新型变压器的温度计就埋在线圈之中，直接监测线圈温度，要求线圈的最高温度小于95℃。通常变压器是用油面温度计来表示线圈温度的，要求油温应比线圈最高温度更低些。变压器往往还规定了线圈的最大温升为60℃，油面的最大温升为50℃。当变压器内部发生故障时有气体产生，在轻故障的情况下，产生的气泡上升，接通轻瓦斯浮筒水银点从而产生预告信号，在重大故障情况下，产生气体强烈，重瓦斯浮筒水银接点接通而切断电源。

变压器换挡操作在主操作台上进行时，主操作台上设有变压器换挡操作的转换开关，将开关扳到升压或降压位置后即松手，每次升压或降压一挡。

变压器/电抗器换挡自动操作在主操作台或计算机画面上进行。

4.5.2.11 氧燃助熔与吹氧、喷炭控制

A 氧燃助熔控制

在炉料熔化期，为了加速熔化，降低电耗，一般配氧气-燃料助熔系统与电弧同时熔化炉料，氧燃烧嘴数量按炉容大小配置一套或多套。这是降低电耗的一项重要措施，还可弥补电炉变压器容量不足。所用燃料一般有燃料油、天然气、焦油、废油、煤粉等。氧气-燃料助熔的控制视所用燃料不同由不同的系统构成。

B 吹氧和氧枪控制

电弧炉炼钢用氧有两个目的：一是助熔，以节约电能；二是加快脱碳，以缩短冶炼周期。吹氧不仅影响电极和耐火材料的消耗，而且在精炼期还会影响钢液化学成分和温度预测的准确性，因此，必须进行有效的控制。目前向电弧炉内吹氧氧枪有自耗式氧枪（钢管）和水冷式氧枪两种，从炉门向熔池吹氧。自耗式氧枪的监测与控制主要是氧气一次压力自动控制和氧气流量的自动控制。吹氧量根据熔池钢水温度和碳含量由计算机或人工设定后，给吹氧信号使氧气切断阀开启，压力自动控制系统稳定压力，氧气流量自动控制系统按设定氧量吹氧。氧气管由人工操作。如果是水冷式氧枪，还应有冷却水的流量、压力和进出水温度控制。为保证氧气喷口与熔池液面之间处于最佳吹氧距离，还设有利用吹氧时发出

的噪声来自动保证氧枪的最佳喷吹位置的装置。

C 喷炭粉控制系统

炭粉作为造泡沫渣原料也是散装料，但往往作为单体设备配置。喷炭粉控制系统的组成包括炭粉仓、称量罐、喷吹管路、控制与调节阀门和相应的控制设备[10]。

4.5.3 电弧炉电极升降控制

电弧炉炼钢基础自动化中，最关键的是电极升降自动控制。将废钢熔化为钢水，然后升温到出钢温度，主要是电能转化为热能。因此，在冶炼过程中合理控制三相电流、三相功率的大小，对产品的产量质量及成本均有直接关系。在能源紧张的状况下，通过电极升降自动控制来实现节省电能的目的，具有特别重要的意义[11]。

电极升降调节装置的作用，就是保持电弧长度处于最佳位置，从而稳定电流和电压，使输入的功率保持一定值。当电弧长度发生变化时，能迅速提升和下降电极，准确地控制电极的位置，所以要求电极升降调节装置反应灵敏，升降速度快，以避免高压断路器频繁跳闸和电流、电压的波动，从而缩短冶炼时间，降低电耗，电极消耗。

电极自动调节器主要由测量装置和调节装置两部分组成，电极升降机构是电极自动调节系统的执行环节，驱动方式采用液压比例阀（或电液伺服阀）。其装置采用全数字控制电路控制，电极升降自动控制系统功能结构如图 4-13 所示。

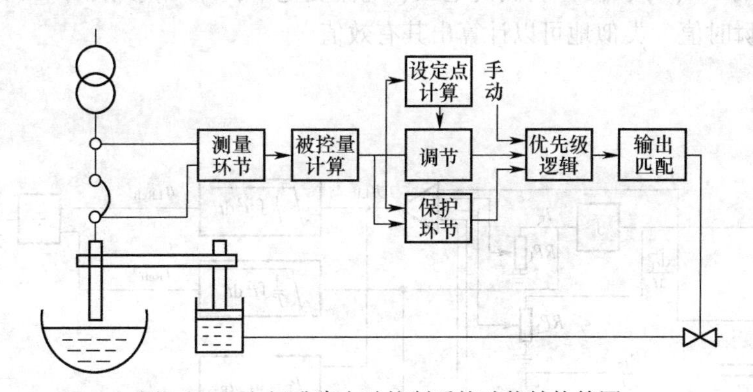

图 4-13 电机升降自动控制系统功能结构简图

4.5.3.1 数据测量

电极升降自动控制的数据测量主要涉及电弧弧压和弧流的测量。

弧流瞬时值的测量可直接通过在变压器次边的各相电流互感器得到。弧压的测量则困难得多，不能直接得到。因为变压器二次相电压不能反映弧压，而是弧压和大电流电抗器上压降之和。

电抗器上压降包括阻性和感性两部分，而后者较大且是时变的，与三相电流的电流变化率（di/dt）有关。冶炼过程中电流的变化和弧流中很大的谐波含量导致感性压降，由于这种变化无规律可循，因而不能通过对期望值的补偿加以校正。弧压的测量误差将导致工作点的偏移，从而使得三相有功功率不平衡和造成炉壁损坏。

为了取得好的控制效果，必须对弧压的测量进行改进，下面对其测量原理做一介绍。图 4-14 所示方法给出了其测量系统，其基本特点如下：

(1) 测量电极臂的电压，这样可以消除电力电缆移动引起的感抗变化的影响。

(2) Rogowski 线圈精确地确定二次电流的变化（弧形和相位）。使用 Rogowski 线圈有以下好处：

1) Rogowski 线圈的电压输出与电流随时间的变化成正比，因而可用于计算感性压降；

2) 由于 Rogowski 线圈不含铁芯，因而可以不发生畸变地迅速检测电流的变化；

3) 此线圈可以设计成能防止其他相电流的干扰，因而使得测量具有极高的准确性；

4) 此线圈可以做成适应电缆管的几何尺寸，因而不会像电流测量系统那样对电缆管有限制。

(3) 有了 (1)、(2) 所测的电压、电流变化率，即可代入图 4-14 系统中计算出弧压瞬时值。类似地可以计算出其有效值。

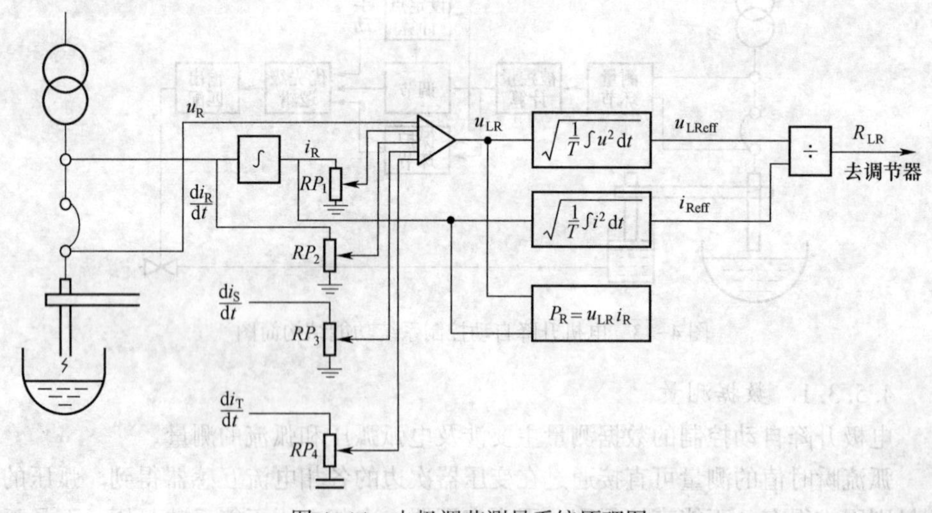

图 4-14 电极调节测量系统原理图

4.5.3.2 设定点和被控量的计算

电炉工作点（有功、无功、功率因数）的准确设定对于充分利用变压器的容量是十分重要的。工作点取决于变压器电压级和相应的弧阻。有关工作点的设定将由过程计算机按数学模型计算。被控量的计算取决于电极升降调节的方式，根据采用的控制方案是阻抗控制、功率控制还是弧流控制，被控量的计算分别是弧压除弧流（即弧阻）、弧压乘弧流（即弧有功）和弧流本身。

4.5.3.3 调节器算法

电极升降调节器算法经历了一个演变过程，目前流行的是IER型算法（即积分误差调节器）。它是一个带可调限的比例调节器，与以前调节器相比，其不同点在于对小误差信号区引入了积分。当误差较小时，把此误差积累起来直到一个可调的限定点，然后执行校正。这样，增益可选得大一些以保证误差大时能全速调节而又不牺牲小误差时的稳定值。在熔化期，炉料的料位的变化较大，弧流变化剧烈，此时应选较小的增益，以避免系统振荡。在熔清后炉内情况比较稳定时，可选用较大增益。

4.5.3.4 保护环节

A 过流与短路保护

当电流超过最大电流设定值时，控制器使能过电流自动通过三个积分器，过电流值过得越大，电极速度提得越快。在大多数情况下，可通过快速提升一个或多个相关的电极，纠正过电流状态，以避免电炉变压器和电极的过载。

如果阻抗实际值低于最小极限值，并延时超过设定，就被认为是短路，并叠加一个控制量来提升电极。

一种很好的短路逻辑方案，可适于所有电压级。参考值不是一个固定值而是一个控制偏差。当弧阻的瞬时值降到设定点下一定百分比时，短路逻辑即发生动作，它引起相关的电极以最大速度上升，当弧阻又升到高于一个事先定好的极限值时，短路逻辑去掉，炉子又在正常状态下运行。若短路在一相发生，则其他相的弧压弧流上升。因而，只要短路逻辑起作用，则其他电极慢慢上升以减少短路电流。

B 断电极保护

a 起弧阶段

开始起弧时，三个电极不可能同时和炉料相接触，而单个电极和炉料接触后是无法产生电流的，此时若仍采用正常调节方式，该相控制系统将会因设定值和实际值之间的偏差而使电极全速下降，导致电极折断。为解决起弧阶段的这一问题，可采用电压-电流控制方式，此时，各相的输出值可为：

$$I_{out}^{i} = C_i(I_d - I_i) \cdot V_i \quad (4-32)$$

式中 C_i——比例系数；

I_d——电流设定值；

I_i——i 相弧流；

V_i——i 相弧压。

由于炉体与电网的零线相通，故当单个电极和炉料接触时，虽弧流为零，但弧压也为零，故该相输出为零，则该电极将会停止下插。

b 遇到非导电材料

液压系统调节器还连续监测总平衡压力和各电极立柱的单独调节压力。压力的明显降低表明电极在炉料中接触到或接近接触到非导体。如果调节器感应到接近非导体，则将电流参考设定点减小到其原有值的一半，这样能保证继续起弧直至压力回复到正常值或碰到非导体。在检测非导电性材料（NCM）时，可以检测液压系统的压力以避免电极损坏。如果一个电极的压力下降到限度值以下的一个固定的时间范围，那么此电极会再次被提升到规定的时间然后再次下降，再次尝试点弧。等到尝试设定次数时（计时器的默认值）没有成功后，电极被提升后又被停止，然后系统给出一个警报信号。等到重置后，程序会再次开始。这样可以减少电极由于废钢炉料中的非导体或不良导体而折断。

C 炉壁保护与短电极检测

电极因为消耗而变得太短，电极臂已经到了底部位置，那么电弧长度增加，无法达到所选择的阻抗设定点，造成对炉壁的侵蚀。

“电极太短检测”功能比较实际阻抗与限定值。如果超过了限定值，而时间也达到了设定时间，电极就被提升一段设定时间，等提升完毕后停止。如果输入了重置命令，则会重新启动操作。在电炉断路器断开以前，此功能被自动关闭，以便可以完成三相加热。

D 控制偏差检测

为了检测电极立柱的可靠运动和对于液压系统的有灵敏反应性，要对控制偏差进行监测和检查。如果控制偏差在一段固定的时间内超过了限度，系统就会报警，提醒操作人员。

E 开关保护功能

对于真空开关来说，电弧炉操作是一个频繁而重负荷的过程。在断路器分断前，调节器通过减少电流直至所有电弧熄灭，可以降低真空开关的负担。对真空开关的人工操作，可以延长真空开关的使用寿命和维护周期。

对于有载调压开关，同样，当调节器需要调压时，提前降低电极电流，再进行调压，这样可以延长调压开关的使用寿命和维护周期。

4.5.3.5 优先级逻辑

优先级逻辑的作用是保证系统在所有的时间内都能安全地工作。对每个优先级都设置了一个最高速度。设置的优先级有：手动同时控制三相电极，单个电极的手动，快速、自动提升电极（当发生短路或断电极保护时），断电时慢速提升电极，自动控制操作。

在自动模式下，重要的操作可以手动控制。如冶炼时单独调整电极以及测温和取样时移出电极。

4.5.3.6 输出匹配

液压传动式电极升降自动调节机械控制机构通常采用电液比例（伺服）阀。调节器的输出信号要与其输入信号相匹配。

下面以最常用的液压传动式为例进行介绍。

油泵向电极升降液压缸供给油液，使电极立柱上升。通过将液体从液压缸泄入油箱，电极立柱便可依靠重力下降。

电极立柱的方向和速度由比例（伺服）阀控制。控制电压（比例阀）或电流（伺服阀）的极性正负值的大小，就能控制电极立柱升降方向及速度快慢。

4.5.3.7 电极升降调节装置的种类

以液压传动为例，主要有电液伺服阀-液压传动和电液比例阀-液压传动两种类型。

A 电液伺服阀-液压传动

工作原理：电弧电流出现偏差时，电气控制系统将测量到的信号放大后，输出给驱动电磁铁。电磁铁根据偏差信号，驱动随动阀的阀芯移动，控制阀体的进液量和回液量，从而使液压缸上下运动，提升和下降电极。当伺服阀的阀芯处于中间位置时电极不动。

技术情况：

(1) 电极升降速度快，提升速度为6~9m/min，目前，最大可达到12~18m/min；

(2) 灵敏度高，非灵敏区8%~12%（高档）；

(3) 力矩大，反应时间约为0.2s，电弧稳定性好。

使用及维修：电气维护简单，增加了液压系统的维护，不宜在小型电炉上使用。

电液伺服调节器的优点是电极传动系统不需要配重，使调节器特性大为改善，伺服阀和液体介质的惯性小，易于实现高精度、高速度的调节。它的非灵敏区小，滞后时间短，提升速度快。它的缺点是液压管路复杂，维修量大，液体易泄漏，设备体积大。

B 电液比例阀-液压传动

工作原理：电弧电流出现偏差时，电气控制系统将测量到的信号放大后，输出给驱动电磁铁。电磁铁根据偏差信号，驱动随动阀的阀芯移动，控制阀体的进液量和回液量，从而使液压缸上下运动，提升和下降电极。当随动阀的阀芯处于中间位置时电极不动。

技术情况：

(1) 电极升降速度快，提升速度为 6～9m/min，目前，最大可达到 12～18m/min；

(2) 灵敏度高，非灵敏区 8%～12%（高档）；

(3) 力矩大，反应时间约为 0.2s，电弧稳定性好。

使用及维修：电气维护简单，增加了液压系统的维护，不宜在小型电炉上使用。

4.5.4 电弧炉排烟除尘系统的操作与控制

除尘系统是由许多设备组成的，如风机、除尘器、粉尘输送装置和阀门等[12]。这些设备的动作均需根据工艺要求，按一定的程序、规律和时间等逻辑关系完成系统的操作和控制，在自动控制系统中被称为程序控制。另外，由于工艺生产过程中的各种因素干扰，往往引起除尘系统烟气温度、压力和流量等设定值发生偏差，自动控制系统的另一作用，就是为了消除这种偏差并使除尘参数回复到设定值，在自动控制系统中被称为定值控制。

4.5.4.1 控制系统的组成

在工业自动控制领域，任何自动控制系统都是由对象和自动控制装置这两大部分组成。所谓对象，是指被控制的机械设备，如风机、阀门等。所谓自动控制装置，是指要实现自动控制的装置，归纳为以下几类：

(1) 自动检测和报警装置。对除尘系统和设备在运行过程中的参数设定值自动进行连续检测，并对参数设定值的上下限进行声光报警。

(2) 自动保护装置。当声光报警后，故障仍未排除且已达到参数设定值的上上限或下下限时，如除尘器进口温度的上上限、风机和电机轴承温度上上限等，此时自动保护装置将自动采取保护措施，如对风机进行跳闸连锁。

(3) 自动操作装置。根据炼钢工艺条件和要求，自动对除尘系统和设备进行操作。

(4) 自动调节装置。在除尘系统运行过程中，有些工艺参数需要维持在一定的范围内，如电炉炉内压力需控制在 10～30Pa。当某种情况使工艺参数发生变化时，自动调节装置将自动采取措施，使工艺参数回复到规定的设定值。

上述四类自动控制装置的功能都可以在可编程序控制器 PLC 上完成。

4.5.4.2 操作方式

除尘系统带 CRT 的操作站一般设在炉前操作室，以便操作和监控；用于现场操作的“开/关”按钮和选择开关（现场/遥控）设在每个单独传动设备的现场控制箱上。

各独立传动设备和控制阀的操作有下列两种方式：

(1) 现场操作模式。用选择开关在现场控制箱上可选择现场操作模式或遥控模式。现场操作模式一般只用于维修目的（风机除外），通过位于现场控制箱的“开/关”按钮可以启动和停止设备传动。储灰仓的卸灰阀和空气炮防棚灰装置不带 PLC 控制，必须现场操作。

(2) 遥控模式。遥控模式在人机接口系统的主控台操作上可选择自动或软手动。软手动可对每一传动设备进行选择。每种方式的选择可在 MMI 上显示出来，包括现场模式。

1) 软手动操作模式。在这种模式下，除尘系统的调节（开关）阀、输灰设备、强制吹风冷却器风机、排烟风机以及风机进口阀门和液力耦合器转速等，除采用自动和现场手动操作外，均可在任何时候由 CRT 的各功能键（启动/停止）进行操作。

2) 自动模式。在这种模式下，安全连锁起作用。设备部件的运行由 PLC 程序控制并在 MMI 上进行显示。

4.5.4.3 系统连锁

根据除尘系统设计方案和设备的仪表检测内容进行连锁，典型的电炉除尘系统连锁内容如下：

(1) 调节阀：MCC 正常。需现场操作时，选择现场；需遥控时，选择遥控。

(2) 电炉炉压调节阀：MCC 正常。需现场操作时，选择现场；需遥控时，选择遥控。

(3) 冷却器风机：MCC 正常。需现场操作时，选择现场；需遥控时，选择遥控。

(4) 排烟风机：非紧急状态关闭，HV 开关设备正常，风机进口阀关闭（仅启动连锁），液力耦合器置于“0”位（仅启动连锁），风机和电机设备都正常。现场操作时，选择现场；需遥控时，选择遥控。

(5) 输灰系统，包括所有设备灰斗下的卸灰阀和空气炮、振打装置等。MCC 正常。需现场操作时，选择现场；需遥控时，选择遥控。其中，储灰仓的卸灰阀和燃烧室灰斗卸灰阀仅现场控制。

(6) 炉子断路器：除尘系统正常时包括下列信号：

1) 排烟风机运行（仅供启动之用）；

2) 排烟风机停止运行（仅用于跳闸断路器）；

3) 除尘器进口温度控制器在自动状态下（仅用于启动）；

4) 空气混风阀在自动状态下；

5) 所有相关调节阀在自动状态下（仅用于启动）；

6）除尘器及粉尘输送系统重故障（3h 延迟）；

7）在燃烧室灰斗中的插板阀关闭（仅用于启动）；

8）压缩空气压力不能太低（3h 延迟）；

9）冷却水流量不能太低；

10）冷却水温度不能太高。

4.5.4.4 操作程序

典型的除尘系统在自动操作运行中，使用人机接口上（MMI）的功能键“电弧炉除尘系统运行”则会按下列顺序启动：

（1）除尘器的卸灰和输灰。启动信号一启动，斗式提升机首先通电启动，然后是集合刮板机通电启动，然后刮板机通电启动，最后灰斗卸灰阀通电启动。这种顺序直到 MMI 上的功能键被按停止时才中断，此时，将按相反方向顺序停止。若有一个集合刮板输送机或斗式提升机在运行时出现故障，则输灰顺序将按相反方向停止；若有一个切出刮板输送机在运行时出现故障，则对应的输灰顺序将停止；另外储灰仓满仓和空仓信号都将使输灰系统停止运行。

（2）除尘器清灰控制装置。除尘器清灰控制装置上有两个不同的自动方式；一个是定时方式；另一个是除尘器压差方式。通常在控制装置上选择压差方式。滤袋清灰的启动及清灰周期取决于测得的压差。自动方式可在 MMI 上选择。

（3）排烟风机和液力耦合器。清灰工作开始后，风机通电运行，在风机马达运行后的一段时间内（约 10s）风机进口阀和液力耦合器将一直处于“0”位（关闭状态）。当启动延迟时间过后，风机速度的设定值将达到额定速度。此时风机进口阀开度设定点位置将打开，液力耦合器速度位置将由设置在除尘器进口管道上的低压控制器来决定，或由除尘系统的阀门开启数量来确定。低压控制器的输出将根据除尘器进口前压力的设定点偏差来调节液力耦合器速度位置。

排烟风机在顺序关闭之前一直处于通电状态，停机时，进口阀处于关闭状态，液力耦合器处于最低速位置，经时间延迟后，排烟风机被停止，随后输灰系统和卸灰阀将被关闭。

（4）炉料除尘增压风机。在排烟风机开始运行后，增压风机将被启动。此时风机进口阀门将处在关闭状态，直至上料工艺发出动作信号，增压风机马达开始启动，运行一段时间后，风机进口阀打开。

增压风机在顺序关闭之前一直处于通电状态，停机时，进口阀处于关闭状态。

当使用功能键“除尘系统关闭”后顺序将被关闭，且增压风机将被首先停止，然后排烟风机也将被停止。

(5) 调节阀和除尘器进口温度控制。在这些控制中有电炉直接排烟系统的炉压调节阀，密闭罩、屋顶罩等调节阀和事故空气混风阀等。每个阀都配有自己的位置控制器。位置控制器的定点将依据炼钢工艺的工况或者由控制顺序确定。

(6) 储灰仓卸灰。储灰仓上设有料位计，对仓内粉尘进行连续检测或定位检测。为防止储灰仓卸灰时粉尘阻塞在灰斗出口，采用空气炮防棚灰装置，配合卸灰阀现场人工卸灰。

4.5.4.5 系统开机

开机前，必须熟读操作说明书及其有关设备使用说明书，操作人员必须确认设备是否完成操作准备，包括所有电动装置单元是否做好操作准备，同时为操作预备工作必须记录在案。对于开机准备，尤其在第一次开机和长期的关机或大修改造以后，需检查下列项目：

(1) 电气高低压系统是否正常；

(2) 压缩空气系统和冷却水系统压力是否正常；

(3) 除尘器 PLC 控制是否正常；

(4) 除尘器每仓室管道阀门是否都打开；

(5) 所有风机前的启动阀是否处于关闭状态；

(6) 储灰仓料位是否在低位或满仓状态；

(7) 所有电磁阀是否正常；

(8) 所有测量回路正常有信号；

(9) 所有调节阀处于自动模式和需要的位置；

(10) 所有管道和设备检查孔是否关闭；

(11) 打开所有检查人孔门，检查设备运动部件（如风机转子和阀门的阀板等）是否被厚灰或外来物卡住，清除水平管道中的积灰，检查过后，关闭所有的检查人孔门；

(12) 所有设备的检查门是否关闭；

(13) 检查电机加热器、耦合器油箱和稀油站油箱加热器是否需要加热；

(14) 事故空气混风阀的报警是否解除。

如果遇到任何项目与上述检查内容中所对应的状态不对应，必须等待问题解决后才能开机。

除尘系统的启动由 PLC 以自动方式为主，包括除尘器的 PLC。

4.5.4.6 正常关机

正常关机，在运行方式“自动状态”通过使用在 MMI 功能键“除尘系统关闭”，除尘系统将按下列方式关闭：

(1) 停止电炉料除尘增压风机；

（2）停止排烟风机；

（3）在排烟风机停机延迟后，停止除尘器和输灰系统；

（4）强制吹风冷却器风机或蒸发冷却器根据冷却器出口温度自动停止；

（5）调节阀回复到各自的位置。

4.5.4.7　系统运行趋势

下列测量趋势应在操作台记录下来（采样时间一般10s，可改变）：

（1）电炉的炉压；

（2）强制冷却器风机进口温度；

（3）强制冷却器风机出口温度；

（4）电炉炉内直接排烟，屋顶罩，密闭罩，调节阀开度位置；

（5）增压风机轴承振动；

（6）除尘器进口温度；

（7）除尘器进口压力；

（8）除尘器压差；

（9）排烟风机轴承振动；

（10）排烟风机轴承温度。

4.5.4.8　系统故障报警

（1）每个新的报警应在CRT屏幕上显示，同时也应当在单独的报警单中（历史报警和实时报警）显示；

（2）每次报警显示时应有日期、时间、设备或报警号，报警全文和报警条件（新的、被确认过的、过期的）；

（3）报警应在各种报警组中显示；

（4）每个报警应自动记录并打印出来。

4.5.4.9　画面显示

在人机接口（HMI）上应显示下列内容：

（1）除尘系统流程图；

（2）电炉及料系统主要工作显示；

（3）排烟风机；

（4）电炉料除尘增压风机；

（5）除尘器清灰和输灰系统输灰系统；

（6）水冷烟道系统；

（7）强制吹风冷却器或蒸发冷却器。

4.5.4.10　常用电弧炉排烟与除尘系统的控制

目前，大型电弧炉通常采用两种排烟方式：第四孔排烟（对直流电弧炉而言是第二孔排烟）和大烟罩排烟。

A 第四孔排烟除尘的过程控制

a 烟气的燃烧控制

电弧炉第四孔排烟出口烟气温度高达1200~1500℃，所含CO进入烟道的同时即吸入冷风在烟道中自行燃烧，这个燃烧过程是不可控制也不需要控制的。从烟道中吸入的空气不仅可以助燃，同时也稀释、冷却烟气，使烟气温度降到冷却设备可以承受的数值。TIC是用来保证进入冷却设备的烟气温度不超过预定值，如果超过即打开混风阀TV，吸入冷气降低烟气温度。如在冬季有足够自冷能力则关闭混风阀TV以降低抽烟机运行能耗。

b 烟气冷却设备的控制

电弧炉烟气多采用干法除尘，即布袋过滤除尘。国内过滤布袋允许介质温度约120~150℃。如果由烟道口至布袋除尘器烟气温度降不到布袋允许的温度就必须加冷却器，相应地需配置冷却控制系统。冷却器由冷却风机冷却，烟气经冷却管冷却后进入布袋除尘器的烟道。冷却后烟气温度由TISA检测并控制冷却风机开启数量。烟气中颗粒较大的灰尘落入冷却器下的灰仓，由星型卸灰阀将灰卸入疏灰管道送至灰仓。由于电弧炉烟尘具有一定黏性，在冷却器灰仓底部装有振打器以敲落附于仓壁上的灰尘，烟气冷却器的合理冷却控制应该是节能型控制方式。以布袋除尘器允许的最高进烟温度作为控制目标值，根据烟气温度数值分别控制冷却风机开启数量和吸风阀启闭。若目标值为120~150℃，在冷却能力合理时，用这种控制方式，在冬季或自然冷却较好时可不开或少开冷却风机。在少数情况下几个冷却风机全开，如烟气温度仍高于150℃，可再打开吸风阀。在正常情况下若开吸风阀会加大抽风机负荷，干扰炉压控制。

c 布袋除尘器的控制

烟气降温到布袋除尘器允许的温度后即进入布袋除尘器，经过过滤除尘然后排入大气。排入大气的烟尘含量不大于50mg/m^3。但进入布袋除尘器的烟气温度也不能太低，以防烟气中水分结露使烟尘吸附在布袋上阻塞布袋过滤孔。过滤下来的烟尘经反吹后抖动落入灰仓，再经卸灰输灰系统将灰尘送入灰仓以便回收利用。布袋除尘器的过滤、抖灰、反吹、沉积以及卸灰输灰等控制均有多种控制方式，并且多与除尘器成套控制。

d 卸灰控制

电弧炉每次冶炼开始排烟后若干时间即启动输灰系统，按预先编好的程序从冷却器、除尘器的灰仓中将聚集的烟尘卸入输灰设备，并送到储灰仓。

B 大烟罩排烟除尘的过程控制

大烟罩排烟除尘方式，即在冶炼过程中电炉完全置于封闭的大烟罩中，烟气从罩顶抽出送布袋除尘器过滤，同时隔离噪声。

大烟罩进料口、操作区烟罩门的开启和关闭都是比较简单的传动控制。烟气处理也仅限于布袋除尘的控制，控制方法不再详述。

电炉除尘方式有多种多样，既有电炉单独除尘方式，也有电炉与精炼炉组合在一起的除尘方式，即使是单独除尘方式也有多种形式。在除尘控制上，随着电炉除尘方式进行。即便是组合控制，只要按其组合方式的控制方式和控制顺序进行控制即可。

4.6 对电网公害的治理

电网公害是一种环境污染。冶金设备，特别是炼钢电弧炉设备在冶炼时产生的高次谐波电流、负序及无功冲击，导致电网的电压波动及闪变，严重影响用户本身及电网用电设备的安全运行，降低供电电网的电能质量。为此，应按电能质量有关标准的规定，采取综合治理措施。

4.6.1 电弧炉对电网产生的公害与治理

4.6.1.1 电弧炉对电网产生的公害

交流炼钢电弧炉是特殊的冲击性负荷。电弧炉冶炼过程可简单地分为熔化期和精炼期，电力负荷在熔化初期（起弧、穿孔、倒塌料阶段）变化剧烈，弧长的不规则变化会引起电网电压相应的波动。当断弧时，取自电网的有效功率等于零；而当电极同炉料短路时，炉子主电路消耗的无功功率最大。在熔化期，由于每相电弧长度的变化在时间上不一致，所以造成三相负荷不对称。此外，电弧本身弧压与弧流的非线性也将产生出高次谐波电流，返回到电网中去，导致电网电压波形畸变、中性点位移。而在精炼期负荷趋于稳定。

大量的分析和工程实践表明，无功波动最大值出现在熔化期和三相工作短路（由塌料造成）时，此时功率因数很低，约为0.2，电流波动最大值为额定电流的2.5~3.5倍（普通功率电弧炉）。快速的无功波动产生电压波动及闪变。另外，电弧炉的非线性负荷，在运行中将产生主要为2~7次的谐波电流。由于电弧炉是不对称负荷，最严重状态为二相短路，一相开路，在此工况下，将产生很大的负序电流，造成三相不平衡。

无功冲击、谐波电流及三相不平衡将产生以下危害[13]：

（1）无功冲击将产生如下的不良影响：

1）使供电母线的电压产生波动，降低机电设备的运行效率，供电母线电压产生波动时，将使用户的异步电动机负荷转矩随之变化，输入负荷的有功功率下降，影响生产和设备的出力。特别是电弧炉的输出功率与电压平方成正比，当电压降低时，大大降低了电炉弧的炼钢效率，延长了炼钢时间，生产效率下降的同时增加炼钢成本。

2）电弧炉的快速无功冲击引起母线电压波动剧烈，造成仪表失灵，严重时影响自动化装置的正常工作。闪变对人眼造成刺激，增加疲劳，甚至危及人身安全。

3）大量无功使系统功率因数较低，浪费大量能源。

（2）谐波电流对电气设备的危害：

1）谐波对旋转电机的主要影响：产生附加损耗，其次产生机械振动，噪声和谐波过电压。

2）谐波对供电变压器的主要影响：产生附加损耗，温升增加，出力下降，影响绝缘寿命。

3）谐波对变流装置的影响：交流电压畸变可能引起不可逆变流设备控制角的时间间隔不等，并通过正反馈放大系统的电压畸变，使变流器工作不稳定，而对逆变器则可能发生换流失败而无法工作，甚至损坏变流设备。

4）谐波对电缆及并联电容器的影响：当产生谐波放大时，并联电容器将因过电流及过电压而损坏，严重时将危及整个供电系统的安全运行。

5）谐波对通信产生干扰，使电度计量产生误差。

6）谐波对继电保护自动装置和计算机等也将产生不良影响。

电弧炉炼钢产生的电网公害主要包括电压闪烁与高次谐波。电压闪烁实质上是一种快速的电压波动，由较大的交变电流冲击而引起的电网扰动。

超高功率电弧炉加剧了电压闪烁的发生。当电压闪烁超过一定值（限度）时，如0.1~30Hz，特别是1~10Hz时，会使人感到烦躁。

（3）负序电流的危害：

1）由于电弧炉的三相供电严重不平衡，将产生较大的负序电流，使电力系统中以负序电流为起动元件的许多保护及自动装置产生误动作。

2）由于负序及正序的旋转方向相反，注入旋转电动机后产生附加电动力引起振动及附加损耗，同时负序电流影响发电设备的出力。

电弧炉产生的大量谐波电流、负序及无功冲击导致的电压波动及闪变，严重影响用户本身及电网用电设备的安全运行，降低了供电电网的电能质量。

4.6.1.2 公害治理的办法

对公害治理的办法有以下几点：

（1）具有足够大的电网。要有足够大的电网，即电弧炉变压器与有足够大的电压、短路容量的电网相联。德国规定：$P_{短网} \geqslant 80P_n \sqrt[4]{n}$（式中：$P_n$ 电炉变压器额定容量，n 为电炉的座数，当电炉为1座，即 $n=1$）。有的认为，若供电电网的短路容量达到变压器额定容量的60倍以上，就可视为足够大。

（2）改进电弧炉供电主电路。如采用高阻抗电弧炉、变阻抗电弧炉、连续加料电弧炉和直流电弧炉等措施，都能在一定程度上改善电弧炉对供电电路的冲击。

(3) 采用静止型无功补偿装置（SVC）进行抑制，如采用晶体管控制的电抗器（TCR）。

4.6.1.3　等效闪变

电力系统公共供电点在系统正常小运行方式下，以一周（168h）为测量周期，所有长时闪变允许值见表 4-11。

表 4-11　闪变限值

P_{lt}	
≤110kV	>110kV
1	0.8

电弧炉在运行过程中，特别是在熔化期，随机且大幅度波动的无功功率会引起供电母线严重的电压波动和闪变。电弧炉在熔化期电极和炉料（或熔化后的钢水）接触可以有开路和短路两种极端状态，当相继出现这两种状态时其最大无功功率变动量 ΔQ_{max} 就等于短路容量 S_d。

电弧炉在 PCC 点引起的最大电压变动 d_{max} 可通过其最大无功功率变动量 ΔQ_{max} 由式（4-33）计算获得。

$$\Delta Q \approx ds \tag{4-33}$$

式中　s——短路容量。

电弧炉在 PCC 点引起的闪变大小主要与 d_{max} 有关，也与电弧炉类型、电弧炉变压器参数、短网、冶炼工艺、炉料的状况等有关。通过经验公式，由电弧炉的类型和其 d_{max} 可对闪变值进行粗略的估算：

$$P_{lt} = Kd_{max} \tag{4-34}$$

式中　K——系数：交流电弧炉时，一般取 $K_{lt} = 0.48$；直流电弧炉时，一般取 $K_z = 0.30$；精炼炉时，一般取 $K_j = 0.20$；水平连续加料电弧炉时，一般取 $K_c = 0.25$。

4.6.2　电弧炉供电线路的电参数

设计 SVC 时通常是得不到所需要的电力系统及负荷参数的完整资料，需要进行计算后，才能将资料完善。

构成电弧炉特性曲线的电参数有供电电压和电路阻抗。现按一级电路和二级电路分别讨论。

4.6.2.1　一级电路

一级电路是指电能由发电厂经输电电网、变电站降压变压器输送到电弧炉变压器一次侧的这一段电路。

一级电路的电参数应考虑以下几个部分：

（1）供电电网公共连接点（PCC）处的供电电压和电网的短路容量；

（2）变电站降压变压器；

（3）电弧炉变压器一次侧；

（4）在分析一级电路时，系统元件以阻抗值或百分数阻抗给出。计算公式如下：

1）系统的相阻抗 $Z_S(\Omega)$：

$$Z_S=E_S^2/P_S \tag{4-35}$$

式中 E_S——供电电网相间电压，V；

P_S——供电电网的短路容量，V·A。

2）降压变压器电压、额定容量和百分数阻抗。其阻抗可按式（4-36）求出：

$$Z_T=\frac{\%Z_T E_{11}^2}{P_T} \tag{4-36}$$

式中 Z_T——降压变压器的阻抗值，Ω；

$\%Z_T$——降压变压器的百分阻抗值；

E_{11}——降压变压器一次侧电压值，V；

P_T——降压变压器的额定容量，V·A。

3）电弧炉变压器的额定电压、额定容量和百分数阻抗。其阻抗可按式（4-37）求出：

$$Z_{FT}=\frac{\%Z_{FT} U_1^2}{P_{FT}} \tag{4-37}$$

式中 Z_{FT}——电弧炉变压器的阻抗值，Ω；

$\%Z_{FT}$——电弧炉变压器的百分数阻抗；

P_{FT}——电弧炉变压器的额定容量，V·A；

U_1——电弧炉变压器的一次电压，V。

4）为了分析电路，所有的阻抗值都折算到电弧炉变压器二次侧。其阻抗折算公式为：

$$Z_{T0}=Z_{T1}\left(\frac{U_{2p}}{E_{11}}\right)^2 \tag{4-38}$$

式中 Z_{T0}——降压变压器原阻抗值折算到电弧炉变压器二次侧后的阻抗，Ω；

Z_{T1}——降压变压器原阻抗值，Ω；

U_{2p}——电弧炉变压器二次侧最高电压，V。

5）电阻 r 和电抗 X 的分解，可选用下列经验比值：对于线路，$X_S/r_S=10/1$；对于电炉变压器：$X_{FT}/r_{FT}=8/1$。

4.6.2.2　二级电路

二级电路是指从电弧炉变压器的二次侧到电极端部的全部电路，即：

（1）电弧炉变压器二次侧；

（2）短网；

（3）导电横臂和电极夹持器；

（4）电极。

4.6.2.3　供电线路的电参数

通过对一级和二级电路分析可知，电弧炉供电电路的总阻抗包括五个独立部分：

（1）供电电网阻抗：$Z_S=(r_S+jX_S)$；

（2）企业变电所降压变压器阻抗：$Z_T=(r_T+jX_T)$，有时无此项；

（3）电弧炉变压器阻抗：$Z_{FT}=(r_{FT}+jX_{FT})$，有些情况下包括专用电抗器的阻抗（如高阻抗电弧炉）；

（4）电弧炉变压器二次侧短网阻抗：$Z_F=(r_F+jX_F)$；

（5）电弧电阻：R_{arc}，操作中可变值。

在分析电弧炉工作状态时，常假定供电电网的容量是无限的。这样，从电网的公共连接点（PCC）向下有：

线路电阻　$$r_S=r_T+r_{FT}+r_F \tag{4-39}$$

操作电阻　$$R_{OP}=r_S+R_{arc} \tag{4-40}$$

操作电抗　$$X_{OP}=X_T+X_{FT}+X_F \tag{4-41}$$

操作电抗是指电弧炉实际运行时的系统电抗。操作电抗从整体上决定了炉子的电气特性，传统上认为操作电抗是短路电抗的1.1~1.3倍，即：

$$X_{OP}=kX_{SC} \tag{4-42}$$

式中　k——系数，$k=1.1\sim1.3$；

X_{SC}——短路电抗。

实际上操作电抗和短路电抗不是线性关系，它是电弧电流的函数，即 $X_{OP}=f(I_2)$。操作电抗与电弧电流存在负相关系，这一点在高阻抗电弧炉上更为明显。北京科技大学和南京钢铁集团公司对南钢100t高阻抗电炉进行了实际测试，并给出了操作阻抗和电弧电流数学模型：

$$X_{OP}=15.64e^{-0.0192I_2} \tag{4-43}$$

式中　I_2——电弧电流。

4.6.3　谐波与滤波器

由于电弧特性是非线性的，炼钢电弧炉在熔化期内产生大量的谐波电流。而且三相电流不平衡、不对称，具有较多的3次及3次倍数次谐波。从电流波形看出，正负两部分也是不对称的，这说明还存在偶次谐波[14]。

电弧炉谐波电流的频率是一组连续频谱。其中，整数谐波2、3、4、5、6、7次的幅度值较大，而非整数倍谐波幅值较小。

4.6.3.1 电弧炉熔化期谐波电流发生量

在熔化期内，谐波电流随电弧炉电流变化，其峰值与均方根值相差很大，滤波器设计不宜采用瞬时峰值，应按最严重一段时间内的谐波电流平均值考虑。

对于新建或无条件测试的电弧炉，参考表4-12选取。

表4-12 电弧炉熔化期谐波电流值 (%)

n	1	2	3	4	5	6	7
I_n/I_1	100	8~12	10~15	5~7	5~9	2~4	2~3

注：n 为谐波电流次数；I_n 为负荷谐波电流，A；I_1 为基波电流，A。

4.6.3.2 电弧炉同次谐波电流的叠加计算

根据国家标准GB/T 14549—1993《电能质量　公共电网谐波》，先计算每台电弧炉发生的谐波量，然后对多个谐波源的同次谐波电流进行迭加计算。

两台电弧炉同次谐波电流相位角确定时采用式（4-44）进行计算：

$$I_n = \sqrt{I_{1n}^2 + I_{2n}^2} \tag{4-44}$$

式中　I_{1n}——1号电弧炉第 n 次谐波电流；

I_{2n}——2号电弧炉第 n 次谐波电流。

多台电弧炉同次谐波电流进行迭加计算也按此方法进行。

4.6.3.3 谐波电压及谐波电流标准

谐波标准分为电压波形畸变率和注入系统的谐波电流允许值两项。两项指标均按星形接法相电压和相电流的均方根值计算。

根据国家标准GB/T 14549—1993《电能质量　公共电网谐波》，公用电网谐波电压限值（相电压）见表4-13。

表4-13 公用电网谐波电压限值

电网标称电压/kV	电压总谐波畸变率/%	奇次谐波电压含有率/%	偶次谐波电压含有率/%
6	4.0	3.2	1.6
10			
35	3.0	2.4	1.2
66			
110	2.0	1.6	0.8

注入公共连接点谐波电流允许值见表4-14。

表 4-14 注入公共连接点 35kV 谐波电流允许值

标准电压/kV	基准短路容量/MV·A	谐波次数与谐波电流允许值/A											
		2	3	4	5	6	7	8	9	10	11	12	13
6	100	43	34	21	34	14	24	11	11	8.5	16	7.1	13
10	100	26	20	13	20	8.5	15	6.4	6.8	5.1	9.3	4.3	7.9
35	250	15	12	7.7	12	5.1	8.8	3.8	4.1	3.1	5.6	2.6	4.7
66	500	16	13	8.1	13	5.4	9.3	4.1	4.3	3.3	5.9	2.7	5.0
110	750	12	9.6	6.0	9.6	4.0	6.8	3.0	3.2	2.4	4.3	2.0	3.7
标准电压/kV	基准短路容量/MV·A	谐波次数与谐波电流允许值/A											
		14	15	16	17	18	19	20	21	22	23	24	25
6	100	6.1	6.8	5.3	10	4.7	9.0	4.3	4.9	3.9	7.4	3.6	6.8
10	100	3.7	4.1	3.2	6.0	2.8	5.4	2.6	2.9	2.3	4.5	2.1	4.1
35	250	2.2	2.5	1.9	3.6	1.7	3.2	1.5	1.8	1.4	2.7	1.3	2.5
66	500	2.3	2.6	2.0	3.8	1.8	3.4	1.6	1.9	1.5	2.8	1.4	2.6
110	750	1.7	1.9	1.5	2.8	1.3	2.5	1.2	1.4	1.1	2.1	1.0	1.9

当系统的短路容量不同于标准中的短路容量时需按式（4-45）进行换算：

$$I_n = I_{np} S_{k1} / S_{k2} \tag{4-45}$$

式中 I_{np}——标准中基准短路容量时的各次谐波电流允许值；

S_{k1}——系统最小运行方式下的短路容量；

S_{k2}——标准中的基准短路容量。

当同一公共连接点有多个用户时，谐波电流允许值还应按式（4-46）进一步换算：

$$I_{ni} = I_n (S_i / S_f)^{1/\alpha} \tag{4-46}$$

式中 I_n——第一次换算的谐波电流允许值；

S_i——第 i 个用户的用电协议容量；

S_f——公共连接点的用电设备容量；

$1/\alpha$——相位迭加系数，见表 4-15。

表 4-15 相位迭加系数

n	3	5	7	11	13	>13(偶次)
α	1.1	1.2	1.4	1.8	1.9	2

4.6.3.4 滤波器安全性能校核

校核公式如下：

$$U_{c1} + \sum U_{cn} \leqslant U_{CN} \tag{4-47}$$

$$\sqrt{I_{c1}^2 + \sum I_{cn}^2} \leqslant 1.3 I_{CN} \tag{4-48}$$

式中 U_{c1}——滤波电容器承受的基波电压，V，$U_{c1} = \frac{U_S}{\sqrt{3}} \frac{n^2}{n^2-1}$；

$\sum U_{cn}$——流过电容器的谐波电流在电容器两端产生的谐波电压，V，$\sum U_{cn} = \sum \frac{I_{cn}}{n\omega C}$；

U_{CN}——电容器的额定电压，V；

I_{c1}——流过电容器的基波电流，A，$I_{c1} = \frac{U_S}{\sqrt{3}} \frac{n^2}{n^2-1} \left(\frac{1}{\omega C} - \omega L \right)$；

I_{cn}——流过电容器的所有谐波电流的均方根值，A；

I_{CN}——电容器的额定电流，A；

C——每相电容器的电容值；

n——谐波次数。

4.6.4 TCR 型 SVC 总体说明

4.6.4.1 控制原理说明及框图

A 可调电抗器无功补偿装置

带有可调相控电抗器无功补偿装置的系统如图 4-15 所示。

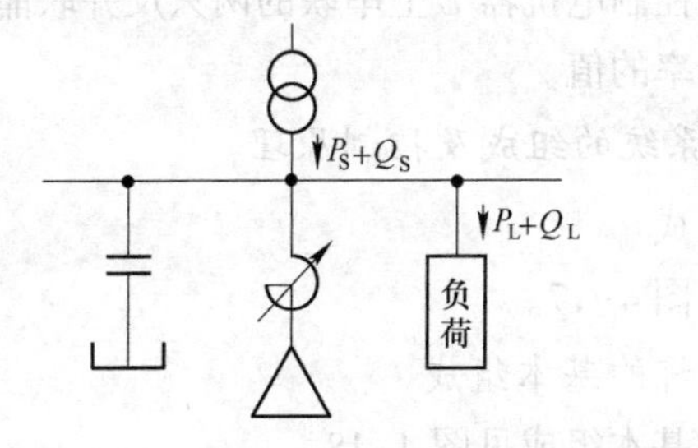

图 4-15 带有可调相控电抗器无功补偿装置的系统

假设负荷消耗感性无功（一般工业用户都是如此）Q_L，负荷的最大感性无功为 Q_{Lmax}，则若取 $Q_C = Q_{Lmax}$，即系统先将负荷的最大感性无功用电容补偿。

当负荷变化时，电容与负载共同产生一个容性无功冲击，$Q_P = Q_C - Q_L$，这时，用一个可调电抗（电感）来产生相对应的感性无功 Q_B，抵消容性无功冲击，这样在负荷波动过程中，就可以保证：$Q_S = Q_C - Q_B - Q_L = 0$。

B 可调相控电抗器（TCR）产生连续变化感性无功的基本原理

TCR 原理及 TCR 电压电流波形图如图 4-16 所示。

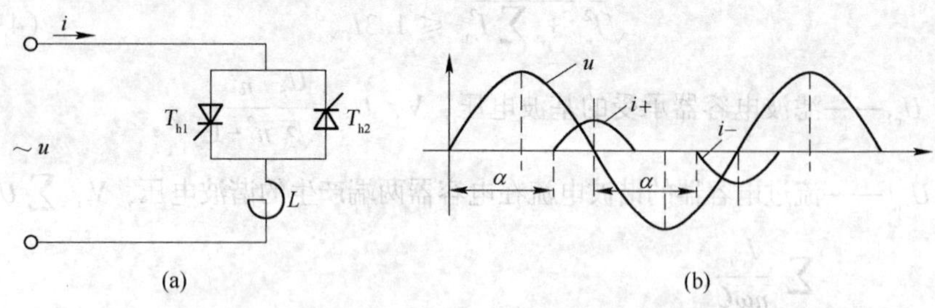

图 4-16　TCR 原理及 TCR 电压电流波形图

图 4-16(a) u 为交流电压，T_{h1}、T_{h2} 为两个反并联晶闸管，控制这两个晶闸管在一定范围内导通，则可控制电抗器流过的电流 i，i 和 u 的基本波形如图 4-16(b) 所示。

α 为 T_{h1} 和 T_{h2} 的触发角，则有：

$$i=\frac{\sqrt{2}U}{\omega L}(\cos\alpha-\cos\omega t) \tag{4-49}$$

i 的基波有效值为：

$$I_1=\frac{U}{\pi\omega L}(2\pi-2\alpha+\sin 2\alpha) \tag{4-50}$$

式中　U——相电压有效值；

ωL——电抗器的基波电抗。

因此，可以通过控制电抗器 L 上串联的两只反并联晶闸管的触发角 α 来控制电抗器吸收的无功功率的值。

4.6.4.2　SVC 系统的组成及控制原理

A　SVC 系统组成

SVC 系统组成见图 4-17。

B　SVC 控制系统的基本组成

SVC 控制系统的基本组成见图 4-18。

C　恒无功控制，保证功率因数及抑制电压波动

SVC 连接到系统中，电容器提供固定的容性无功功率 Q_C，通过相控电抗器的电流决定了从相控电抗器输出的感性无功值 Q_{TCR}，感性无功与容性无功相抵消，只要 Q_N（系统）$=Q_V$(负载) $-Q_C+Q_{TCR}=$恒定值（或 0），功率因数就能保持恒定，电压几乎不波动。最重要的是精确控制晶闸管触发，获得所需的电抗器电流。采集的进线电流及母线电压经运算后得出要补偿的无功功率，计算机发出触发脉冲，光纤传输至脉冲放大单元，经放大后触发晶闸管，得到所补偿的无功功率[15]。

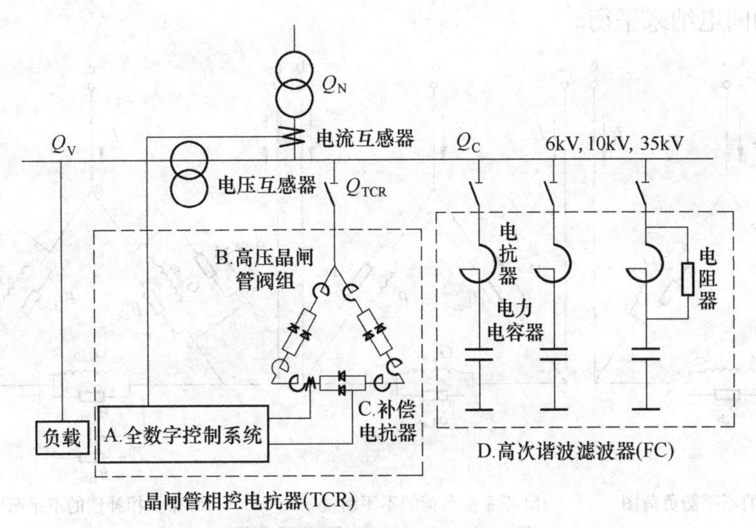

图 4-17 SVC 组成示意图

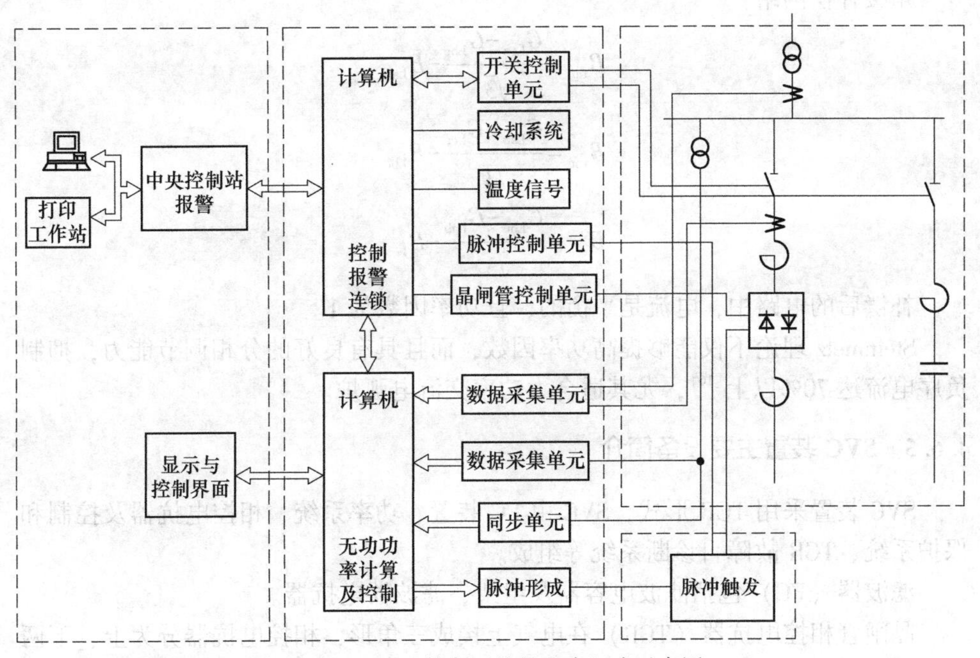

图 4-18 SVC 控制系统的基本组成示意图

4.6.4.3 采用 Steinmetz 原理进行分相调节，抑制负序电流

Steinmetz 原理示意图如图 4-19 所示。不平衡有功可通过在其他两相的无功元件来产生平衡电流。当不平衡负荷中每相间负荷既有有功 P_{ab}、P_{bc}、P_{ca}，又有无功 Q_{ab}、Q_{bc}、Q_{ca}时，相间无功可用角接补偿电纳来补偿，不平衡有功可以用另

外两个相间电纳来平衡。

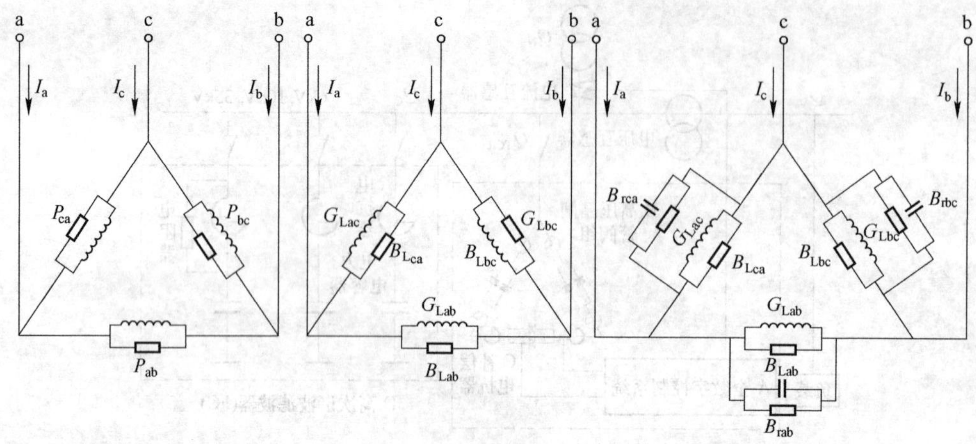

(a) 典型的不平衡负荷图　(b) 不平衡负荷的不平衡量　(c) 带分相补偿的不平衡电路

图 4-19 Steinmetz 原理示意图

角接补偿网络：

$$B_{rab}=\frac{G_{Lca}-G_{Lbc}}{\sqrt{3}}-B_{Lab}$$

$$B_{rbc}=\frac{G_{Lab}-G_{Lca}}{\sqrt{3}}-B_{Lbc}$$

$$B_{rca}=\frac{G_{Lbc}-G_{Lab}}{\sqrt{3}}-B_{Lca}$$

补偿后的电路中，电流是平衡的，且功率因数为 1。

Steinmetz 理论不仅能够提高功率因数，而且具有良好的分相调节能力，抑制负序电流达 70%以上[16]，尤其适合大功率交流电弧炉。

4.6.5 SVC 装置主要设备简介

SVC 装置采用 TCR 形式，SVC 由 FC 装置、功率系统、相控电抗器及控制和保护系统、TCR 故障自诊断系统等组成。

滤波器（FC）包括滤波电容器及组架、滤波器电抗器。

晶闸管相控电抗器（TCR）在电气上接成三角形，相控电抗器分为上、下两部分，电感值相等，晶闸管串在相控电抗器中间，使相控电抗器短路时对晶闸管运行有利。晶闸管阀组由晶闸管串联而成，每臂阀组都有相应的阻容吸收回路，均压回路，晶闸管换向过电压保护电路及晶闸管击穿保护[17]。

4.6.5.1 控制系统

A 控制器的组成与功能

采用 DSP 全数字控制系统，它具多个快速输出通道等高性能硬件配置，控制角精度小于0.1°。控制柜由数显表单元、微机监控单元、开关面板、主控单元、采样单元、输入输出单元、整流部分及柜内风机和照明组成。

控制器具有和上位机通信的标准化接口。采用通信管理机实现就地和远方通信。同时SVC具备与变电站综合自动化联网的功能，高压开关柜的合闸、分闸及状态监控在SVC的后台保护上实现。

B 监控系统

监控设备满足如下（不限于此）要求：

（1）控制器：CPU采用DSP数字信号处理器，控制器、调节器必须实现全数字化。

（2）实现U_a、U_b、U_c、U_{ab}、U_{ca}、U_{bc}、I_a、I_b、I_c、P、Q、F、$\cos\varphi$等模拟量的遥测。

（3）监测各一次设备的开关量、模拟量，晶闸管的运行状况，冷却系统的各运行数据和状况，保护装置的运行状况和动作状况。

（4）SVC的启动和停止。

（5）控制断路器的合闸和跳闸。

（6）在与交流系统同步时，采用必要抗干扰措施产生恰当的同步脉冲。同步功能的设计包括以下内容：对电压谐波严重畸变具有抗干扰力；对电压大的相位偏移有抗干扰力；在大的电压偏移过程中和结束后能自动恢复运行；在大的频率偏移过程中和结束后能自动恢复运行。

变电站的控制和监视要求：

（1）显示现场和远处设备状态。

（2）发出警报（就地和远方）。

（3）事故的监视和记录，事故记录保存时间一般不少于半年到一年；能够记录故障前几个周期和故障后几个周期的波形，包含电流和电压，且记录的波形能够上传到后台。

（4）特定控制参数或保护整定值的设定和调整（就地和远方）。发出操作设备（断路器、隔离开关等）命令。

（5）HMI画面包括：

1）数据采集与安全监视：

①显示主接线图及潮流图、继电保护配置图及制表、设备参数表等。

②各种开关状态及动态数据量实时显示。

③主变线路的负荷及电流实时监视。

④系统图表用系统时钟。

⑤用表格显示实时与正点数据。

⑥用曲线、棒图形式显示电压、电流、功率等模拟量。

⑦对电压、电流、潮流、功率因数周波等进行越限监视与报警，并可人工修改限值。

⑧事故跳闸监视，报警随机打印并自动推出事故画面。

⑨提供各种数值计算功能，并可记存有关量。历史数据、事件记录显示。

2）运行记录：

①系统事故记录：有开关状态变位记录，事故追忆信息及事故顺序记录等。

②系统异常记录：有各种遥测量的越限记录，正在发生或恢复的遥测量的在各种异常状态下的时间记录等。

③系统正常遥控记录：有各种日报、月报记录和正点存表记录等。

④系统运行投运记录。

4.6.5.2 TCR 故障自诊断系统

TCR 故障自诊断系统应能进行实时监控和诊断，画面中能实时反映出 TCR 各种工作及故障状态，具备友好的人机对话界面，应可显示如下内容：

（1）晶闸管工作、故障状态显示及保护。

（2）晶闸管击穿检测及保护。

（3）TCR 过电流保护。

（4）触发丢脉冲保护触发丢脉冲保护。

（5）TCR 温度保护。

（6）欠电压保护。

（7）历史数据记录。

（8）分别用曲线棒图显示相应数据。

（9）在线自动生成数据库。

（10）人机操作命令方式为鼠标和键盘，功能齐全。

（11）控制电源丢失保护。

（12）速断保护。

4.6.5.3 FC 保护

FC 保护包括：

（1）不平衡保护；

（2）操作过电压保护；

（3）低电压保护；

（4）高周波保护；

（5）低周波保护。

参考文献

[1] 花皑，吴培珍．高阻抗电弧炉主电路的设计［J］．工业加热，2005（6）：35~39.

[2] 朱蕾蕾，朱贺，张豫川，刘居柱．高阻抗电弧炉变压器技术参数设计［J］．工业加热，2012，41（2）：11~14.

[3] 高强，石宏伟．浅谈电弧炉短网联接［J］．一重技术，2003（1）：24.

[4] 阎立懿，肖玉光，李延智，刘一心，胡显坤．现代炼钢电弧炉短网技术［J］．工业加热，2006（3）：17~20.

[5] 李吉诚．电弧炉短网设计应用及要求［J］．钢铁技术，2002（2）：36~43.

[6] 一机部西安电炉研究所短网课题组．电弧炉短网的电参数与节电［J］．电炉，1982（3）：1~5.

[7] 黄庆福，张志波，佟艳坤．电弧炉短网的改造效果［J］．黑龙江冶金，1998（1）：21~22.

[8] 朱荣，魏光升．电炉炼钢智能化技术的发展［N］．世界金属导报，2015-05-05（B02）．

[9] 朱荣，李桂海，刘艳敏，等．电弧炉用氧计算机分时段控制技术［P］．CN1385666. 2002.

[10] 袁平．电弧炉冶炼过程行进控制方法的研究与应用［D］．沈阳：东北大学，2006.

[11] 李志宏，杜娟，王延明，张石，荣西林．电弧炉电极升降 PLC 控制系统设计及应用[J]．控制工程，2002（6）：49~51.

[12] Torsten Rummlerr，郑蕾．优化电炉除尘系统［J］．世界钢铁，2011，11（4）：58~61.

[13] 张炳炎，张之忠．现代大型电弧炉对电网公害抑制的途径及效益［J］．电气工程应用，1992（4）：8~11.

[14] 张定华，桂卫华，王卫安，刘连根．大型电弧炉无功补偿与谐波抑制的综合补偿系统［J］．电网技术，2008（12）：23~29.

[15] 顾建军．电炉 SVC 系统优化方案的研究［J］．电气应用，2012，31（20）：88~90.

[16] 王江彬，田铭兴，陈敏，赵远鑫．基于 Steinmetz 理论的三相四线制不平衡电流补偿［J］．电力系统及其自动化学报，2016，28（9）：20~26.

[17] 裴虹．SVC 系统在电弧炉供电系统中的应用［J］．甘肃科技，2010，26（20）：75~79.

5 电弧炉附属设备

电弧炉附属设备包括钢包、出钢车、加料筐、补炉机及相关检测仪表，对实现炼钢过程连续生产，准确掌握出钢时间，提高产品质量，保证生产安全起着重要作用。本章主要介绍了电弧炉炼钢相关附属设备的结构与配置情况，对操作人员学习提高生产及现场管理能力，实现电弧炉高效、低成本生产有一定指导作用。

5.1 钢包

钢包是盛放钢液并进行精炼、浇注的设备。

5.1.1 包体

钢包外形一般为截头圆锥体，上大下小。包体采用钢板焊接，根据容量大小其包体厚度在16~36mm之间，并带加固圈。钢包壁两侧装有耳轴（位于钢包重心之上350~400mm），供吊运支撑之用。包底钢板厚度为20~40mm，并留有一个镶嵌水口砖用的圆孔。对于带塞棒的钢包，在包侧还装有塞棒升降传动装置，控制钢液的浇注。钢包结构如图5-1所示。

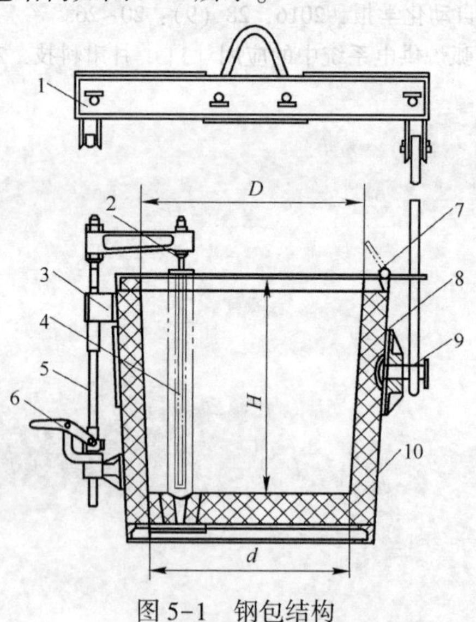

图5-1 钢包结构

1—龙门钩；2—叉形接头；3—导向装置；4—塞杆铁芯；5—滑杆；6—把柄；7—保险挡铁；8—外壳；9—耳轴；10—内衬

为了倒渣方便，包底有挂钩装置，可以自动挂钩和摘钩。

5.1.2 内衬

钢包的内衬砌砖一般不少于两层。外层是保护层，厚度约 30mm 左右；内层为工作层，直接与高温钢液和炉渣接触，既要受到钢水冲刷和侵蚀，又要在急冷急热条件下工作。

对于桶底工作层，因它与高温钢液接触的时间最长、承受钢液静压力最大，清理残钢残渣时受到机械损坏也较严重，工作条件比桶壁更恶劣，因此，砌砖应厚些。

钢包寿命是指内衬砖使用次数，一般是由冶炼钢种和冶炼工艺及耐火材料决定，其数值不等，一般只有几十次。

钢包的砌筑方法有三种，即砌筑、捣打和机械修罐法。

(1) 砌筑。砌筑是目前采用最广泛的一种方法。一般使用黏土砖，寿命约为 15 次。为了延长桶衬寿命，有的采用高铝砖、蜡石砖、石墨黏土砖及锆质砖等。采用焦油沥青浸煮黏土砖，寿命可提高到 40 次。包壁采用万能弧形砖（一般厚度为 30mm）可以砌筑不同直径的钢包，而且砌筑时间短、砖缝小，不易脱落。

(2) 捣打。捣打钢包的底部仍用砖砌。在砌好的包底工作层上放置内模，将硅石或矾土等捣打料加入内壁和内模之间的环缝中，用风动工具捣打，得到整体内衬的钢包。采用捣打法可缩短冷修时间，实行机械操作。捣打法适用于小于 100t 的钢包。

(3) 机械修罐法。机械修罐法分为离心投射法和振动浇灌法两种，适用于较大型的钢包，施工简单、成本低且寿命较高。

5.1.3 塞棒控制系统

塞棒控制系统主要由水口砖、塞棒及启闭机械装置组成。

5.1.3.1 塞棒

塞棒由棒芯、袖砖和塞头组成。大型钢包用 40~50mm 的圆钢作棒芯。有的用钢管作棒芯，浇注时在管内通压缩空气冷却。

袖砖一般为黏土质或高铝质砖。

在铁芯的端头装有塞头砖，它与铁芯的连接方式普遍采用螺纹式。如图 5-2 所示。

塞头砖的尺寸取决于浇注时间，时间越长，尺寸越大。同时必须正确选择塞头砖在水口砖上的座放深度 h，如图 5-3 所示。该深度对于中小型塞头为 33~35mm，大型为 40~45mm。塞头砖一般用黏土质、高铝质、石墨黏土质等材料制成。由于塞棒是钢包最关键的部位，因此必须特别注意塞棒的装配、烘烤和安装工作。

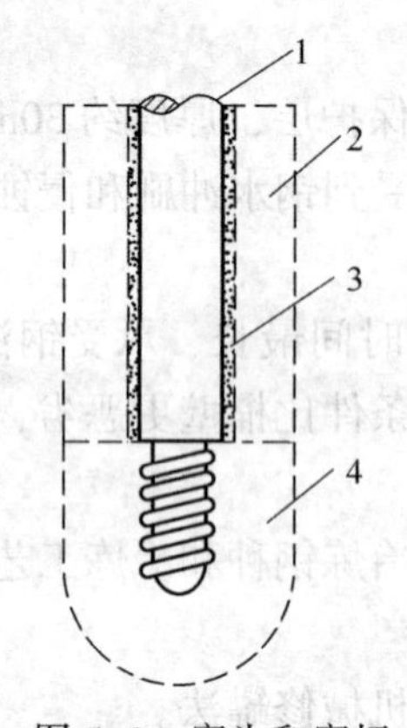

图 5-2　塞头和塞杆
1—铁芯；2—袖砖；3—填充物；4—塞头

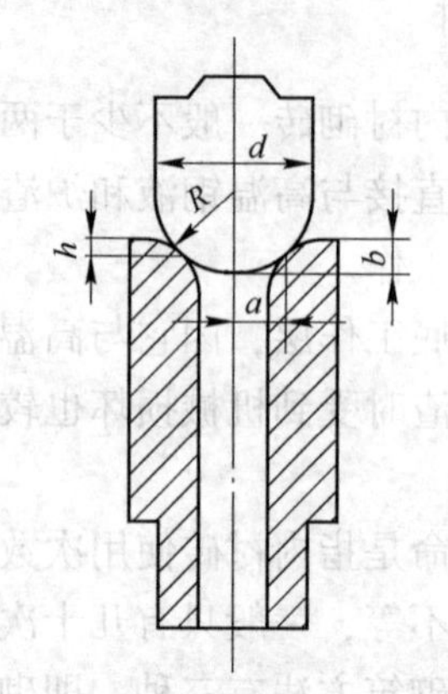

图 5-3　塞头砖在水口砖内的正确位置

塞棒的开启方式有人力、电动和气动等。

5.1.3.2　水口砖

水口砖外形为截锥形，上口成喇叭口，与塞头砖的球面紧密接触，便于塞头砖顺弧面上移、下滑进行开闭；它的下段是起稳流作用的直线段，其长度应大于水口直径的 4 倍。

水口砖要求耐火度高、抗渣性强，保证浇注过程中直径变化小。其材质与浇注钢种有关，浇注沸腾钢时，因钢水对水口侵蚀强，一般采用镁质水口砖；浇注镇静钢时，可用焦油或沥青浸渍的黏土质或高铝质水口砖。

水口直径决定着最大浇注速度，它与钢种、钢锭大小及上下注法有关。上注比下注大；浇注镇静钢比浇注沸腾钢大；浇注黏度大的钢种（如高铝钢、高铬钢、含钛钢及低碳钢等）水口直径大，一般为 30~60mm。国外采用快速上注时有的采用 80~120mm 的水口。

水口砖安装方法有包内安装与包外安装两种。包内安装如图 5-4 所示。这种方式多用于大中型钢包，或生产周期短、出钢次数多的转炉车间。这种方式安装工序复杂，但劳动条件较好。

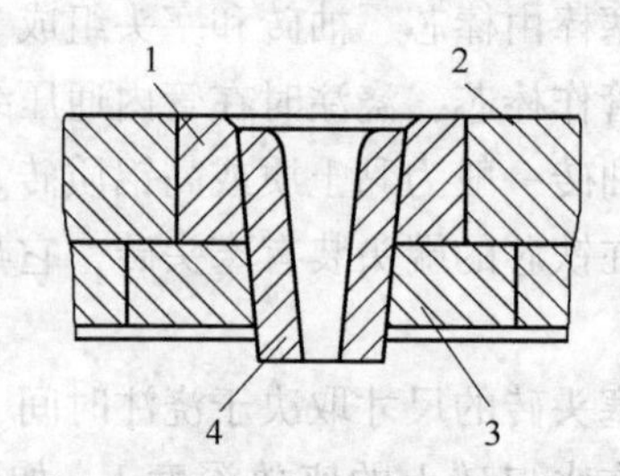

图 5-4　水口砖安装（包内安装）
1—座砖；2—钢包砖衬；3—钢包外壳；4—水口砖

5.1.3.3　滑动水口

滑动水口的材质要选择有足够高温强度、耐磨、耐冲刷、抗渣性好的稳定性好的材料。外形必须规整，滑动平面平整度高的-等高铝砖、镁质-高铝复合质、刚玉质、氧化锆质、纯氧化铝和合成莫来石质的滑板等。

为提高滑板的平整度，可用沥青浸煮。再经退火除油垢，最后经机床磨平。

使用滑动水口可简化工序、节省耐火材料、消除塞棒断头事故，减少钢液夹杂物等，也有利于实现机械化和自动控制。

5.2 出钢车

出钢车是用来装运钢包的工具。在过去电弧炉容量较小时，电弧炉出钢往往使用天车吊着钢包进行。现在，不仅是电弧炉向大型化发展，而且由于精炼技术的普遍应用，出钢车被广泛采用。

5.2.1 出钢车的组成

出钢车是钢包的运输工具。电弧炉出钢时，出钢车将钢包运到电弧炉出钢的位置，出钢后还要将钢包运到远离电弧炉的位置。不仅装满钢水的钢包烘烤出钢车，而且一旦钢包漏钢或钢水飞溅就有可能对出钢车造成破坏。为此，要保证出钢车有足够的强度和刚度，并在出钢车的上平面砌有耐火砖，以便对车体和驱动装置进行保护。

无论是滑线式出钢车还是卷筒式出钢车，在结构上基本都是由车体、钢包支座、车轮、电机减速器、传动轴与联轴器、电缆与氩气输送装置、称重装置以及牵引装置等组成。

连接出钢车电动机的电缆和氩气输送软管有滑线式（见图 5-5）和卷筒式（见图 5-6）两种结构形式。滑线式结构在滑线上装有滚轮装置，滚轮能在出钢车前进与后退过程中自动滚动，带动电缆和氩气输送软管与出钢车一起运动；卷筒式结构是在出钢车上设有卷筒装置，在出钢车前进与后退运动过程中卷筒自动卷放电缆和氩气软管。目前，国内两种结构都有应用。

5.2.2 电弧炉与精炼炉出钢车的区别

电弧炉作为初炼炉，出钢后紧接着就进入钢包精炼炉对钢水进行精炼。电弧炉与钢包炉的布置方式分为在线布置和离线布置两种方式。根据电弧炉与钢包炉的不同布置方式，其出钢车和钢包车的结构也有所区别。

对于电弧炉和钢包炉在线布置的情况，电弧炉的出钢车就是钢包炉的钢包车。电弧炉出钢完毕后，直接把出钢车开到钢包炉的精炼工位，对钢水进行精炼。为此，出钢车就必须具有钢包车应具有的一切功能。

对于电弧炉和钢包炉离线布置的情况，当电弧炉出钢完毕，出钢车开出一段距离停稳后，用吊车将钢包吊运到钢包炉的钢包车后，钢包车进入精炼工位并对钢水进行精炼。

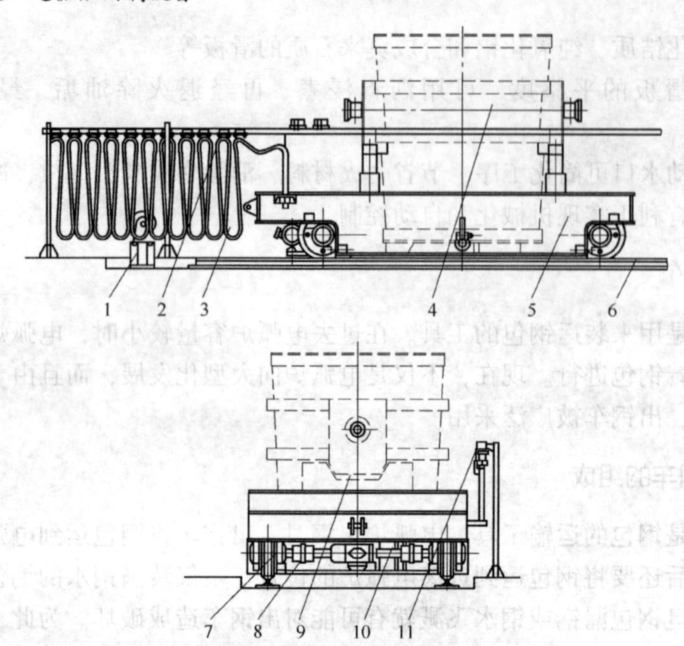

图 5-5　滑线式出钢车结构示意图

1—牵引轮装配；2—滑线装配；3—电缆与氩气输送软管；4—钢包；5—车体；6—轨道；7—车轮装配；8—传动轴与联轴器；9—称重装置；10—电机与减速器；11—电气限位装置

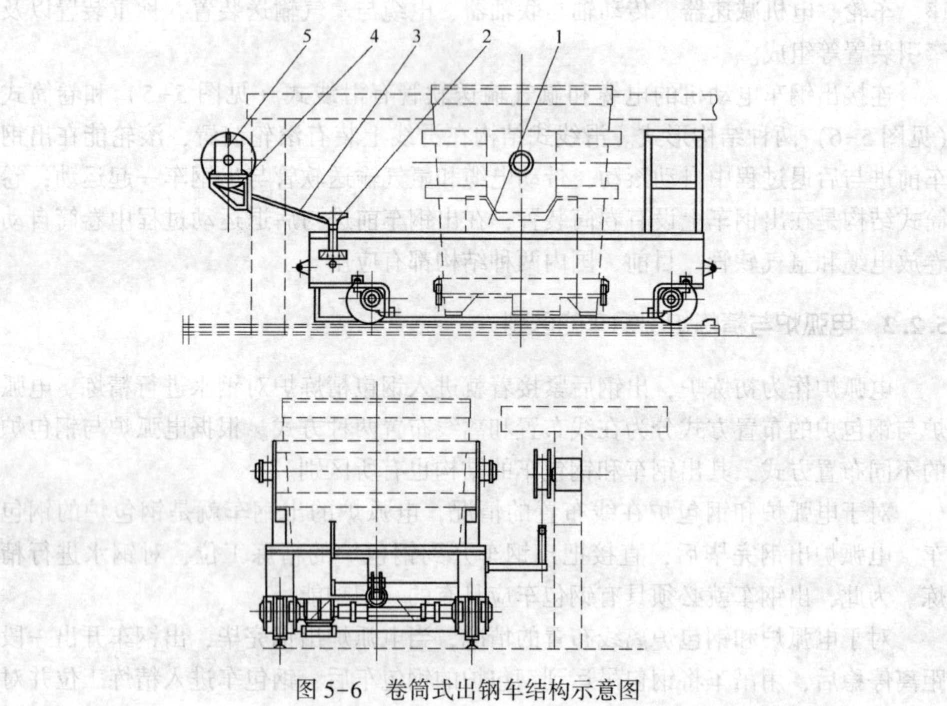

图 5-6　卷筒式出钢车结构示意图

1—出钢车装配；2—导线支架装配；3—电缆与氩气输送软管；4—电缆卷筒支座；5—卷筒

一般出钢车要求能对钢水进行称量，以便对电弧炉出钢量进行控制。由于钢包上口直径较大，出钢口对出钢车的位置定位精度不做严格要求。为此，在出钢车上可不用变频调速装置。但是，从保护减速器角度出发，出钢车带有变频调速可以延长减速器的使用寿命。如果已经在出钢车上进行了称重，钢包车就不用带有钢水称量装置。在钢包炉的精炼工位，由于钢包与包盖需要有一个较为精确的定位，因此对钢包车在加热工位的定位精度是有严格要求的。所以，在钢包车上一般要求带有变频调速装置，以满足其定位精度的要求。

出钢车与钢包车除了上述区别外，供氩装置设备也是有差别的。在电弧炉出钢车上，氩气只需一种较小的供气量；而钢包车的氩气供气量是根据冶炼工艺的要求需要几种供气量，并能随时进行自动调节。出钢车和钢包车除了上述不同点以外，在整体结构上基本一样。所以对于出钢车的机械部分的设计计算，完全适用于钢包车。

5.2.3 出钢车的驱动方式

出钢车的驱动方式主要有两种，即机械式驱动和液压式驱动。

机械传动的特点是：结构比较简单、可靠性较高，但机械传动惯性大、不容易定位。另外，对于重载低速的大型出钢车，其减速器的体积比较庞大。目前，多采用变频调速来实现出钢车的低速行走。

液压传动的特点是：启动、制动过渡过程时间短，调速方便，传动平稳、惯性小，停位准确。但液压传动在出钢车上要自带油源装置，结构比较复杂，且大转矩低转速的液压电机价格也比较昂贵，所以较少采用。

5.3 加料筐与加料筐平车

炉顶加料是将炉料一次或分几次装入炉内，为此必须事先将炉料装于专用的容器内，目前多用料筐（也称料罐）装料，而特大型电弧炉则是用加料槽装料。为保护炉衬，加速炉料熔化，装料时需注意将大块的、重的炉料装在炉子中间，而将轻的炉料装在炉子的底部及四周。

常见的料筐有链条底板式和蛤式两种。

5.3.1 链条式料筐

带链条底板式料筐如图 5-7 所示。上部 1 为桶形，料筐下部是多排三角形链条底板 2。链条底板下端用链条或钢丝绳穿连成一体用扣锁机构锁住，形成一个罐底。装料筐吊在起重机主钩上，扣锁机构 4 的锁杆吊在副钩上。装料时，料筐吊至炉内距炉底约 300mm 的位置，利用副钩打开筐底将炉料装入炉内。料筐的直径比炉膛直径略小，以避免装料时撞坏炉墙。

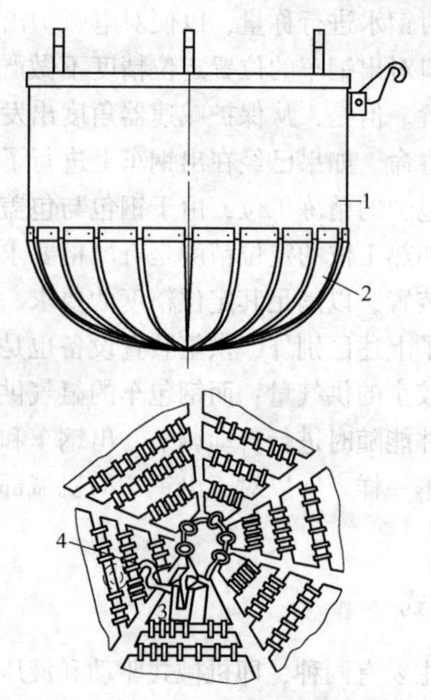

图 5-7　链条底板式料筐

1—圆筒形罐体；2—链条板；3—脱锁挂钩；4—脱锁装置

这种料筐的优点在于装料时，能将料筐放入炉膛内，减轻了废钢下落时对炉衬的冲击及其他相连部分的震动。其缺点是每次装完料后需将链条板重新串在一起，工作强度大，打开链条板和锁扣机构容易发生故障，同时这种料筐还需要放在专门的台架上。

5.3.2　蛤式料筐

蛤式料筐如图 5-8 所示，蛤式料筐的筐底的两个颚 4 依靠自重闭合。两个颚通过杠杆 3 和钢丝绳 1 打开装置，可以由吊车的副钩使锁紧装置 5 打开。这种料筐的优点是可以靠吊车的副钩控制料筐的打开程度，以控制废钢下落的速度，同时不需要人工串链条板和专门的放置台架；其缺点是料筐不能放入炉膛内，只能在炉口上方打开筐底，装料时对炉衬底部冲击大，容易损坏炉衬底部，同时引起相关联部分的震动。

5.3.3　加料筐平车

加料筐平车是用来做料筐的运输工具。一般工厂电弧炉车间与料场并不是在一个车间内设置的。料筐装满废钢后，需要通过料筐平车将料筐运到电弧炉车间内，而后用天车将料筐吊运到电弧炉上进行加料，然后再放回到料筐平车上。废钢料跨一般都与电弧炉车间仅一墙之隔。平车结构设计是比较简单的，一般是用

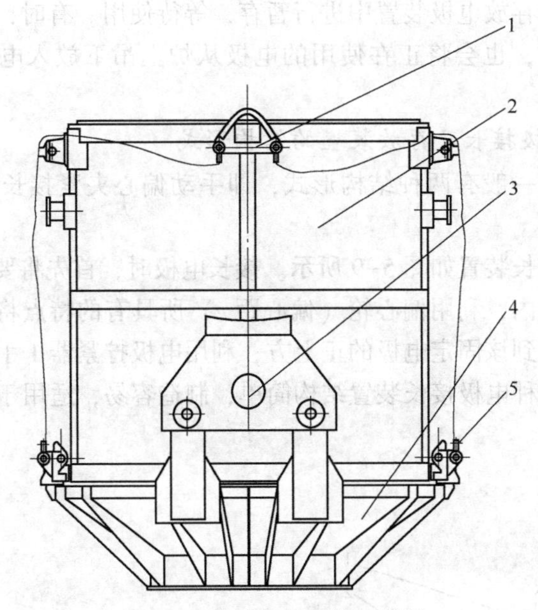

图 5-8 蛤式料筐结构示意图

1—钢丝绳打开装置；2—料罐体；3—杠杆；4—颚；5—锁紧装置

电机减速器做驱动装置，使车轮在轨道上运转。

当加料筐平车驱动装置采用电动机减速器时，设计可参考出钢车，但因其载重量小，工作环境比出钢车好得多，因而设计较为简单，电动机功率可以小一些。

由于平车运送距离相对较远，电动机电缆较长，一般需用卷筒缠绕。而有的厂家利用柴油机作为料筐平车的驱动装置，既省去了电缆与卷筒，同时也避免了电缆在地面上的拖连。

5.4 电极接长及出钢口维修平台

5.4.1 电极接长及存放装置

5.4.1.1 电极接长及存放装置的作用

电极接长及存放装置，顾名思义就是用来对电极接长后进行暂存，以便于随时装入电弧炉上进行冶炼。在以前，由于电弧炉的容量比较小，所用电极直径也比较小，电极的接长可在炉上进行人工接长。但是，随着电弧炉的大型化和超高功率的采用，电极直径越来越大，甚至高达 700mm 以上。人工接长已经是不可取的，为此需要采用专门的电极接长装置。

电极的接长是先将一根电极固定后，再把电极接头旋进电极接孔内，然后将另一根电极用天车（或专用悬臂吊）吊到电极接头正上方进行接长拧紧操作。

接长后的电极吊到存放电极装置中进行暂存，等待使用。有时，在电极夹持器体或抱带需要维修时，也会将正在使用的电极从炉上吊下放入电极存放装置中去暂存。

5.4.1.2　电极接长及存放装置的结构形式

电极接长装置一般有两种结构形式，即手动偏心夹紧接长装置和液压（气动）接长装置。

手动式电极接长装置如图5-9所示。接长电极时，首先将要相接的一根电极放入电极接长装置内，利用偏心轮（偏心距 e）所具有的特点将电极固定；然后将另一根电极吊运到该固定电极的正上方，利用电极拧紧器1手动操作将两根电极拧紧在一起。这种电极接长装置结构简单，制造容易，适用于电极直径较小的情况。

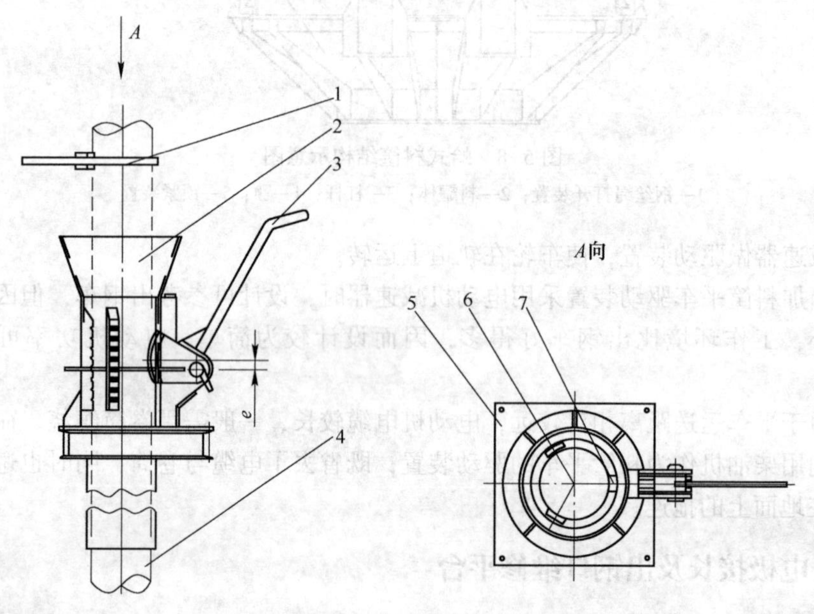

图5-9　偏心夹紧装置

1—电极拧紧器；2—护筒；3—手动顶紧杠杆；4—电极；5—支架；6—固定顶紧块；7—活动顶紧块

自动式电极接长装置常采用液压（气动）夹紧装置，如图5-10所示。这种装置是采用液压（气）缸的活塞杆抱瓦，将电极固定。这种电极夹紧装置，结构较为复杂，适用于电极直径较大的情况。

5.4.1.3　电极接长及存放装置的安装位置

在电弧炉的操作平台上，根据整体布置，将电极接长及存放装置安装在一个既不影响炉子的操作，又不远离炉子的合适的位置。当采用专用悬臂吊接长电极时，还要考虑悬臂吊在空间旋转、吊运电极时，不能和炉子及其他附属设施相互

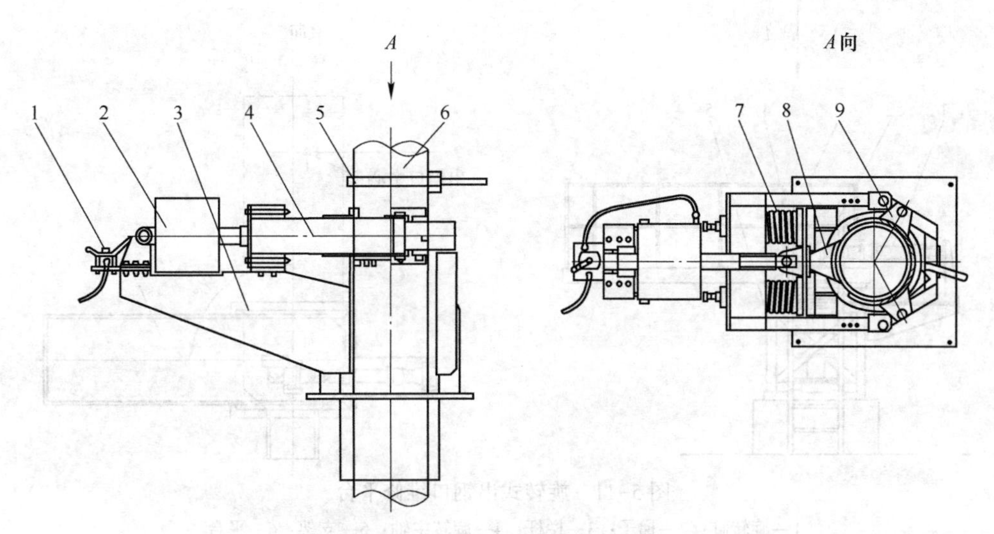

图 5-10 液压（气动）夹紧装置

1—手动打开阀；2—液压（气动）缸；3—支架；4—夹紧装置；5—电极拧紧器；6—电极；7—顶紧弹簧；8—活动顶块；9—固定顶块

发生干扰。在用天车作为接长吊运时，电极存放安装位置不能超出天车吊运的极限位置。

5.4.2 出钢口维修平台

出钢口维修平台是用于对偏心底出钢口进行维护的一个装置。出钢口衬砖极易损坏，经常需要对其更换。更换时需要人员站在出钢口维修平台上，对出钢口进行衬砖的更换操作。出钢时，偶尔也会出现出钢口堵塞钢水不能流出的情况，这时也需要操作人员站在出钢口操作平台上，利用氧气将出钢口打通。为此，出钢口维修平台应安装在出钢口一侧的电弧炉基础端头，不妨碍出钢操作而且便于出钢口维修平台操作的位置。

出钢口维修平台常用的有旋转式和伸缩式两种结构形式。

旋转式出钢口维修平台如图 5-11 所示。工作时，需要将旋转操作平台旋转接近 90°的角度，以便于操作人员维护出钢口。用后需要再旋回到原来的位置，否则，会影响电弧炉冶炼及出钢的操作。

伸缩式出钢口维修平台如图 5-12 所示。工作时，将操作平台伸出，以便于操作人员对出钢口的维护。用后需要再缩回到原来的位置，否则，就会影响电弧炉冶炼及出钢的操作。

二者的选用，根据用户现场工艺布置情况不同而有所区别。由于出钢口维修平台结构比较简单，作用单一，有的用户不设此装置，而是以出钢车代替出钢口维修平台对出钢口进行维修。

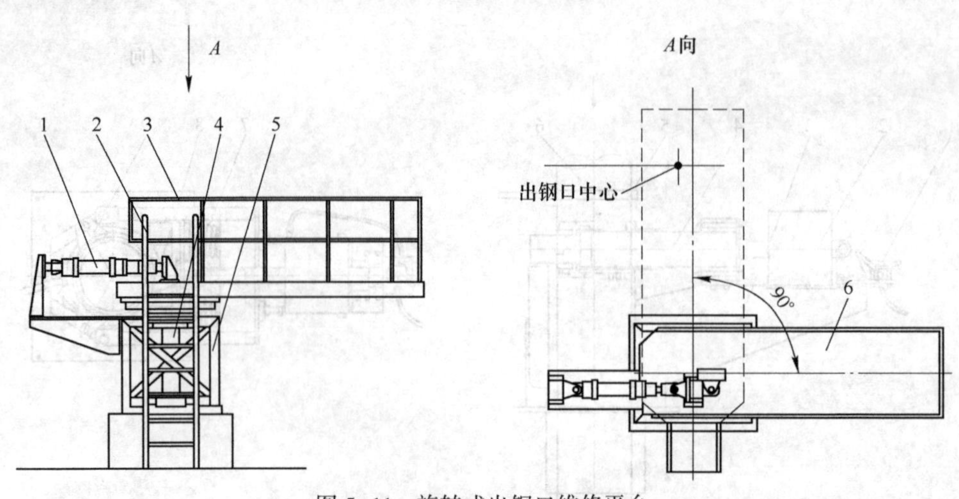

图 5-11 旋转式出钢口维修平台

1—旋转缸；2—梯子；3—栏杆；4—旋转主轴；5—支架；6—平台

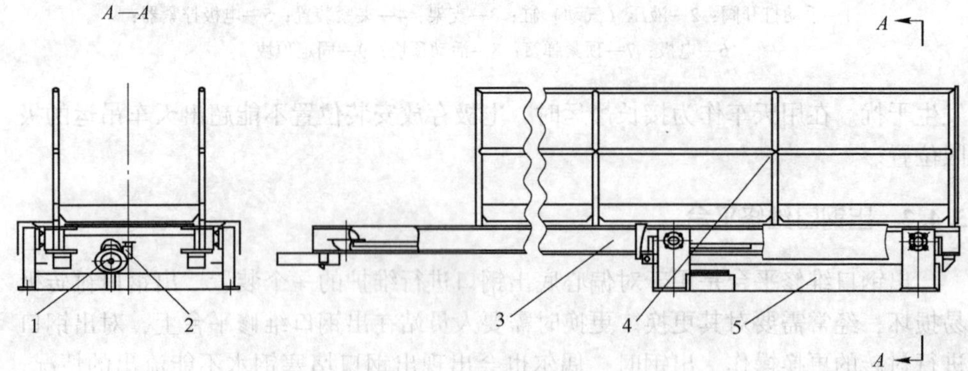

图 5-12 伸缩式出钢口维修平台

1—电机蜗轮减速器；2—齿轮齿条传动装置；3—移动平台；4—栏杆；5—支架

5.5 散装料供应系统

散装材料主要是指炼钢用造渣剂，如石灰、白云石、萤石、矿石及铁合金材料等。电弧炉和精炼炉所用散装料供应的特点是品种多、批量大，要求加料迅速、准确、连续、及时而且工作可靠。采用散装材料供应系统可减轻劳动强度和提高生产率。

散状料供应系统包括散状料堆场、地面料仓、由地面料仓向高位料仓运输提升设备、高位料仓以及向炉内给料设备和称量设备等。

一般供料过程是：先用汽车将原料从散状料堆场运到地面料仓，通过提升设备加入到高位料仓，由高位料仓下的振动给料器把原料卸入到称量料斗，称量后卸入汇总料斗暂存后，通过溜槽加入到电弧炉（或钢包炉）内。

散装料供应系统一般由上料装置、料仓、加料装置三大部分组成，如图5-13所示。

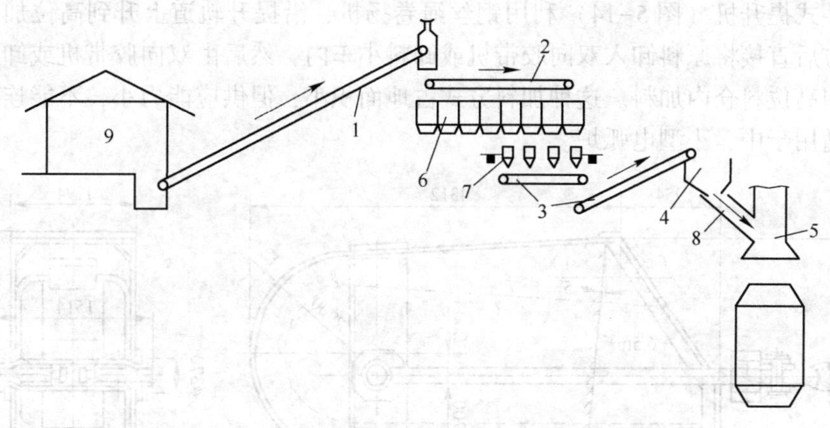

图 5-13 散装料供应装置示意图

1—上料机；2—布料器；3—皮带机；4—中间料斗；5—烟罩；6—料仓；7—振动给料机；8—流管；9—储料仓

5.5.1 低位料仓

低位料仓兼有储存和运转的作用。低位料仓的数目和容积，应能保证电弧炉（或精炼炉）连续生产。矿石、萤石可以储存10~30天；石灰易于粉化，储备2~3天；其他原料按产地远近、交通运输是否方便来决定储备的天数。低位料仓一般布置在主厂房外，布置形式有地上式、地下式和半地下式三种。地下式较为方便，便于火车或汽车在地面上卸料，故采用较多。

料仓容积计算：

$$V=\frac{\text{每种原料昼夜消耗量}\times\text{储存天数}}{\text{装满系数}\times\text{该种原料堆密度}} \tag{5-1}$$

式中，装满系数一般取0.8。

料仓数量由原料种类决定。

5.5.2 从低位料仓向炉上高位料仓供料

目前，大中型电弧炉车间的散装料从低位料仓运送到电弧炉用高位料仓，多数都采用胶带运输机。为了避免上料时厂房内粉尘飞扬而污染环境，有的车间对胶带运输机进行整体封闭，同时采用与电弧炉除尘连在一起的除尘装置。也有的车间在高位料仓上面，采用管式振动运输机代替敞开的可逆活动胶带运输机布料或布料器。从低位料仓向高位料仓供料的方式有胶带机、斗式提升机或料钟上料三种方式。

胶带机的特点是：结构简单，运输能力大，供料过程可连续进行，安全可靠，有利于实现自动化，原料破损少；缺点是占地面积大，投资大，适用于大、中型电弧炉。普通胶带机的倾角一般在 14°~18°，大倾角胶带机可达 90°。

斗式提升机（图 5-14）利用钢丝绳卷扬机，沿提升轨道上升到高位加料仓的上方后直接将原料卸入双向胶带机或卸料小车内，然后由双向胶带机或卸料小车内向高位料仓内加料。这种加料方式占地面积小，但供应能力小，不能连续加料，适用于中、小型电弧炉。

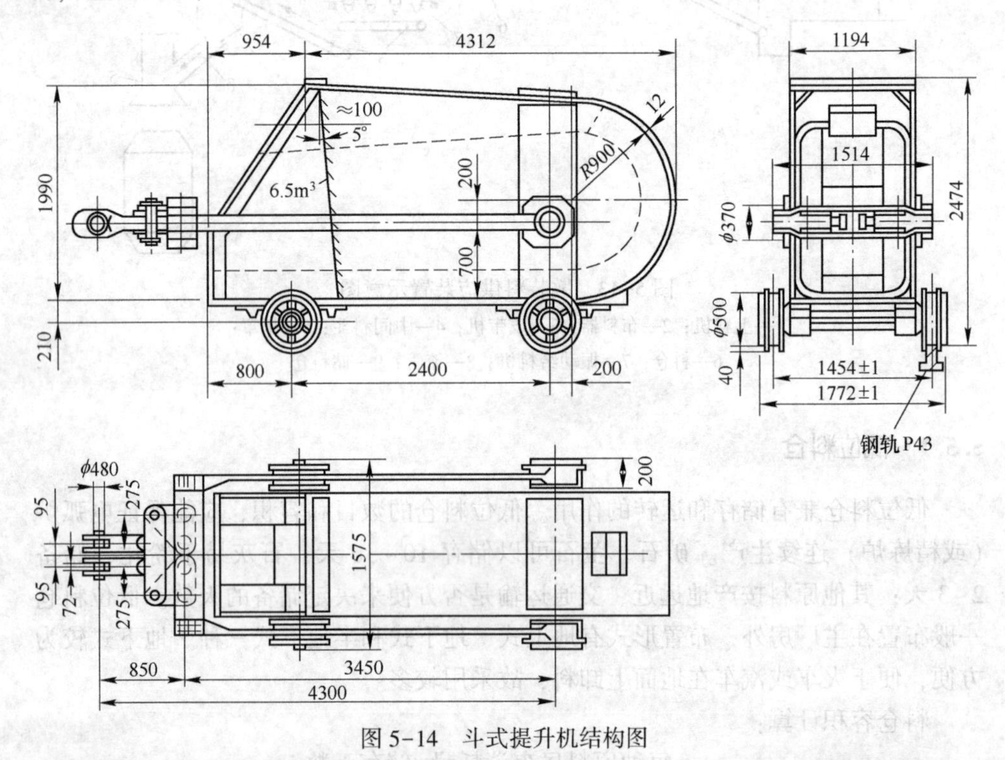

图 5-14　斗式提升机结构图

料钟如图 5-15 所示。将原料装入料钟内用天车将料钟吊运到高位料仓上方后，直接将原料卸入高位料仓内。这种上料方式更为简单，占地面积更小，但供应能力差，不能连续加料。适用于小型电弧炉或精炼炉。

也有些厂采用斗式提升机或将料钟用吊车将石灰和矿石提到炉顶集料斗直接加料，但不如采用振动给料机方便。

5.5.3　高位料仓

高位料仓的作用是临时储料，保证电弧炉随时用料的需要。一般高位料仓储存 1~2 天的各种散装料，石灰容易受潮，在高位料仓内只储存 6~8h。每个料仓的容积根据电弧炉容量大小、冶炼品种、冶炼工艺的不同各有差异。料仓的数量少的只有几个，多的有几十个。料仓的布置形式有独用、共用和部分共用三种。

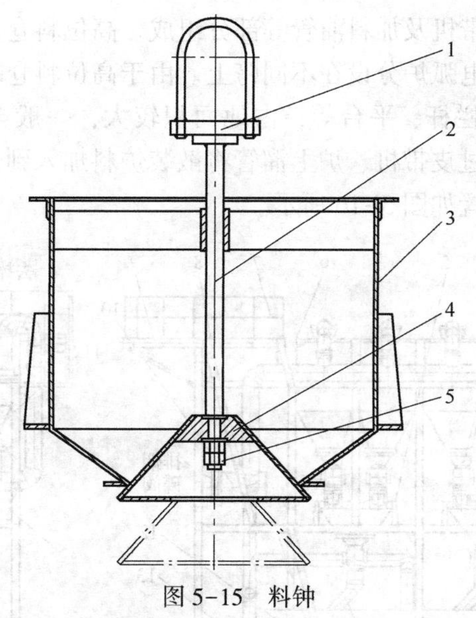

图 5-15 料钟

1—吊环；2—吊杆；3—壳体；4—料钟底座；5—连接螺栓

当电弧炉容量较大，同时又和其他电弧炉、精炼炉共用一个加料系统时，料仓数量可多达几十个。

高位料仓的数量，根据冶炼品种不同、料仓所供炉子座数不同而不同。对于只有一台电弧炉配一台 LF 精炼炉来说，一般高位料仓设计成一个高位加料系统，同时满足这两台冶炼炉的加料任务。对于有两台电弧炉配一台 LF 精炼炉来说，除了保证向两台电弧炉供料外，也可以设计成一个高位加料系统，同时满足这三台冶炼炉的加料任务。所以，具体数量应由冶炼工艺人员提出。但对于只供一台大中型电弧炉而言，一般设置 6~12 个即可。

高位料仓的上端面一般作成矩形，仓体上部为长方体，下部为四角锥体，锥体部分的倾角在 45°~50°之间选择。料仓宽度一般在满足胶带机或振动给料机的卸料前提下尽量减少，以缩短炉子跨的宽度。改善原料在料仓内的分布，增大有效容积。为防止卡料，料仓的下料口的尺寸应为散状料块度的 3~6 倍以上，一般为 150~300mm。料仓的高度一般不小于 0.8m。高位料仓整体高度一定要限制在厂房高度之下。

对于装有除尘装置的封闭料仓，必须设有料位计，通过料位计的传输信号，把每个料仓当前所储存的散装料的数量，显示在加料系统控制计算机的画面上。以便操作人员随时掌握每个料仓里所储存的散装料的加料时间和加料数量。为了节省加料时间，对于加料数量较大的散装炉料，可同时开动几个相同炉料的料仓，通过中间集料斗快速加入。

从高位料仓供料和向炉内加料，其主要设备有高位料仓、振动给料器、称量料斗、汇总料斗、皮带机及加料溜管等部分组成。高位料仓可以和电弧炉设置在同一跨内，也可以和电弧炉分设在不同跨上。由于高位料仓装置具有足够高的高度，并且设有梯子、栏杆、平台等，占地面积较大，一般与电弧炉不在同一跨内，向炉内加料时通过皮带机、炉上溜管将散装炉料加入到炉内。

典型高位加料装置如图 5-16 所示。

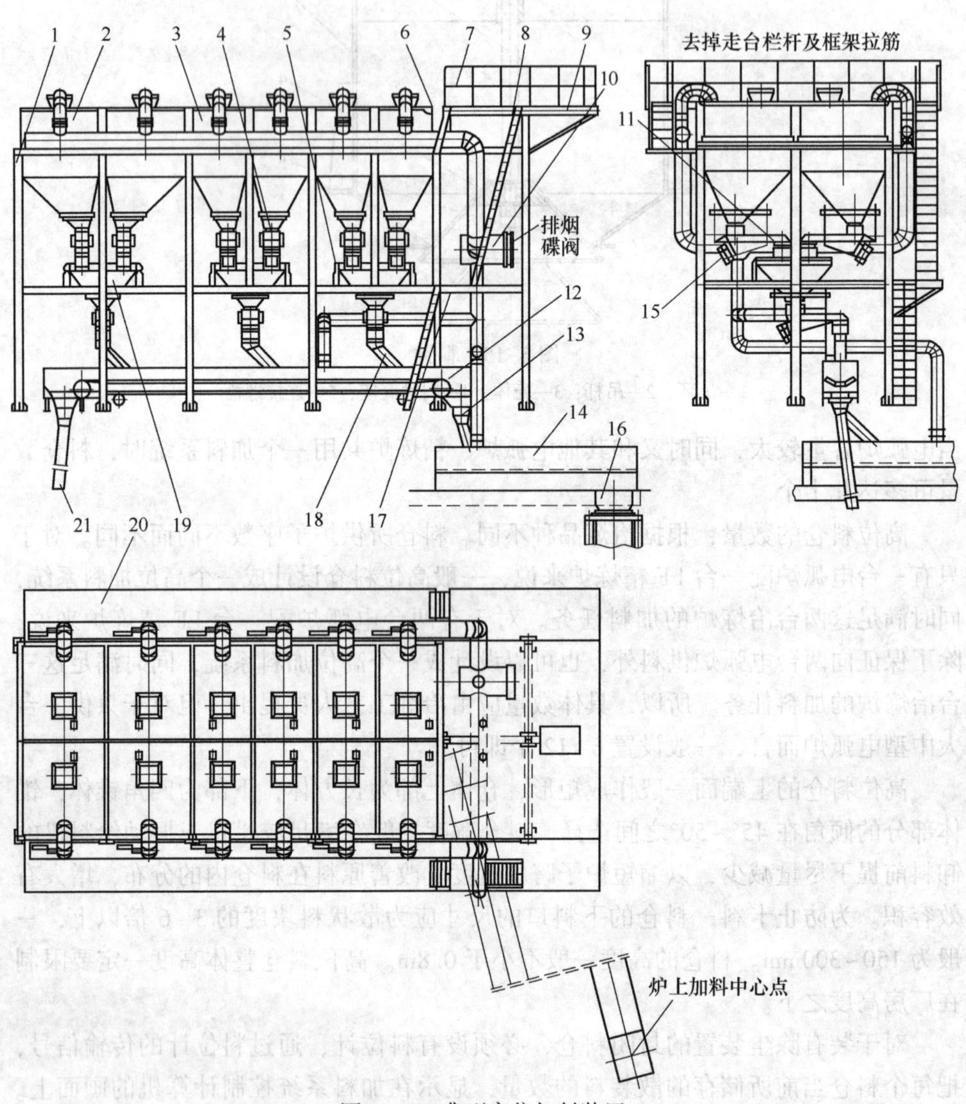

图 5-16 典型高位加料装置

1—框架；2—料仓 1；3—料仓 2；4—防尘罩；5—称量传感器；6—料位计；7—栏杆；8—梯子；9—三层走台；10—烟道；11—中间集料斗；12—双向皮带机；13—溜管；14—上料皮带机；15—振动给料机；16—炉上落料管；17—一层走台；18—溜管；19—称量料斗；20—二层走台；21—返回料管

5.5.4 下料装置

下料装置由电磁振动给料机、称量装置、中间集料斗、皮带运输机、溜管等组成，向电弧炉内加料。

电磁振动给料机：为了使散装料沿料仓下部的出料口连续而均匀地流向称量料斗，在每个料仓出口处的下方，安装一台电磁振动给料机。电磁振动给料机由电磁振动器和给料槽两部分组成，已经标准化并由专业制造厂家生产。每次在向炉内加散装料时，都必须事先经计算机计算好所需各种散装料的数量，在计算机发出加料指令后，振动给料机开始向称量料斗送料。

称量料斗：在电磁振动给料机的下面就是称量料斗。对于有给料精确要求的，一般在每个料仓下面都配置单独的称量料斗，以准确地控制每种料加入的数量。也有采用集中称量的，在高位料仓下面集中配备一个称量料斗，各种料依次进入叠加称量，这种设置方式设备少，布置紧凑，但准确性较差。对于双排布置的高位料仓一般是四个料仓配一个称量料斗，这样做的好处是称量精度较高，称量料斗较少，又便于布置。称量料斗是用钢板焊接而成的容器，下面安装电子秤。散装料进入称量料斗达到要求的数量时，计算机发出停止加料指令，电磁振动给料机便停止振动给料。

汇总料斗：将已经称量好的原料放入到汇总料斗暂存，需要时打开闸阀通过溜管加入到炉内。通过设置汇总料斗，进行暂存，以便需要加料时，集中一批加入，可以使加料时间缩短。

皮带输送机：在顺着称量料斗方向的下面布置一条双向皮带机。它的作用有两个：一是向炉上送料；另一个是一旦发现所称量的散装料品种有误或称量不准时，可把料先卸到该皮带机上，后由皮带机经反回料管反送到炉下其他处。在双向皮带机的一端接着布置一台单向皮带机经炉上落料管向炉上集料斗送料。

集料斗与输料管：集料斗的作用是把一次所有加入炉内的散装料汇集在一起，等待一次加入炉内。集料斗的下面接有圆筒式溜管，中间有气动或电动闸板。溜管下部插入到电弧炉（或精炼炉）的炉盖内，由于溜管下部工作在高温区，为此该部分应当通冷却水保护。炉料是靠自重流入到炉内的，为此，要求溜管角度要大。与炉子垂直中心线所成的夹角不大于40°。有的集料斗和溜管做成上下两部分，下面固定在炉盖上，上面溜管做成旋转式，加料后旋回。需要加料时，打开闸阀后，炉料通过炉顶部的溜管进入炉内，完成加料全过程。

支架、平台、梯子、栏杆：高位料仓都是由支架固定的，支架一般由角钢、槽钢等型钢制作。为了操作、维护方便设有多层平台，通过梯子上下并在平台外围设有栏杆以保证操作人员的安全。

仪表：由于高位料仓高度很高，操作人员无法及时观察到料仓储料的多少，特别是封闭料仓，必须在料仓上设有料位计。通过料位计可以在操作室内的仪表显示料位，掌握料仓内储料的数量并进行及时加料。

除尘：加料时会产生烟气，特别是加石灰时所产生的烟气较大。为此，一般都在料仓上设置除尘装置，以防止烟气散发在车间内部。通常除尘装置是和电弧炉除尘系统连接在一起的。

5.5.5 铁合金供应系统

铁合金的供应由铁合金储料间、车间铁合金料仓、溜槽、称量、输送设施和向钢包加料等几部分组成。在铁合金间储存、烘烤以及加工成合格块度，由铁合金间运送到电弧炉车间。

铁合金供应方式一般有三种：

(1) 对于用量不大的电弧炉车间，一般把自卸式料罐用汽车运到电弧炉跨内，再用吊车卸入车间铁合金料仓内。需要时经称量后经溜槽加入到钢包内。

(2) 中型电弧炉炼钢车间，一般采用单斗提升机将铁合金提升到铁合金料仓上方，再用胶带机送入料仓暂存，需要时经称量后经加料小车和溜槽加入到钢包内。

(3) 大型电弧炉炼钢车间，类似于高位加料一样，或在高位加料上增设合金料仓即可。

5.6 补炉机

电弧炉在冶炼过程中，炉衬由于受到高温作用以及钢水冲刷和炉渣侵蚀而损坏，每次熔炼后应及时修补炉衬。人工补炉的劳动条件差、劳动强度高、补炉时间长；补炉质量受到一定限制，因此现在广泛采用补炉机进行补炉。

补炉机的种类很多，主要有离心式和喷补式两种，由专业制造厂生产。

5.6.1 离心补炉机

离心补炉机的效率比较高。这种补炉机用电动机或气动马达做驱动装置。图5-17所示为离心式补炉机，其驱动装置采用电动机，电动机旋转通过立轴传递到撒料盘。落在撒料盘上的镁砂在离心力作用下，被均匀地抛向炉壁，从而达到补炉的目的，补炉机是用吊车垂直升降的。补炉工作可以沿炉衬整个圆周均匀地进行。其缺点是无法局部修补，并且需打开炉盖，使炉膛散热加快，对保温不利。

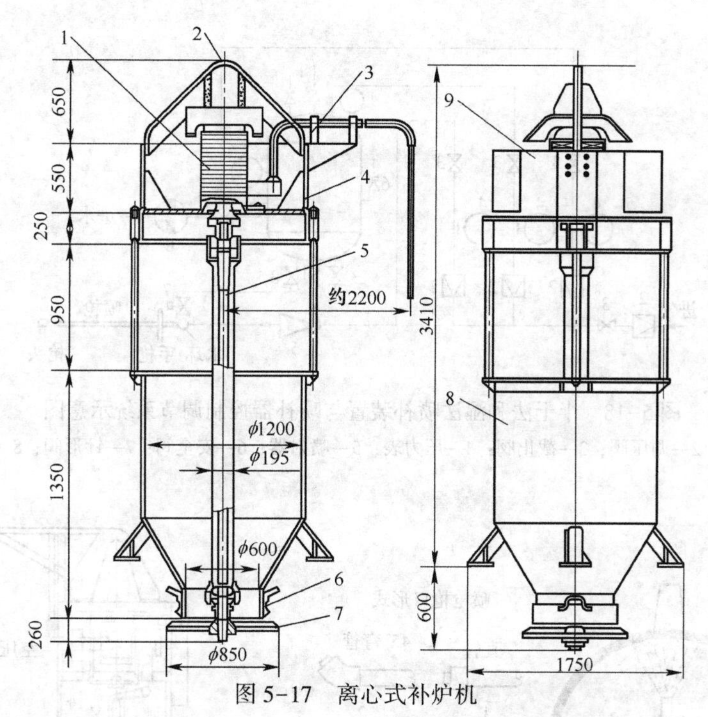

图 5-17 离心式补炉机

（料仓容积 0.8m³，抛料能力 2000kg/min，电动机特性：ROR-2，7kW，250r/min）

1—电动机；2—吊挂杆；3—带挠性电缆的托架；4—石棉板；5—传动轴；6—调节环；7—撒料盘；8—料仓；9—电动机外罩

5.6.2 喷补机

喷补机是利用压缩空气将补炉材料喷射到炉衬上。从炉门插入喷枪喷补，由于不打开炉盖，炉膛温度高，对局部熔损严重区域可重点修补，并对维护炉坡、炉底也有效。电弧炉喷补方法分为湿法和半干法两种。湿法是将喷补料调成泥浆，泥浆含水量一般为 25%～30%。半干法喷补的物料较粗，水分一般为 5%～10%，半干法和湿法喷补装置与喷补器控制调节系统如图 5-18 所示。

喷枪枪口形式如图 5-19 所示，喷枪枪口包括直管、45°弯管、90°弯管和 135°弯管四种形式。喷补料以冶金镁砂为主，黏结剂为硅酸盐和磷酸盐系材料。

5.6.2.1 旋转喷补机

旋转喷补机结构示意图如图 5-20 所示。具有选择性的补炉机仅能用于电弧炉炉壁，利用旋转喷补原理，可以快速喷补整个渣线部位。用作选择性的旋转补炉机，各部位损坏都可以进行选择性的局部修补，有目标地喷补炉子的最薄弱的部位。这种修炉方法的缺点是必须将电弧炉炉盖移开，因而耗时且降低炉温，喷补机的磨损也较大。

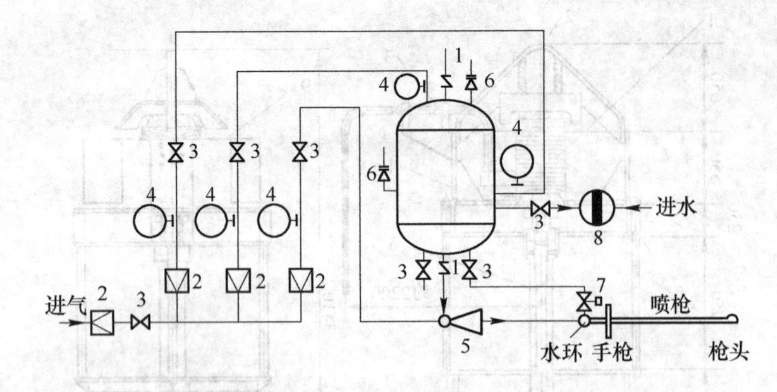

图 5-18 半干法和湿法喷补装置与喷补器控制调节系统示意图

1—蝶阀；2—调压阀；3—截止阀；4—压力表；5—喷射器；6—安全阀；7—针形阀；8—过滤器

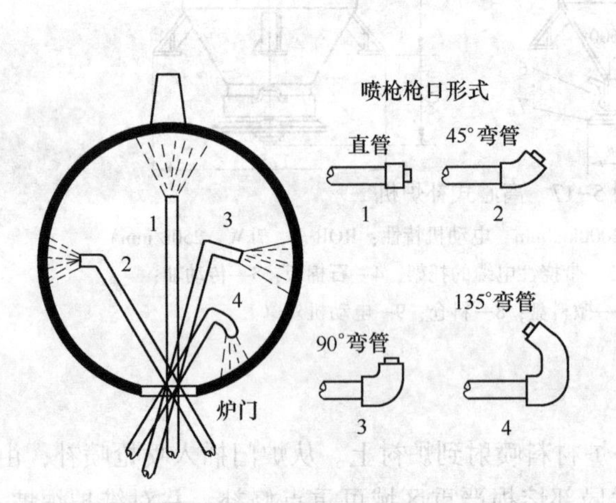

图 5-19 四种喷枪枪口形式与喷补炉衬部位示意图

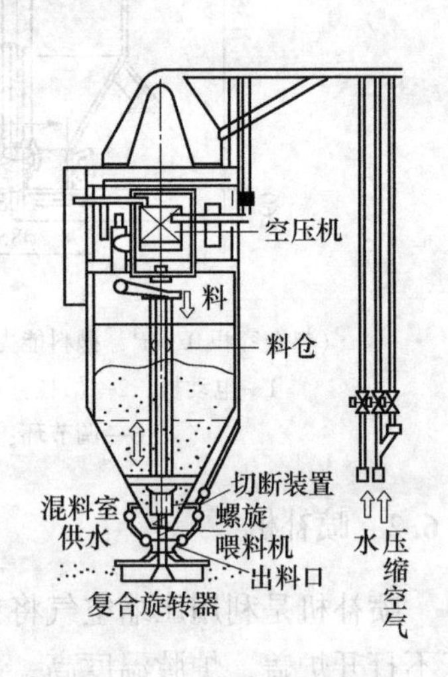

图 5-20 旋转喷补机

5.6.2.2 火焰喷补机

在几种喷补法（湿法、干法、半干法、火焰喷补）中，火焰喷补法在国外用得较多，国内很少见到。火焰喷补法是使用耐火材料和碳的混合物，用烧氧进行喷补。电弧炉经修补后，炉盖寿命可以延长 15~20 次，渣线可以延长 30~50 次。

5.7 电弧炉底吹装置

5.7.1 电弧炉底吹气体搅拌技术

交流电弧炉是通过分布在电极极心圆上的三根电极对废钢进行加热并使之熔化，由于加热的不均匀性和电弧电动力搅拌的乏力，炉内存在明显的冷热不均、成分不均和炉渣过氧化等问题。虽然氧燃助熔和熔池吹氧可使部分问题得到解决，但依然存在炉渣过热氧化、炉渣不活跃和熔池内温度、成分不均匀现象。底吹气体搅拌为电弧炉克服上述问题提供了廉价而有效的解决办法[1]。电弧炉不吹任何气体只有电弧电动力作用时的搅拌能为1~3W/t；当向钢液插入深度为350mm吹氧管时搅拌能为70W/t；当向电弧炉底的供氩强度达到0.06m^3/(min·t)时，搅拌能为375~400W/t。据有关资料介绍，某厂在50t电弧炉中分别以0.3m^3/min和0.3~0.9m^3/min的流速底吹氩和氮，所得到的均匀混合时间为2.7min和2.5~1.7min。这要比氧化期内所需均混时间快2~3.5倍，因而可使电弧炉炼钢获得以下好处：

(1) 降低FeO含量；

(2) 可减少合金用量；

(3) 高合金钢可减少炉渣中的含量；

(4) 提高脱硫、脱磷效率；

(5) 降低能量消耗10~43kW·h/t；

(6) 缩短冶炼时间1~16min；

(7) 减少大沸腾和“炉底冷”的现象；

(8) 金属收得率提高0.5%~1%；

(9) 降低电极消耗。

北京科技大学的底吹系统达到的使用效果见表5-1。

表5-1 采用北京科技大学的底吹系统达到的使用效果

底吹情况	冶炼炉数	冶炼时间/min	初炼电耗/kW·h·t^{-1}	氧气消耗/m^3·t^{-1}	石灰消耗/kg·t^{-1}	氮气/m^3·t^{-1}	氩气/m^3·t^{-1}	钢铁料消耗/kg·t^{-1}
无底吹	1736	59	136.2	42.5	61.5			1113
有底吹	1688	55	128.0	32.4	51.1	6.0	0.17	1095

注：铁水装入量为55%~60%。电弧炉装入量为50t，底吹系统从2010年5月开始使用。

目前大多数电弧炉搅拌都采用气体（主要是Ar或N_2，少数也有用天然气和CO_2）作为搅拌介质，气体从埋于炉底的接触式或非接触式多孔塞进入电弧炉内。少数情况也有采用风口形式。在出钢槽出钢的交流电弧炉内，多孔塞布置在电极圆对应的炉底圆周上，并与电极孔错开布置，如图5-21所示。

偏心底出钢的电弧炉因在出钢口区域存在熔池搅拌的死区，除按传统电弧炉的方法布置外，还在电极分布圆心到出钢口的直线上，约在其中心处设置一多孔塞。对于小电炉，一般采用一个多孔塞并布置在炉子的中心。对于普通钢类，接触式多孔塞底吹气体量为0.028~0.17Nm^3/min，总耗量为0.085~0.566Nm^3/t。非接触式多孔塞底吹气量可大一些。通常，熔化期可强烈搅拌，在废钢完全熔化以后，为抑制电极的摆动所引起的输入功率不稳定和钢水引起的电极熔损，宜将

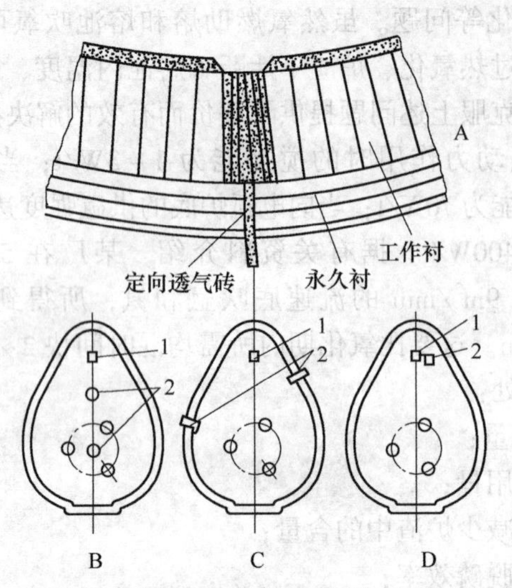

图 5-21　电弧炉底吹供气元件的布置与透气砖在炉底的固定
1—偏心出钢口；2—定向透气砖

搅拌气体流量减少到1/2~1/3。也有从均匀搅拌的角度出发，采用在熔清后并不减少流量而继续操作的方法，这对提高钢水收得率、降低电耗稍有利。

对于电弧炉底吹搅拌技术而言，供气元件是关键。供气元件有单孔透气塞、多孔透气塞及埋入式透气塞多种。

5.7.2　电弧炉底吹装置类型

接触式（也称直接式）搅拌系统装置如图 5-22 所示。其特点为：

(1) 透气砖直接与钢水接触；

(2) 需在短时间内更换，一般 20 天更换一次，操作蚀损率每小时约 0.5mm；

(3) 气体引入局部集中在钢水熔池中，在小范围内形成剧烈搅拌；

(4) 钢水局部未被炉渣覆盖，并吸收氮气；

(5) 必须连续地供气，在标准状态下的典型流量为 3~7m^3/(h·支透气砖)。

非接触式（也称间接式）搅拌系统如图 5-23 所示。其操作特点为：

(1) 透气砖由于被捣打料覆盖，蚀损较缓慢，因此可维持整个炉役，甚至一年，仅炉腔需要定期维修；

(2) 气体大范围进入钢液中，广泛分布，并有大面积的轻微气泡；

(3) 这种装置不能从出钢口周围撇开炉渣；

(4) 供气可以中断，在标准状态下其典型流量为 8~15m^3/(h·支透气砖)。

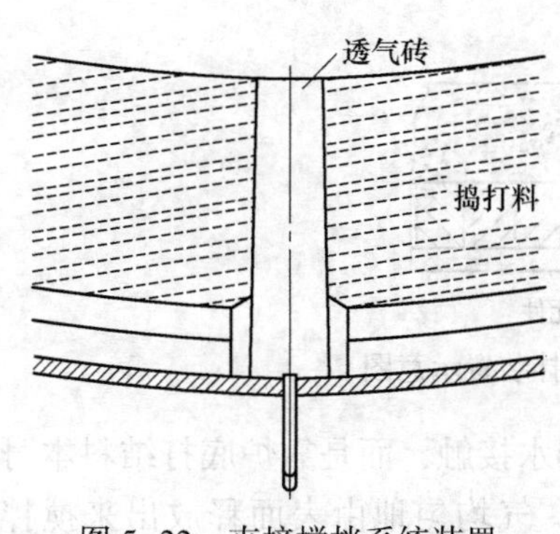

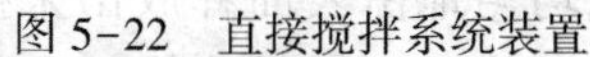
图 5-22 直接搅拌系统装置

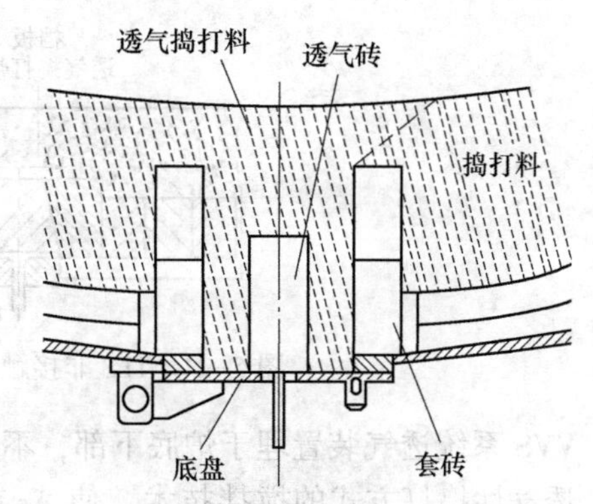

图 5-23 间接搅拌系统装置

5.7.3 底吹装置用耐火材料

电弧炉为间歇式操作，反复加热、冷却所造成的温差变化很大，底吹装置用耐火材料应具有足够的强度、良好的抗震性和抗剥落性。

5.7.3.1 接触式搅拌系统用耐火材料

EF-KGC 系统：也称为接触式直塞 EF-KGC 装置。由喷嘴（不锈钢管）和镁碳质材料（镁碳砖）复合而成，透气塞在炉底中央。底吹耐火材料的组成在喷嘴与管砖之间，以及管砖和镁质座砖之间用镁质浇注料充填，炉底则采用不定形镁质干捣料。透气塞寿命为 300~500 炉[2]。

Radex-DPP 系统：接触式 Radex-DPP 系统被应用于 EBT 的 UHP 炉底上，相继被德国、美国等钢厂所采用[3]。定向透气砖可设在出钢口附近，也可以在炉底的其他部位，如图 5-21 所示。

多孔透气砖为不锈钢管和优质耐火材料的复合体。定向多孔透气砖内埋 20 根内径为 1mm 的小钢管，以前透气元件所用耐火材料用沥青结合镁砖。搅拌元件蚀损最重要的参数是抗热震性能，继而发展为采用电熔高纯镁砂为主，加入鳞片石墨的 MgO-C 砖（C 15%~18%）。

以氮气为搅拌气体，吹氮量为 $0.08m^3/t$，透气砖使用寿命约在 450 炉左右。

5.7.3.2 非接触式搅拌系统用耐火材料

TLS 非接触式搅拌装置示意图如图 5-24 所示。透气捣打炉底必须具备下列性能[4]：

(1) 捣打层的透气性应长期保持，即使处于高温状态下其烧结层必须很薄，并维持良好的透气性能，对原料要求纯度高。

(2) 透气层还必须具有高的抗热冲击性能。

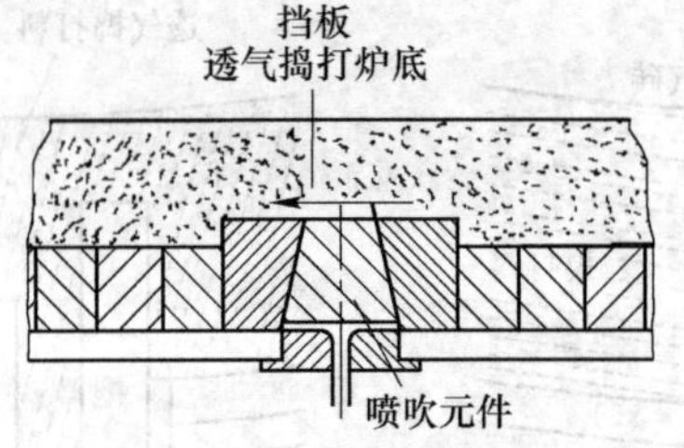

图 5-24　TLS 非接触式搅拌装置示意图

VVS 系统透气装置埋于炉底下部，不与钢水接触，而是靠炉底打结料本身透气。透气性捣打方式的搅拌技术，使 Ar 或 N_2 气均匀地由表面释放出来搅拌钢水。图 5-25 所示为炉壳内径为 5800mm 的电弧炉上采用 VVS 系统装置示意图。

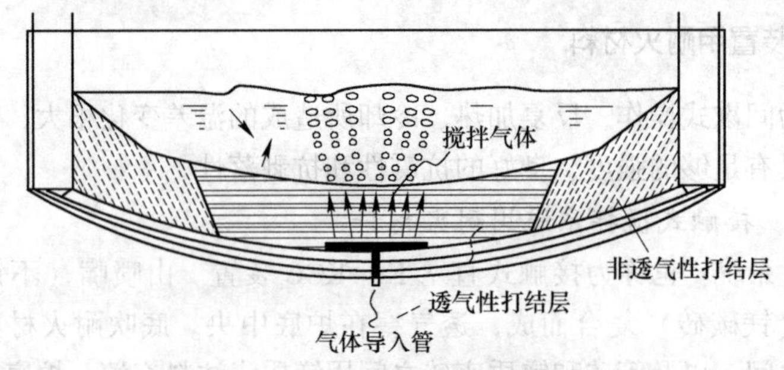

图 5-25　VVS 非接触式搅拌装置示意图

VVS 系统的气流分配装置是一根 25.4mm 的不锈钢管。管子呈圆环形，固定在炉底部的气体导向板上。系统所有的部件尺寸要根据具体电弧炉的几何尺寸而定。

EF-KOA 系统吸取了直接搅拌系统搅拌能力强和间接搅拌系统使用寿命长的特点。将两者的优点结合起来，克服了直接搅拌系统蚀损率高的主要缺点，使电弧炉炉底搅拌系统更加完善。该装置由 MgO 多孔透气塞、镁铬质熔铸套管(砖)、透气 MgO 打结料、致密浇注料组成一个严密的整体。搅拌气体通过 MgO 多孔透气性捣打料进入钢水，多孔塞与钢水不直接接触，这样就能保证使用寿命长。耐火套砖为透气性捣打料包围，使搅拌气体形成很集中的一缕气泡，直冲钢水液面。致密浇注料确保搅拌气体直接向上吹入钢水而不会流经周围的耐火材料。整个组成的耐火材料系统确保冶炼稳定顺利进行。EF-KOA 系统如图 5-26 所示。

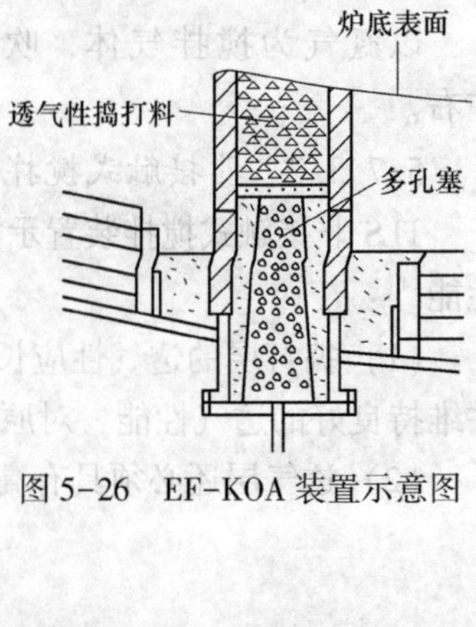

图 5-26　EF-KOA 装置示意图

EF-KOA 系统在 140t 电弧炉上装有 3 支透气元件，位置与电极相错。使用寿命高达 4000 炉。

在整个使用过程中对透气塞无须特殊维护，只用一般镁砂修补热点和冷区熔池[5]。

电弧炉底吹搅拌系统各装置不尽相同，但电弧炉底部供气元件的选择与底吹气体种类有关。当底吹用氧化性气体时，采用双层套管喷嘴，即内管吹天然气，外环管吹保护气体。吹惰性气体大多数采用金属管多孔塞供气元件。底吹天然气则采用管式供气元件，也可以选用环缝式、狭缝式及直孔型透气砖等。一般认为选用镁质细金属管多孔塞供气元件较好。相应所用不定形耐火材料，也与供气元件同材质为好。

供气系统的工作压力一般在 0.1~0.8MPa，供气量在 0.001~0.01Nm^3/(min·t)。

5.7.4 底吹氩系统

底吹氩系统见图 5-27。

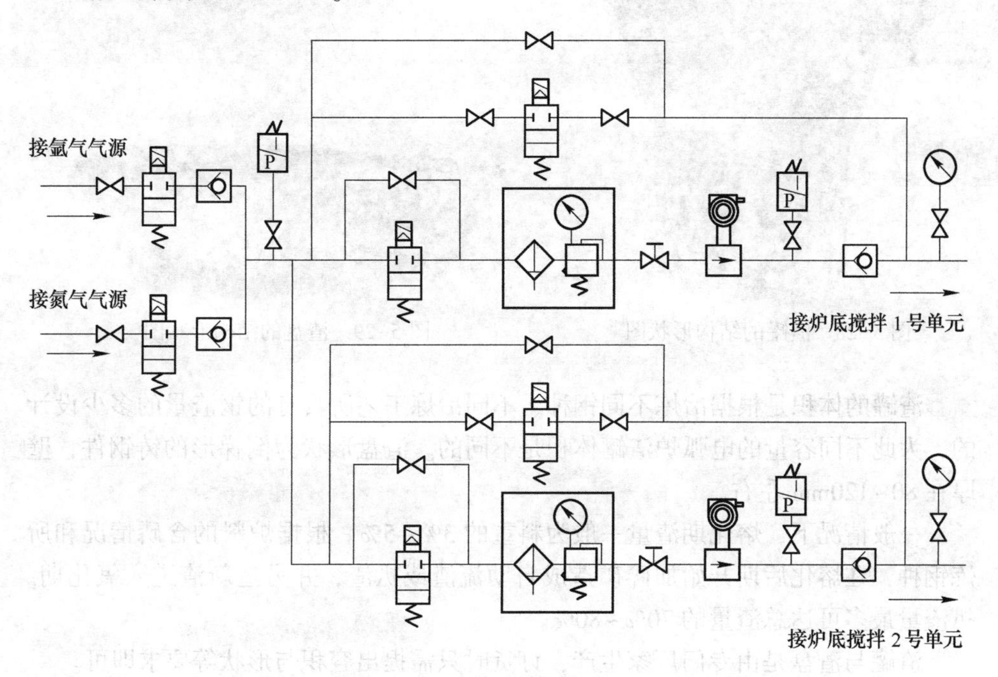

名称	符号	名称	符号	名称	符号	名称	符号
转子流量计		气源处理三联件		电动调节阀		压力变送器	
				单向阀		手动阀门	
压力表		电磁换向阀		软管			

图 5-27 底吹氩系统原理

5.8 其他附属设备

5.8.1 渣罐与渣盘

渣罐与渣盘都用于装钢渣。在电弧炉冶炼需要进行扒渣时，先将渣罐（盘）用渣罐车（或天车）放在炉门下方，然后进行扒渣操作，将钢渣扒到渣罐后运走。应当说明的是，并不是所有电弧炉扒渣都采用渣罐出渣，现在很多的电弧炉采用的是水泼渣出渣方式。水泼渣出渣是直接将钢渣扒在炉门下方的地面上，并进行浇水处理冷却后，用小型叉车将钢渣运走。

渣罐的结构形状如图 5-28 所示。渣盘的结构形状如图 5-29 所示。

图 5-28 渣罐的结构形状图

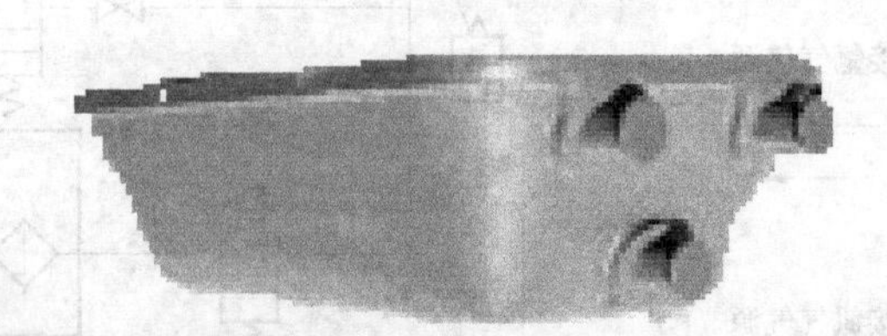

图 5-29 渣盘的结构形状图

渣罐的体积是根据冶炼不同钢种、不同冶炼工艺所具有的钢渣量的多少设计的，为此不同容量的电弧炉渣罐体积是不同的。渣盘形状为倒梯形的铸钢件，壁厚在 80~120mm 左右。

一般情况下，熔化期渣量一般为料重的 3%~5%。根据炉料的含磷情况和所炼钢种，在熔化后期开始加碎矿造成自动流渣或扒渣，并另造新渣进入氧化期。扒渣量最多可达总渣量的 70%~80%。

渣罐与渣盘是由专门厂家生产，订货时只需提出容积与形状等要求即可。

5.8.2 出渣车

出渣车是承载渣罐的运输工具。电弧炉只有在利用渣罐出渣的情况下才可能使用渣罐车。

出渣车的结构和料筐平车的结构基本相类似。但由于出渣车工作在高温和恶劣环境，为了防止钢渣对出渣车的破坏，要在车板的上面铺有耐火砖，在电机减速器驱动装置的上面和周围要做好保护措施，以防止对驱动装置的损坏。

5.8.3 风动送样设备

炼钢过程中，为了掌握钢水的化学成分，保证冶炼过程正常进行，需将试样送化验室分析。由人工将试样送交化验室的速度慢、时间长，会影响炼钢进度，所以现在很多厂已使用远距离传送的风动送样装置，实现了送样工作的机械化与自动化。风动送样装置的使用和操作非常简便，将试样或分析结果装进送样盒，然后按动开门按钮，将送样盒放入收发柜内，再按关门按钮，送样盒就以10~15m/s的速度发送到指定地点。

风动送样设备主要包括：动力站（旋涡泵、空气分配阀、流向控制器、进气阀、消声器等）、收发柜、电控柜、减速装置、光电装置、输送管线及设备、电控线路、进气装置、放气装置、样盒（容器）等。

各部分的功能分别为：

（1）动力站。安装有旋涡泵、空气分配阀、蝶阀、进气阀、消声器等，主要产生洁净、稳定的压力气流，并进行换向，“吹”或“吸”送样盒（容器）在输送管道中运行。

（2）收发柜。用于收发试样。装有收发装置和进出气阀，可以安全、方便地发送和接受样盒（容器）。

（3）电控柜。以可编程序控制器为核心，由各种继电器、接触器和其他电器元件组成，由它对系统的发送和接受全过程进行程序控制。

（4）泄压装置（含三通）。按程序要求，及时、有效地对高速运行的样盒（容器）减速、制动。

（5）光电装置。安装在系统的关键部位，检测样盒（容器）的位置和运行状态。

（6）输送管线及设备。包括主管道、连接法兰和连接套管等，保证样盒（容器）在管道内通行无阻。

（7）电控线路。包括控制电缆和分线盒，它把控制柜和系统各部件传感元器件及控制元器件连接在一起。

（8）样盒（容器）。装载需要传送的试样。

5.9 炼钢过程检测仪表

常用炼钢用传感器和仪表有：钢水成分和温度检测仪表、监视钢水和炉渣仪表、电弧炉等冷却仪表、喷吹系统仪表、排烟和除尘系统仪表、电极升降速度测量仪表、其他（计量设备、原副料投入设备等）。

5.9.1 钢（铁）水温度测量传感器与检测仪表

钢（铁）水温度测量传感器与检测仪表有连续式和间歇式两种，前者只能持续十至几十小时；后者有浸入式热电偶和消耗式热电偶两种。在炼钢生产中大都使用消耗式热电偶来测量钢水温度[6]。

5.9.1.1 消耗式热电偶

消耗式热电偶的测量头结构图如图 5-30 所示。热电偶装在内直径为 0.05~0.1mm 的石英管中。热电偶用铂铑 10-铂（KS-602P 或 J 型，分度号为 S，使用温度上限 1700℃）或双铂铑 13-铂（BP-602P 或 J 型，分度号为 R，使用温度上限 1760℃）或双铂铑（铂铑 30-铂铑 6，KB-602P 或 J 型，分度号为 B，使用温度上限 1820℃）丝，也可使用钨铼 3-钨铼 25 丝（代替贵金属的铂铑丝），长度约 20mm。铝帽用于保护 U 形石英管和热电偶，以免在其通过渣层和钢液时被撞坏。

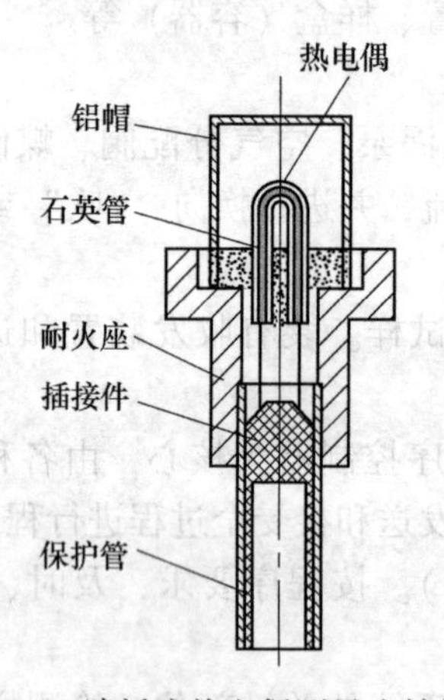

图 5-30 消耗式热电偶测量头结构图

测温时将测量头插在测温枪（见图 5-31）的头部。由于测温是间歇进行的，故一般利用纸管作为保护材料，套在测温枪上面，以防止测温枪热变形与烧毁枪内的补偿导线。

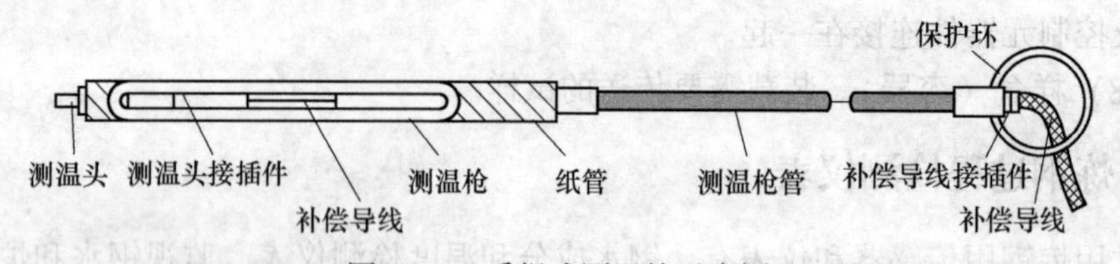

图 5-31 手提式测温枪示意图

使用手提式测温枪，劳动强度较大，不便于自动化。目前，虽然已经使用了自动测温装置，但操作起来并不方便快捷。

与消耗式热电偶测量头配套还有专门的钢（铁）水温度测量仪。该仪表的特点为：内装微型计算机，数字运算、精度高、无漂移；毫伏信号可直接输入，不必用变送器；有大型数字显示装置，读数醒目，并能自动保存；带打印装置；能自动补偿温度漂移和时间漂移，仪表精度高；有“热电偶接通”及“测试完成”的声光信号，操作方便；设有通信接口，可和过程计算机相连；需要时，将测温枪插入钢（铁）水中，测量头的铝帽迅速熔化，石英毛细管所保护的热电偶工作端即暴露在钢水中，因石英毛细管的热容量小，故能很快升至钢水温度。

5.9.1.2 钢（铁）水温度连续测量

A 日本钢铁公司开发的钢水温度连续测量系统

该公司比较了多种耐火材料的抗渣、抗腐蚀、耐高温、抗热冲击等性能，最后认为二硼化锆（ZrB_2）最好，但纯二硼化锆抗热冲击性能差，要掺入某种其他成分才能满足要求。此外，由于二硼化锆是非氧化陶瓷，长期使用会氧化损坏，须外涂一层专门的氧化陶瓷层，还有由于铂-铑热电偶会因二硼化锆在高温时放出还原气体而损坏，故在套管内涂氧化膜。这种套管用于中间包钢水温度连续测量并能在浇注碳钢时，平均可用40h，最长为100h，其与消耗式热电偶相比，$\Delta T=0.4℃$，$\sigma=2.1℃$[7]。

B 美国生产的Accumetrix连续测温系统

它是双部件温度测量系统，含有一个可重复使用的测量头，这测量头是由一个带钼外壳的B型铂铑热电偶（正极为70%铂+30%铑，负极为94%铂+6%铑）和一个由氧化铝、石墨粉压制而成的外保护套管，带有一个能够抵御碱性渣或高FeO+MnO渣的由氧化镁-石墨或氧化锆-石墨制成的渣线套；中间包低液位操作型，它是针对因更换钢种而要经常排空的操作情况设计的，保护管下部材质为氧化锆或氧化镁-石墨，上半部是标准的氧化铝-石墨，测量头安装在一个套管内，长度为610~1370mm，使用寿命为150~500h，误差为±2℃，响应时间为90s[8]。

C 使用金属陶瓷管方法

以连铸中间包测温为例，金属陶瓷管材料为Mo+MgO，壁厚5mm，内衬是氧化铝管以保护热电偶免受中间包耐火材料在高温时排出的气体损害，测温元件为双铂铑热电偶。安装时保护管要伸出中间包内壁50mm，否则测温不准确。由于热电偶有两层套管，热容量较大，响应时间大于30s。这种Mo+MgO金属陶瓷管具有坚韧、耐高温、抗侵蚀、抗热震等优点。目前，这种套管用作连续测温使用时间约为15h[9]。

D 黑体测温管式测温传感器方法

它是根据黑体辐射理论研制，可连续测量中间包钢水温度。黑体测温管插入到钢水中感知温度，以专门设计的光导纤维辐射测温仪接受测温管的辐射信号，并输送到单片机信号处理器，根据黑体理论确定钢水温度。连续测温装置由黑体空腔测温管、光导纤维、信号处理器和大屏幕显示器等组成。其技术指标如下：测量范围 1300～1650℃；误差不超过 3℃；测温管寿命为 16～24h；响应时间为 20s[10]。

5.9.2 钢（铁）水等质量检测

5.9.2.1 称量测量传感器

钢水质量检测常用的传感器是应变式压头，如图 5-32 所示。

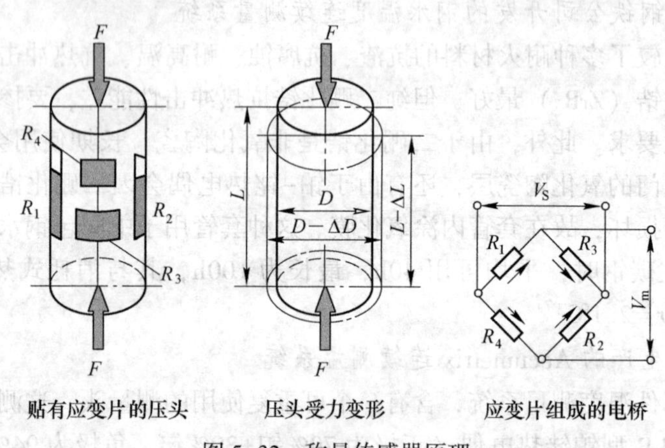

图 5-32 称量传感器原理

在弹性体贴有 4 个应变片，弹性体受力后，产生变形，电阻丝也因变形而产生电阻变化，并由该 4 个应变片所组成的电桥电路转换成电量输出。桥路输出电压与弹性体受力成正比，以此测出钢水质量。弹性体密封在外壳内，并充惰性气体，可不受外界影响。整个称重系统包括几个压头、称量变送器和显示仪表等，几个压头的桥路输出可以串联或并联。

5.9.2.2 钢（铁）水等质量称量

A 使用直显式电子吊钩秤方式

直显式电子吊钩秤如图 5-33 所示。称量钢水时需要加防热罩，这种秤挂在起重机吊钩上即可使用，但电子吊钩秤要占有高度而使吊钩行程减少。电子吊钩秤除本身带数字显示外，还可把质量信息无线传输到地面控制室，吊钩秤内有可充电电池以供其本身用电，电池 8h 充电一次。吊钩秤内含有微型计算机，用以处理数据，并能避免摆动时的不正确显示。

B 在起重机安装压头方式

龙门架上装设称重传感器如图 5-34 所示。这种方式应用较少，压头的输出信号要经电缆传送到起重机控制室内的二次仪表，电缆容易损坏。在出钢车上装设称量传感器方式，应用较多。

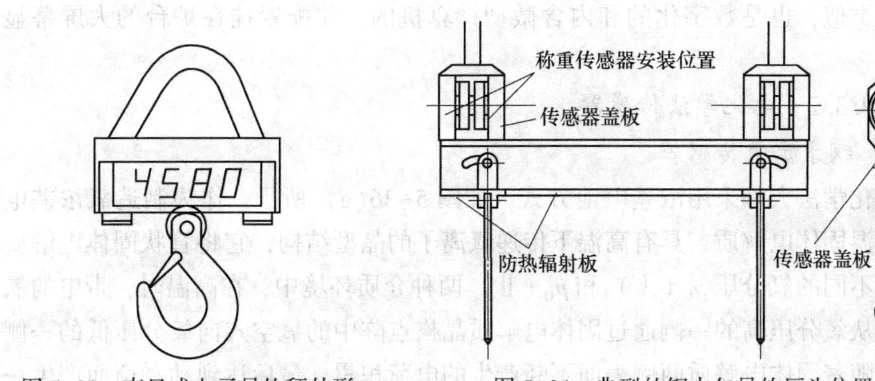

图 5-33 直显式电子吊钩秤外形　　图 5-34 典型的钢水包吊钩压头位置

5.9.3 钢（铁）水成分检测

5.9.3.1 钢水定碳传感器与检测仪表

钢水定碳测量头的结构如图 5-35(a) 所示。其原理是凝固定碳法，即从炉中取出钢水，倒入定碳测量头底座的样杯中，热电偶测得的电动势 E_c-时间曲线，如图 5-35(b) 所示，从 A 点上升到最高点 B，然后随着钢水温度的降低开始下降。当钢水开始凝固时，由于放出结晶热，热电偶电动势 E_c 即从 C 点开始的一段时间内保持不变，即出现“平台”，过“平台”后，温度即迅速下降，这“平台”位置（即温度）与钢水中碳含量成函数关系，准确找出这段“平台”即可求得钢水中碳含量。

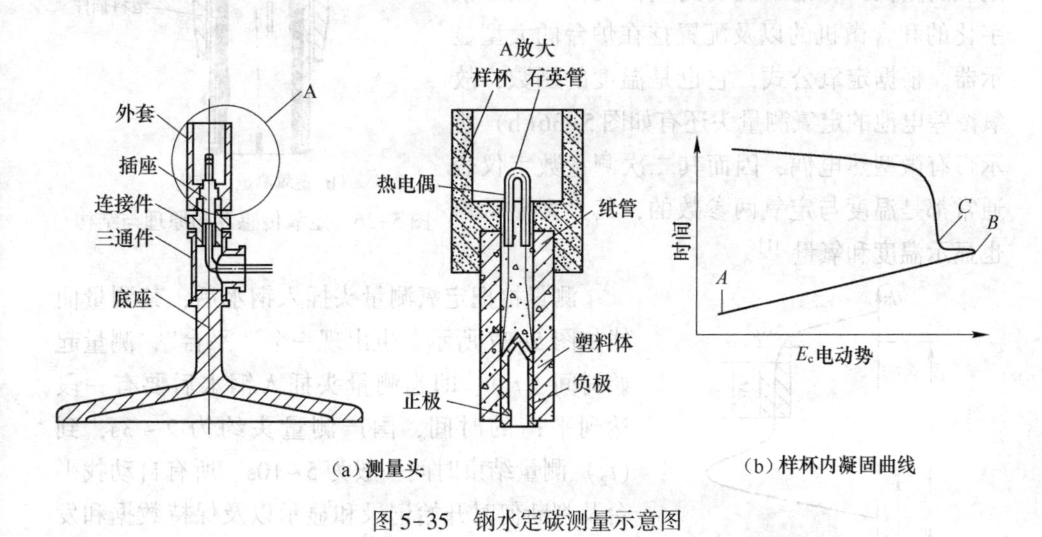

(a) 测量头　　(b) 样杯内凝固曲线

图 5-35 钢水定碳测量示意图

与钢水定碳测量头配套还有专门的钢水定碳测量仪，它和钢（铁）水温度测量仪类似，也是数字化的和内含微型计算机的，并配置挂在炉台的大屏幕显示器。

5.9.3.2　电化学法传感器

A　钢水定氧传感器

电化学法大都采用浓差电池方式，如图 5-36(a) 所示。作为制造氧浓差电池的高温固体电解质，具有高温下传递氧离子的晶型结构，它将管状固体电解质置于有不同的氧分压 p_{O_2}(Ⅰ) 和 p_{O_2}(Ⅱ) 两种介质环境中，在高温时，带电的氧离子便从氧分压高的一侧通过固体电解质晶格点阵中的氧空穴向氧分压低的一侧迁移，随着固体电解质两侧表面不断产生的电荷积累，最后达到动平衡而产生一定的电动势。测定钢水氧活度的氧浓度差电池就是根据这一原理而制成的。其结构如图 5-36(b) 所示。高温电解质是管状的 ZrO_2(+MgO)，也有用 ZrO_3(+CaO) 的，俗称锆管。管内装有已知氧分压的金属及其氧化物的混合粉料作为参比极，用钼针作为电极引线。锆管外侧直接与钢水接触，并通过钢水与作为回路的钼棒连接，从而构成氧电池。在实际应用中，普遍采用氧化铬和氧化钼的分解压力作为参比压力。

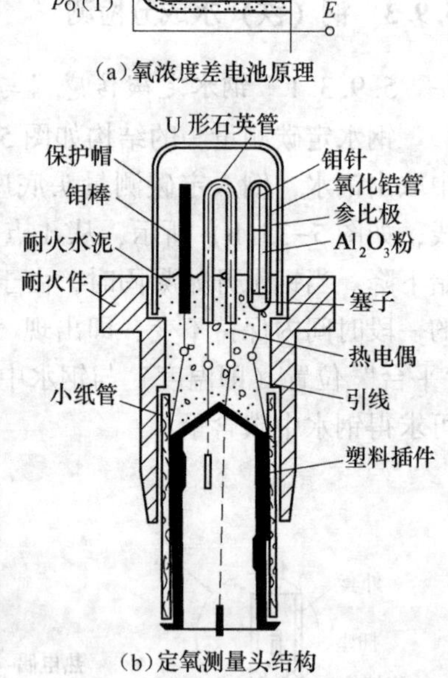

图 5-36　定氧传感器的原理与结构

与钢水定氧测量头配套的还有专门的钢水定氧测量仪，和钢水温度测量仪类似，也是数字化的和含微机的以及配置挂在炉台的大型显示器。根据定氧公式，它也是温度的函数，故氧浓差电池的定氧测量头还有如图 5-36(b) 所示带有微型热电偶，因而其二次测量数字仪表通常都是温度与定氧两参数的，其大型显示器也显示温度和氧量[11]。

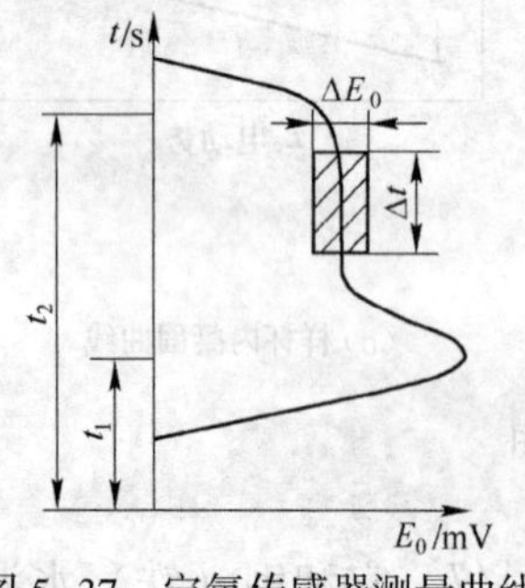

图 5-37　定氧传感器测量曲线

测量枪把定氧测量头插入钢水后，其测量曲线如图 5-37 所示。也出现一个“平台”，测量起始时间 (t_1)，即当测量头插入钢水后要有一段达到平衡的时间，国产测量头约为 2~3s，到 (t_2) 测量结束时间一般为 5~10s。所有自动找平台及判断何时开始记录和显示以及保持数据和发出“测量”结束信号，均由数字式钢水定氧测量仪自动进行。

仪表的主要技术规范如下：

测量范围	测温	1000~1800℃	测氧	$1\sim9999\times10^{-6}$
测量误差	测温	±3℃	测氧	±2mV（折算到输入端）

B　定硫传感器和定磷传感器

定硫传感器和定磷传感器的原理和定氧传感器原理相类似，只是所用电解质不同。

C　光电直读光谱成分分析仪

炉外精炼的钢水成分分析经常使用光电直读光谱成分分析仪来分析多种元素。这种仪表的特点是：可以进行多种元素的同时分析；灵敏度高，可达 $10^{-8}\sim10^{-9}$g，相对检测限为 $10^{-3}\%\sim10^{-4}\%$；分析速度快，可在 1min 内得到 30 种元素分析结果。这种仪表的工作原理如图 5-38 所示。其工作过程是：将被分析的样品，置于电弧、火花或其他光源中间，由光源对它进行激发使之发光，然后使该光分光色散成光谱，最后用光敏元件检测以得出被检测样品的成分。这种方法可靠、成熟和准确，但需要制样，目前已在炉前设置分析室或使用手推车式的小型光电直读光谱成分分析仪，无需风动送样而大大减小获得结果时间。

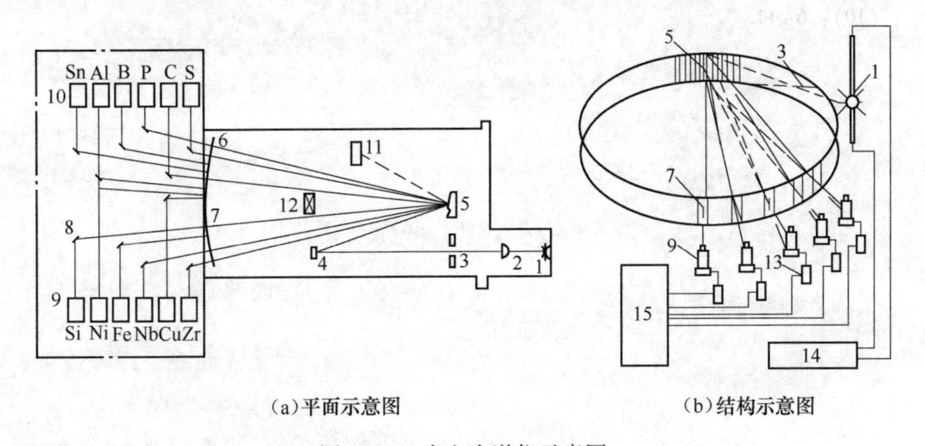

(a)平面示意图　(b)结构示意图

图 5-38　光电光谱仪示意图

1—光源；2—聚光镜；3—入射狭缝；4，8—反射镜；5—凹面光栅；6—出射狭缝板；7—出射狭缝；9，10—光电倍增管；11—零极光谱接收器；12—疲劳灯；13—前置放大器；14—光源用电源；15—强度测量数据处理

参考文献

[1] 朱荣. 电弧炉炼钢安全长寿底吹技术的研究开发［A］. 2016 年钢锭制造技术与管理研讨会论文集［C］. 河北省冶金学会，河北省冶金学会重机行业炼钢分会，中国金属学会特殊钢分会特钢冶炼学术委员会，2016.

[2] Mimura, Washio, Usuzaka, 等 . 电炉底吹 EF—KGC 工艺 [J] . 涟钢科技与管理, 1995 (3): 56~61.

[3] Kirschen M, Ehrengruber R, Zettl K M. Benefits from improved bath agitation with the Radex DPP gas purging system during EAF high-alloyed and stainless steel production [J] . Research Gate, 2016.

[4] 巴哈 J, 庞会锋 . 蒂森钢公司奥伯豪森电弧炉车间 . [J] . 舞钢译丛, 1991 (4): 13~17.

[5] 耿文范 . EF-KOA———一种新型长寿命的电弧炉底吹搅拌系统 [J] . 钢铁研究学报, 1993 (1): 22.

[6] 孙彦广, 陶百生, 高克伟 . 基于智能技术的钢水温度软测量 [J] . 仪器仪表学报, 2002 (S2): 754~755.

[7] 佳贝 . 日本研制出连续测定钢液温度的测温计 [J] . 钢铁, 1989 (7): 90.

[8] 张治杰 . 连续测定中间包内钢液温度 [J] . 钢铁钒钛, 1993 (3): 77~78.

[9] 王魁汉 . 崔传孟 . 钢水连续测温用 Mo~MgO 金属陶瓷热电偶保护管 [J] . 功能材料, 1981 (2): 71.

[10] 钟岳 . 复合黑体空腔传感器内颗粒流动特性及其对测温干扰的研究 [D] . 沈阳: 东北大学, 2014.

[11] 张军颖, 朱诚意, 李光强 . 钢水成分传感器及其应用进展 [J] . 传感器世界, 2005, 11 (10): 6~11.

6 电弧炉炼钢用氧技术

提高吨钢用氧量、增加化学能输入，是强化电弧炉冶炼、提高生产节奏的最有效手段之一。在熔池碳源充分时，每喷吹 $1m^3$ 氧气相当于向炉内供应 3~4kW · h 的电能。特别是部分电弧炉采用生铁及热装铁水后，化学能的比例大大提高，输入氧气已成为现代电弧炉炼钢工艺的一个重要特点。因此，电弧炉炼钢高效供氧对加快冶炼节奏、大幅度降低生产成本非常重要。目前电弧炉供氧有多种形式，包括炉门供氧、炉壁供氧、熔池埋入式供氧及炉顶供氧等，同一电弧炉上可以同时使用多种供氧装置。

6.1 强化用氧工艺与设备

在电弧炉冶炼过程采用强化用氧工艺，主要的吹氧方式有炉门吹氧和炉壁吹氧两种方式。与之相对应，主要的强化用氧工艺设备包括：炉门水冷炭氧枪、炉门自耗式氧枪、炉壁氧燃烧嘴、炉壁集束射流氧枪（也称作炉壁聚合射流氧枪）[1]。

6.1.1 炉门吹氧工艺与设备

6.1.1.1 炉门吹氧工艺

在炉门吹入氧气，主要是利用氧气在一定温度下，与钢铁料中的铁、硅、锰、碳等元素发生氧化反应，放出大量的热量，使炉料熔化，从而起到补充热源、强化供热的作用。

炉门吹氧基本原理：

(1) 从炉门氧枪吹入的超声速氧气切割大块废钢；

(2) 电弧炉内形成熔池后，在熔池中吹入氧气，氧气与钢液中元素产生氧化反应，释放出反应热，促进废钢的熔化；

(3) 通过氧气的搅拌作用，加快钢液之间的热传递，因此能够提高炉内废钢的熔化速率，并且能减小钢水温度的不均匀性；

(4) 大量的氧气与钢液中的碳发生反应，实现快速脱碳，碳氧反应放出大量热，有利于钢液达到目标温度；

(5) 向渣中吹入氧气的同时，喷入一定数量的炭粉，炉内反应产生大量气体，使炉渣成泡沫状，即产生泡沫渣；

(6) 炉门吹氧可以减少电能消耗。

我国宝钢 150t 超高功率电弧炉采用自耗枪切割废钢后改用水冷氧枪吹氧，直至冶炼结束，在铁水比为 30%、出钢量 150t、留钢量为 30~35t 的前提下，得到电耗与氧耗的回归关系为[2]：

$$E = 435.84 - 5.02\left(\frac{2}{5}O_{CL} + O_{WCL}\right)$$

式中 E——电耗值，kW · h/t；

O_{CL}——自耗氧枪氧量，Nm^3/t；

O_{WCL}——水冷枪氧量，Nm^3/t。

从上式中可以看到，对于水冷氧枪，$1Nm^3$ 氧气约相当于 5.02kW · h 电能，自耗枪供氧所产生的能量效应也相当于水冷枪的 2/5。

6.1.1.2 炉门吹氧设备

利用钢管插入熔池吹氧是原来使用的方法。为了充分利用炉内化学能，近年来吨钢用氧量逐渐增加；仅依靠钢管吹氧已不能满足供氧量的需要；同时，考虑到人工吹氧的劳动条件差、不安全，吹氧效率不稳定等因素，开发出电弧炉炉门枪机械装置。国外在 20 世纪 70 年代就已开发出炉门水冷炭氧枪技术，我国的炉门水冷炭氧枪技术正是在引进国外水冷炭氧枪技术的基础上，逐步研究开发出来的。

炉门吹氧设备按水冷方式分为自耗式炉门炭氧枪和水冷式炉门炭氧枪。水冷式炉门炭氧枪具有氧气利用率高、使用成本低等优点。自耗式炉门炭氧枪的优点是能直接切割废钢，安全性较好。

目前国外电弧炉炉门炭氧枪主要有德国 Fuchs、美国燃烧公司等开发的水冷式炉门炭氧枪装置、意大利组合水冷枪及德国 BSE 公司的自耗式炉门炭氧枪装置。国内对水冷氧枪研究主要的研制单位有北京科技大学、钢铁研究总院等科研院所和企业。

A 自耗式炉门炭氧枪

自耗式炉门炭氧枪是指吹氧管和炭粉喷管随着冶炼进程逐渐熔入钢水的一种消耗式装置。自耗式炉门炭氧枪以德国 BSE 多功能组合枪为主要形式。

德国 BSE 公司多功能能组合枪 LM2（见图 6-1 和图 6-2），是集合了氧枪和炭枪机械手和侧弯气温取样机械手功能的组合设备。

全套 LM2 机械手由坚固的钢结构组成，和两个旋转手一起安装在一个圆柱上。上旋转手支撑是氧枪和炭枪驱动装置，下旋转手支撑一个供安装测温取样器的底盘。取样测温在不断电、不间断吹氧和吹碳的造作下进行。天津 150t 电弧炉也配有自耗氧枪。新疆八一钢铁有限责任公司 70t 超高功率直流电弧炉采用德国 BSE 公司开发的喷枪机械手。大冶特钢 70t 超高功率电弧炉采用多功能组合枪 LM2。

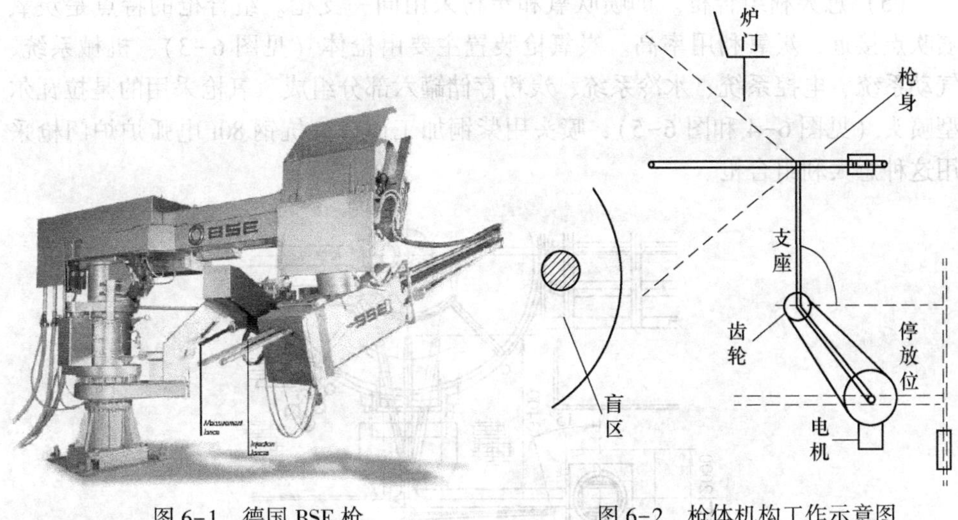

图 6-1 德国 BSE 枪　　图 6-2 枪体机构工作示意图

B 水冷式炉门炭氧枪

水冷式炉门炭氧枪是指氧气喷吹装置用水进行冷却的炉门吹氧设备。吹氧和喷炭粉既可做成一体，又可分开。合为一体时氧枪头部中心孔为喷炭粉孔，下部氧气喷孔可以单孔也可以两孔，孔与氧枪轴线下偏 30°~45°，两孔轴线夹角为 30°。氧气喷嘴采用双孔超声速喷嘴设计，以加强喷溅和搅拌的作用。喷嘴马赫数设计范围，根据厂方供氧条件一般选择出口速度范围 $Ma=1.6\sim2.0$，氧气流量 $Q=1800\sim6000\mathrm{Nm^3/h}$。吹氧和喷炭分开时，炭粉一般通过炉壁炭枪从炉壁吹入或由一支氧枪一支炭枪组合。水冷氧枪是一支专门设计的，由三层钢管配合，镶接紫铜喷头的水冷氧枪。

水冷式炉门氧枪根据生产厂家的不同，各有不同的特点：

（1）德国 Fuchs 公司的水冷氧枪。喷射出氧气与熔池平面成 50°夹角，以保证氧气射流对熔池有较高的冲击力，以搅动熔池，使熔池进行氧化反应。珠江钢铁公司 150t 竖式电弧炉采用德国 Fuchs 水冷氧枪。

（2）美国 Berry 公司开发的复合水冷喷枪。将吹氧和喷炭粉（造泡沫渣）的通道放在一个水冷枪体内，其枪体为四层同心套管，类似于顶吹转炉的双流道二次燃烧氧枪。

（3）美国 Praxair 公司的水冷式炉门燃气氧枪。除吹氧外，还可以喷吹油或燃气，能够增加辅助能量输入。

（4）北京科技大学开发的多功能炉门枪将水冷氧枪和炉门氧枪结合起来。其特点是熔化初期利用煤氧枪加热熔化炉门口废钢，两种枪共同助熔，用煤粉造泡沫渣，能够进行脱碳和二次燃烧。

(5) 意大利组合枪。即喷吹氧和炭粉采用同一支枪。组合枪的特点是炭氧喷吹点接近，炭氧利用率高。炭氧枪装置主要由枪体（见图 6-3）、机械系统、气动系统、电控系统、水冷系统、炭粉存储罐六部分组成。氧枪采用的是拉瓦尔型喷头（见图 6-4 和图 6-5），喷头用紫铜加工而成。杭钢 80t 电弧炉炉门枪采用这种意大利组合枪。

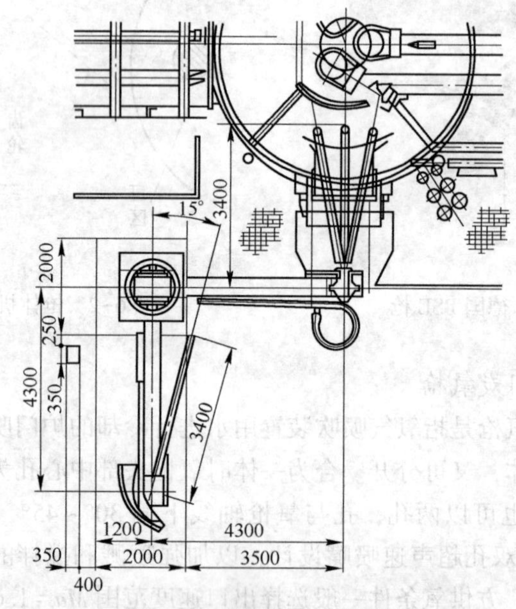

图 6-3　炭氧枪装置布置图

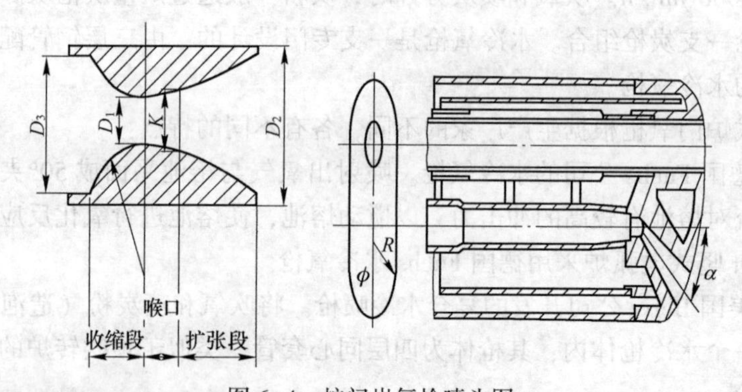

图 6-4　炉门炭氧枪喷头图

图 6-5　双孔氧枪喷嘴图

6.1.2 氧燃助熔供氧工艺与设备

6.1.2.1 氧燃烧嘴基本原理

电弧炉熔化期，在电极电弧作用下，电极下的炉料迅速熔化，将炉内废钢穿成3个穿井区。随着穿井区由里向外传热过程的进行，熔化区域从穿井区不断地向外扩展，形成炉料的渐次熔化过程。在电极之间靠近炉壁处必然形成3个冷区，延长了熔化时间。尤其在采用超高功率（高功率）电弧炉后，冷区的影响更为突出。另外，为了解决电弧炉炼钢与连铸的匹配问题，必须提高电弧炉的输入功率，缩短冶炼时间。为此，采用全废钢生产的电弧炉已普遍采用助熔技术，并取得了降低电耗30~70kW·h/t、冶炼时间缩短5~20min、成本降低5~20元/t的效果。

国外于20世纪50年代在电弧炉炼钢中就已开始采用氧燃助熔技术。发展到80年代，日本已有80%的电弧炉，欧洲有30%~40%的电弧炉采用氧燃助熔技术。采用的燃料一般是天然气和轻油。由于电弧炉短流程及连铸技术的发展，要求电弧炉的冶炼时间缩短到60min以内，这使得助熔技术迅速得到发展。

国内氧燃助熔技术的开发早在20世纪60年代就已开始，各研究单位在70年代末就已经完成其工业试验及设计工作。由于受到油、气资源的限制，工业应用受到一定限制。80年代初，北京科技大学从国内资源出发，成功研究开发了煤-氧助熔技术，并应用于电弧炉生产[3]。

A 氧燃助熔原理

通常燃烧所需的氧气靠空气提供，但是，由于空气中的氮也被加热到了炉内的温度，当它离开炉子时带走大量的热量，降低了燃烧效率，损耗了熔化炉料所用的能量。而用纯氧代替空气有两大优点：

（1）提高了火焰温度。如图6-6所示，随着助燃空气中氧气量的增加，火焰温度也增加，在纯氧条件下，火焰温度可达2700~2800℃。

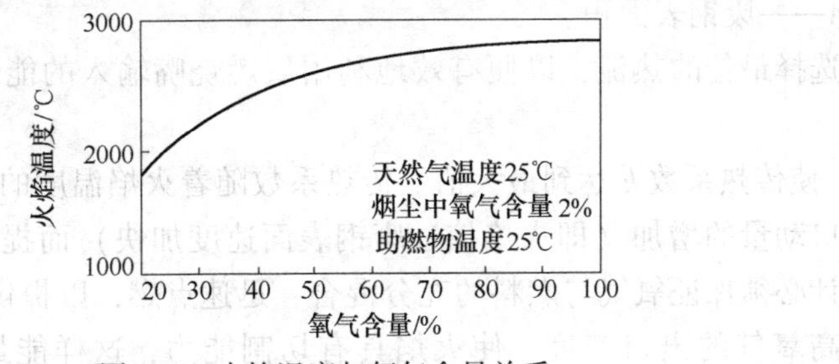

图6-6 火焰温度与氧气含量关系

（2）提高了燃烧率。随着烟气温度的升高，空气燃烧率迅速下降，而在用纯氧的情况下，燃烧率降低很少，因而，对于1600℃的烟气温度，纯氧的燃烧率超过 70%，而空气燃烧率仅为 20%左右，如图 6-7 所示。

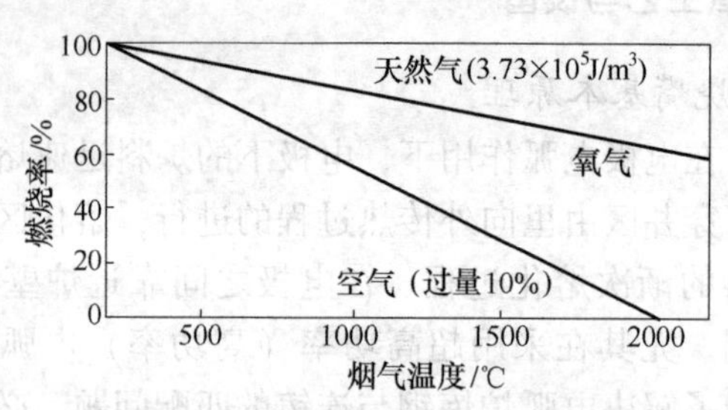

图 6-7　燃烧率与烟气稳定的关系

对流传热是氧燃烧嘴主要的热量传输方式。保证氧气与燃料的充分混合和迅速点燃将有利于提供最高的火焰温度和氧气出口速度，从而增大对流传热系数。在熔化开始阶段，火焰与废钢之间的温差最大。此时，使氧气和燃料以理想配比进行完全燃烧对废钢熔化很有利，烧嘴的传热效率也最大。随着废钢温度的升高，炉料会因熔化而下沉并被压缩，高热燃气穿过炉料的距离缩短，使热交换率值降低，烧嘴的传热效率下降。当炉料上部的废钢熔化掉 1/2 时，大部分热量将从熔池表面反射出去，传给废气。因此氧燃烧嘴合理的使用时间应该是废气温度突然升高之前的一段时间。

氧燃烧嘴提供的高温火焰和火焰与炉料间的传热效率决定了电弧炉的熔化速率。从热传输的观点出发，热量通过以下三种形式传给炉料：

（1）强制对流。完全燃烧的氧焰烧嘴火焰主要以强制对流的形式传输热量。强制对流可用下式描述：

$$q = h \cdot \Delta T \cdot A$$

式中　q——强制对流的热流；

h——对流传热系数；

ΔT——火焰与废钢之间的温度差；

A——废钢表面积。

为选择最佳的热流，以便有效地利用氧燃烧嘴输入的能量，必须做到以下几点：

1）使传热系数 h 达到最大值。传热系数随着火焰温度的升高而增大，随着烧嘴出口动量的增加（即火焰掠过废钢表面速度加快）而提高。因此，氧燃烧嘴的设计必须保证氧气与燃料的充分混合，迅速点燃，以提供最高的火焰温度，同时提高氧气的出口速度，使火焰具有切割能力，这样能最有效地强化对流传热。

2）使废钢表面积 A 达到最大值。重废钢和轻废钢混合使用，可使火焰具有较好的穿透能力，从而保证暴露在氧燃烧嘴火焰中的废钢表面积最大。

3）使废钢与火焰之间温度差 ΔT 达到最大值。熔化开始，火焰与废钢之间的温差最大。尽早的使烧嘴点燃，并使氧气和燃料以理想的配比进行完全燃烧，形成高温火焰对熔化废钢是十分有利的。

（2）辐射。在高温下，辐射传热是主要的。在燃烧温度下，火焰表现出红外线辐射的特性。由于辐射传热与相当于火焰温度的四次方有关，因此火焰温度达到最大，对辐射传热是至关重要的。

（3）传导。由过量氧气燃烧引起的废钢氧化会产生热能，此热能可直接传给炉料。

氧燃烧嘴主要用于熔化期，因为其产生的热量主要通过辐射和强制对流传递给废钢，这两种传热方式都主要依赖于废钢和火焰的温度差以及废钢的表面积。因此，烧嘴的效率在每篮废钢熔化开始阶段是最高的，此时火焰被相对较冷的废钢包围着。随着废钢温度的升高和废钢表面的缩减，烧嘴的效率不断降低。图6-8显示了烧嘴效率与熔化时间的关系。

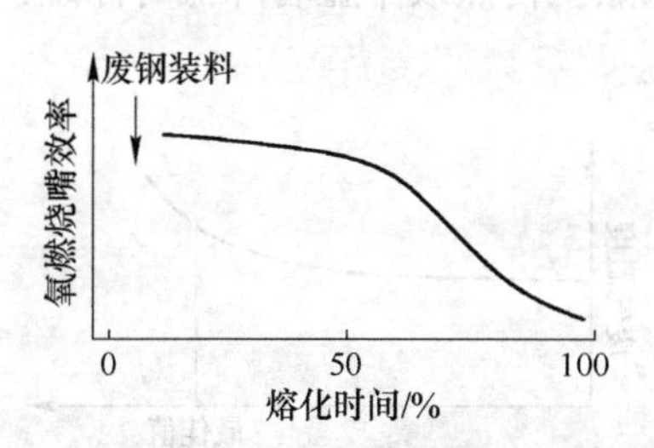

图6-8 氧燃烧嘴效率与熔化时间的关系

从图6-8中可以看到，为了达到合理的效率，烧嘴应该在熔化期完成大约50%后就停止使用，此后由于效率较低，即使继续再使用氧燃烧嘴也无法达到助熔节电的效果，反而只会增加氧气和燃料的消耗。

从供能的角度，电弧炉配备氧燃烧嘴的总功率一般为变压器额定功率的20%~30%，它能提供的能量一般为总能量的5%~10%。

氧燃烧嘴所采用的燃料主要根据价格、来源以及操作是否方便确定，可以是油、煤或天然气。根据调查，对电弧炉使用不同燃料的氧燃烧嘴引起的吨钢成本变化情况进行了比较，结果列于表6-1。

表6-1 氧燃烧嘴的吨钢成本变化（价格仅供比较）

指标	单位	单价/元	煤-氧助熔技术		油-氧助熔技术		燃气-氧助熔技术	
			节约及消耗	成本	节约及消耗	成本	节约及消耗	成本
电耗	kW·h	0.50	-80	-40.0	-80	-40.0	-80	-40.0
氧气	Nm^3	0.2	+25	+5	+20	+4.0	+18	+3.6
煤	kg	0.8	+17	+13.6				
柴油	kg	3			+10	+30		

续表 6-1

指标	单位	单价/元	煤-氧助熔技术		油-氧助熔技术		燃气-氧助熔技术	
			节约及消耗	成本	节约及消耗	成本	节约及消耗	成本
天然气	Nm^3	2					+12	+24
压缩空气	Nm^3	0.10	+5	+0.5	+2	+0.20		
折旧维修	元			+3.0		+2.0		+1.0
工资	元			+4.0		+2.0		+2.0
合计/元			−13.9		−11.8		−9.4	

B　烧嘴最佳供热时间的确定

氧燃烧嘴最佳供热时间可根据经验和计算机模型来估算。确定最佳供热时间的实际方法是绘出废气温度与供热时间的关系曲线。熔化初期，氧燃烧嘴火焰的传热效率较高，但随着废钢的不断熔化，大部分热量从熔池表面反射出去，并传给废气。所以，烧嘴应供热至传热效率显著降低时停止，即废气温度突然升高之前那段时间（见图 6-9）。

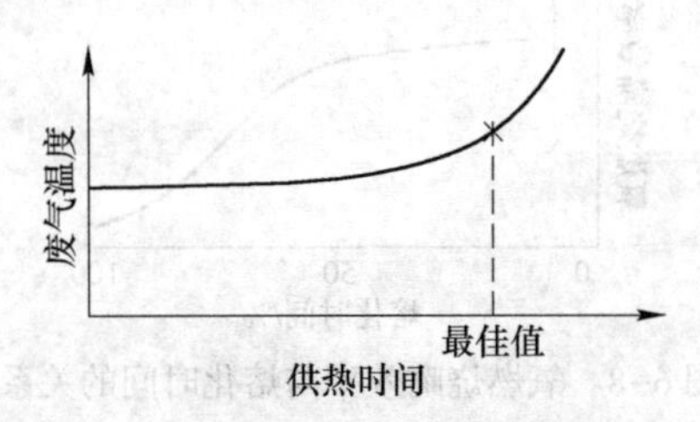

图 6-9　烧嘴供热时间与废气温度的关系

这通常发生在 75%~85%的废钢已熔化和沉入熔池表面以下的时候。此后由于效率较低，即使继续使用氧燃烧嘴也无法达到助熔节电的效果，反而会增加氧气和燃料的消耗。实践表明，一般的氧燃助熔工艺提供电弧炉炼钢所需全部功率的 15%~30%。

C　氧气与燃料比值的选择

由于氧燃烧嘴操作目的是用最经济的方法向电弧炉内提供辅助能源，所以氧气与燃料的最佳比值应是理论过氧系数。

小于理论过氧系数，产生还原性火焰，该配比情况下火焰温度低，烧嘴效率低。同时，炉料上方过量的燃烧必然与渗入炉内的空气燃烧，使废气温度升高。

理论过氧系数情况下，产生中性火焰，火焰温度最高，操作效率最高。

过氧系数提高情况下，过量氧气燃烧可产生切割作用，以切断大块废钢。

为保证燃烧有一定的过氧系数，在操纵台上应装有氧气流量和燃料消耗的显示器，操作工可以根据实际情况，调节氧气与燃料的比值，以控制烧嘴的操作。

氧燃烧嘴的结构取决于使用的燃料，使用的燃料种类有天然气、轻油、重油、煤粉、粉焦等，对于油（轻油或重油）、天然气、煤粉或焦炭粉，其烧嘴结构有完全不同的形式。

6.1.2.2 油-氧燃助熔工艺

图6-10所示为一种油-氧烧嘴结构图。表6-2列出了相应的技术条件。

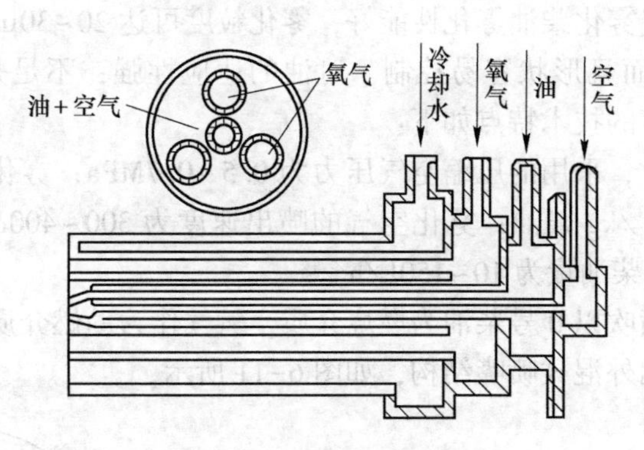

图6-10 一种油-氧烧嘴结构简图

表6-2 油-氧烧嘴技术条件

项目		技术条件
型号		JB3型
烧嘴尺寸/mm	长度	650
	直径	65
油及空气烧嘴		ϕ10mm×1孔
氧气烧嘴		ϕ5mm×3孔
烧嘴容量	油	500L/h（最大）
	氧气	1000m^3/h
	空气	150m^3/h
烧嘴间距离	炉壁内侧	250
	炉壁外侧	600

油-氧烧嘴是油氧助熔系统中的主要设备，直接影响助熔效果。油-氧烧嘴的燃料油需要经过雾化后再燃烧，因此它除具有一般燃烧装置的基本性能外，还应具有良好的雾化能力，以保证燃料的完全燃烧。

燃油烧嘴按油的雾化方式分为两种：

（1）气体介质雾化烧嘴，是靠气体介质的动量将油雾化，分高压介质（蒸汽或压缩空气）雾化和低压空气雾化两种。

（2）机械雾化油嘴，是用机械方法直接将油雾化，即高压油通过油嘴进行离心破碎和突然扩张破碎，或利用高速旋转杯将油进行离心破碎后再用低压空气进一步雾化。

以高压压缩空气雾化柴油方式为例，说明油氧烧嘴的特点。

高压压缩空气雾化柴油雾化性能好，雾化粒度可达20~30μm，调节比达1∶6。火焰温度高，而且形状容易控制，对油的适应性强；不足是火焰长度较短、噪声大。此类烧嘴的技术特点如下：

雾化介质参数，采用的压缩空气压力为0.5~0.7MPa；雾化空气的量为：压缩空气0.4~0.6m^3/kg柴油；雾化空气的喷出速度为300~400m/s；柴油的压力为0.2~0.4MPa；柴油量为10~150L/h。

喷枪的油氧喷吹以0号柴油为燃烧介质，氧气作为助燃介质，干燥压缩空气为雾化介质，采用外混式喷嘴结构，如图6-11所示。

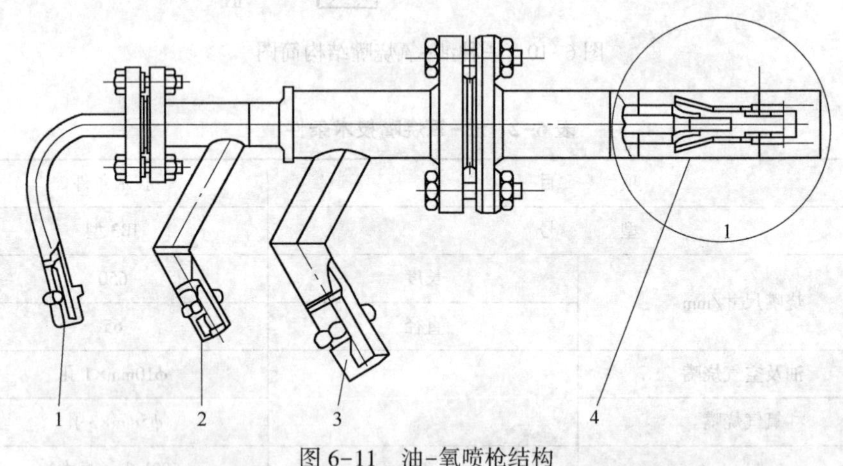

图6-11　油-氧喷枪结构

1—燃料油管；2—雾化空气输送管；3—氧气输送管；4—喷枪

枪体中心内管输送燃料油，内管与中间管之间为雾化空气，中间管与外管间通氧气。通过喷嘴，利用高压气流的能量冲击油流，使油雾化，改善燃烧效果。

6.1.2.3　燃（气）-氧助熔工艺

炼钢厂使用的燃气主要有天然气、液化石油气、焦炉煤气。其中，天然气的低发热量为34.5~41.8MJ/kg，液化石油气的热值为90~100MJ/m^3，焦炉煤气热值15~17MJ/m^3。本节以天然气为例说明。

氧及天然气可在燃烧器内部混合，称为预混合；也可在燃烧器外混合，称为外混合；也可在燃烧器出口界面处混合，称为界面混合。氧及天然气的混合方式如图6-12所示。

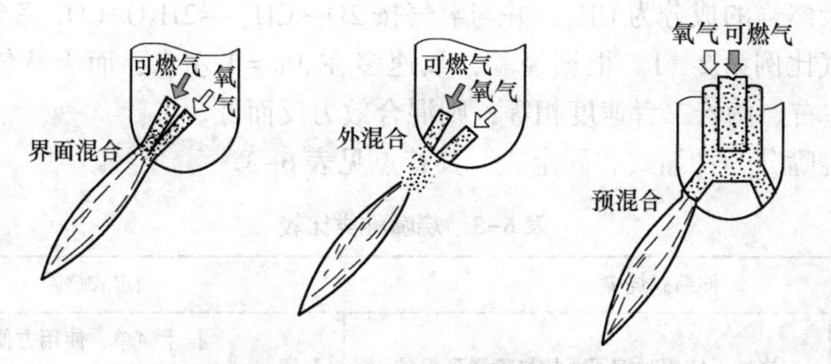

图 6-12 天然气-氧烧嘴的混合方式

对天然气-氧气烧嘴的实验研究表明，燃烧效率主要取决于氧气与天然气进行混合的预混合室的长度。预混合室中存在一个最佳长度，可使烧嘴效率最高，如图 6-13 所示。

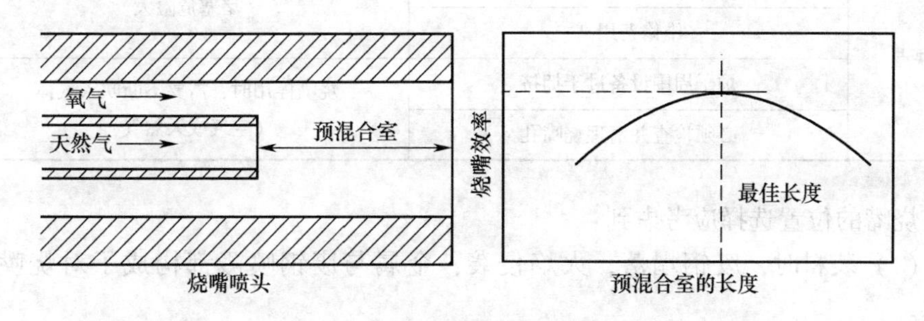

图 6-13 燃烧器烧嘴的预混合室长度与燃烧效率的关系

天然气-氧烧嘴由氧气导管、天然气导管、水冷套管及喷头组成的组合水冷型烧嘴如图 6-14 所示。氧气导管在中心，其次为天然气导管，再次为进水管，最外边管为出水管。实践证明，高速氧流在中心时，火焰紧凑，扩散较小。图 6-14 也说明应该将氧流放置于中心。

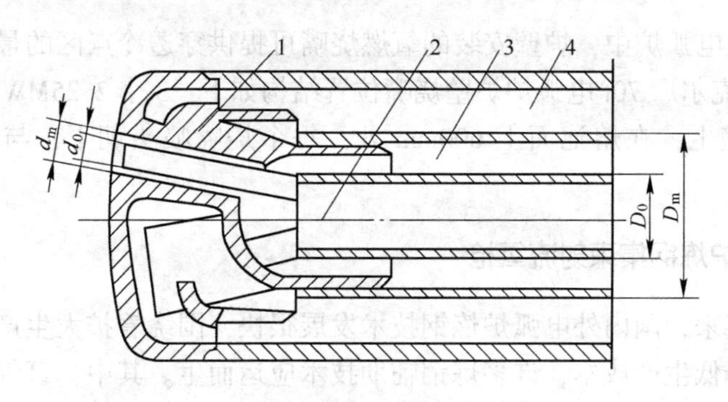

图 6-14 天然气-氧烧嘴喷头及导管布置示意

1—喷头；2—氧气导管；3—天然气导管；4—冷却水管

假定天然气的成分为 CH_4，并与氧气按 $2O_2+CH_4=2H_2O+CO_2$ 完全燃烧，氧气与天然气比例为 2∶1。根据经验，氧速多在 $Ma=1$ 左右，而天然气的速度在 $Ma=0.5$ 左右。倘若二者速度相等，则混合效力反而低。

炉壁烧嘴分为伸缩式和固定式，其特点见表 6-3。

表 6-3　烧嘴种类比较

伸缩式烧嘴		固定式烧嘴
优点	烧嘴不使用时缩回，故烧嘴受到保护	技术简单，使用方便
		维修费用低
	每次使用后易于检查	工作效率高
		装料和烧嘴点火之间的间隔短
缺点	炉子环境使操作困难	堵塞危险大
	维修费用高	
	炉子周围设备过于拥挤	烧嘴停用时，需要不断吹入气体（空气或天然气）
	必须检查并清理烧嘴孔	

烧嘴的位置选择应考虑到：

（1）装料时，废钢塌落，火焰侵袭，金属与废钢喷溅都构成了对烧嘴的威胁。

（2）熔化时，必须在烧嘴前的废钢迅速切开一条通道，否则烧嘴会出现逆燃的危险，在烧嘴的喷头上还会有反复打弧的危险。

（3）精炼时，金属和炉渣会喷溅到烧嘴上，再造泡沫渣的过程中，炉渣上升到足以灌入烧嘴的高度。

（4）出钢时，靠近出钢口的烧嘴若位置太低，当摇炉出钢时，钢水有可能灌入烧嘴。

在大多数电弧炉中，炉壁安装的氧燃烧嘴可提供穿透冷点区的最佳角度。德国 BSW 公司克尔厂 70t 电弧炉炉壁烧嘴位置结构如下：3 个 2.25MW 的氧燃烧嘴都安装在炉壁上，在熔池面上 600mm 处；每个烧嘴喷头朝下，与水平方向成 20°角。

6.1.3　电弧炉炼钢集束射流氧枪

近十余年来，国内外电弧炉炼钢技术发展很快，围绕着扩大生产能力、降低消耗指标、降低生产成本，许多炼钢辅助技术应运而生。其中，氧气集束射流技术对提高电弧炉冶炼节奏、降低生产成本起到了非常重要的作用。

电弧炉炼钢输入化学能是降低电能消耗、加快冶炼节奏最有效的方法。向熔池喷吹氧气是输入化学能最直接的手段，同时向熔池吹氧有很多其他方面的有利因素，如加快脱碳速度、与喷入的炭粉反应造泡沫渣、搅拌熔池等。在电弧炉内进行吹氧的常用方法是普通超声速射流，它是使用普通氧枪以高压（0.5～1.5MPa），经过喷嘴得到超声速氧气射流，从而利用其高速的动力性能来达到特殊的冶金效果。传统超声速氧枪主要缺点是：喷吹距离短且相对分散，使得氧气射流对熔池的冲击力小，钢水中容易形成喷溅，炉内氧气的有效使用率低，节电效果差[4]。

为了克服普通超声速氧枪的这一不足，美国 Praxair 公司和北京科技大学相继开发了集束射流技术[5]，该项技术比传统超声速射流在超过喷嘴直径 70 倍的喷吹距离内都可以保持其原有的速率、直径及气体的浓度及喷吹冲击力；传统氧枪 0.254mm 处的冲击力与凝聚射流 1.37mm 处的冲击力相当；对熔池的冲击深度要高 2 倍以上，气流的扩展和衰减要小，减少熔池喷溅及喷头粘钢[6]。

6.1.3.1 集束射流原理

集束射流氧枪的原理是在拉瓦尔喷管的周围增加燃气射流，使拉瓦尔喷管氧气射流被高温低密度介质所包围，减少电弧炉内各种气流对中心氧气射流的影响，从而减缓氧气射流速度的衰减，在较长距离内保持氧气射流的初始直径和速度，能够向熔池提供较长距离的超声速集束射流[7]。

集束射流氧枪是应用气体力学的原理来设计的。其要点是：喷嘴中心的主氧气流指向熔池。高的动能和喷吹速度是不足以使射流在较长的距离上保持集束状态的，为了达到保持射流集束状态的目的，必须用另一种介质来引导氧气，即外加燃气流，使燃气流对主氧气流起着封套的作用，低速的燃气流比静止的气体提供更大的动能，有利于氧气射流高速喷吹，这样主氧气流就能够在较长的距离内保持出口时的直径和速率。

集束射流技术的核心是特殊喷嘴。当安装在炉墙上的喷嘴以集束方式向电弧炉熔池吹入氧气时，集束氧气流比普通超声速射流在较长距离内保持原有的速率和直径，如图 6-15 所示。

出口气体速度和压力相同条件下，在射流中心，集束射流比同一点的传统超声速射流具有更高的气体流速，在距喷嘴出口 1.4m 处，集束射流仍然保持着较高的气体流速，如图 6-16 所示。该图测试条件为：中心射流空气压力 0.7MPa，保护气体流量 $80m^3/h$。

在距离喷嘴出口相同的距离上，集束射流流股的速度变化率比传统超声速射流流股的速度变化率大。集束射流具有较高的聚合度，而且这种较高的聚合度能够在较长的距离内一直保持。在距离喷头端部 1.0m 和 1.2m 处聚合射流仍有特别高的聚合度，而传统超声速射流已比较发散，如图 6-17 和图 6-18 所示。

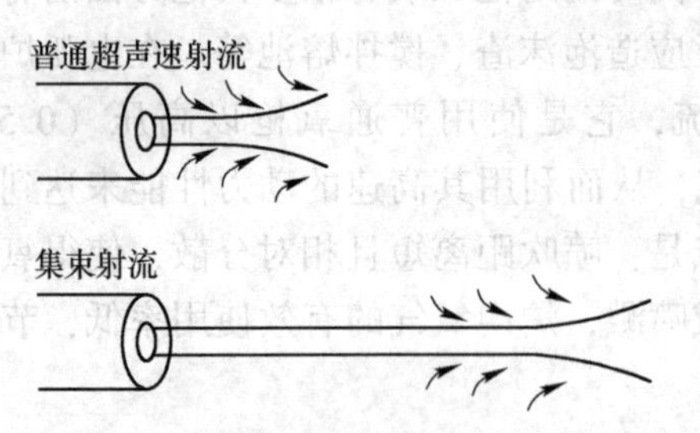

图 6-15 集束射流与普通超声速射流的比较

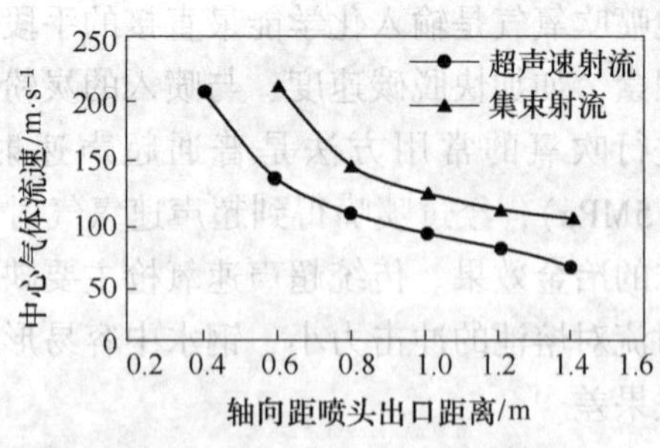

图 6-16 射流轴向中心流场分布

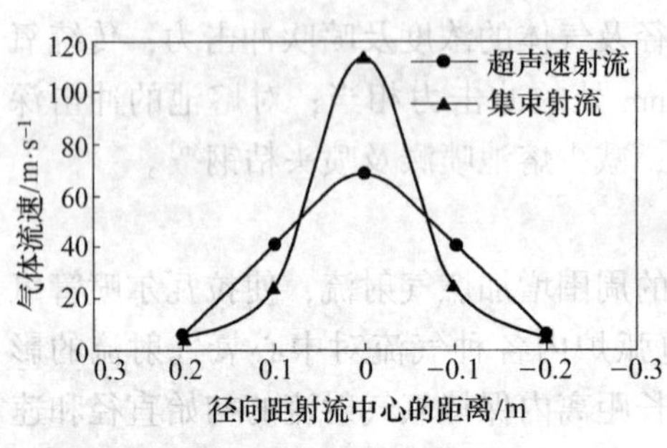

图 6-17 射流径向流速分布（$x=1.0$m）

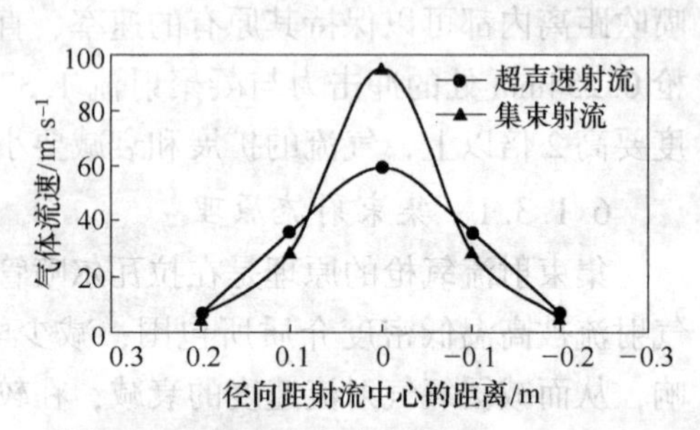

图 6-18 射流径向流速分布（$x=1.2$m）

集束射流具有如下的特点：

（1）在超过喷嘴直径 70 倍的喷吹距离内都可以保持其原有的速率、直径及气体的浓度及喷吹冲击力。

（2）普通超声速氧枪 0.254mm 处的冲击力与集束射流 1.37mm 处的冲击力相当；对熔池的冲击深度要高 2 倍以上，气流的扩展和衰减要小，减少熔池喷溅及喷头粘钢。

（3）比普通超声速喷吹带入的环境空气量要少 10%以上，NO 排放减少。

（4）射流扩散和衰减的速度也显著降低。

（5）冲击液体熔池的深度比普通射流冲击深度深约 80%。水模型试验也表明，集束射流进入熔池的深度比传统喷吹深 80%以上。

（6）集束射流核心区长度、射流扩散和衰减及其压力可以控制。

（7）熔池均混时间与底吹混合时间相近。

（8）喷溅大大减少。

6.1.3.2 集束吹氧工艺主要功能

集束射流吹氧主要用于切割炉料，以防止架桥；直接吹入熔池，与熔池中的铁及其他元素反应，产生热量，加速废钢熔化；进行熔池搅拌，使钢水温度均匀；参与炉气中的可燃气的二次燃烧；与熔池中的碳反应，生成大量 CO 造泡沫渣，屏蔽电弧，减小辐射，减少热量损失；加快脱碳速度；降低电耗，缩短冶炼时间。

(1) 加快废钢熔化。在全废钢冶炼时，高速的集束氧气射流能够切割电弧炉内的已经红热的大块废钢，可以防止炉料搭桥。随着炉内废钢的不断熔化，熔池逐渐形成，在熔池中吹入氧气，氧气与钢液中的元素发生氧化反应，释放出反应热，促进废钢的熔化。

(2) 搅拌钢液，均匀钢液温度。电弧炉炉壳直径的增大使炉内温度不均匀性更加突出，熔池形成以后，位于三相电极的中心区和电极圆周围的钢液温度高，其他区域钢液温度低。高速的集束氧气射流吹入钢液，使钢液沿着一定方向运动，加快了不同温度钢液之间的传热速度，因此，减小了钢水温度的不均匀性，一定程度上抑制了钢液大沸腾现象。

(3) 二次燃烧工艺。在使用电弧炉炼钢过程中，因为在熔池中 CO 不能被氧化成 CO_2，炉内会产生一定量的 CO。二次燃烧即通过在熔池上方补充吹氧使在电弧炉内 CO 进一步氧化成 CO_2，所产生热能得到回收从而减少了电耗，较大地提高热效率，能量可节省 40~80kW·h/t。

二次燃烧吹氧方法有两种：在渣层上方吹氧进行二次燃烧和将氧吹进渣层使 CO 在进入炉子净空间前即产生二次燃烧。

(4) 全程泡沫渣埋弧冶炼。为了造泡沫渣，一般安装与集束氧枪相同数量的炭枪。氧枪和炭枪共同组成了碳氧喷吹模块系统。利用模块化技术结合 PLC 计量控制喷粉量及实现炉中多点喷炭。喷入熔池内的碳和氧在熔渣中反应生成大量的 CO，使炉渣形成很厚的泡沫状，把炉内电弧埋在熔渣下面，减少了电弧辐射放热和刺耳的噪声，同时有利于炉壁耐火材料的长期使用。良好的泡沫渣使钢液升温快，节约能源。

(5) 钢水脱碳及升温。在氧化期脱碳时，高速的集束射流在炉内多个反应区域进行脱碳。集束射流条件下，平均脱碳速度每分钟可达 0.06%；在钢水温度、渣况合适时，最大脱碳速度每分钟可达 0.10%~0.12%。脱碳时，激烈的碳氧反应放出大量热，使钢液温度提高很快。

6.1.3.3 集束氧枪结构

根据集束射流氧枪的工作原理可知，它是在传统氧枪的主氧中分出一部分环氧，另外，在主氧的外环处加两圈保护气体（环氧和环燃气），隔绝外界气流的影响，从而保护主氧。

如图 6-19 所示，整套系统由主氧喷吹系统、主氧保护系统、水冷系统三部分组成。主氧喷吹系统位于集束射流氧枪的中心位置；主氧保护系统位于主氧喷吹系统的外层，设有环氧和环燃气喷口；水冷系统位于氧枪的最外层，在氧枪一端设有进水口和出水口；枪身由无缝钢管做成的四层套管组成。尾部结构应方便输氧管、进水软管、出水软管同氧枪的连接，保证四层套管之间密封及冷却水道的间隙通畅，以及便于吊装氧枪。

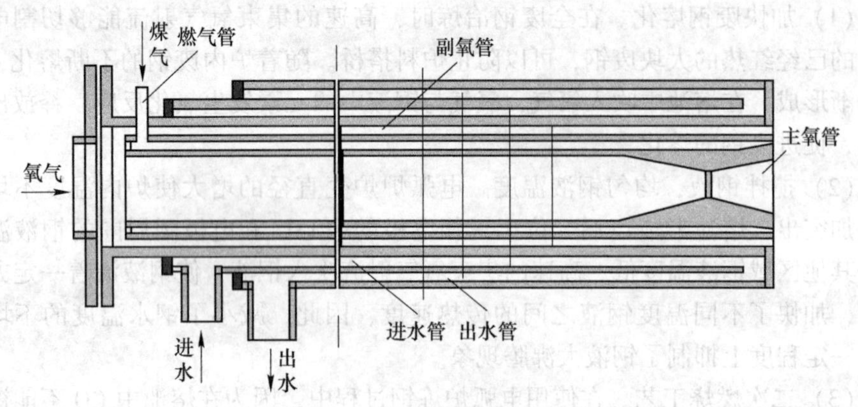

图 6-19 集束射流氧枪示意图

喷头常用紫铜材质，可用锻造紫铜经机加工或用铸造方法制成。主氧管、环氧管所用的材料为热轧无缝钢管，进水管和出水管采用铸造钢管。主氧管喷采用冷轧无缝钢管，喷头的端底及喷孔部分材质为无氧纯铜，含铜量大于 99.9%。挡水板由于不承受高温，采用铸造青（黄）铜或由铜板锻造而成。上部氧气喷管可采用铸铜、铜管、轧制不锈钢管等材质。

根据不同的设计理念，不同生产厂家集束氧枪所体现出的形式各有不同。目前国内外主要的炉壁集束氧枪包括：Praxair 生产的 CoJet、Air Liquid 生产的 Pyre-Jet、Techint 生产的 KT Injection、PTI 生产的 JETBox、北京科技大学冶金喷枪研究中心研发的 USTB 集束氧枪，如图 6-20 所示。

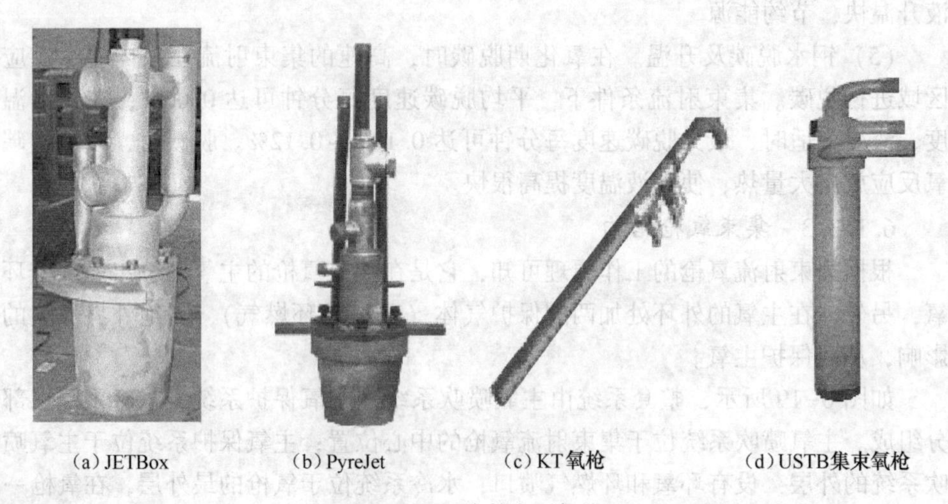

(a) JETBox　(b) PyreJet　(c) KT氧枪　(d) USTB集束氧枪

图 6-20 国内外主要氧枪

PTI 公司生产的 JetBox 集束喷射箱是把集束氧枪和喷炭粉枪平行嵌套在用水冷却的铜箱内。集束氧枪布置在喷炭孔的左上方，这种平行布置更有利于泡沫渣的快速形成并防止喷炭孔堵塞。在平行方向上，氧流产生的柏努利效应对炭粉进行引流，并确保将碳流导入渣钢界面。PTI JetBox 技术把喷炭点移至炉渣下面，从而把除尘系统造成的碳损失和渣面燃烧掉的炭粉降到最低，炭粉被喷到了最需要的地方。集束氧枪和炭枪的冷却由水冷铜箱提供。PTI 设计的环氧烧嘴包括超声速喷嘴和环氧喷嘴。当超声速烧嘴以 2 马赫的声速向熔池供氧，环氧以最大 $8Nm^3/min$ 的速度对超声速射流进行保护，保证超声速射流紧凑、连贯和有效地进入熔池，同时提供二次燃烧用氧。JetBox 安装在炉壁耐火砖的上方，对炉子中心有一定的下倾角，既保证喷射距离最短，又最大限度减少了喷溅，同时由于水冷箱的冷却作用，使得箱子下面的耐火材料侵蚀速度减慢。PTI 设计的 EBT 枪仅用于冷区的预热和熔化功能，为将其安装在 JetBox 中，EBT 区也不设炭枪[8]。

PTI JetBox 系统被设计成为能够：（1）熔化前期，向炉内输出超过 4.5MW 的化学能以熔化废钢；（2）熔化中期，在还存在半熔态废钢的情况下，切换到较大流量、低速的氧气以快速熔化废钢；（3）在炉内废钢基本熔清后，吹入超声速氧气直到冶炼完成。

JetBox 技术开发了单一氧枪控制线路技术，获得专利的烧嘴通过使用一个旁通阀分流适量的环绕氧气，分流的环绕氧气流量是根据每个钢厂情况量身定做并根据电弧炉的操作状态而调节的。淮钢 70t 交流电弧炉使用了 PTI JetBox 系统。

Air Liquid 开发的 PyreJet 多功能炉壁氧枪，具有熔化和切割废钢的能力而且还有其他附加的功能。它提供的炭粉喷吹和超声速氧气射流，可以帮助泡沫渣生成及熔池精炼。深的、铜质的水冷燃烧室可以控制火焰的形状和火焰的生成。燃烧室同时还可以保证氧气和燃气的开孔不被飞溅的钢水及钢渣堵住，燃烧室内部配有一个超声速烧嘴，在必要时可快速方便地从燃烧室上脱开和取出。在 PyreJet 多功能炉壁氧枪上还同时配有可更换的炭粉喷吹管，它的出口靠近中轴线。这样的布置有助于炭粉在中心超声速氧流带动下冲入渣层深入熔池内部进行有效的脱碳及帮助保护渣的生成。利用 PyreJet 多功能炉壁氧枪技术，终点碳的含量可降低到 0.02%。PyreJet 多功能炉壁氧枪在炼钢生产中具有烧嘴模式和氧枪模式。根据冶炼的需要，两种模式可以自由切换。江阴兴澄 100t 直流电弧炉安装了 PyreJet 多功能炉壁氧枪[9]。

Techint 技术公司生产的 KT 喷吹系统可以提高输入电弧炉的热能和化学能的利用效率[10]。KT 氧枪安装在熔池的渣线处。冶炼前期 KT 氧枪像烧嘴一样工作，冶炼后期向熔池内喷入超声速氧气射流。KT 喷炭枪也安装在渣线处，炭粉被喷入渣中降低耐火材料的磨损，改善造泡沫渣和提高电弧能的传输。KT 多功能烧嘴可以用在最初的废钢熔化和其后的后燃烧。天津 150t 交流电弧炉应用 KT

氧枪。

美国 Praxair 生产的 CoJet 具有输入化学能和向熔池吹超声速氧气射流的能力。炭粉喷吹系统能够有效与氧气系统配合造泡沫渣，对提高冶炼节奏和节约炼钢成本有显著作用[11]。上海宝山钢铁公司 150t 直流电弧炉应用美国 Praxair 生产的 CoJet。

北京科技大学研发的 USTB 集束射流氧枪有多种结构，包括：单层环氧保护中心氧气射流和环燃料保护主氧，还有在中心氧气射流周围环低速喷射燃料和氧气的多功能多模式氧枪。USTB 集束喷吹系统能够根据冶炼条件在尽量降低炼钢成本基础上达到安装氧枪的目的。USTB 集束喷吹系统还在与氧枪平行的位置安装了炭枪，尽量使氧气能够把炭粉引流到熔池内，提高炭粉利用率。根据冶炼原料的不同，氧枪在冶炼过程中有多种模式，可以快速输入化学能熔化废钢，也可提供高速的氧气射流切割废钢，冶炼后期能够快速脱碳。天津钢管公司、西宁特钢公司等多家电弧炉应用了北京科技大学的 USTB 集束喷吹系统[12]。

6.1.3.4　集束射流氧枪在电弧炉上的应用

目前，集束射流技术已在世界范围内普遍应用，使用效果良好。表 6-4 列举了典型集束射流技术在国内大型电弧炉的应用情况。

表 6-4　大型电弧炉的氧枪设备参数及主要技术经济指标

参数名称	CoJet	PyreJet	KT Injection System	JetBox	USTB
氧枪设备供应商	Praxair	Air Liqude	Techint（后北京科技大学改造）	PTI	北京科技大学
使用单位	宝钢股份公司	江阴兴澄特种钢铁有限公司	天津钢管集团有限公司	淮钢集团钢铁总厂	西宁特钢公司
炉型	直流（双壳）	直流	交流	交流	交流
公称容量/t	150	100	150	70	65
氧枪投产时间	2004 年 11 月 15 日	2001 年 10 月	2001 年 7 月	2002 年 4 月	2006 年 4 月 8 日
设备供应商	Clecim	Demag	SMS-Demag	Danieli	Fuchs
底电极形式	水冷钢棒式	水冷钢棒式			
变压器容量/MV · A	33×3	90	100	60±20	72
炉壳直径/mm	7300	6600	7000	5800	6077
石墨电极直径/mm	711	711	610	550	610
炉壁供氧能力/$Nm^3 \cdot h^{-1}$	10000	8000	>9500	6000	12000
马赫数	2	2	2.1	2	2

续表 6-4

参数名称	CoJet	PyreJet	KT Injection System	JetBox	USTB
供氧模块数量/组	4	3 套 PyreJet 2 套 PyrOx	3	3	4
铁水兑入量/%	33（常规）	40~50	35~40	20	20
冶炼周期/min	51	44	45	42~50	41
吨钢电耗/kW · h · t^{-1}	236.2	177	275	265	167.87
出钢量	150	100	150	80/90	100
电极消耗/kg · t^{-1}	0.74	0.67	1.2	1.4	0.809
吨钢氧气消耗/Nm^3 · t^{-1}	42.2	56	35	39	45.47
最高日产炉数/炉	29	29	28	28	28
留钢量	15~20	15	15~20	15~20	25
燃料消耗/Nm^3 · t^{-1}	1.5(天然气)	1.25(天然气)	2(天然气)	1.3	0
钢铁料消耗/kg · t^{-1}	1140	1073.6	1154	1136	1134
炭粉消耗/kg · t^{-1}	5~20	5~20	5~20	5	5.837

6.1.4 二次燃烧

电弧炉炼钢过程中，产生的大量含有较高 CO（含量达到 30%~40%，最高达到 60%）和一定量 H_2 和 CH_4 的废气所携带的能量占炼钢总输入能量的 11%左右，有的高达 20%。造成大量能源浪费。利用熔池上方的氧枪向炉气中吹氧，使 CO 在炉内燃烧生成 CO_2，将化学能转变成热能，促进废钢熔化或熔池升温就是二次燃烧（简称 PC）技术[13]。

随着强化用氧技术的发展，在电弧炉输入能量中，以前电能占 70%，化学能只占 30%。当前强化用氧使化学能已经达到 60%，从而节省了电能。然而强化用氧同时也会增加辅助材料和耐火材料的损耗，因此碳氧二次燃烧技术引起了广泛关注。利用好二次燃烧，不仅可充分利用化学能，而且使电弧炉烟气温度得以降低，减少有害气体，有利于除尘和环境保护。

6.1.4.1 二次燃烧技术的基本原理

根据对转炉炼钢热补偿的理论计算，在添加碳材时，由于 C-CO 反应可为废钢熔化提供 12.5MJ/kg 碳的热量，若气相中发生 CO-CO_2 反应，则可提供 20.7MJ/kg 碳的热量，因此，添加碳材时必须与二次燃烧技术相结合效果较好。

在电弧炉冶炼过程中，炉气能量的损失有两种形式：

（1）高温炉气带走的物理显热；

（2）炉气可燃成分带走的化学能。

废气中的物理显热很难被熔池吸收，一般作为废钢预热的热源或其他热源而利用。而可燃气体所携带的化学潜热若能使其在炉内通过化学反应释放出来就可以为熔池所吸收。实践表明，二次燃烧技术可显著提高生产率，缩短冶炼周期和节约电能。

众所周知，炉膛中发生的燃烧反应为：

$$2C + O_2 \longrightarrow 2CO \qquad \Delta G = -223400 - 175.3T\,(\mathrm{J}) \tag{6-1}$$

$$2CO + O_2 \longrightarrow CO_2 \qquad \Delta G = -564800 + 173.64T\,(\mathrm{J}) \tag{6-2}$$

从式（6-1）、式（6-2）中可以看出，炉气中的 CO 气体携带有大量的潜热，其放热值为碳不完全燃烧放热值的 2.5 倍左右。若被利用起来则二次燃烧的热量将以扩散传热和辐射传热的方式向炉料和熔池传递。理论上在炼钢温度下反应（1）和反应（2）都能正向进行，但共同处于电弧炉内同一气氛下，两反应又相互影响，如图 6-21 所示。

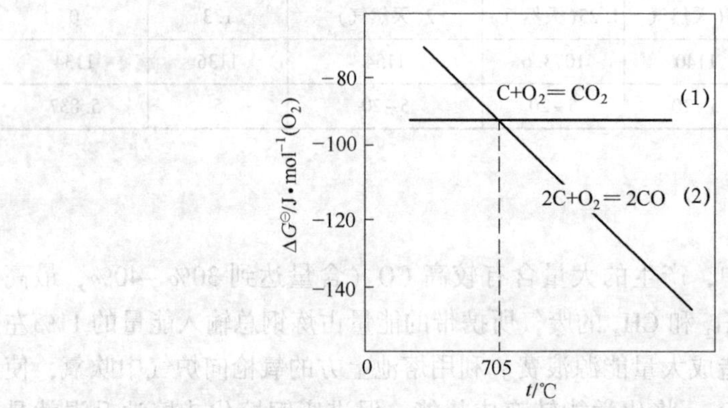

图 6-21 CO 和 CO_2 稳定性的比较

从热力学计算得出在 705℃以下，CO_2 比 CO 稳定，但在 705℃时二次燃烧生成 CO_2 的反应不能够顺利进行。

根据冶金物理化学的理论可知，要保证二次燃烧反应顺利进行，必须具有良好的热力学和动力学条件。根据热力学反应式，可以计算出一氧化碳与氧气反应生成二氧化碳在不同温度下的平衡常数，计算结果列于表 6-5。

表 6-5 二次燃烧反应的平衡常数

温度/K	1000	1500	2000	2500	3000
平衡常数	1.64×10^{10}	2.10×10^{5}	703.00	23.60	2.46

CO 的燃烧反应具有支链反应特征，只有当存在 H_2O 的情况下才能快速反应，反应机理：

链的产生：　　$H_2O + CO \longrightarrow H_2 + CO_2$

$$H_2 + O_2 \longrightarrow 2OH$$

链的继续： $OH + CO \longrightarrow CO_2 + H$

链的支化： $H + O_2 \longrightarrow OH + O$

$$O + H_2 \longrightarrow OH + H$$

继链： $H + 器壁 \longrightarrow 1/2H_2O$

$$CO + O \longrightarrow CO_2$$

CO 的反应速率可表示为：

$$-\frac{df_{CO}}{dt} = 1.8 \times 10^{13} f_{CO_2} f_{O_2}^{0.5} f_{H_2O}^{0.5} \frac{P}{R_1 T} \exp\left(-\frac{250000}{RT}\right)$$

式中 $f_{CO}, f_{O_2}, f_{CO_2}, f_{H_2O}$——分别为 CO、$O_2$、$CO_2$ 和 H_2O 的摩尔分数；

T——绝对温度，K；

P——绝对压力，atm；

t——时间，s；

R——气体常数，1.987cal/(mol·K)；

R_1——另一种形式的气体常数，82.06atm·cm³/(mol·K)。

由以上看出，温度升高不利于二次燃烧反应的进行，有利于二次燃烧反应进行的热力学是充足的氧气供应、低的炉气温度和一定的水蒸气。H_2O 浓度的最佳值为7%~9%。电弧炉内水来自原材料、氧燃烧嘴的燃烧产物及电极喷淋。

废钢熔化期，炉内温度低，有二次燃烧的炉气中 CO 含量明显小于无二次燃烧的炉气中 CO 含量，表明 CO 得到较充分的燃烧；随着炉内温度逐步提高，炉气中 CO 含量也相应增加；在精炼期，两者的 CO 含量已无区别，这时二次燃烧已不能进行。二次燃烧用氧均来自熔池上方，流速较低，熔池形成以后也不会产生强烈的搅拌效果，因此整个冶炼期内，二次燃烧反应主要集中在烟气中及渣-气界面。也就是说，反应释放的热量首先由烟气吸收，再向废钢、渣层或钢液传热。但是，应该注意到，烟气在炉内停留时间很短，因此，反应热不可能被完全有效地利用。

从动力学的角度来说，在废钢熔化期，废钢温度较低，表面积大，有利于热量传输，即二次燃烧热的利用率较高；在精炼期，一方面，二次燃烧反应受到抑制；另一方面，熔池温度较高，传热面积较小，也不利于热量传输，二次燃烧反应热利用率下降。

为了反映二次燃烧反应进行的程度，常用二次燃烧率 PCR 来表示，并考虑到 H_2 的燃烧，二次燃烧率 PCR 定义为：

$$PCR = \frac{\%CO_2 + \%H_2O}{\%CO + \%CO_2 + \%H_2O} \times 100\%$$

式中 PCR——二次燃烧率，%；

%CO_2,%CO——分别为燃烧产物中 CO_2 和 CO 的体积百分数；

%H_2O——燃烧产物中 H_2O 的体积百分数。

评价二次燃烧反应热量的有效利用程度的指标称为二次燃烧的热效率（*HTE*），用下式表示：

$$HTE = \frac{\Delta E}{E_{PC}} \times 100\%$$

式中 ΔE——采用二次燃烧后电能的实际节约量，kW · h/t；

E_{PC}——二次燃烧反应放出能量的理论值，kW · h/t。

综上所述，要充分发挥二次燃烧技术的效果，除了要达到较高的二次燃烧率外，还要有较高的热效率。要提高炉气的二次燃烧率和得到较高的热效率，二次燃烧必须在泡沫渣中进行。

6.1.4.2 二次燃烧效果

供氧方式不同，PC 效果又有差异。现以 Air Liquide 公司开发的 ALARC-PC 技术在电弧炉炼钢中取得的实际效果，对电参数的有利影响及炉中可燃气体 PC 产生化学热的直接作用，可明显改善电弧炉的技术经济指标[14]。

（1）缩短冶炼时间。由实测可知，采用 PC 消耗 1m^3 氧气可缩短冶炼时间 0.43~0.50min。德、意、法等国应用 PC 的电弧炉可缩短从通电到出钢时间的 8%~15%。

（2）降低单位电耗。测得用于 PC 1m^3 O_2 可节电 5.8kW · h/t。德国 BCW 公司的大量试验得到，一般用于 PC 的氧量为 16.8m^3/t，该厂实际节电 62kW · h/t；若能将冶炼过程中来自吹氧和泡沫渣中产生的 CO 完全燃烧成 CO_2。可节电 80kW · h/t。美国 Nucor 公司在一座 60t 电弧炉上实测得到每炉冶炼时间从 58min 降为 54min；电耗从 380~400kW · h/t 降为 332kW · h/t。据报道，电弧炉采用 PC 后，因减轻对除尘系统的负荷，由此可节电 10kW · h/t。

（3）提高生产率。电弧炉使用 PC 后改善了电特性，且产生大量的化学热，又由于 PC 可减少 CO 向环境放散，这样在炼钢原料中较大量地加入 DRI、HBI 和 Fe_3C 等也不会增加 CO 的放散量，大大有助于提高生产率。Cascade 公司应用 PC 后，使粗钢产量从 0.54Mt/a 上升到 0.66Mt/a；

（4）减轻炉子的热负荷。对炉子热损失测定表明，只要合理使用 PC 技术，从水冷炉壁、烟道进出口冷却水温度测知，其影响几乎可以忽略；只有水冷炉壁的热损失有所增加，最大可达 21.96MJ/t。但由于冶炼时间缩短，产量增加，实际热损失从 76.32MJ/t 降到 72.72MJ/t。

（5）对其他指标的影响。从采用 PC 技术后的大量生产实践统计得到，除氧和碳的用量有不同程度的增加外，只要正确应用 PC 技术，其他指标均可得到改善。美国 Nucor 公司测定，PC 形成的泡沫渣对电极的屏蔽作用使单位电极消耗下降；普遍关注的因受炉气中氧势的变化而影响较大的铁损问题，又经实测得到，渣中（FeO）达到低水平，并不造成铁损增大。

德国 BSW 公司应用 ALARC-PC 技术，合理调节并尽可能增大氧耗，使输入电功率降低 7%，生产率提高 7%，结果见表 6-6。

表 6-6 ALARC-PC 技术对消耗指标和生产率的影响

项 目	无 ALARC-PC	用 ALARC-PC
电耗/$kW \cdot h \cdot t^{-1}$	372.0	347.0
总氧耗/$m^3 \cdot t^{-1}$	35.6	45.6
炭耗/$kg \cdot t^{-1}$	12.6	11.8
送电时间/min	40.5	36.8
出钢到出钢时间/min	51.5	47.8

（6）环境的积极效果。在电弧炉冶炼过程中，*PCR* 最高可达 80%，废气中 CO 含量从 20%~30%降到 5%~10%；CO_2 从 10%~20%增加到 30%~35%，且大大减少了 NO_x 有害气体向环境的放散，有利于环境的改善。

6.1.4.3 二次燃烧应用

A 国内外应用

Nucor 钢厂于 1993 年夏开始在两座 60t 电弧炉上应用二次燃烧技术。二次燃烧是通过在熔池上方吹氧实现的。Nucor 钢厂首先用已存在的氧燃烧嘴对二次燃烧进行了尝试。但效果没有预期中的好。分析其原因，主要是缺少追加的氧，炉内烧嘴的位置相对较高。

第 2 阶段的试验使用了可消耗的手动 PC 氧枪。从炉门插入炉内，这次试验测量了尾气 CO 和 CO_2 含量并依此决定 O_2 的吹入量。O_2 从紧贴钢水的渣层吹入，并且在加入每篮料后尽可能快地将氧枪插入炉内，一直持续到精炼。

Nucor 钢厂通过应用二次燃烧技术，电能消耗降低了 40kW · h/t，出钢—出钢时间也缩短了 4min。

Goodfellow 公司开发了电弧炉过程优化专家系统（EFSOP）。控制系统实时分析尾气各组分的浓度，并根据热化学平衡计算和能量平衡计算来决定氧气吹入量，从而达到控制电弧炉的燃烧环境、优化冶炼过程的目的[15]。

从尾气分析系统分析出尾气中 CO、CO_2、H_2、O_2 的浓度并将数据传到控制系统有 10~15s 的时间延迟，造成了控制系统的反应总是滞后于炉内气体分布。因此。开发了一个神经网络来预测尾气浓度并用分析系统的分析值进行校正。所开发的神经网络可以预测未来 30~120s 的尾气浓度，实际操作表明，神经网络的预测精度达到 85%~90%以上。控制系统应用神经网络预测结果，更准确地控制了氧气操作。

Goodfellow 公司在 1 座 150t 电弧炉上进行了试验，这座电弧炉在炉墙上安装有 3 个烧嘴。试验中，将烧嘴安置在渣线以上大约 1m 的位置，通过将燃烧比从 3∶1 提高到 8∶1，得到了节电 15kW · h/t、通电时间缩短 166s 的效果。

国内二次燃烧技术也在迅速发展。如江苏淮钢有限公司与美国 Praxair 公司合作，引进电弧炉二次燃烧技术。该技术的特点：二次燃烧枪复合在原电弧炉主氧枪内（MORE 型）与主氧枪同步进出，枪头区域的高浓度 CO 能及时、有效地与二次燃烧枪喷吹的氧气反应。同时，热量被废钢或熔池吸收，提高了生产率。

当前，二次燃烧技术的发展趋势是在不同时间控制空气和氧气的喷吹。首先尽可能喷射空气，然后仅在大量产生 CO 时喷入纯氧。应用结果表明：该技术的燃烧效率很高，熔化过程更加安全、稳定。日前，采用该技术的第一套设备已在卢森堡 Profilarbed 公司的迪弗丹日厂投入使用。

B　淮钢-Praxair 二次燃烧系统

淮钢电弧炉实施的二次燃烧技术是淮钢和美国 Praxair 公司合作完成的[16]。

淮钢-Praxair 二次燃烧系统包括二次燃烧（PC）枪、氧气流量控制器、炉气分析仪等。控制方式可以是闭环，也可以是开环。闭环控制是根据炉气分析系统测得的炉气变化（主要指 CO 含量）来控制二次燃烧吹氧量，通常在调试或工艺变更时采用，目的是搜集和分析数据，确定二次燃烧吹氧曲线的模型；开环控制是根据冶炼模型来设定二次燃烧供氧的控制方式。

系统示意图如图 6-22 所示。

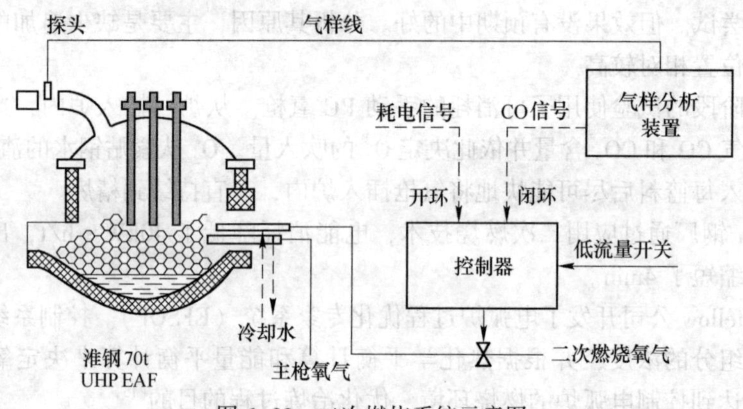

图 6-22　二次燃烧系统示意图

二次燃烧枪：采用“复合式”PC 枪，即将二次燃烧枪复合在原电弧炉主氧枪内（MORE 型），利用主枪驱动机构，实现和主枪同步进出。这样省去了二次燃烧枪机构，简化设备，节省投资，还满足工艺要求。因为 CO 生成物在电弧炉内分布不均匀，但大多数 CO 生成物集中在喷氧、喷炭区附近，将二次燃烧用氧集中地喷吹在富 CO 区，就能最大限度地提高燃烧热效率。由于二次燃烧氧枪和主氧枪一起使用，枪头区域高浓度 CO 就能及时有效地被 PC 枪喷吹的氧气捕捉并烧掉，放出的热量被废钢或熔池吸收；在炉内相对低的部位进行二次燃烧反应，能够最大限度地提高热效率，也能允许在整个熔炼期进行二次燃烧操作，延长二次燃烧使用时间。

炉气分析仪：炉气分析系统能够从炉气中取气样并连续分析其中的 CO、CO_2、O_2 含量，炉气分析系统包括一个探头、一条送样线和一个气样处理分析柜。气样探头安装在除尘弯管接缝处附近。分析仪主要用于调试时测定 CO 的生成模型，以便建立二次燃烧枪的用氧曲线。

氧气流量控制器：氧气流量控制开关和 PLC 控制板调节二次燃烧枪氧气流量。当二次燃烧枪插入炉内时，氧气会自动打开，并可根据 CO 读数调节氧气流量。调试时测量炉气中的 CO 含量以确定最佳的吹氧曲线，并编入 PC 枪的 PLC 控制器中，在以后的操作中会自动使用这种吹入曲线。根据 70t UHP EAF 炉气分析结果编入的基准吹氧数据为 $250m^3/h$、$700m^3/h$ 和 $900m^3/h$。PC 枪阀架氧气进口压力 0.8~1.0MPa，最大流量 $1500m^3/h$，PC 枪出口压力 0.3~0.4MPa。

淮钢二次燃烧系统的工艺流程如图 6-23 所示。

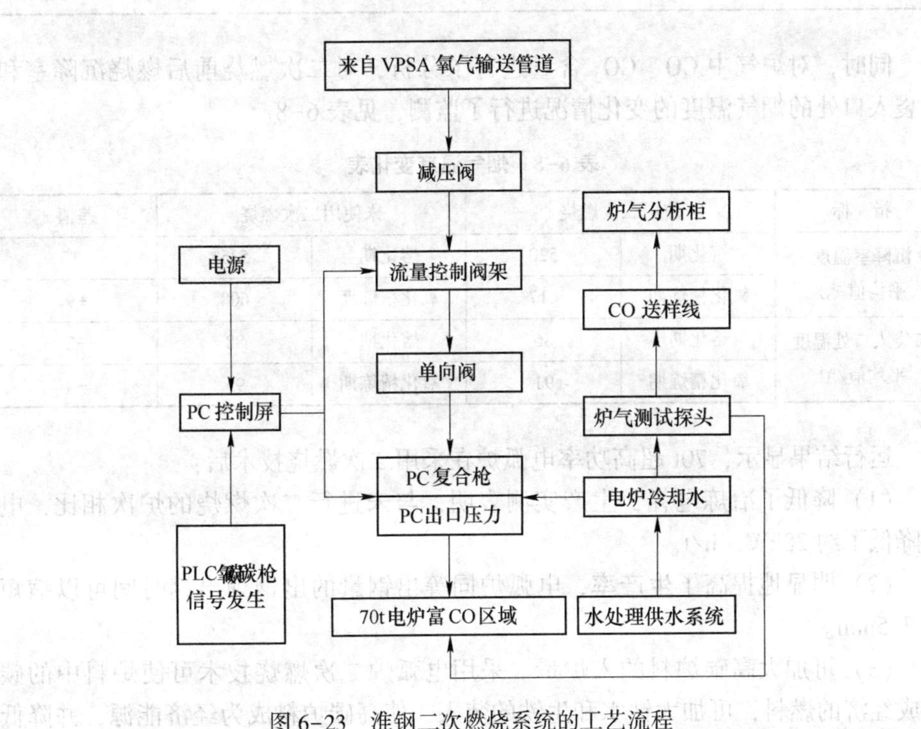

图 6-23 淮钢二次燃烧系统的工艺流程

淮钢针对 20MnSi 对使用二次燃烧技术的效果进行了数据统计和数据分析，见表 6-7。

表 6-7 二次燃烧效果统计表

项 目	PC 枪（有二次燃烧）	MORE 枪（无二次燃烧）	差 值
取样炉数/炉	19	26	
入炉废钢/t	71.21	64.80	+6.61
热装铁水/t	13.88	12.53	+1.15
出钢量/t	80.38	71.83	+8.55
吨钢电耗/$kW \cdot h \cdot t^{-1}$	322.94	350.88	-27.94
主氧枪氧耗/m^3	1440.42	1499.12	-58.70
烧嘴氧耗/m^3	1069.11	733.80	+335.31
二次燃烧用氧/m^3	445.16	0	+445.16
总氧耗/m^3	2954.68	2232.92	+721.76
吨钢氧耗/$m^3 \cdot t^{-1}$	37.09	31.26	+5.83
其中二次燃烧吨钢氧耗/$m^3 \cdot t^{-1}$	5.59	0	
通电时间/min	38.84	37.24	+1.60
出钢到出钢时间/min	61.26	62.28	-1.02

同时，对炉气中 CO、CO_2 含量进行了分析，对二次燃烧前后燃烧沉降室和布袋入口处的烟气温度的变化情况进行了监测，见表 6-8。

表 6-8 烟气温度变化表

指 标	使用二次燃烧		未使用二次燃烧		差值
沉降室温度平均值/℃	熔化期	520	熔化期	535	-15
	氧化精炼期	617	氧化精炼期	608	+9
布袋入口处温度平均值/℃	熔化期	86	熔化期	88	-2
	氧化精炼期	91	氧化精炼期	95	-4

运行结果显示，70t 超高功率电弧炉在采用二次燃烧技术后：

(1) 降低了冶炼电耗，生产实测表明，与未进行二次燃烧的炉次相比，电耗降低了约 28kW · h/t。

(2) 明显地提高了生产率，电弧炉同等出钢量的出钢到出钢时间可以缩短约 7.5min。

(3) 可加大高碳炉料的入炉量。采用电弧炉二次燃烧技术可使炉料中的碳变成经济的燃料，可加大铁水和生铁的装入，使高碳炉料成为经济能源，并降低生产成本。

(4) 降低了废气中 CO 气体的排放，改善了炉气对环境的污染程度。炉内 CO 的排出量可减少至原来的 1/4。也表明了采用二次燃烧能大大降低除尘系统的热负荷，这给优化炉后除尘设备运行和废气温度控制带来了方便。

6.2 电弧炉氧枪的技术基础

电弧炉氧枪是强化电弧炉冶炼的重要手段，具有搅动钢液、切割废钢、提高废钢熔化速度、改善渣钢动力学条件、改善泡沫渣操作、缩短冶炼时间等作用。根据喷吹气体的不同，电弧炉氧枪分为氧燃喷枪和纯氧喷枪两类。氧燃喷枪需要在吹入氧气的同时混合燃料喷吹，与纯氧喷枪相比虽然发热量大，但是成本较高。目前大部分电弧炉冶炼都采用热装铁水工艺，因此纯氧喷枪成为电弧炉氧枪的主流。随着超高功率电弧炉的逐步推广，超声速射流氧枪成为电弧炉冶炼的必需设备[17]。

6.2.1 电弧炉氧枪设计

目前，超声速水冷氧枪采用的喷嘴为拉瓦尔型，这种形状能将氧气的压力能转化为动能，得到稳定的超声速氧气射流。拉瓦尔喷嘴是由收缩段、喉口和扩张段三部分组成，三段长度的不同导致最后喷出射流速度的不同，如图 6-24 所示。

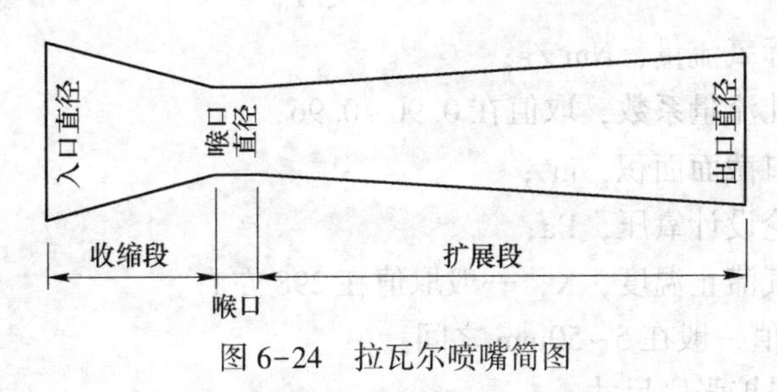

图 6-24 拉瓦尔喷嘴简图

拉瓦尔管必须满足以下条件才能获得超声速射流：

（1）流经喷嘴的气体是经过压缩的气体，这样才能实现气体密度随压力变化，引起速度上升。

（2）喉口处的临界压力必须大于喷嘴出口的临界压力，并且后者与前者的比值要小于 0.5238。

6.2.1.1 氧枪喷头参数的确定

单纯喷吹氧气的电弧炉氧枪有炉门枪、炉壁枪、EBT 氧枪等，虽然它们的安装位置不同，功能也有所差异，但是其喷头的设计是一致的。

氧枪喷头作为电弧炉氧枪最重要的部件，其具体尺寸受多个因素影响。

A 供氧量计算

单位时间的供氧量取决于供氧强度和炉容量，而供氧强度则与铁水成分、炉容比和炉容量有关。供氧量的精确值只有通过物料平衡才能求得，它与吨钢耗氧量、出钢量和吹氧时间的关系可用下式表示：

$$供氧量=\frac{吨钢耗氧量\times出钢量}{吹氧时间}$$

B　喷头马赫数

喷头马赫数决定了喷头出口氧气射流的速度。马赫数过大则喷溅大，渣料消耗和铁损增大；马赫数过小则搅拌能力弱，氧利用率低。选择合适的马赫数对于增大氧枪对熔池的冲击能力和冲击深度有重要作用，目前国内推荐的马赫数为：电弧炉炉壁枪在1.9~2.1之间，炉门枪在1.4~1.8之间。

C　理论设计氧压

理论设计氧压是指喷嘴进口处的氧压，它是氧枪喷嘴喉口和出口直径的重要参数。一般使用氧压范围为0.78~1.18MPa。理论设计氧压是实际生产中氧压范围的最低值，实际生产氧压往往稍高于这个压力范围。

a　喉口氧流量公式和长度

在标准状态下，氧气实际流量的计算公式如下：

$$Q=1.782C_D\frac{A_{喉}P_0}{\sqrt{T_0}}$$

式中　Q——实际氧流量，Nm^3/s；

C_D——喷孔流量系数，取值在0.90~0.96；

$A_{喉}$——喉口截面面积，m^2；

P_0——理论设计氧压，Pa；

T_0——氧气滞止温度，K，一般取值在298左右。

喉口长度取值一般在5~50mm之间。

b　收缩段与扩张段尺寸

收缩段的长度一般为（0.8~1.5）$d_{喉}$，收缩段的半锥角一般在18°~23°。扩张段的扩张角一般取8°~10°，半锥角为4°~5°。

扩张段的长度可以由以下公式求得：

$$L=(d_{出}-d_{喉})/2\tan\alpha$$

c　有效冲击面积

实验证明，电弧炉氧枪与熔池表面成一定角度有利于电弧炉生产。因此，电弧炉氧枪有效冲击面积的计算需要考虑氧枪与熔池表面所成角度θ。设枪位为H，氧气射流与熔池接触处的射流直径为d，则：

$$d=1.26\left(\frac{\rho_{出}}{\rho_e g}\right)^{1/6}(\omega_{出}d_{出})^{1/3}\left(\frac{H}{\beta\sin\theta}\right)^{1/2}$$

有效冲击面积由下述公式给出：

$$S=\pi d^2/4\sin^2\theta$$

6.2.1.2 氧枪水冷参数的确定

由于电弧炉炉门枪、炉壁枪、EBT氧枪的功能和安装位置的不同，其枪体部分设计有所不同。

电弧炉炉门枪具有消除电弧炉冶炼冷区，实现炉料同步熔化，降低冶炼电耗，缩短冶炼时间等作用。在冶炼过程中，炉门枪需伸入电弧炉内喷吹，因此，炉门枪枪体设计时必须进行水冷计算。

以下面数据为例，说明枪体冷却设计参数的计算过程。

A 冷却水耗量及相关参数的选择

假设耗水量为15t/h，冷却水进水温度为16℃，最大温差为15℃。

最大升温时冷却水带走的热量可由以下公式计算出：

$$Q_{k,w}=W_w C_{p,w} \Delta t_{max}$$

式中 $Q_{k,w}$——冷却水带走的热量，kJ/h；

W_w——冷却水耗量，15×10^3kg/h；

$C_{p,w}$——水的热容，$C_{p,w}=4.1868$kJ/(kg·℃)；

Δt_{max}——冷却水最大温差，$\Delta t_{max}=15$℃。

代入数据：

$$Q_{k,w}=15\times1000\times4.1868\times15=9.42\times10^5 \text{kJ/h}$$

假设枪体受热长度为1.2m，直径为110mm，则冷却水带走的平均热负荷：

$$q=9.42\times10^5/(3.14\times1.2\times0.11)=2.27\times10^6 \text{kJ/(h}\cdot\text{m}^2)$$
$$=0.63\times10^6 \text{W/m}^2>0.5\times10^6 \text{W/m}^2$$

故此冷却水耗量满足氧枪热负荷要求。

B 氧枪内冷却水对流传热

水流对流传热公式：

$$Q_{conv}=\alpha_{conv}(t_{el}-t_w)F_{tot}$$

式中 Q_{conv}——对流传热热流，kJ/h；

α_{conv}——对流传热系数，kJ/(h·m²·℃)；

t_{el}——氧枪外管内壁平均温度，℃；

t_w——氧枪内冷却水平均温度，℃，$t_w=t_{m,w}+\Delta t/2$（$t_{m,w}$为进水温度，Δt温差）$=16+15/2=23.5$℃；

F_{tot}——氧枪总受热面积，m²，$F_{tot}=3.14\times0.11\times1.2+3.14\times[(0.11/2)^2-(0.057/2)^2]=0.42143\text{m}^2$。

同心套管环缝内的湍流对流传热系数为：

$$\alpha_{conv}\mu/\rho_w\times v_w\lambda_w(Pr)^{-0.33}(\mu_w/\mu)^{0.14}=0.023/Re^{0.2}$$

式中 ρ_w——冷却水的密度，kg/m³；

v_w——冷却水的流速，m/s；

μ——水的黏度，kg/(m·s)，$t_w=23.5$℃时，$\mu=0.8\times10^{-3}$kg/(m·s)；

μ_w——按内壁温度求出的水的黏度，取 $t_{el}=60$℃，$\mu_w=0.54\times10^{-3}$kg/(m·s)；

λ_w——水导热系数，kJ/(h·m·℃)，$t_w=23.5$℃时，$\lambda_w=2.219$kJ/(h·m·℃)；

Pr——普朗特常数

$$Pr=\frac{C_{p,w}\mu}{\lambda_w}=\frac{4.1868\times0.8\times10^{-3}\times3600}{2.219}=5.434$$

$$Re=\frac{\rho_w v_w d}{\mu}=\frac{1000v_w(0.199-0.178)}{0.8\times10^{-3}}=\frac{1000\times5.8\times0.021}{0.8\times10^{-3}}=152\times10^3$$

则：

$$\frac{\alpha_{conv}\times0.8\times10^{-3}}{1000\times5.8\times2.219}\times5.434^{-0.33}\times\left(\frac{0.54\times10^{-3}}{0.8\times10^{-3}}\right)^{0.14}=\frac{0.023}{(152\times10^3)^{0.2}}$$

$$\alpha_{conv}=62.86\times10^3\text{kJ/(h·m}^2\text{·℃)}$$

$$9.42\times10^5=(t_{el}-23.5)\times0.42143\times62.86\times10^3$$

则 $t_{el}=58.1$℃，与假设的 $t_{el}=60$℃相差不大，满足设计要求。

氧枪外管的传导导热：

$$Q_{conv}=\frac{2\pi\lambda_{tub}(t_{el}^{ex}-t_{el})L_{lan,h}}{\ln(r_{el}^{ex}/r_{el})}(\text{kJ/h})$$

式中 λ_{tub}——钢管导热系数，163.285kJ/(h·m·℃)；

$L_{lan,h}$——氧枪传热长度根据图纸提供，2m；

r_{el}^{ex}——氧枪外管外半径，m；

t_{el}^{ex}——氧枪外管外壁平均温度，℃；

r_{el}——氧枪外管内半径，m；

t_{el}——氧枪外管内壁平均温度，℃。

代入数值得 $$9.42\times10^5=\frac{2\times3.14(t_{el}^{ex}-58.1)\times2\times163.285}{\ln(110/101)}$$

得到 $t_{el}^{ex}=97.31$℃，即为钢管外壁最高温度。该温度不足以使得氧枪管壁烧损。

6.2.1.3 喷头设计举例

A 计算供氧量

利用物料平衡计算吨钢耗氧量，电弧炉中各耗氧成分见表 6-9，表中碳含量由废钢、生铁、铁水等炉料中碳含量及电极消耗综合计算得出。

表 6-9 耗氧成分表 (%)

C（包含电极损耗）	Si	Mn	P	S
1.4	0.6	0.8	0.08	0.01

设电弧炉公称容量为80t时，炉渣量为 $80\times10\%=8t$

铁损耗氧量：$8\times15\%\times16/72=0.27t$

$[C]\rightarrow[CO]$ 耗氧量：$80\times1.4\%\times80\%\times16/12=1.19t$

$[C]\rightarrow[CO_2]$ 耗氧量：$80\times1.4\%\times20\%\times32/12=0.60t$

$[Si]\rightarrow[SiO_2]$ 耗氧量：$80\times0.6\%\times32/28=0.549t$

$[Mn]\rightarrow[MnO]$ 耗氧量：$80\times0.8\%\times16/55=0.186t$

$[P]\rightarrow[P_2O_5]$ 耗氧量：$80\times0.08\%\times80/62=0.083t$

$[S]\rightarrow[SO_2]$ 耗氧量：$80\times0.01\%\times32/32=0.008t$

$$总耗氧量=0.27+1.19+0.60+0.549+0.186+0.083+0.008=2.886t=2020Nm^3$$

$$实际耗氧量=2020/0.9/99.5\%=2256Nm^2$$

$$实际吨钢耗氧量=2256/80=28.2Nm^3/t$$

设吹炼时间为45min，则当装入量为80t时，氧气流量为：

$$Q=\frac{28.2\times80}{45}=50.13Nm^3/min=3000Nm^3/h$$

B　确定马赫数

选取马赫数为2.0。

C　确定氧压

根据等熵流表，查得马赫数为2.0时，$P/P_0=0.1278$。

$$P_0=0.101325/0.1278=0.79MPa$$

D　计算喉口直径

假设该电弧炉布置一支氧枪，则：

$$Q=1.782C_D\frac{A_{喉}P_0}{\sqrt{T_0}}$$

即：

$$50.13=1.782\times0.92\frac{A_{喉}\times0.79\times10^6}{\sqrt{298}}$$

经计算可得到喉口直径为：$d_{喉}=29.2mm$。取 $d_{喉}=30mm$。

E　确定喉口长度

喉口长度取10mm。

F　计算出口直径

查等熵流表，在马赫数为2.0时：

$$A_{出}/A_{喉}=1.688$$

$$A_{出}=1.688\times\pi d_{喉}^2/4=11.28mm^2$$

$$d_{出} = 2 \times \sqrt{A_{出}/\pi} = 37.9\text{mm}$$

取 $d_{出} = 38\text{mm}$。

G 计算收缩段长度

计算收缩段长度：

$$L_{收} = 1.2 \times d_{喉} = 35.04\text{mm}$$

取 $L_{收} = 35\text{mm}$。

H 计算扩张段长度

取半锥角为5°，则扩张段长度为：

$$L = (d_{出} - d_{喉})/2\tan\alpha$$

$$L = (37.9 - 29.2)/(2 \times \tan 5°)$$

计算得：$L = 49.7\text{mm}$。取 $L = 50\text{mm}$。

I 计算结果

通过以上计算得到的氧枪喷头设计参数见表6-10。

表6-10 喷头设计参数

炉产量/t	80	马赫数	2.0
氧气流量/$Nm^3 \cdot h^{-1}$	3000	氧压/MPa	0.79
喷头喉口直径/mm	30	喉口长度/mm	10
出口直径/mm	38	收缩段长度/mm	35
扩张段长度/mm	50		

6.2.2 氧枪冷热态实验

6.2.2.1 冷态验证

冷态验证方法可以用来测量氧枪喷头流股的总压和静压、氧气流量、超声速核心段等氧枪特性。

A 静压的测定

静压是指维持气体质点运动时动平衡的力。对一个气体质点而言，静压是维持动平衡的力，所以在该质点的各个方面上作用的静压力，其大小是相等的。

静压的测量必须在气流不受扰动的情况下进行，就是说，测量点的气体流动特性不应该有所变化。这就要求静压的测量设备要经过特殊设计，以达到测量时对测量气流造成的影响尽量小。

一种常用静压测量装置如图6-25所示。

由于超声速流中普通静压探针会产生激波，所以普通的静压探针是不适合测量超声速流的静压的。

B 总压的测定

根据总压的定义，在气流中的物体，其驻点任何方向的压力都与总压相等。因此从理论上讲，只需在测压装置上开一个孔就可以通过此孔测得总压值。

实验中常用总压探头（总压管）测定总压值，总压探头种类很多，其中皮托管和普兰托管应用较为广泛。皮托管简图如图 6-26 所示。

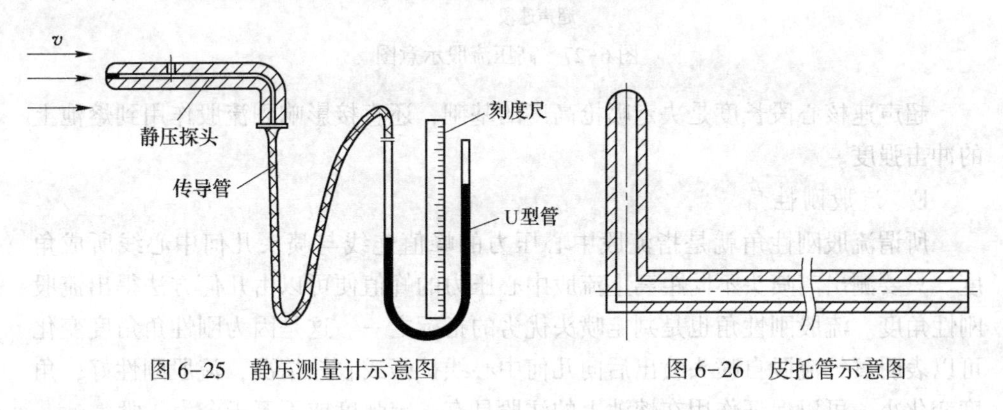

图 6-25 静压测量计示意图　　图 6-26 皮托管示意图

C 流量的测定

在一定工作压力下，各种喷头的流量由喉口面积决定。但一方面，由于流量计的读数是某特定压力下流量的刻度，当压力变化时，流量计显示的读数就可能产生误差；另一方面，喷头设计和加工方面的问题，会产生流股在喷头内收缩现象，即真实的喉口面积要小于加工的喉口面积。为了测定喷头在不同压力下的真实流量，首先通过实验室标准压力为 1.0MPa 的流量计测出喷头的流量，然后利用空气流量公式：

$$G=0.367\times3600\times A_{*}P_0/r_0/T_0^{1/2}$$

式中 0.367——空气流量系数；

r_0——标准状况下的空气密度，kg/m^3；

A_*——喷头真实喉口面积，cm^2；

P_0——设计压力（绝对），MPa；

T_0——空气温度（绝对），K。

算出喷头真实喉口面积，然后反算出不同压力下不同类型喷头的实际流量，来讨论喷头不同压力下的流量大小及与炉前流量读数的差异。

D 超声速核心段长度

从喷头喷射出的超声速流股，由于与周围气体相互混合而减速，随着流股向前运动，到达一定距离后，流股轴线上某点的马赫数（Ma）= 1 即为声速，则此点之前称为流股的超声速核心段，此点之后的流股为亚声速，如图 6-27 所示。

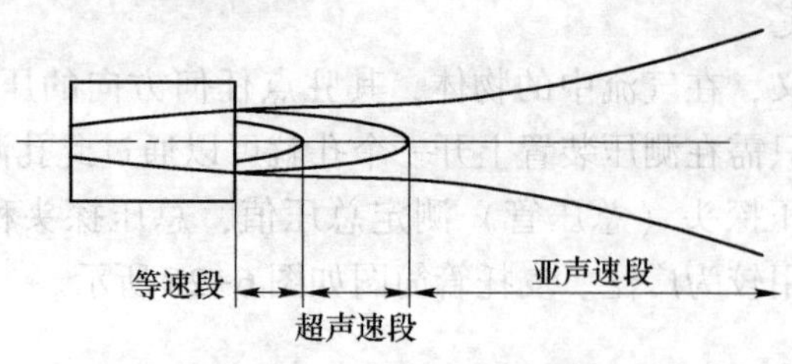

图 6-27　高压流股示意图

超声速核心段长度是决定喷枪高度的基础，还直接影响到流股作用到熔池上的冲击强度。

E　流股刚性角

所谓流股刚性角就是指流股中心压力的峰值连线与喷头几何中心线所成角度。只要测出离喷头不同距离上流股中心压力的峰值便可以由几何方法得出流股刚性角度。流股刚性角也是判定喷头优劣的指标之一。这是因为刚性角角度变化可以表明氧气流股自喷头喷出后向几何中心线扩张或收缩情况，流股刚性好，角度变化小，可以保证作用在熔池上的注股具有一定强度或不至于合为一股。

F　实验设备

西欧、美国和日本从 20 世纪 50 年代起开展氧枪喷头射流的冷态实验研究，取得了许多有重要应用价值的成果。我国于 70 年代初在北京钢铁学院（北京科技大学）成立喷枪实验室，这是我国第一套氧枪喷头测试系统。

北京科技大学实验测定设备简图如图 6-28 所示。

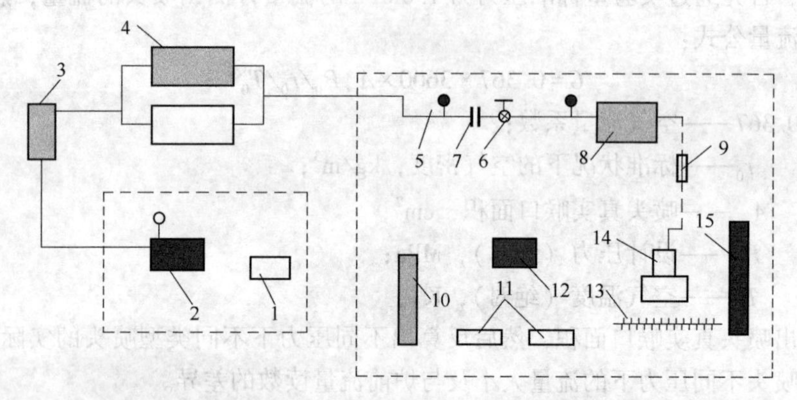

图 6-28　喷头流股特性测定设备示意图

1—空气机控制柜；2—空压机；3—干燥器；4—储气罐；5—压力表；6—阀门；
7—流量表；8—缓冲罐；9—压差式流量计；10—压力表；11—水银压力计；12—照相光源；
13—感压排管；14—测试喷头；15—流股阴影照相屏幕

测定时外界空气被空压机吸入、压缩，经干燥器干燥，进入储气罐，然后通过控制阀门进入缓冲罐，最后通过导管进入喷头，形成高压流股喷出。流股冲击到感压排管上便可在压力表或水银压力计上反映出该喷头在不同工作压力下，不同距离截面上的压力分布情况。感压排管架上有摇动手柄，可控制排管做前后、左右、上下三度空间自由移动。

除北京科技大学外，20 世纪 80 年代以后北京大学、中国科学院等教育科研单位也建立了喷枪测试系统，这些测试系统采用计算机处理实验数据，具有测量速度快、精度高、操作简单等特点。

6.2.2.2 热态实验

A 热态试验装置

热态试验目的：在冷态试验的基础上，取不同压力值，通过观察和比较氧枪的火焰特征，了解氧枪的射流特性，以便进行工业试验。

主要实验仪器：氧枪及附属设备、实验室智能控制系统、氧气罐、空气压缩机、输水管、燃烧炉、热电偶等。试验总装置示意图如图 6-29 所示。

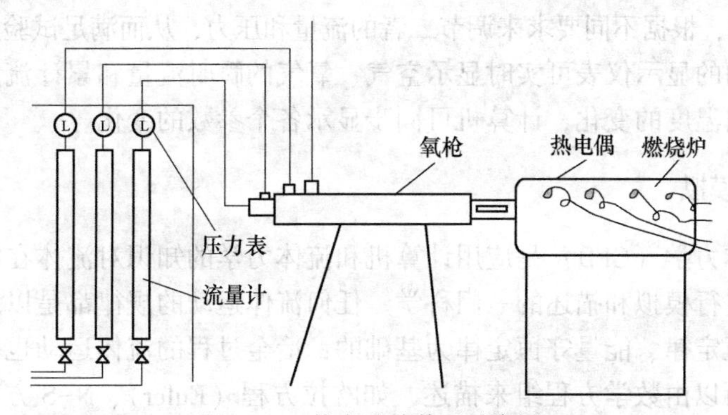

图 6-29 热态试验装置示意图

燃烧炉可进行气体、液体、固体的燃烧实验，其上配有窥视孔、热电偶测温装置、冷却水装置、除尘装置。如图 6-30 所示。

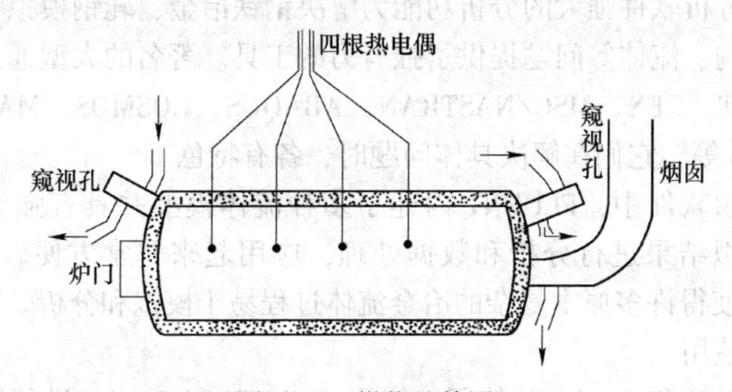

图 6-30 燃烧炉简图

（箭头表示冷却水进出方向，炉壁填充物为耐火材料）

B 热态实验的计算机控制和测量

计算机控制系统和主要试验装置如图 6-31 和图 6-32 所示。

图 6-31 计算机控制系统

图 6-32 主要试验装置

通过计算机控制系统的控制流程界面，可以分别对氧气和燃气的流量进行设定以及实时监控，根据不同要求来调节二者的流量和压力，从而满足试验的要求。

仪表柜内的显示仪表可实时显示空气、氧气的瞬时流量和累计流量，管道压力，燃烧炉内温度的变化，计算机可同步显示各个参数的变化。

6.2.3 数值模拟

计算流体力学（CFD）是应用计算机和流体力学的知识对流体在特定条件下的流动特性进行模拟和描述的一门科学。任何流体运动的规律都是以质量守恒定律、动量守恒定律、能量守恒定律为基础的，冶金过程的流体运动也是如此。这些基本定律可以由数学方程组来描述，如欧拉方程（Euler）、N-S 方程等。数值模拟软件就是基于这些基本原理工作的。

20 世纪 70 年代初出现的大型通用有限元分析程序具有使用方便、计算结果可靠、效率高的优点，逐渐成为工程技术人员和科研人员强有力的分析工具。大型通用有限元分析软件强大的分析功能为解决钢铁冶金、轧钢模拟分析中所涉及的诸如热、结构、流体等问题提供了强有力的工具。著名的大型通用有限元分析软件有 FLUENT、CFX、MSC/NASTRAN、ABAQUS、COSMOS、MARC、LS-DYNA3D、ANSYS 等，它们在解决具体问题时，各有特色。

在上述商用软件中，FLUENT 内建了多种流体模型并具有强大的后处理功能，能够对模拟结果进行分析和数据处理，应用起来非常方便。FLUENT 配合 Gambit 使用，使得许多原本复杂的冶金流体过程易于模拟和分析。下面简要介绍这两种软件的使用。

（1）FLUENT 和 Gambit 的使用。使用 FLUENT 和 Gambit 进行数值模拟的过程为：先用 Gambit 建立几何形状及生成网格，再由 FLUENT 求解和分析最终结果。其使用过程如下：

Gambit 的一般使用过程：画出模型几何图→划分网格→设置边界类型→导出网格文件。

FLUENT 的一般使用过程：导入网格文件→检查网格文件→设置图形尺寸→定义求解模型→定义模型材料→定义边界条件→设置求解条件→初始化→开始计算→分析计算结果。

(2) 数值模拟的应用。数值模拟在模拟电弧炉生产和检测电弧炉氧枪性能方面有较广的应用，利用数值模拟软件，不仅可以用来模拟出某一特定氧枪的射流超声速段长度、最高速度、最大马赫数，也可以将多个氧枪或者同一氧枪的不同型号进行模拟，将模拟结果横向对比，以选取适合生产的最佳氧枪参数。

集束氧枪与普通超声速氧枪相比具有喷吹速度高、超声速核心长度大等优势。利用 CFX 软件可以模拟普通超声速氧枪与集束氧枪在相同条件下的速度流场图，得到如图 6-33 和图 6-34 所示。

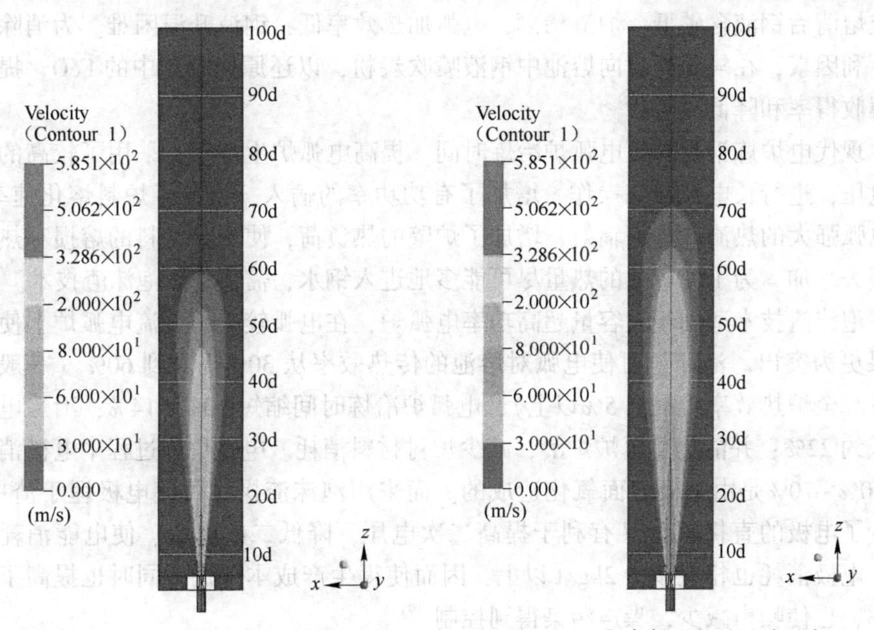

图 6-33 普通超声速氧枪速度流场　　图 6-34 集束射流氧枪速度流场

在 FLUENT 软件中的模拟结果如图 6-35 所示（上图为普通超声速氧枪，下图为集束氧枪）。上述模拟结果表明：集束氧枪与普通超声速氧枪相比，最大速度高出约 79m/s；核心长度高出 0.5 倍。

6.3 泡沫渣工艺

泡沫渣工艺是 20 世纪 70 年代末提出的。早期电弧炉炼钢采用富氧法，使电

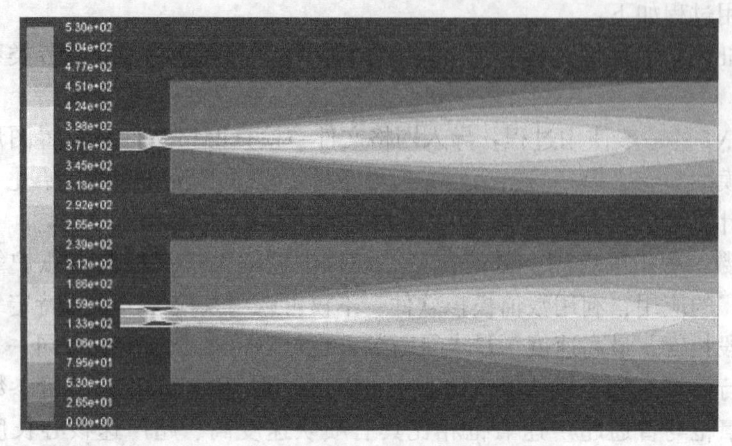

图 6-35 FLUENT 软件模拟速度场图

耗明显降低，但由此产生了金属收得率降低以及炉渣量增加，另外由于大量用氧造成熔清后钢液含碳低，炉渣稀薄，电弧加热效率低，钢液升温困难。为消除这些不利因素，在氧化期时向熔池中钢液喷吹炭粉，以还原回收渣中的 FeO，提高金属收得率和降低渣量[18]。

现代电炉炼钢为缩短电弧炉冶炼时间，提高电弧炉生产率，采用了较高的二次电压，进行长电弧冶炼操作，增加了有功功率的输入，提高了炉料熔化速率。但电弧强大的热流向炉壁辐射，增加了炉壁的热负荷，使耐火材料的熔损和热量的损失增加。为了使电弧的热量尽可能多地进入钢水，需要采用泡沫渣技术。

泡沫渣技术适用于大容量超高功率电弧炉，在电弧较长的直流电弧炉上使用效果更为突出。泡沫渣可使电弧对熔池的传热效率从 30%提高到 60%（一般情况下，全炉热效率能提高 5%以上）；电弧炉冶炼时间缩短 10%~14%；冶炼电耗降低约 22%；并能提高电炉炉龄，减少炉衬材料消耗。电弧炉炼过程中电极消耗的 50%~70%是由电极表面氧化造成的。而采用泡沫渣操作可使电极埋于渣中，减少了电极的直接氧化又有利于提高二次电压，降低二次电流、使电能消耗减少，电极消耗也相应减少 2kg/t 以上，因而使得生产成本降低，同时也提高了生产率，也使噪声减少，噪声污染得到控制[19]。

6.3.1 泡沫渣形成机理及作用

6.3.1.1 泡沫渣形成机理

泡沫渣是气体分散在熔渣中形成的。当熔渣的温度、碱度、成分、表面张力、黏度等条件适宜时会因气体的作用而使熔渣发泡形成泡沫渣。所谓泡沫渣是指在不增大渣量的前提下，使炉渣呈很厚的泡沫状。即熔渣中存在大量的微小气泡，而且气泡的总体积大于液渣的体积，液渣成为渣中小气泡的薄膜而将各个气泡隔开，气泡自由移动困难而滞留在熔渣中，这种渣气系统被称为泡沫渣。电弧炉泡沫渣的形成是在冶炼过程中，增加炉料的含碳量和利用吹氧管向熔池吹氧以诱发和控制炉渣的泡沫化。熔池中的碳直接和氧反应生成CO，使熔渣起泡喷入渣中悬浮的固体碳粒，提高了熔渣的黏度及气泡表面液膜的强度和弹性，使气泡液膜难以破裂，从而提高了泡沫的稳定性。炉渣发泡后，电极热端与金属液之间高温弧区不易散热，弧区电离条件得到改善，故气体的电导率增加。在同样的电压情况下，电弧长度增加，同时泡沫渣成为电极弧光的屏蔽，对保炉电极、提高炉内热效率等起重要作用。泡沫渣技术是在电弧炉冶炼过程中，在向炉内吹入氧气的同时向熔池内喷吹炭粉或碳化硅粉，在此形成强烈的碳氧反应，通过该反应使渣层内形成大量的CO气体泡沫，气体泡沫使渣层厚度达到电弧长度的2.5~3.0倍，这使电弧完全屏蔽在渣内，从而减少电弧向炉顶和炉壁的辐射，最终延长电炉炉体寿命，并能提高电炉的热效率。

6.3.1.2 泡沫渣的作用

泡沫渣增大了渣-钢的接触界面，加速氧的传递和渣-钢间的物化反应，大大缩短了一炉钢的冶炼时间。在电弧炉中泡沫渣厚度一般要求是弧柱长度的2.5倍以上，电炉造泡沫渣的主要作用如下：

(1) 可以采用长弧操作，使电弧稳定和屏蔽电弧，减少弧光对炉衬的热辐射。传统的电弧炉供电是采用大电流、低电压的短弧操作，以减少电弧对炉衬的热辐射，减轻炉衬的热负荷，提高炉衬的使用寿命。但是短弧操作功率因数低($\cos\varphi=0.6\sim0.7$)、电耗大、大电流对电极材料要求高，或要求电极断面尺寸大，所以电极消耗也大。为了加速炉料的熔化和升温，缩短冶炼时间，向炉内输入的电功率不断提高，实行所谓高功率、超高功率供电。如仍用短弧操作，则电流极大，使得电极材料无法满足要求，所以高电压长弧操作势在必行。但是长弧操作会使电弧不稳及弧光对炉衬热辐射严重，而泡沫渣能屏蔽电弧，减少了对炉衬的热辐射；泡沫渣减轻了长弧操作时电弧的不稳定性，直流电弧炉采用恒电流控制时，随流电弧电压波动很小，电极几乎不动。

(2) 长弧泡沫渣操作可以增加电炉输入功率，提高功率因数和热效率。有关资料和试验指出，在容量为80t、配以90MV·A变压器的电弧炉，功率因数可由0.63增至0.88，如不造泡沫渣，炉壁热负荷将增加1倍以上，而造泡沫渣后热负荷几乎不变；泡沫渣埋弧可使电弧对熔池的热效率从30%~40%提高到60%~70%；使用泡沫渣使炉壁热负荷大大降低，可节约补炉镁砂50%以上和提高炉衬寿命20余炉。

(3) 降低电耗、缩短冶炼时间、提高生产率。由于埋弧操作加速了钢水升温，缩短了冶炼时间，降低电耗。国内某些厂100t电弧炉造泡沫渣后，1t钢节电20~50kW·h，缩短冶炼时间30min/炉，提高生产率15%左右。由于吹氧脱碳及其氧化反应产生大量热能，加入泡沫渣对电弧的屏蔽作用，吹氧搅拌迅速均匀钢水温度等方面的原因，吨钢电耗明显降低。据日本大同特钢知多厂70t实测，冶炼各期电弧加热效率 η 如下：熔化期加热 $\eta=80\%$，熔化平静钢液面加热 $\eta=40\%$，喷炭埋弧加热 $\eta=70\%$。可见，采用埋弧喷炭造泡沫渣的方式，将比传统操作热效率提高很多，将使熔体升温速度快，冶炼时间缩短。同时，由于炉渣大量发泡，使钢渣界面扩大，有利于冶金反应的进行，也使冶炼时间缩短。再加上电弧炉功率因数的提高，使吨钢电耗得以下降。100t普通功率电炉运用泡沫冶炼技术后，每炉钢的冶炼时间缩短了30min，并节电20~70kW·h/t。

(4) 降低耐火材料消耗。由于泡沫渣屏蔽了电弧，减少了弧光对炉衬的辐射，使炉衬的热负荷降低。同时，导电的炉渣形成了一个分流回路，输入炉内的电能不再是全部由电弧转换为热能，而是有一部分依靠炉渣的电阻转换。这样在同样的输入功率下，就减少了电弧功率，这也有利于减少炉衬的热负荷，降低耐火材料消耗。使用泡沫渣时炉衬的热负荷状况为，电极消耗与电流的平方成正比，显然采用低电流大电压的长弧泡沫渣冶炼，可以大幅度降低电极消耗。另外，泡沫渣使处于高温状态的电极端部埋于渣中，减少了电极端部的直接氧化损失。

(5) 泡沫渣具有较高的反应能力，有利于炉内的物理化学反应进行，特别有利于脱磷、脱硫。泡沫渣操作要求更大的脱碳量和脱碳速度，因而有较好的去气效果，尤其是可以降低钢中的氮含量。因为泡沫渣埋弧使电弧区氮的分压显著降低，钢水吸氮量大大降低。泡沫渣单渣法冶炼，成品钢的含氮量仅为无泡沫渣操作的1/3。由于铺底石灰提前加入及炉渣泡沫化程度高，流动性好且不断吹氧搅拌钢液炉渣，大大增加了钢渣接触面积，利于少氧化渣脱磷反应进行。冶炼实践证明：只有少数炉次熔清时分析磷在0.040%以上，一般来说磷都能小于0.020%。由于炉渣的发泡使渣钢界面积扩大，改善了反应的动力学条件，有利于脱磷反应的进行。脱磷反应是界面反应，泡沫渣使得这种反应得以不断进行。另外，工业上一般选用 TFeO = 20%，$(CaO)/(SiO_2)=2$ 的炉渣作为泡沫渣的基本要求，这种渣本身对脱磷就很有利。同时，电弧炉可以一边吹氧一边流渣，可及时将含磷量高的炉渣排出炉外，这也是有利于脱磷的。此外，在进行泡沫渣冶炼时，一般熔池的脱碳量和脱碳速度较高，有利于脱氮。因有泡沫渣屏蔽，电弧区氮的分压显著降低。因此，采用泡沫渣冶炼的成品钢中，氮含量只有常规工艺的1/3。

6.3.1.3 影响熔渣发泡的因素

从理论上分析，影响熔渣泡沫化的因素主要有两个方面，即熔渣本身的物性和气源条件。由于炉渣泡沫化是炉渣中存在大量气泡的结果，故影响气泡存在和消失的炉渣物理性质必然对炉渣泡沫化有影响。炉渣中气泡的出现必然要为形成气液界面做功，所形成的气液表面能取决于气泡表面积的增加量和表面张力的乘积。可见，炉渣的表面张力对炉渣发泡性能有影响。从能量的角度出发，可以定性地认为，随着炉渣表面张力的降低，在炉渣中形成气泡所消耗的能量减少，所以有利于炉渣的发泡。而当炉渣呈泡沫状态时，存在于渣中的气泡被膜状的渣液所分隔，这种状态的出现和消失就是炉渣的发泡和消泡。其主要影响因素如下所述：

(1) 吹气量和气体种类。在不使熔渣泡沫破裂或喷溅的条件下，适当增加气体流量，能使泡沫高度增加。$CaO/SiO_2=0.43$，$FeO=30\%$的熔渣，随吹入的氧气量增加，泡沫渣的发泡高度呈线性增加，但吹气量增加到一定程度后，发泡指数不变。在其他碱度和 FeO 时也将有同样的结果。

(2) 炉渣碱度。大量研究指出，碱度为 2.0 附近（也有的实验结果为 1.22 时），其发泡高度最高，碱度离 2.0 越远，其发泡高度越低。这主要与碱度为 2.0 附近渣中析出大量 $2CaO \cdot SiO_2$（缩写为 C_2S）固体颗粒和 CaO 固体颗粒，从而提高熔渣的黏度有关。低碱度时，加入 CaO，熔渣表面张力增加而黏度降低。碱度高于 2.0，加入 CaO，则使 CaS 转变为 C_3S，因而渣中固体颗粒数量减少。但碱度小于 1 时，碱度增加，泡沫寿命降低。碱度对 $CaO-SiO_2-Al_2O_3$ 熔渣也有类似的影响。发泡高度最高点出现在碱度为 1.6~2.0。

(3) 熔渣组成成分。$CaO/SiO_2=1.22$ 时，随熔渣中 FeO 的增加，泡沫寿命逐渐下降。碱度为 2.0 附近时，FeO 对发泡高度影响较小。碱度离 2.0 越远（靠近 1.0 或 3.0），含 FeO 为 20%~25%熔渣比含 FeO 为 40%左右熔渣的发泡高度要高。因碱度低于 1.5 时，随 FeO 的增加，熔渣的表面张力增加，黏度降低，故发泡高度和泡沫寿命下降。生产中一般选用 $(FeO)=20\%$、$(CaO)/(SiO_2)=2$ 的炉渣作为泡沫渣的基本要求。

(4) 熔池温度。随着熔池温度升高，炉渣的黏度下降，渣中气泡的稳定性随之降低，即泡沫的寿命缩短。有关研究指出，温度增加 100℃，泡沫的寿命将缩短 1.4 倍。显然，炉渣成分及进气量一定时，较低的熔池温度，炉渣的泡沫化程度相对较高温度升高熔渣黏度降低，通常使泡沫渣寿命下降。

(5) 其他添加剂。凡是影响 $CaO-SiO_2-FeO$ 系熔渣表面张力和黏度的因素都会影响其发泡性能。例如，加入 CaF_2 既降低炉渣黏度，又降低了炉渣表面张力，所以对泡沫渣的影响比较复杂。有关研究表明，在碱度 $(CaO)/(SiO_2)=1.8$ 时，加入 5%CaF_2 有利于提高炉渣的发泡性，继续增加 CaF_2 含量对炉渣发泡不利。可见在 CaF_2 含量小于 5%时，表面张力起主要作用；CaF_2 含量大于 5%时，黏度起主要作用。又如加入 MgO 使熔渣黏度增加，使熔渣泡沫渣保持时间延长。

6.3.2 泡沫渣工艺操作

泡沫渣操作工艺主要有以下几种：

(1) 渣面上加焦炭粉法。吹氧的同时，通过人工不断向炉内抛入焦粉，利用碳氧反应，使炉渣发泡。此法操作简便，但使用效果差，劳动强度大。

(2) 配料加焦法。配料时加入 5~15kg/t 焦粉及适量铁皮、石灰石，熔氧结合，富氧操作，泡沫渣高压长弧升温，降碳至要求含量。这种方法能得到一定厚度的泡沫渣，但该法泡沫渣作用时间短，渣中（FeO）含量不易控制，终点碳控制不准；渣钢中氧含量高，合金收得率不稳定。当终点碳控制较准时，可用于冶炼碳含量较高钢种。

(3) 氧末喷炭法。配料不加碳，熔氧合一，富氧操作。因控碳不准，一般含量偏低，再喷炭（焦）粉增碳，同时生成泡沫渣。这种方法主要用于钢中增碳，故喷炭速度较大，但泡沫化作用时间太短。

(4) 配料加焦，氧末喷炭法。此法是在（2）、(3) 法结合的基础上，调整喷粉罐参数，适当延长喷炭时间，使喷入的炭粉既能增碳又能延长泡沫渣的作用时间，整个熔氧期基本处于泡沫渣下冶炼。该法适用于各种功率水平和不同吨位的电炉冶炼中低碳钢。利用"富氧、喷炭、长弧"三位一体联合操作，以得到最佳效果。由于在吹氧助熔时，配料中未熔焦粒有部分随炉渣流出浪费，对于大电炉来说这种浪费就很严重。

(5) 熔氧期全程喷炭法。这种方法在熔池形成并有适量钢水时，吹入氧气并喷入焦粉。钢水在泡沫渣下去磷、降碳、升温，直到达到要求。该法在熔氧前期喷炭的主要目的有：第一，造泡沫渣，形成泡沫渣长弧冶炼工艺。在向钢水不断增碳的同时使钢水的降碳和升温接近同步进行。第二，喷炭在完全燃烧时放热，有利于升温。熔氧后期喷炭则主要是调整钢水碳含量至规格要求和在泡沫渣下快速升温。

采用熔氧期全程喷炭法。喷吹炭粉法是目前通常的方法，如宝钢二期引进的电弧炉就具备了喷炭粉设备和富氧操作条件。因此宜采用"富氧、喷炭、长弧"三位一体联合操作，以达到冶炼各含碳量钢种目的。

各工艺对比见表 6-11。

表 6-11　泡沫渣工艺对比

工艺方法名称	用途	优点	缺　点
渣面加炭粉法		操作简便不需任何设备，使用人工加入	1. 随意性大，操作不易规范化； 2. 氧末终点碳低时，钢水增碳难，且钢中含氧高，合金收得率低，还原脱氧脱硫变难； 3. 碳氧在渣面反应，渣层薄不能发挥长弧优点； 4. 渣中含（FeO）高还原少，铁损增大

续表 6-11

工艺方法名称	用途	优点	缺点
配料加焦法	用于冶炼高碳钢	可得到厚层泡沫渣，熔清碳适当，电力、电极消耗降低，炉衬寿命延长	1. 泡沫渣持续时间短，只在熔氧前期效果好，熔氧后期部分焦粒随渣子流出造成焦粉的损失、且渣层变薄； 2. 渣中（FeO）含量不好控制，造成终点碳不好控制，当碳低时很难用焦粒增碳； 3. 渣及钢液中氧过高，还原困难，合金收得率不准
氧末喷炭法	通常用于对钢水增碳，不用生铁	能对钢水增碳，同时有泡沫渣的全部优点	泡沫只在氧末期使用不能充分发挥其优点
配料加焦与氧末喷炭法	适用于有管道送粉设备的电炉厂、适用各种功率电弧炉不同钢种的冶炼	充分发挥泡沫渣长弧埋弧优点，能克服上述三法的缺点	焦粒随流渣溢出，故 50t 以上电弧炉不宜采用
熔氧期全程喷炭法	适用于机械自动化程度高的电弧炉，且有管道输送粉料系统的厂采用	充分发挥“富氧、喷炭、长弧”三位一体联合操作最佳优点冶炼各种钢种	

参考文献

[1] 王振宙，朱荣．电弧炉炼钢用氧工艺技术的进展［J］．炼钢，2008（2）：59~62.
[2] 杨宝权，王洪兵，林闻维，等．宝钢 150t 电炉多功能氧枪应用实践［C］//2005 中国钢铁年会论文集（第 3 卷）．北京：冶金工业出版社，2005.
[3] 朱荣，李桂海，王勤朴，刘艳敏，王广连，仇永全，刘钦学，刘广会，李晓强．电弧炉用氧计算机模块化控制技术［P］．CN1385665，2002-12-18.
[4] 李士琦．电弧炉炼钢高效化节电集成技术［N］．世界金属导报，2010-03-23（022）.
[5] 苏荣芳，王连森，张宏铭，王洪，李建明，朱长富，李司晨，张月亮，魏光升．一种电弧炉炼钢用低热值燃气集束射流供氧装置［P］．CN205653477U，2016-10-19.
[6] 李桂海，朱荣，仇永全，刘艳敏，刘广会，徐锡坤，王勤朴，刘茂文．电弧炉炼钢集束射流氧枪的射流特征［J］．特殊钢，2002（1）：11~13.
[7] 李三三，朱荣，李存牢．炼钢氧枪的集束射流数值模拟研究［J］．冶金能源，2010，29（5）：12~14.

[8] 刘阳春，徐迎铁，李晶，等 . PTI JetBox 系统的技术特点及其在超高功率电炉上的应用 [C] //2004 中国金属学会青年学术年会，2004.
[9] 徐国庆，许晓红，钱刚 . 兴澄钢铁 100t 直流电弧炉高效生产实践 [C] //2003 板坯连铸技术研讨会，2003.
[10] Memoli F，Brioni O，Bianchi Ferri M. Method and apparatus for the recovery of the secondary metallurgy（LF）slag and its recycling in the steel production process by means of electric furnace [P] . US7854785. 2010.
[11] Van Arnum P. Praxair：CoJet technology [J] . Chemical Market Reporter，2001.
[12] 杨乃辉，韩作宽，魏冬，张红兵，张贵，薛立秋，朱荣 . 电炉炼钢采用 USTB 氧气喷吹工艺的研究 [J] . 工业炉，2005（4）：3~5.
[13] 尹振江，朱荣，王畅，周振华，高峰 . 电弧炉二次燃烧节能环保机理及工艺研究 [J] . 工业加热，2008，37（6）：48~50.
[14] Nicolas Perrin，Thierry Darle，Gunter Paul，张武城 . 电弧炉 ALARC-PC 二次燃烧技术 [J] . 特殊钢，1997（2）：33~35.
[15] Maiolo J，Boutazakhti M，Li C W，et al. Developments towards an intelligent electric arc furnace at CMC Texas using Goodfellow EFSOP technology [J] . 2007.
[16] 陈延东，蔡冬林 . 淮钢-Praxair 电弧炉二次燃烧技术 [J] . 特殊钢，2001，22（6）：52~53.
[17] 刘文亮 . 电弧炉氧枪的研制与开发 [J] . 江苏冶金，1999（5）：13~15.
[18] 朱孚，马翠喜 . 电弧炉吹氧脱碳与泡沫渣工艺 [J] . 工业加热，1996（5）：32~34.
[19] 李士琦，陈煜，刘润藻，季淑娟 . 现代电弧炉炼钢技术进展 [J] . 中国冶金，2005（6）：8~13.

7 电弧炉炼钢前沿技术

本章从电弧炉炼钢高效、绿色、洁净及智能化角度出发，介绍了作者提出并开发的电弧炉炼钢复合吹炼技术及应用情况，分析了近年来电弧炉炼钢在智能供电、炉况实时监控、冶炼过程整体优化等领域的发展情况。结合国内外研究现状，指出智能化技术在电弧炉炼钢领域的作用将日益突出，更先进的监测手段和高可靠性整体优化控制方案及两者的有机结合将成为今后电弧炉智能化炼钢的发展趋势。

7.1 电弧炉炼钢复合吹炼技术

7.1.1 发展现状

冶炼周期长、能量利用率低、生产成本高等问题，一直困扰着我国电弧炉炼钢的进一步发展。研究认为，电弧炉熔池搅拌强度弱、动力学条件差，难以满足炉内物质和能量的传输要求，抑制了炼钢反应的快速进行，是造成上述问题的主要原因。

国内外研发并广泛采用的超高功率供电、高强度化学能输入等技术，还没有从根本上解决熔池搅拌强度不足的问题。电弧炉通电过程中，电磁场对熔池热传递和流体流动的影响规律尚不明确；而氧气射流受炉内复杂环境的影响，难以确定满足工艺要求的喷吹参数。

20 世纪 80 年代，德国蒂森·克虏伯钢铁公司和美国联合碳化物公司等企业分别尝试在电弧炉底部安装底吹装置，但其长寿及安全问题未能解决。20 世纪 90 年代初，钢铁研究总院提出了“电弧炉顶底复吹”的概念，即以供电为基础，采用熔池上方吹氧及炉底吹氩的方式，实现电弧炉炼钢的节能降耗。该研究曾被立为冶金工业部“七五”项目，在长城特钢公司电弧炉进行工业试验，但由于各种技术原因，项目未能实现工程化。

2007 年，作者针对国内外电弧炉炼钢的现状，在前期研究基础上提出“电弧炉炼钢复合吹炼技术”，并赋予新的技术内涵，即以集束供氧应用新技术和同步长寿的多介质底吹技术为核心，实现供电、供氧及底吹等单元的操作集成，满足多元炉料条件下的电弧炉炼钢复合吹炼的技术要求，并实现工程化。

电弧炉炼钢复合吹炼技术探明了氧气射流、电磁场和底吹流股三者对熔池搅拌强度影响的耦合规律；研究复合吹炼条件下满足不同工艺要求的集束供氧方式，确定合理的工艺参数；开发安全长寿的底吹元件及喷吹工艺，达到与炉役同步；完成各单元操作的精确控制及技术集成；实现电弧炉炼钢高效、优质、环保、低成本生产的目标[1]。

7.1.2 技术概况

电弧炉炼钢复合吹炼技术以强化熔池搅拌为核心，从提高单元操作的功能入手，重点解决集束供氧的多功能化和底吹安全长寿问题；探明氧气射流、电磁场和底吹流股三者对熔池搅拌强度的多元耦合影响规律，完成多元炉料结构条件下的各单元操作技术集成；开发电弧炉炼钢温度和成分预报系统，形成操作软件包，满足复合吹炼的精确控制要求。电弧炉复合吹炼喷吹装置布置如图 7-1 所示。

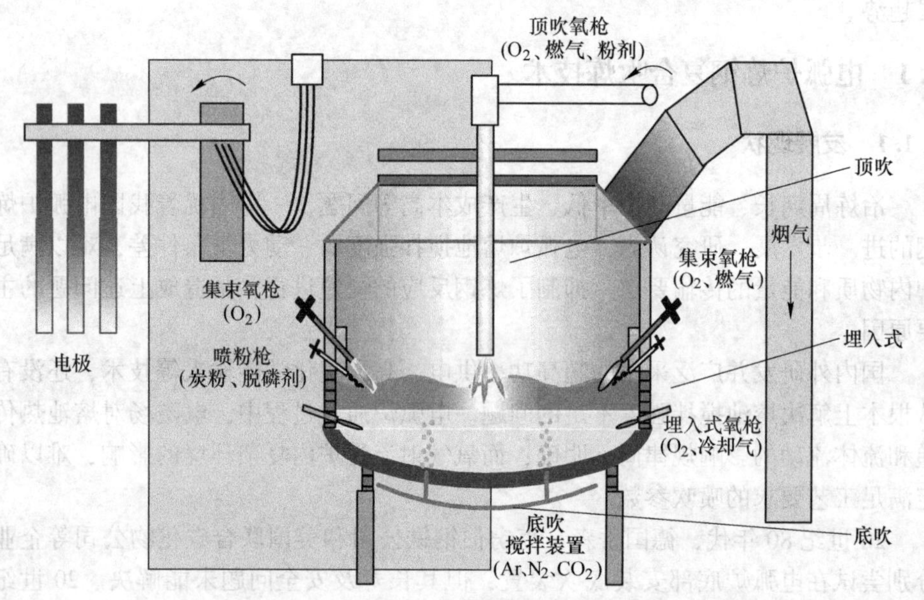

图 7-1 电弧炉复合吹炼喷吹装置布置图
(电极与顶吹氧枪可实现互换)

技术研究内容为：

(1) 电弧炉炼钢熔池搅拌强度研究。分别研究供电、供氧、底吹各单元操作对熔池搅拌的影响；基于“氧气射流+底吹流股”与“氧气射流+底吹流股+电磁场”多相等效模拟构架，建立电弧炉“气-渣-金”三相等效耦合全尺寸模型，研究氧气射流、底吹流股和电磁场三者对熔池搅拌强度影响的耦合规律，为复合吹炼的参数设计提供理论依据。

(2) 集束射流技术的拓展应用研究。研究集束射流技术的多功能化应用，包括炉壁集束模块化供能、炉顶集束供氧及炉壁埋入式供氧等多种形式的喷吹工艺；提升集束射流的穿透及搅拌能力，设计满足复合吹炼不同工艺要求下的喷吹参数；研究不同炉型、不同炉料条件下的氧枪配置，确定供氧方案。

（3）电弧炉炼钢安全长寿底吹技术的开发。研究电弧炉冶炼过程中底吹元件的损毁机理；确定不同炉型、吨位、炉料结构条件下的底吹参数，确定合理的底吹元件位置、流量及压力；开发具有高透气性、耐高温、抗热震性、抗剥落性的底吹元件；设计开发全自动电弧炉底吹系统和报警装置，实现电弧炉底吹的安全长寿。

（4）电弧炉炼钢复合吹炼技术集成研究。研究多元炉料条件下熔池冶金反应特征，确定各时段电弧炉炼钢对供氧强度、温度、搅拌强度的需求，制定最优化算法，研发电弧炉炼钢终点温度和成分预报系统，形成电弧炉炼钢复合吹炼技术软件和电弧炉成本质量控制软件，满足复合吹炼的精确控制要求，实现电弧炉炼钢复合吹炼单元集成。建立智能型“供电-供氧-脱碳-余热”能量平衡系统，实现电弧炉复合吹炼单元操作和余热回收协调运行。

该技术研究的技术路线如图 7-2 所示。

7.1.3 技术方案

根据电弧炉炼钢复合吹炼技术的研究目标及内容，通过理论计算、参数设计、数值模拟、水模型模拟、冷热态实验及工业试验等方法，对单元操作及技术集成进行了深入研究。

7.1.3.1 电弧炉炼钢熔池搅拌强度研究

A 电弧炉炼钢动力学条件分析

熔池冶金反应动力学条件较差，一直是电弧炉炼钢的技术难题。电弧炉炼钢熔池搅拌强度不足与其炉型特点有很大关系，传统电弧炉是以废钢为基本原料，以电能为主，辅以化学能生产合格钢水的装置，因此在炉型设计上具有炉膛大、熔池浅的特点。如表 7-1 和图 7-3 所示，100t 电弧炉的高径比仅为同容量转炉的 53%。通常来说，高径比愈大可承受的供氧强度愈大，考虑到废钢熔化和炉门流渣的影响，电弧炉熔池搅拌强度进一步受到限制，仅为转炉的 10%~20%。

表 7-1 转炉与电弧炉炉型参数对比

项　目	电弧炉	转炉
容量/t	100	100
熔池深度 H/mm	880	1170
熔池直径 D/mm	5988	4372
自由高度 h/mm	4650	6453
高径比 H/D	0.776	1.476

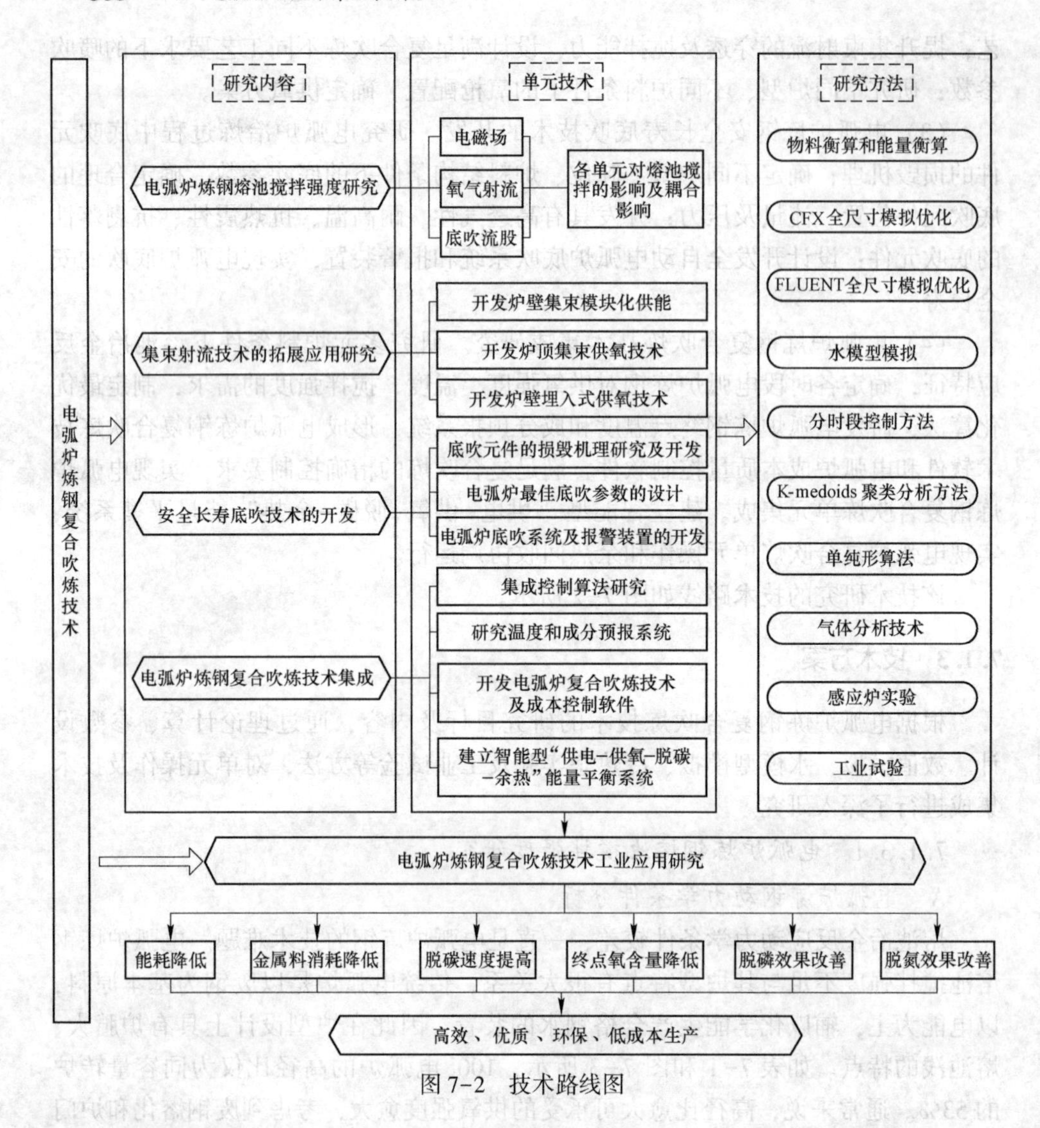

图 7-2 技术路线图

熔池搅拌强度可由钢液流动速度来描述。作者使用数值模拟方法对 100t 电弧炉的熔池钢液流动情况进行模拟研究，发现电弧炉的钢液平均流动速度为 0.06m/s，而对比 100t 转炉的钢液平均流动速度为 0.31m/s[2]。电弧炉的熔池搅拌强度和转炉相差很大。

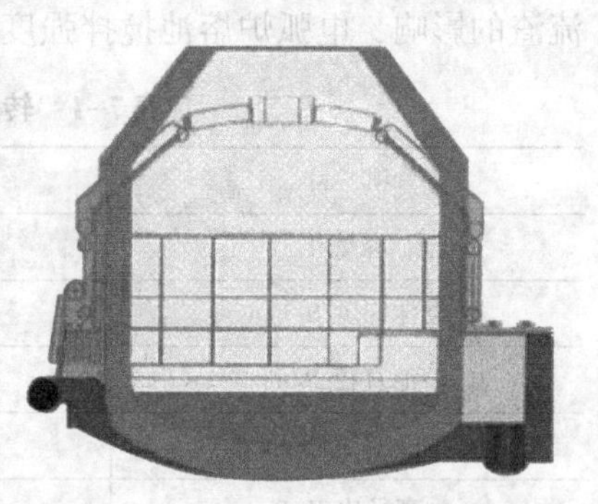
图 7-3 电弧炉与转炉炉型对比

在实际生产中，电弧炉炼钢与转炉炼钢相比，冶炼消耗及生产成本差距明显。表 7-2 对比了国内某典型钢厂的生产指标，其 70t 电弧炉炼钢指标在钢铁料、合金、氧气消耗等方面均高于转炉，生产成本较转炉高约190元/t。

表 7-2 70t 电弧炉与转炉消耗及成本对比

项 目	转炉（70t）		电弧炉（70t）	
	消耗/kg	金额/元·t^{-1}	消耗/kg	金额/元·t^{-1}
1. 钢铁料	1087	2391.4	1104	2428.8
2. 合金料	25.78	180.46	26.9	188.3
3. 铁矿石	16.99	16.99		
4. 熔炼费		109		256.1
（1）能源动力	减煤气回收	50.6		196.5
（2）辅助材料		37.5		22.7
（3）耐火材料		20.9		36.9
5. 制造费用		36.6		51.8
变动成本合计		2734.56		2924.9

注：1. 假设废钢与铁水同价；

2. 铁水比：转炉 93%，电弧炉 60%；

3. 电弧炉废钢质量较差，收得率低。

炼钢终点碳氧积、氧含量和渣中氧化铁含量是体现熔池搅拌强度的重要指标，对产品的质量有显著的影响。研究团队利用多家先进钢铁企业提供的电弧炉及转炉冶炼终点碳含量、氧含量、终渣氧化铁含量等数据绘制图 7-4 和图 7-5。图中表明电弧炉炼钢终点碳氧积平均值在 0.0032 左右，平均终渣氧化铁含量超过 22.00%，均高于转炉炼钢。可见，受炉型和冶炼工艺等限制，电弧炉熔池搅拌强度低，制约了电弧炉炼钢的技术进步。

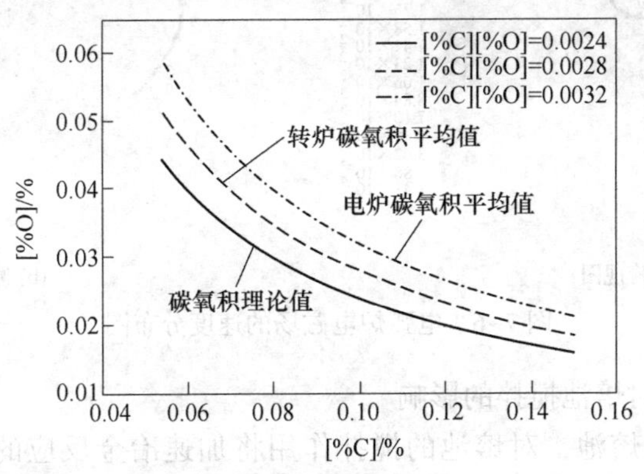

图 7-4 电弧炉与转炉终点碳氧积对比（1600℃）

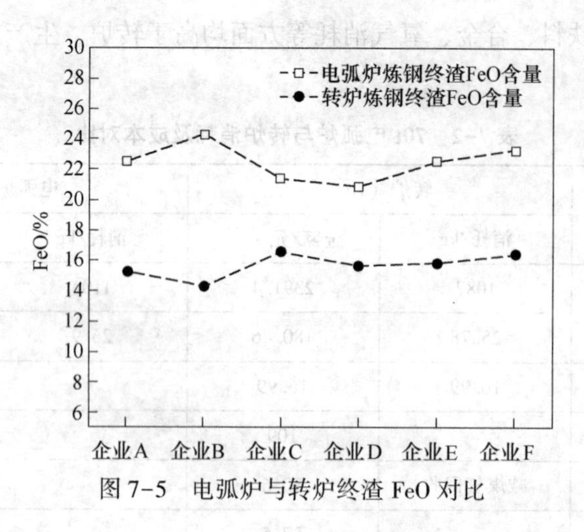

图 7-5　电弧炉与转炉终渣 FeO 对比

B　各单元操作对熔池搅拌的影响

a　电磁场对熔池搅拌的影响

在电弧炉冶炼过程中，通电既为熔池提供能量，同时也产生电磁场搅拌熔池。研究团队采用 CFX、FLUENT 等数值模拟软件研究了电磁场对 100t 电弧炉熔池的搅拌影响，并取得了较大进展。如图 7-6 所示，在仅有电磁场作用的条件下，电极附近区域钢液流动速度约为 0.03m/s（见图 7-6(a)），而靠近炉壁和炉底的速度约为 0.006m/s（见图 7-6(b)），黑色线条及封闭圆圈处显示流场内形成速度漩涡，电弧炉通电产生的电磁场对熔池电极附近区域有搅拌作用，但对远离电极的区域搅拌作用十分有限。

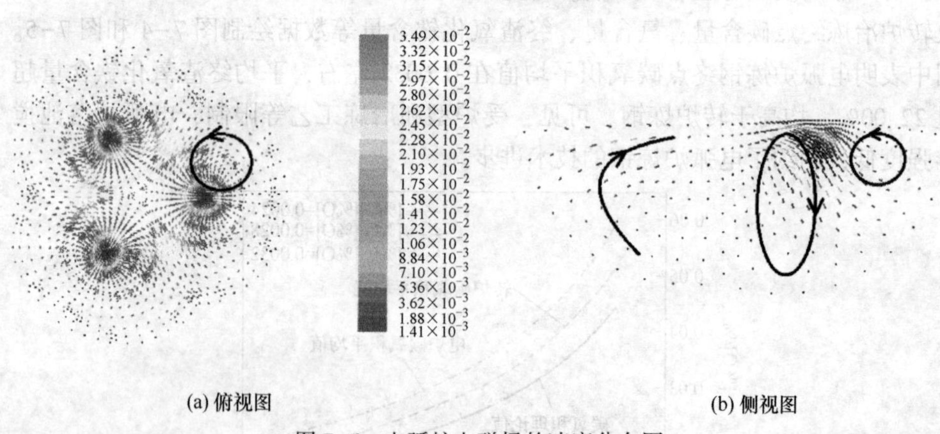

图 7-6　电弧炉电磁场的速度分布图

b　氧气射流对熔池搅拌的影响

氧气射流射入熔池，对熔池的搅拌作用将加速冶金反应的进行。作者对侧吹、顶吹氧气射流的熔池搅拌特性进行了多相流的研究，如图 7-7 和图 7-8 所示。利用 CFD 软件的 VOF 模型建立了不同供氧强度下氧气射流冲击电弧炉熔池的“气-渣-金”三相三维数值模型，随着氧流量的提高，熔池平均流动速度随之增加。100t 电弧炉炉壁采用 3 支集束氧枪，对比氧流量分别为 500Nm³/h 和 2000Nm³/h，后者的熔池平均流动速度为 0.054m/s，速度分布呈现“周围高、中心低，表层高、底部低”的趋势。同样 100t 电弧炉采用单支炉顶集束氧枪，供氧流量分别为 6000Nm³/h 和 4000Nm³/h 条件下，熔池中部最大流动速度均超过 0.2m/s，有效改善了熔池中上部的搅拌强度。

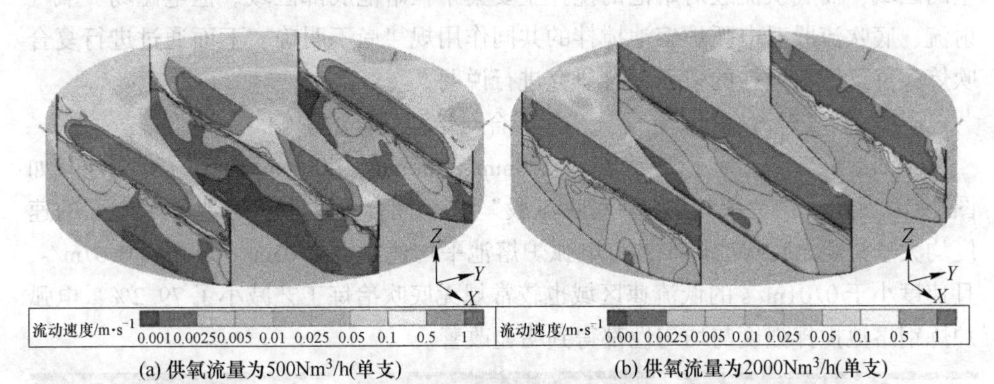

(a) 供氧流量为500Nm³/h(单支)　　(b) 供氧流量为2000Nm³/h(单支)

图 7-7　炉壁供氧条件下熔池速度分布

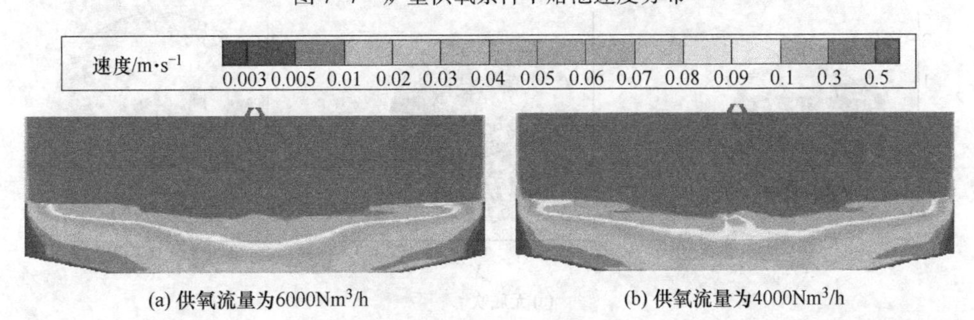

(a) 供氧流量为6000Nm³/h　　(b) 供氧流量为4000Nm³/h

图 7-8　炉顶供氧条件下熔池速度分布

c　底吹流股对熔池搅拌的影响

对电磁场和氧气射流对熔池搅拌的数值模拟研究发现，熔池底部和 EBT 区域钢液流动速度很低，难以满足高效冶炼的需求。借鉴转炉底吹技术，作者研究团队探究了底吹对电弧炉冶炼过程搅拌强度的影响。

数值模拟研究发现：底吹条件下，熔池平均湍流动能和速度分别达到了 $0.142m^2/s^2$ 和 0.011m/s，尤其是熔池底部的湍流动能和流动速度大大提高，分别达到熔池表面的 1/3 和 1/2，钢液流速提高了约 10 倍，如图 7-9 所示[3]。

C　各单元对熔池搅拌的耦合影响

通过各操作单元对熔池搅拌影响的模拟研究，证实电磁场对熔池的搅拌主要集中在电极附近区域，氧气射流对熔池的搅拌主要集中在熔池上半部分和靠近炉

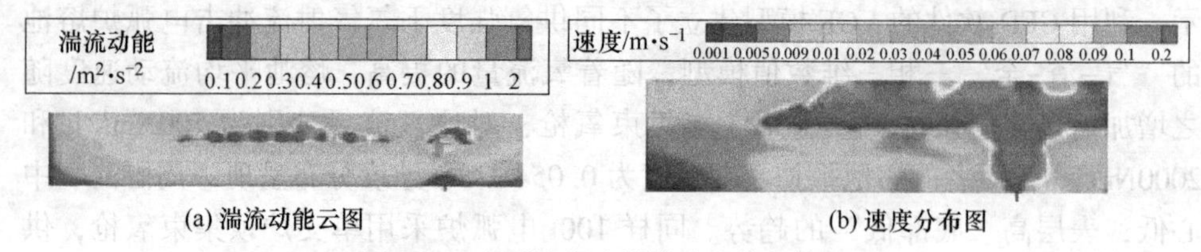

(a) 湍流动能云图 (b) 速度分布图

图 7-9 电弧炉底吹搅拌熔池模拟结果

壁的区域，而底吹流股对熔池的搅拌主要集中在熔池底部区域。但电磁场、氧气射流、底吹流股对电弧炉熔池搅拌的共同作用规律尚不明确，下面通过进行复合吹炼条件下熔池搅拌的多元耦合研究进行说明。

a “氧气射流+底吹流股”二元耦合对熔池搅拌的影响

不同冶炼工艺下，距熔池底部 200mm、400mm、600mm 截面的速度分布如图 7-10 所示。在“氧气射流+底吹流股”二元耦合条件下，熔池各个截面的速度均大于常规无底吹冶炼工艺，电弧炉熔池平均速度由 0.05m/s 升高到 0.07m/s，且速度小于 0.01m/s 的低流速区域也较常规无底吹冶炼工艺减小了 79.2%，电弧炉炼钢熔池搅拌强度与均匀性都得到明显改善。

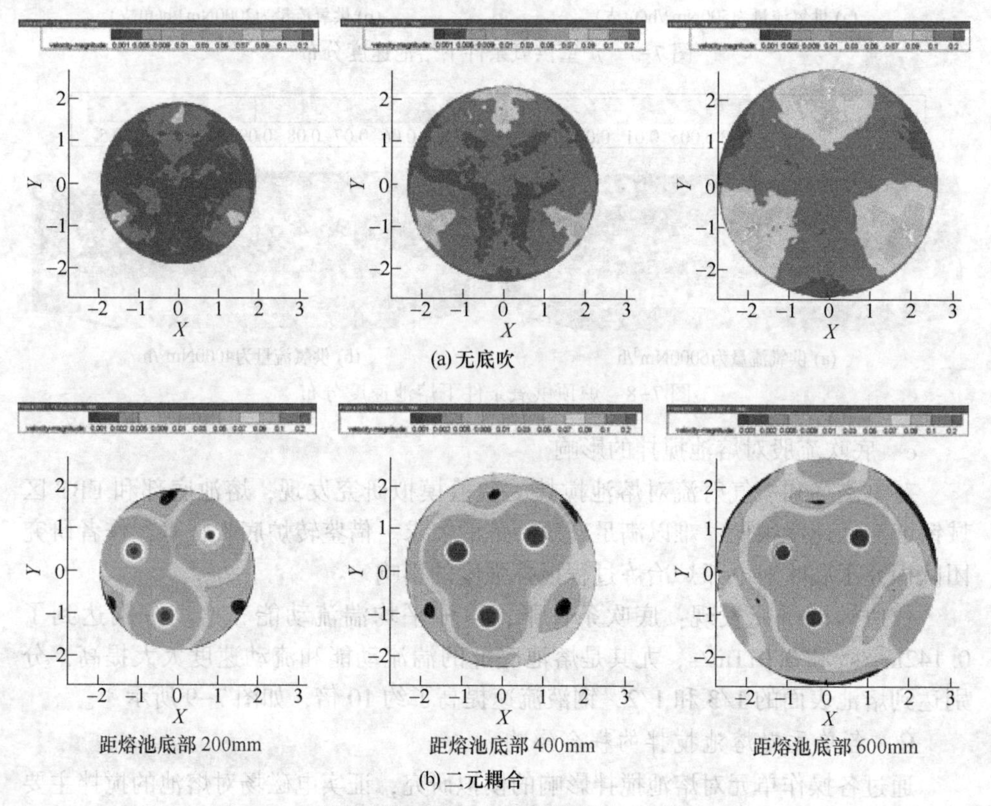

图 7-10 不同冶炼工艺熔池速度分布图（单位为 m/s）

b “氧气射流+底吹流股+电磁场”三元等效耦合对熔池搅拌的影响

在二元耦合模拟研究的基础上，尝试将电磁场搅拌做等效处理，确定“氧气射流+底吹流股+电磁场”三元等效耦合对熔池搅拌的影响规律。

电弧炉熔池被划分为 8 个流动检测研究域，并细分为 A1、A2、B1、B2、C1、C2、D1、D2 动态观测块，如图 7-11 所示。实时记录和分析实体内部的瞬时质量、速度、湍动能、温度及磁场强度的变化情况，并将检测数据汇总进行全尺寸熔池的动态监测。

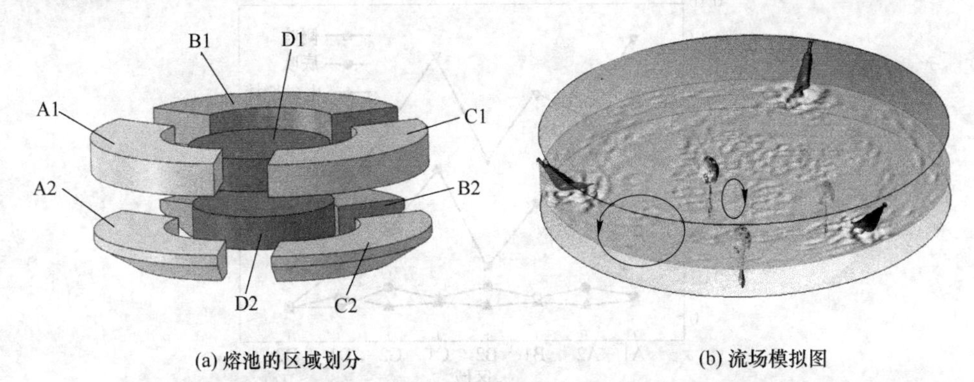

(a) 熔池的区域划分　　(b) 流场模拟图

图 7-11 三元等效耦合对流场的影响

对数值模拟所得计算结果与水模拟所得数据（混匀时间、表面流动速度及熔池流线特征等）进行综合对比，显示计算模拟结果可靠。根据监测数据分别建立电弧炉侧吹、底吹、电磁搅拌及三元耦合计算模型，得出不同阶段内的熔池流动特性。不同冶炼工艺熔池各区域内的平均流动速度如表 7-3 和图 7-12 所示，三元耦合条件下的熔池搅拌强度大幅提高。

表 7-3 各区域熔池平均流动速度 (m/s)

区域	侧吹（2500Nm^3/h）	底吹（20L/min）	电磁搅拌（视在功率 3000kV·A）	三元耦合
A1	0.114	0.012	0.0093	0.143
A2	0.074	0.017	0.0075	0.103
B1	0.059	0.012	0.0093	0.115
B2	0.027	0.017	0.0075	0.081
C1	0.078	0.012	0.0093	0.134
C2	0.045	0.017	0.0075	0.098
D1	0.027	0.0071	0.0125	0.061
D2	0.007	0.0075	0.0061	0.027
平均值	0.054	0.0127	0.0086	0.095

通过对熔池瞬时流动特性进行线性分析，得出熔池流动速度与侧吹流量、底吹流量及供电功率三者耦合关系的数学表达式[4]：

$$V=0.217\times\log\left(\frac{Q_{侧}}{1094}\right)+0.1039\times\log\left(\frac{Q_{底}}{1.073}\right)+0.0013\times e^{\frac{S}{4539}}$$

式中　V——熔池平均速度，m/s；

$Q_{侧}$——侧吹流量，Nm^3/h；

$Q_{底}$——底吹流量，Nm^3/h；

S——视在功率，kV · A。

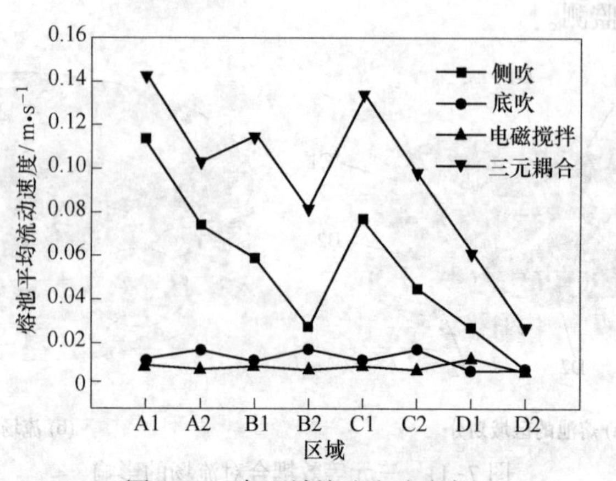

图 7-12　各区域熔池流动速度

7.1.3.2　集束射流技术的拓展应用研究

A　集束射流技术的研究现状

针对超声速气体射流速度衰减快、氧气利用率低等问题，作者研究团队早在2002 年利用气体可压缩特性，采用在超声速中心射流外包裹高温气体“伴随流”（见图 7-13）的方法成功自主开发了集束射流技术[5]，比 Praxair CoJet 氧枪更适应国内电弧炉炼钢炉料结构特点，并已在国内外 60 余座电弧炉应用。如图 7-14 集束射流特性的模拟研究结果显示，包裹“伴随流”的集束射流中心核心段长度是原超声速射流的 2 倍，可显著改善氧气射流的脱碳及搅拌能力。

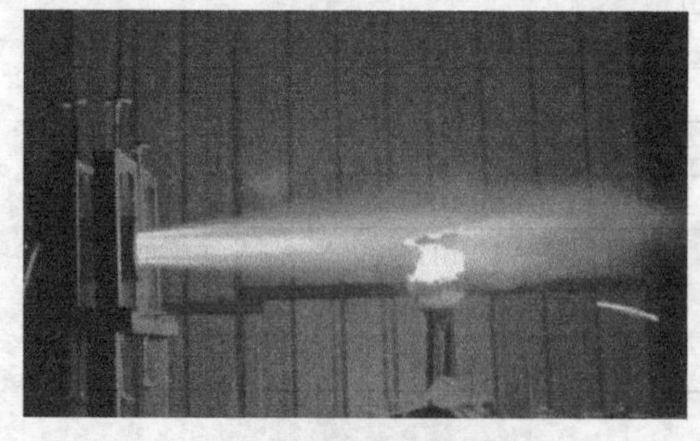

图 7-13　集束射流热态试验

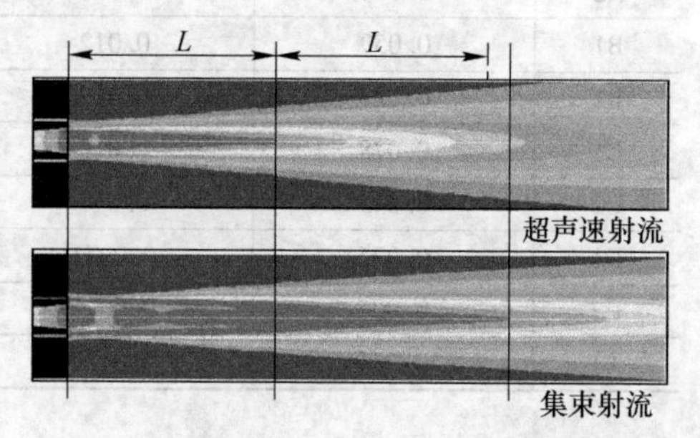

图 7-14　集束射流与超声速射流数值模拟对比

B 集束射流技术的多功能化应用研究

炉料结构的变化改变电弧炉炼钢的能源构成，影响其生产节奏、成本及产品质量。为提高化学能输入强度和能量利用效率，需对集束射流供氧技术进行多功能化应用研究。该技术的研究和应用可解决电弧炉炼钢熔池搅拌弱、金属料消耗高、能量利用率低等关键问题，实现高效、优质、环保、低成本生产。

a 炉壁集束模块化供能技术

氧气射流在炉气中衰减速度快，有效射流长度较短，对电弧炉熔池的冲击力不足。冶炼过程中，为降低渣中氧化铁含量、提高金属收得率，通常采用喷吹粉剂的方法，但粉剂颗粒运动速度小，易受炉内气流扰动，难以进入熔池参加反应，粉剂利用率低。为解决上述问题，作者研究团队开发了炉壁集束模块化供能技术。该技术包括集束供氧、喷粉、一体化水冷模块等多个单元，以满足不同冶炼工艺的要求[6]。

集束射流供氧单元具备助熔、脱碳等多种模式。如图 7-15 所示，助熔模式下集束射流火焰呈面状分布，增加了与金属炉料的接触面积，迅速预热废钢；脱碳模式下高温射流呈集束状态，中心氧流股具有极强的穿透能力，利于熔池脱碳。如图 7-16 所示，集束供氧和喷粉单元共同安装在电弧炉炉壁的一体化水冷模块上，高温“伴随流”与粉剂形成气-固混合相，提高了集束射流的冲击深度，并增加了颗粒的动能，使粉剂高效输送到多相反应界面。

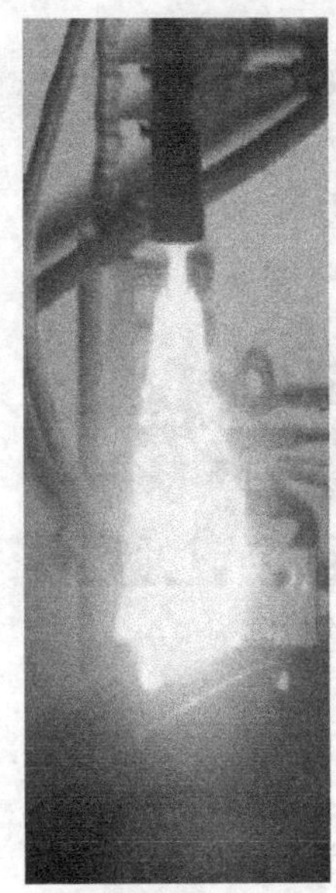
助熔模式

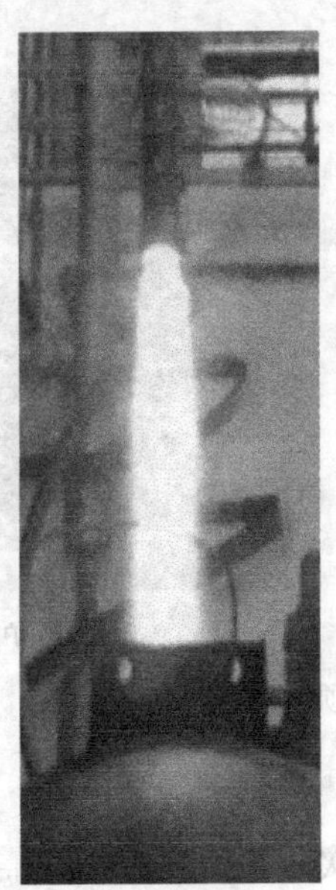
脱碳模式

图 7-15 集束射流喷吹模式图

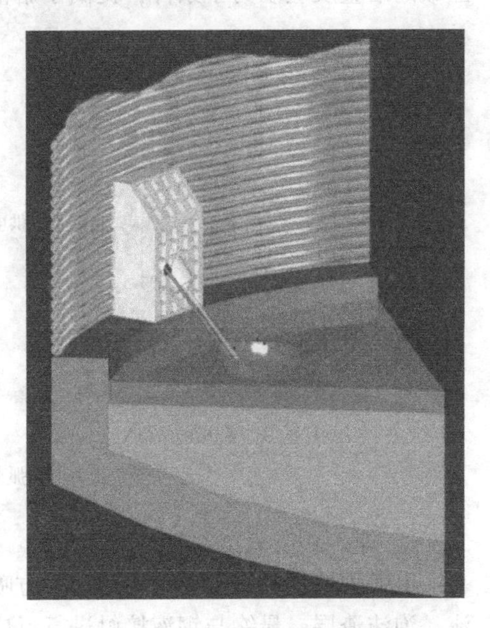

图 7-16 炉壁集束供能模块效果图

冶炼过程中，各类粉剂（炭粉、脱磷剂等）的喷吹可实现动态切换，满足泡沫渣及脱磷的要求。该技术使炭粉利用率提高 30%，保证了冶炼过程形成高质量泡沫渣，有效降低了终点氧含量，提高了金属收得率。100t 电弧炉采用本工艺喷吹脱磷剂，脱磷剂消耗量降低 20%，脱磷率较常规工艺提升 5%~10%，见表 7-4。

表 7-4 炉壁多功能喷粉脱磷与常规脱磷指标对比

脱磷方式	脱磷剂 /kg·t^{-1}	粉剂颗粒速度 /m·s^{-1}	喷粉强度 /kg·min^{-1}	磷变化 /%	脱磷率 /%
常规脱磷	42	—	—	0.080/0.012	80~85
喷粉脱磷	33	270	36	0.080/0.008	85~95

b 炉顶集束供氧喷吹技术

多元炉料（较高铁水比）带入大量的物理热和化学热，减少了电弧炉炼钢过程的电能需求。研究团队开发了电弧炉炉顶集束供氧喷吹技术，可在供电与炉顶供氧供能间切换，同时在热量不足时辅助喷吹燃料，如图 7-17(a) 所示。电弧炉炉顶集束供氧技术在炉盖上增加操作孔，通过升降机构调节氧枪枪位，完成脱碳、脱硅及造渣脱磷任务，如图 7-17(b) 所示。该技术有效改善了熔池中心区域的冶金反应动力学条件，提高了熔池搅拌强度。

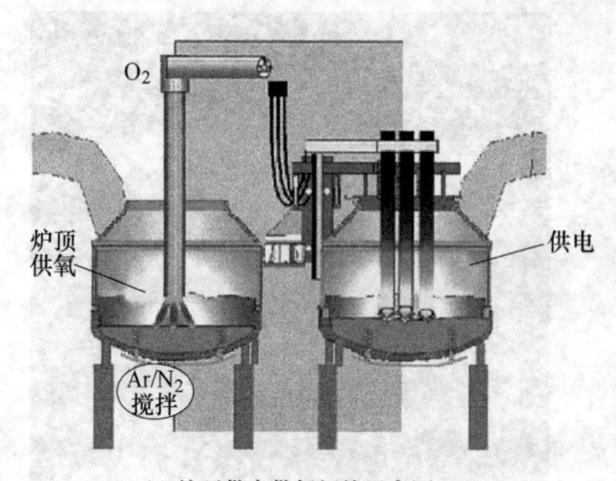

(a) 炉顶供电供氧切换示意图

(b) 炉顶氧枪图

图 7-17 电弧炉顶吹供氧工艺

c 埋入式供氧技术

电弧炉炼钢供氧主要采用熔池上方喷吹方式。氧气射流需依次穿过炉内烟气流、泡沫渣层，最终与钢液接触进行反应，因此氧气射流速度快速衰减，氧气损耗不可避免。作者研究团队开发了一种电弧炉双流道埋入式吹氧技术[7]。如图 7-18 所示，采用气态冷却保护方式将双流道氧枪出口埋入钢液面下，氧气与钢水直接接触，有效地改善了熔池搅拌强度，提高了氧气利用率；通过优化冷却设计，稳定喷射参数，实现埋入式供氧装置与炉龄同步。

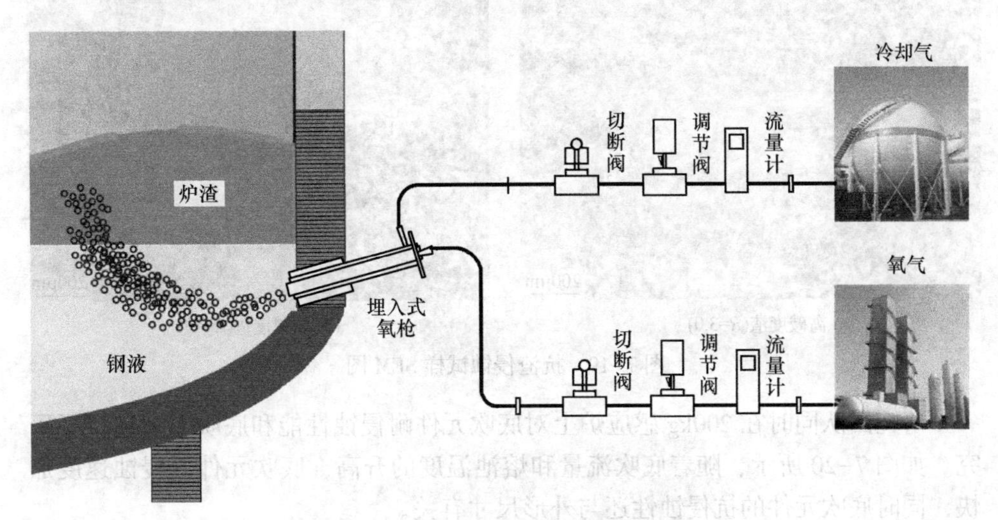

图 7-18 双流道埋入式氧枪工艺图

通过集束射流技术的拓展应用研究，可实现电弧炉炼钢多方式多点供氧，扩大氧气射流对熔池的作用区域，满足不同炉料结构条件下的供氧需求，提高了供氧效率，进一步完善并发展了集束射流技术在电弧炉炼钢的应用。

7.1.3.3 电弧炉炼钢安全长寿底吹技术的开发

电弧炉底吹技术的关键在于长寿及安全。经过多年的研究探索，开发了电弧炉安全长寿底吹技术。研究团队从失效机理、底吹元件设计、底吹工艺制定及安全报警等方面展开研究，实现了电弧炉底吹的安全长寿[8]。

A 电弧炉底吹元件失效机理研究

影响电弧炉底吹元件寿命的主要原因是底吹元件的质量及底吹工艺。通常底吹元件的损毁原因主要有：剧烈热冲击引起的热应力、裂纹和剥落，钢液搅拌对透气砖工作面的冲刷与侵蚀。在高温下，镁砂颗粒与石墨发生固相反应：

$$MgO + C = Mg(g) + CO(g)$$

生成镁蒸气与 CO 一起挥发；镁碳砖在使用中表面氧化脱碳，砖体结合强度下降，使镁砂颗粒与砖体脱离。

研究团队采用回转炉侵蚀法，对底吹元件的抗渣侵蚀性能进行研究。在 MgO-C 材料中，熔渣与 MgO 的接触角很小，很容易被侵蚀，由于石墨的存在，熔渣不能润湿石墨，因此，加入适量的石墨可以提高含碳材料抗渣侵蚀性能。

对抗渣侵蚀后的 MgO-C 试样进行显微结构和物相分析，如图 7-19 所示，图中 1、2、3 分别表示渣侵蚀层、MgO 致密层、原砖层。作者研发的底吹元件经过高、低碱度渣侵蚀后，渣侵蚀层界面清晰，抗渣侵蚀性能良好。

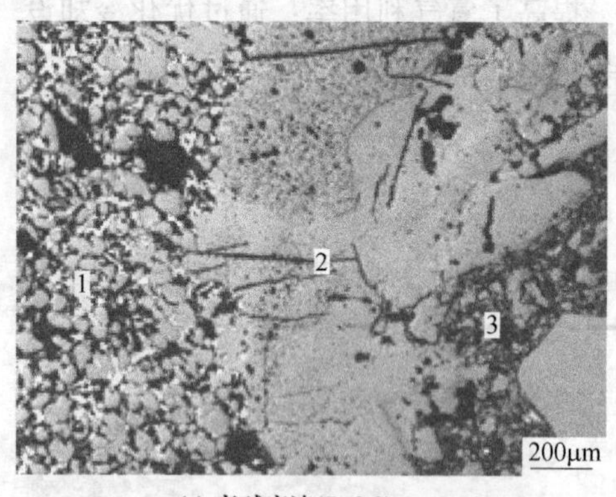

(a) 高碱度渣(R=3.0)

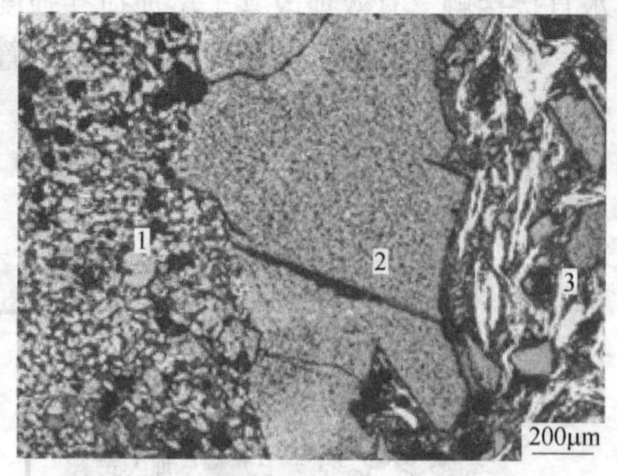

(b) 低碱度渣(R=1.0)

图 7-19 抗渣侵蚀试样 SEM 图

研究团队同时在 200kg 感应炉上对底吹元件耐侵蚀性能和底吹寿命进行了研究。如图 7-20 所示，随着底吹流量和熔池温度的升高，底吹元件的侵蚀速度加快，同时底吹元件的抗侵蚀性还与外形尺寸有关。

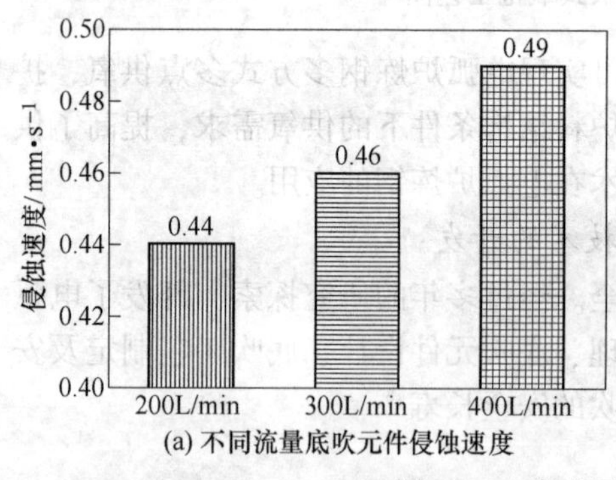

(a) 不同流量底吹元件侵蚀速度

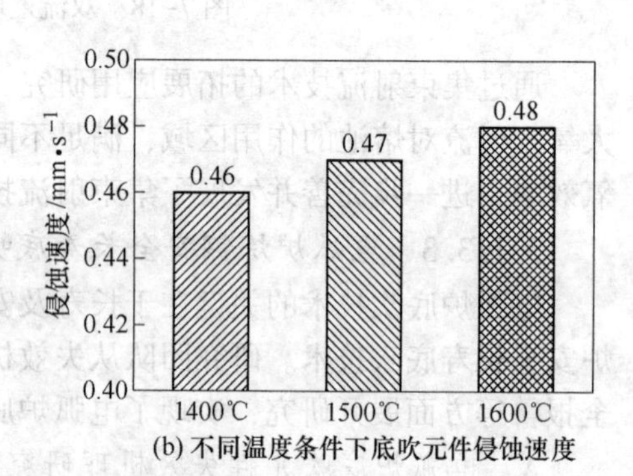

(b) 不同温度条件下底吹元件侵蚀速度

图 7-20 底吹元件侵蚀速度变化图

B 电弧炉底吹元件制备技术的研究

底吹元件是电弧炉底吹的关键部件，由 MgO-C 复合材料和不锈钢气道、气室组成，主要采用定向多微孔型结构，应具备良好的透气性、耐高温性、抗热震性、抗冲击性等性能。

镁砂中含有的 Al_2O_3、SiO_2、Fe_2O_3、B_2O_3 等杂质对镁砂中矿物分布和高温性能有很大影响。当 CaO/SiO_2 比值高时，硅酸盐成膜效应差，MgO 晶体彼此结合，使得材料的高温性能好。B_2O_3 是一种强熔剂，提高了硅酸盐对方镁石的润湿程度，降低了方镁石晶体间的直接结合程度，使镁砂的高温性能变差。

为了提高耐火材料的高温性能，在含碳耐火材料中添加少量的比碳更容易氧化的物质来抑止碳的氧化，金属添加剂有 Al、Si、Mg、Ca、Al-Mg、Al-Mg-Ca、Si-Mg-Ca 等，非金属添加剂有 SiC、B_4C、CaB_6、ZrB_2、TiO_2 以及 Al_2O_3 微粉等，从而提高抗氧化性能。研究团队采用的沥青-树脂复合结合剂，具有良好的润湿性、合适的黏度以及高的残碳率，将石墨与耐火材料结合成一个有效的网状结构。

经实验室和工业试验研究，选取镁碳材料的理化指标如下：MgO≥76%；C=14%；体积密度不小于 2.9g/cm^3，常温耐压强度不小于 30MPa，高温抗折强度不小于 12MPa。

作者对底吹元件中透气孔间隙进行了优化设计，采用稳态有摩擦加热管流微分方程组设计多孔不锈钢管气道的尺寸和数量。并应用等静压成型技术生产电弧炉底吹透气元件，将高温合金气道定位镶嵌在特制的镁碳材料中，在1550℃以上保压烧结成型。等静压成型技术与常规工艺相比，其底吹元件的孔隙率及体积密度等关键指标均大幅提升。

工业应用中，底吹元件外围采用防渗透结构，减少底吹流股对元件的侵蚀。图 7-21(a) 为全新的底吹元件；图 7-21(b) 为电弧炉冶炼 700 炉后的底吹元件，整体结构完整，侵蚀速度为 0.5mm/炉，满足了电弧炉炼钢底吹安全长寿的需求。

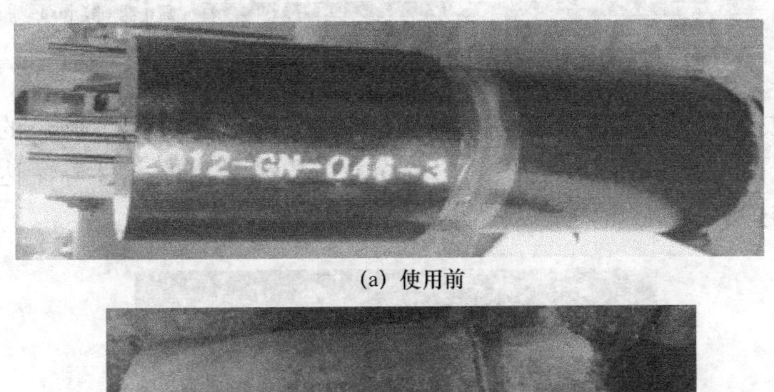

(a) 使用前

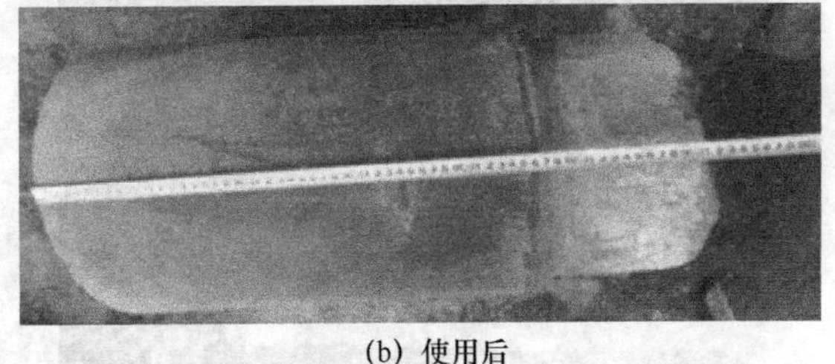

(b) 使用后

图 7-21 电弧炉底吹元件使用前后对比

C 底吹工艺和具有冗余功能的全程预警技术

电弧炉底吹工艺对底吹寿命及安全有重要影响。电弧炉冶炼过程熔池反应剧烈且变化较大，如何稳定底吹流股的压力和流量，保证底吹对熔池的搅拌效果是底吹安全同步长寿的关键。

电弧炉底吹系统由底吹阀组、流量报警装置、输气管道、底吹装置和控制系统组成，核心是具有冗余功能的电弧炉底吹全程预警技术。该技术采用多点阶梯分段监控的全程报警方式，保证了电弧炉炼钢的安全生产。图 7-22 为底吹单元操作控制系统界面。

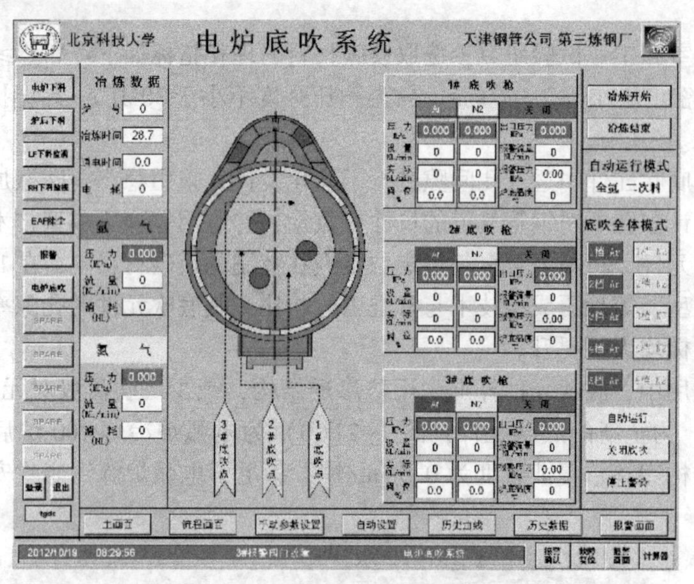

图 7-22　底吹操作控制系统界面

底吹搅拌情况如图 7-23 所示。目前该技术已在不同炉型、吨位的电弧炉上成功应用。西宁特殊钢股份有限公司等企业的电弧炉底吹元件寿命达 800 炉以上，实现与炉龄同步，达国际领先水平。

图 7-23　电弧炉底吹搅拌现场图

7.1.3.4　电弧炉炼钢复合吹炼技术集成研究

A　电弧炉炼钢复合吹炼集成理论研究

电弧炉炼钢是一个复杂的生产过程，单元操作的合理匹配才能充分发挥各自的冶金功能，实现电弧炉炼钢高效、优质、低成本生产。近年来我国电弧炉炼钢炉料结构呈现多元化的趋势，使复合吹炼的集成应用增大了技术难度。通过对电弧炉炼钢物料及能量衡算的研究，确定了复杂炉料结构下的冶金反应操作参数。例如，在四元炉料结构工况下，即冷废钢：冷生铁：冷直接还原铁：热铁水=47%：14%：15%：24%，平均吨钢氧气的需求量为43.4Nm^3，而吨钢电能消耗量为332kW · h，如图7-24所示。

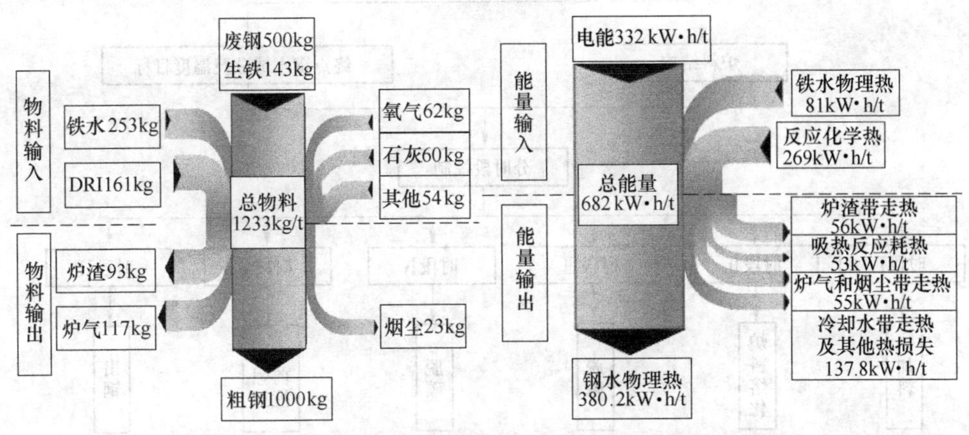

图7-24 四元炉料结构下冶金反应参数

电弧炉炼钢单元操作的合理匹配为：各单元操作按照冶金反应对热力学、动力学条件的需要，将电能、氧气、炭粉、石灰等原料输入熔池，并给予必要的搅拌强度，达到最佳的供需匹配。

将分时段方法引入集成控制，即将冶炼过程分成若干时间段，根据各分段内冶金反应特征，分别设定供氧强度、钢水温度、熔池搅拌强度等目标参数，按照各单元操作及三元等效耦合对熔池搅拌的影响，对供电、供氧、底吹、喷粉等单元进行集成控制，使各个时段内能量、物料、搅拌强度均满足冶金反应要求，实现电弧炉炼钢高效、节能生产。电弧炉炼钢复合吹炼技术的集成方案如图7-25所示。

以天津天管特殊钢有限公司第二炼钢厂100t电弧炉为例，对复合吹炼集成控制进行说明。

a 炉料结构分析

天管100t电弧炉采用铁水和废钢为主要原料，总装入量约为115t，铁水比例为45%（见表7-5），标准出钢量为100t，出钢温度为1640℃。

表7-5 天管100t电弧炉炉料结构

物 料	重量/t	比例/%
冷废钢装入量	63	54.8
热铁水装入量	52	45.2
总装入量	115	100.0

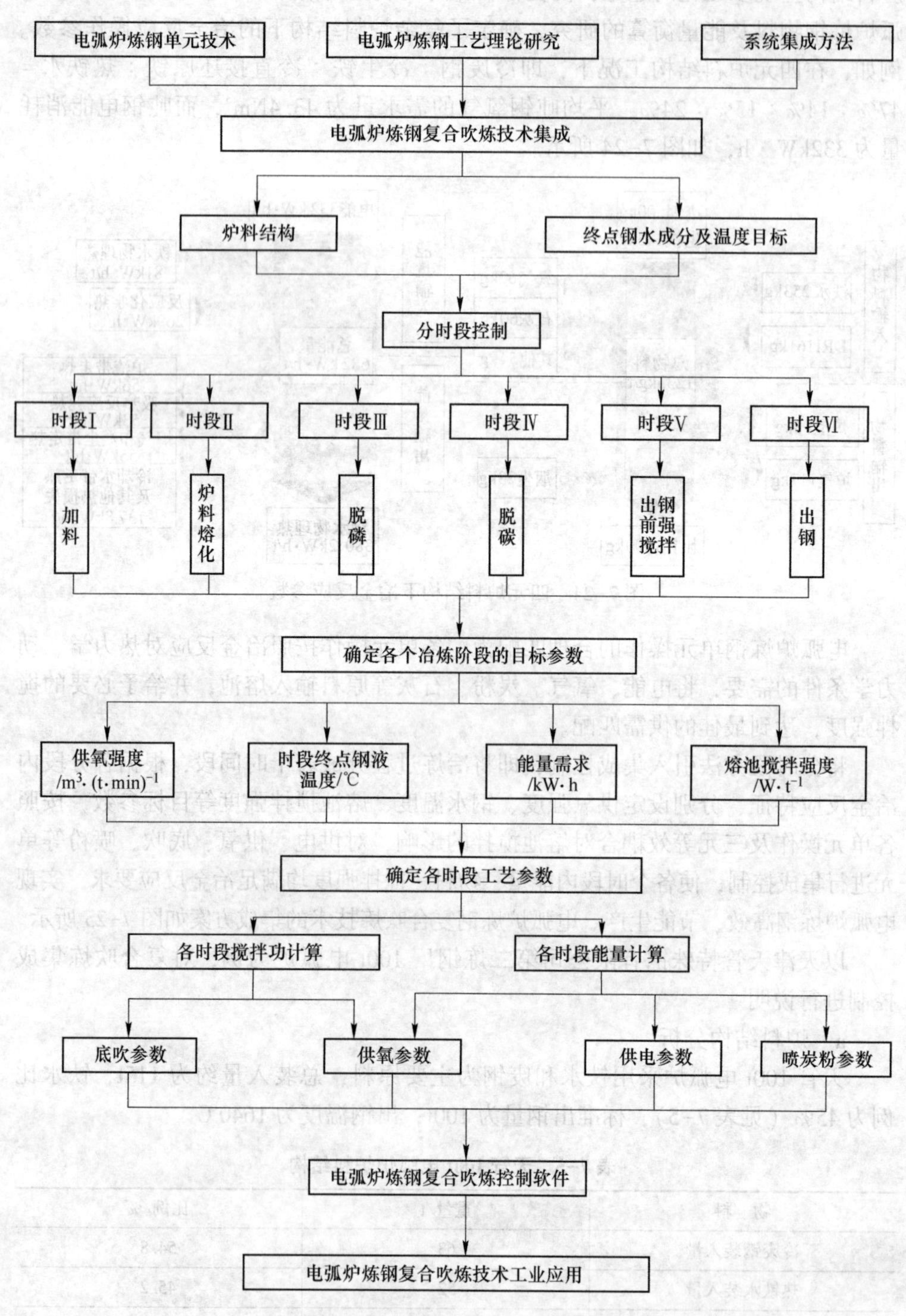

图 7-25　电弧炉炼钢复合吹炼集成方案

b 冶炼过程的分时段分析和目标参数设定

根据电弧炉炼钢过程冶金反应特征及操作工艺要求，将冶炼过程分为 6 个时段，分别记为 t_1、t_2、t_3、t_4、t_5、t_6，设定供氧强度、钢水温度、熔池搅拌强度等目标参数，见表 7-6。

表 7-6 各个冶炼阶段的冶金参数要求

时段	时间长度	冶金操作	供氧强度 $/m^3\cdot(t\cdot min)^{-1}$	目标温度 /℃	能量需求 /kW·h	搅拌强度 $/W\cdot t^{-1}$
时段Ⅰ	$t_1=5min$	装入废钢 63t，开始通电，“穿井”结束	0.27		6432	74
时段Ⅱ	$t_2=10min$	兑入铁水 52t，加石灰，熔化期结束	1.75	1452	46520	855
时段Ⅲ	$t_3=5min$	进入氧化期，测温、取样	1.33	1462	1020	386
时段Ⅳ	$t_4=15min$	进入脱碳期	1.33	1608	9040	455
时段Ⅴ	$t_5=3min$	出钢前测温，对熔池加热，调整底吹流量对熔池进行强搅拌	0.80	1638	3070	226
时段Ⅵ	$t_6=2min$	停电，准备出钢	0.20	1640	360	73
总计	$t=40min$	$t=t_1+t_2+t_3+t_4+t_5+t_6$	—	—	66442	—

c 复合吹炼的单元操作集成控制

按照各分段内供氧强度、钢水温度、熔池搅拌强度等目标参数，对供电、供氧、底吹、喷粉等单元操作进行集成控制。此处以脱碳期（时段Ⅳ）为例进行分析。

能量需求：根据钢液目标温度 1608℃，得出该分段的能量需求为 $E_{q4}=9040kW\cdot h$。

氧气需求：设定供氧强度为 $1.33Nm^3/(t\cdot min)$。

搅拌强度需求：设定搅拌强度为 $\varepsilon_4=455W/t$。

单元操作参数：

（1）四套炉壁集束供氧模块，每支氧气流量 $Q_{O_24}=2000Nm^3/h$，天然气流量 $Q_{g4}=150Nm^3/h$，功率 $P_{g4}=1568kW$；三支炉壁炭枪，每支炭粉质量流量 $\dot{m}_{C4}=25kg/min$，功率 $P_{C4}=7750kW$。

（2）三个底吹供气点，每个供气点底吹氩气流量 $Q_{Ar4}=100NL/min$。

搅拌能分析：炉壁集束供氧模块可提供搅拌强度 $\varepsilon_{氧4}=314W/t$，底吹单元可

提供搅拌强度 $\varepsilon_{底4}=144\mathrm{W/t}$。总搅拌强度为 458W/t。

能量集成：本时段时间长度 $t_4'=15\mathrm{min}$

物理能：$E_{PH4}=0$

化学能：天然气燃烧放热：$E_{g4}=n\cdot\int_{20}^{35}P_{g4}\mathrm{d}t=1569\mathrm{kW\cdot h}$

炭粉氧化放热：$E_{C4}=m\cdot\int_{20}^{35}P_{C4}\mathrm{d}t=5812\mathrm{kW\cdot h}$

熔池内元素氧化放热：$E_{CH4}=1660\mathrm{kW\cdot h}$

电能：$E_{e4}=\int_{20}^{35}P_{arc4}\mathrm{d}t=0\mathrm{kW\cdot h}$

总供能：$E_{s4}=E_{PH4}+(E_{g4}+E_{C4}+E_{CH4})+E_{e4}=9041\mathrm{kW\cdot h}$

d　复合吹炼技术集成结果

按照复合吹炼的单元操作集成控制的计算方法，完成整个冶炼过程 6 个分段内冶炼单元操作控制参数的计算。天津天管特殊钢有限公司 100t 电弧炉复合吹炼集成控制参数如图 7-26 所示。

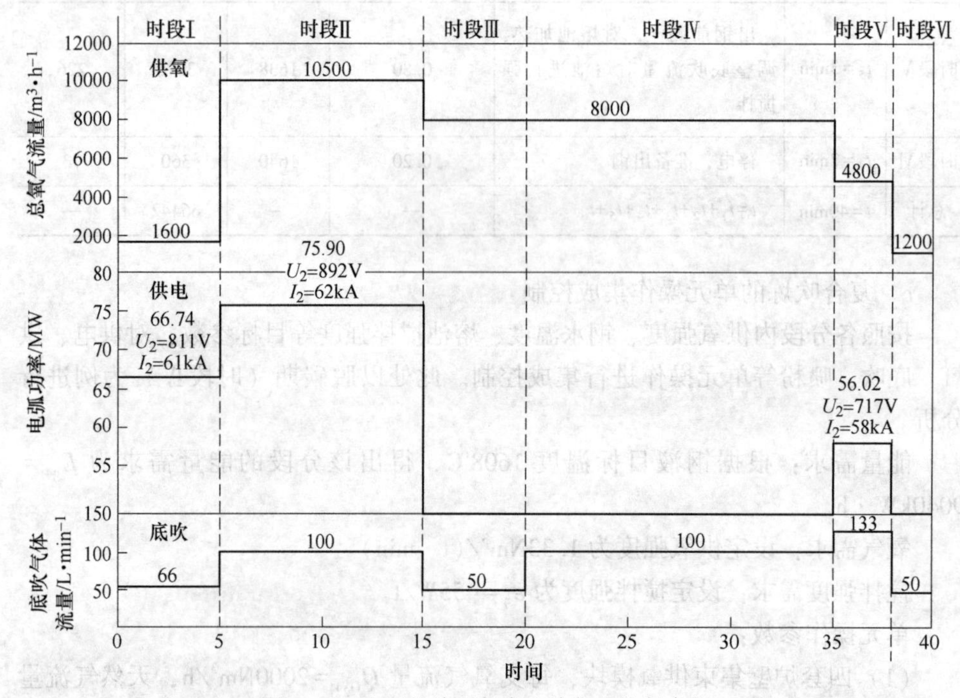

图 7-26　电弧炉炼钢复合吹炼集成控制参数

B　电弧炉钢水终点温度和成分预报技术的研究

电弧炉炼钢复合吹炼需对多个供能单元进行协同控制，传统的经验操作方式已不能满足高效冶炼的要求，开发电弧炉钢水终点温度和成分预报技术是亟需解决的问题。基于理论模型、炉气分析和神经网络技术，对钢水终点成分和温度进行实时预报，更加合理地进行供电、供氧、底吹等多点冶炼操作，为复合吹炼的集成控制提供数据基础。

针对炉气温度高、粉尘量大的难题，搭建了电弧炉炉气成分在线分析系统，包括取样探头、炉气预处理器、气体分析仪和数据自动采集处理装置等，如图7-27所示。取样探头从电弧炉第四孔中采集炉气，降温、除水并过滤粉尘后，利用红外气体分析仪连续测定炉气中O_2、CO和CO_2等成分含量，成功实现了电弧炉炼钢过程的炉气成分在线检测。结合熔池脱碳反应，建立了基于烟气成分分析和物质衡算的脱碳模型，实现了熔池碳含量的连续预报。预测值与实际值误差在±0.030%范围内的终点碳含量命中率为83.7%，如图7-28所示。

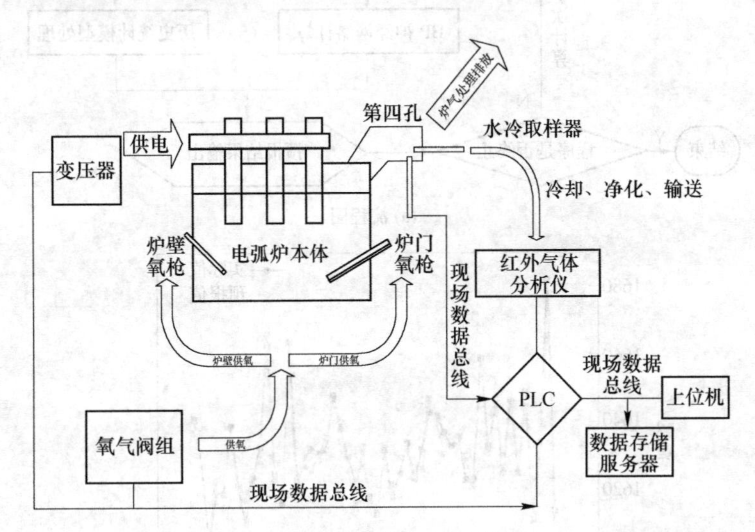

图7-27 炉气成分分析系统图

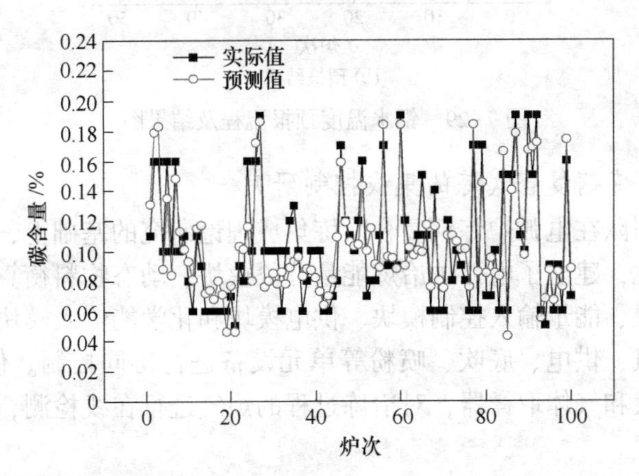

图7-28 电弧炉终点碳含量预报结果

作者研究团队利用钢水碳含量预报结果和冶炼数据，以物料和能量平衡为基础，建立钢水终点温度智能神经网络预报模型，通过大量数据反馈和自学习，不断提高模型预报精度和泛化能力。钢水温度预报流程及结果如图 7-29 所示，预报值与实测值误差在±10℃范围内的命中率为 84.0%。

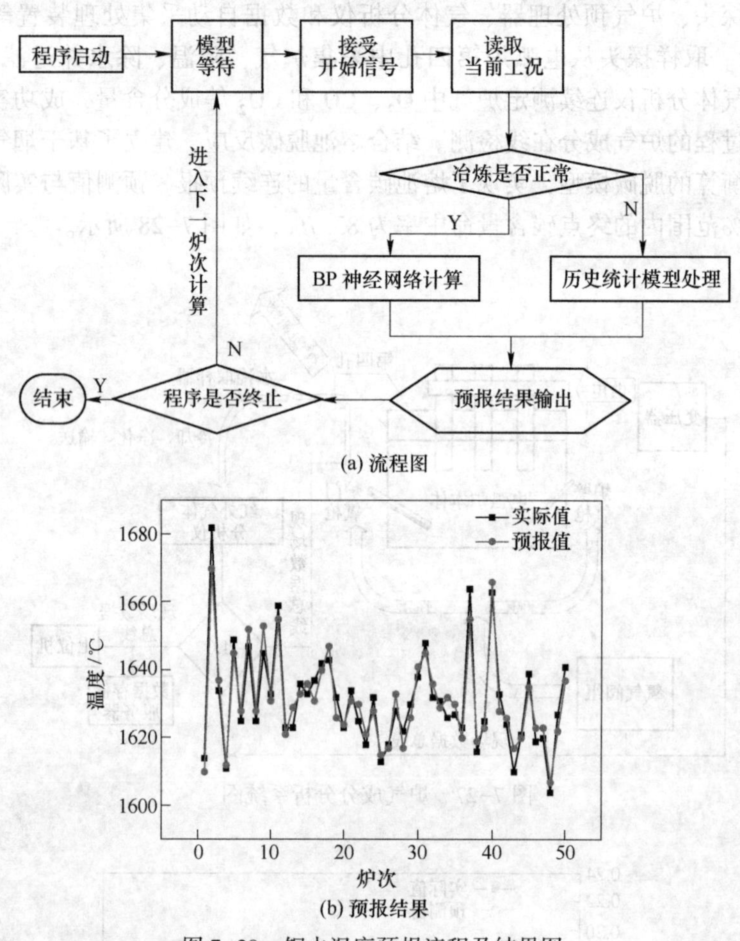

图 7-29　钢水温度预报流程及结果图

C　电弧炉炼钢复合吹炼的集成控制研究

作者研究团队在电弧炉炼钢复合吹炼集成理论研究的基础上，将操作单元和控制逻辑实体化，建立了电弧炉冶炼能量分段模块、动态物料衡算预测模块、动态能量衡算模块、能量输入控制模块、供电模块和化学能输入模块[9]。使用 PLC 现场总线将供氧、供电、底吹、喷粉等单元设备进行协同控制。使用炉气温度、炉气流量测量仪和气体取样器，对冶炼过程的炉气进行在线检测，对钢水的成分和温度进行预报。

开发了电弧炉成本控制软件和电弧炉炼钢复合吹炼控制软件，基于配料结构的 K-medoids 聚类分析方法，以能耗、成本为指标对海量数据进行筛选、评价，得到冶炼指导范例群组，应用模糊相似理论归纳总结范例的操作特征，制定最优的供电、供氧、喷粉、底吹等工艺参数，实现电弧炉炼钢复合吹炼的集成控制，其逻辑控制过程如图 7-30 所示。本软件基于网络技术、SQL-Sever 数据库和 Visual-Studio 工具，已成功应用于电弧炉炼钢复合吹炼的实际操作，操作界面如图 7-31 所示。

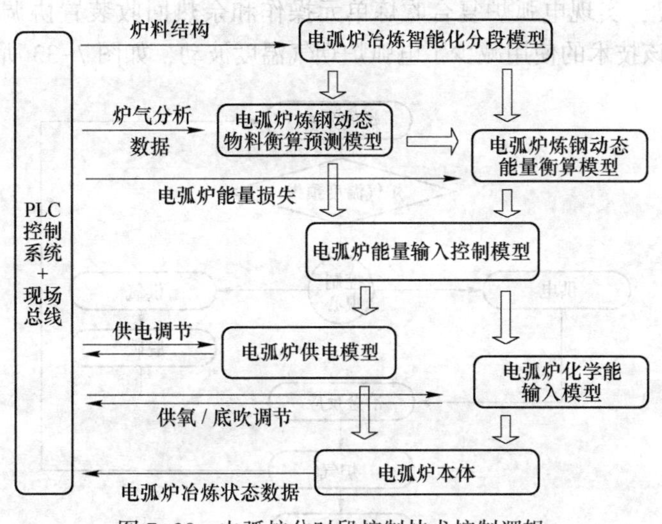

图 7-30　电弧炉分时段控制技术控制逻辑

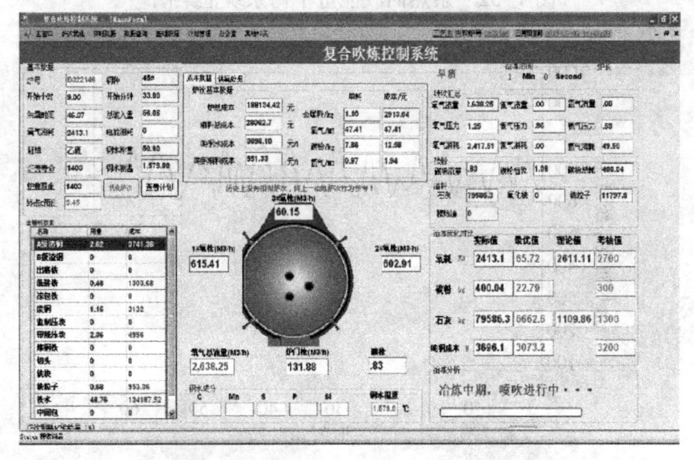

图 7-31　复合吹炼控制软件操作界面

D　复合吹炼工艺与烟气余热回收的匹配研究

炉料结构及能量来源的多样化使电弧炉炼钢余热的产生具有间歇性波动的特点。余热回收过程中常出现烟气温度过高或过低的状况，烟气温度过高时，传统工艺通过混入冷空气的方式降低烟气温度，虽然保证了设备安全生产，但是影响了富余热量的回收，降低了能量回收比例，是另外一种形式的能量浪费；烟气温度过低时，余热回收系统工作效率不高，系统回收能量不足。

发明了电弧炉炼钢复合吹炼条件下“一种电弧炉与余热回收装置协调生产的方法”[10]，为提高余热回收效率提供了技术上的可能。以炉气分析检测数据为基础，建立了智能型“供电-供氧-脱碳-余热”能量平衡系统，稳定了余热回收系统的烟气温度，实现电弧炉复合吹炼单元操作和余热回收装置协调运行，如图7-32所示。该技术的使用减少了电弧炉烟气温度波动，如图7-33所示。

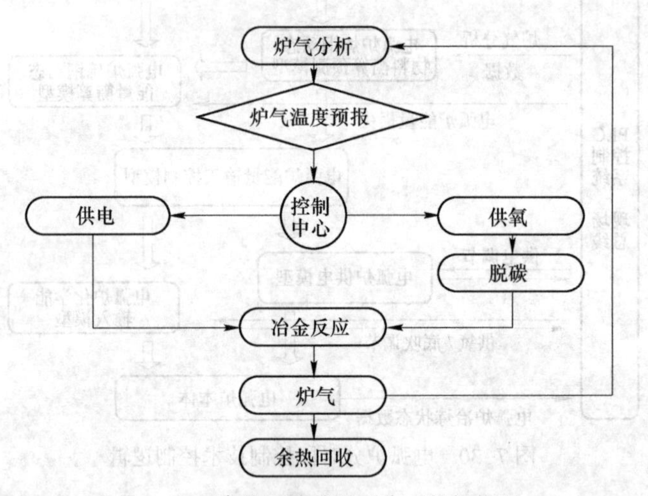

图 7-32　余热回收能量平衡系统框架图

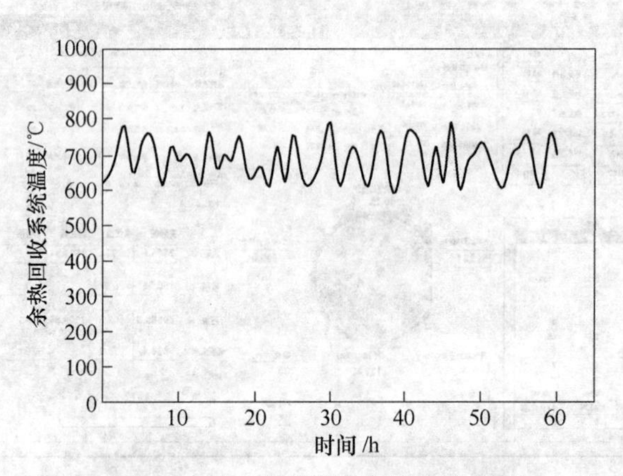

图 7-33　电弧炉炼钢烟气温度波动图

7.1.4　实施效果

2011年至今，该技术成果在国内天津天管特殊钢有限公司等多家企业的

50~150t 电弧炉推广应用，生产经济指标见表 7-7。

表 7-7 该技术在应用企业的生产经济指标对比

容量	炉型	冶炼模式	铁水比	冶炼时间	电耗	氧耗	石灰消耗	氮气	氩气	钢铁料	回收余热	成本
			%	min	kW·h/t	Nm^3/t	kg/t	Nm^3/t	Nm^3/t	kg/t	kg标煤/t	元/t
天管 100t	常规炉型	常规冶炼	36.6	54.2	236	49	56	—	—	1160	—	4135
		复合吹炼	41.8	53.2	224	47.5	48	—	6.1	1141	—	4065
新余 50t	常规炉型	常规冶炼	61.2	59	136	42.5	61.5	—	—	1116	5.3	2960
		复合吹炼	60.5	55	128	40.1	58.1	6	0.166	1099	12.23	2902
西宁 70t	康斯迪	常规冶炼	85.4	58	0	69	65	—	—	1155	8.5	3216
		复合吹炼	83.2	53	0	60	57	—	5.2	1144	10.4	3189
衡阳 90t	常规炉型	常规冶炼	55.4	61	156	49	53	—	—	1150	12.7	2987
		复合吹炼	54.5	58	147	45	49	—	5.6	1142	15.23	2944

7.2 电弧炉炼钢智能化技术

7.2.1 电弧炉智能化供电

供电操作是电弧炉炼钢过程主要的环节之一，同时，优化供电的关键在于电极的自动调节。为改善电极调节的响应速度和控制精度，确保电弧炉三相电流的平衡及电极连续稳定的调节，需要不断改进电弧炉电极调节系统，从而实现节能降耗、提高产量和质量的目标。自动判定废钢熔清技术的开发进一步提高了电弧炉供电的智能化水平[11]。

7.2.1.1 电极智能调节

优良的电弧炉电极智能化调节是保障生产顺利进行、缩短冶炼时间的关键。目前国内外大部分关于电弧炉电极调节自适应控制的研究主要是将电弧炉主电路作为线性系统进行辨识和控制，然后采用线性系统的自适应方法进行研究。分段线性化自适应控制的方法便是其中的一种。分段线性化自适应控制策略是将电弧炉电极调节系统由对非线性系统的控制转变成对分段线性化系统的控制，解决了三相电弧炉系统的自适应控制问题。

随着智能控制原理的快速发展，研究人员广泛应用智能控制算法控制电弧炉电极的调节。针对电弧炉冶炼两个时期的复杂非线性、时变性等特征，研究人员分别采用神经网络和模糊控制与传统 PID 相结合的控制方法，使冶炼的各时期都能达到满意的控制效果。美国 North Star 钢厂利用智能控制算法改善 80t 电弧炉的电极控制系统，使得生产率提高 10%~20%，电极消耗降低 0.4~0.6kg/t，电能消耗减少 18~20kW·h/t。国内舞阳钢铁公司 100t 电弧炉电极系统采用恒阻抗神经网络调节后，每炉供电时间缩短 8min，电能消耗减少 60kW·h/t，实际生产效果显著。

7.2.1.2 自动判定废钢熔清技术

现代电弧炉炼钢一般按照预先设定的通电图表进行电力调整，冶炼过程须多次（如 3 次）装入废钢。然而因装入废钢的性状（如尺寸、体积、重量、形状等）和熔化状况经常变化，按照预设通电图表操作并不能取得最佳供电熔化效果。特别在废钢追加时期和由熔化转向升温的熔清时期，多由操作人员根据经验操作。废钢追加过早或过晚，电能都得不到有效利用，生产效率降低，甚至会损坏炉内耐火材料；从熔化转向升温的熔清时期，电力供应由一般熔化期的通电图表变更为升温期的低电压大电流通电图表以提高钢液的升温加热效率，因此熔清期判断不准确，都会增加冶炼时间，降低生产效率。因此，废钢在电弧炉内熔化状态的准确把握对炼钢操作产生较大的影响。

Daido Steel 开发了电弧炉自动判定废钢熔化的 E-adjust（Electronic Arc Furnace-Automatic Dynamic Judgement System of Scrap Meltdown Timing）系统（见图 7-34），主要利用电弧炉冶炼过程中发生的高次谐波电流（或高次谐波电压）和电弧炉发声两个要素判定炉内废钢熔化状态，进而进行自动化控制。

研究人员通过解析熔化过程中高次谐波随时间变化的相关数据和熔化末期电源频率偶数倍区域的发声规律，确定可作为判定标准的特定阈值，结合智能算法开发了熔清判定系统。实际生产中，熔清判定系统利用电流互感器测量的电流值变化进行演算处理获取高次谐波成分，利用噪声计测量的炉内噪声变化进行频率解析，然后利用系统的智能模块对电弧炉内废钢熔化状态进行判定。

Daido Steel 收集大量 E-adjust 实际生产数据，并与传统人工判断化清的生产模式做对比，表 7-8 为引入化清系统前后 1 个月的操作参数对比情况。结果表明，电弧炉平均电耗降低了 7.1kW·h/炉，操作时间减少了 0.4min，引入 E-adjust 系统后因操作稳定而消除了用电的无效化，节省了电能并提高了电弧炉的生产效率。

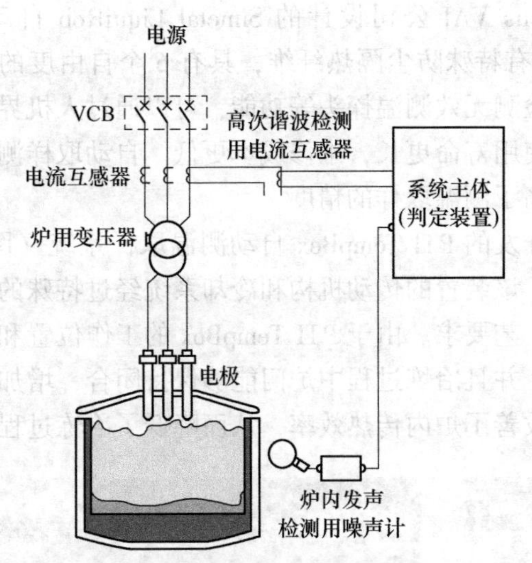

图 7-34 熔清判定系统的构成

表 7-8 化清判定系统引入前后操作参数的对比

操作参数	电力单耗/kW · h · 炉$^{-1}$	操作时间/min
系统引入前	370.1	46.7
系统引入后	363.0	46.3
改善效果	7.1	0.4

近年来，基于自适应技术、神经网络和模糊控制的电极自动调节模型逐渐引入国内电弧炉控制系统，实际生产效果显著。由于国内电弧炉炼钢广泛采用铁水热装技术，自动判定废钢熔清技术须进一步完善以适应不同废钢比的电弧炉炼钢过程，提高其可靠性。

7.2.2 电弧炉炼钢炉况实时监控技术

电弧炉冶炼过程在高温下进行，冶炼环境恶劣，有许多参数在实际生产中是无法准确得到的。随着科学技术的发展，国内外研究人员开发了一系列电弧炉冶炼过程的监测技术，为电弧炉炼钢过程的智能化控制奠定了基础。

7.2.2.1 测温取样技术

电弧炉炼钢过程中钢液的温度测量和取样一直是制约电弧炉电能消耗和生产效率的关键环节之一。针对传统人工测温取样安全性差、成本高等问题，一系列自动化测温取样新技术得以开发并推广应用。

A 自动测温取样

普遍使用的取样和测温方式是通过人工将取样器或热电偶从炉门插入钢水

中来完成的。Siemens VAI 公司设计的 Simetal LiquiRob 自动测温取样机器人(图 7-35)，外层涂有特殊防尘隔热纤维，具有 6 个自由度的运动、自动更换取样器和测温探头、检测无效测温探头等功能，可以通过人机界面全自动控制。与机械手取样相比，使用寿命更长，维修成本更低。自动取样测温机器人的使用改善了工作环境，提高了测温取样的精度。

美国 PTI 公司开发的 PTI TempBox 自动测温取样系统（图 7-36）穿过炉壁进入熔池测温取样。该装置的传动机构和冷却系统经过特殊的设计可满足电弧炉冶炼的恶劣环境和工艺要求。由于 PTI TempBox 的工作位置和特点，测温取样不受系统供电的限制，并且冶炼过程中炉门能够保持闭合，增加了炉膛内泡沫渣的停留时间和厚度，改善了炉内传热效率，从而降低了冶炼过程的能量消耗。

图 7-35　自动测温取样机器人

图 7-36　PTI TempBox 及安装位置（靠近炉门）

电弧炉冶炼过程中，由于炉渣状况难以控制，须清扫炉门等取样通道内的炉渣，以保证取样探头的正常工作。目前，国内大部分电弧炉炼钢企业仍采用传统的人工取样测温方式，先进的自动测温取样装置近年来开始引入到国内电弧炉实际生产。

B　非接触式连续测温

电弧炉炼钢要求必须在任何规定的时间准确掌握温度，不仅是熔池表面温度，而且包括熔池内部温度。传统电弧炉炼钢采用人工测温的方式，不但测温费用高、劳动强度大、安全性能差，而且需要停止供电，延长热停工时间，所以操作工一般仅在取样和出钢前测温。然而，钢液温度的实时准确监测能够对造泡沫渣、钢液脱磷、优化供电等相关工艺的优化操作起指导性作用。鉴于电弧炉炼钢过程高温恶劣的冶炼环境，一直以来难以实现对钢液温度的连续性监测[12]。

Siemens VAI 开发了一套创新型方案——基于组合式超声速喷枪的非接触式连续钢液温度测量系统 Simetal RCB Temp[13]。区别于传统的测温方法，Simetal RCB Temp 能够在短时间内准确地测出钢液温度，准确地确定出钢时间，使电弧炉炼钢过程的通电时间和断电时间均为最佳。图 7-37 为 Simetal RCB Temp 测温装置示意图。

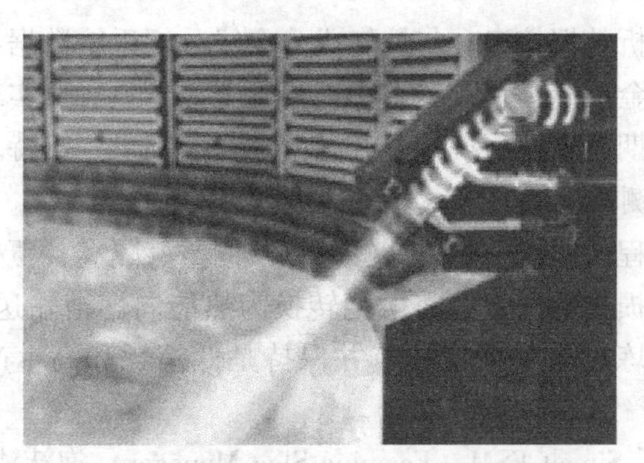

图 7-37 Simetal RCB Temp 连续测温装置

该装置包括组合式超声速喷枪和光学传感器两部分。超声速喷枪功能为：(1) 向熔池喷射氧气使钢液脱碳；(2) 测温时，喷入测温气体来代替氧气。

光学传感器安装在喷枪下端，接收被测信号，然后该信号被放大并经过分析器进行处理，再经过相关算法模型，计算被测温度。Simetal RCB Temp 测温系统能够在电弧炉通电和炉门关闭状态下准确测温。当钢水达到出钢温度时，电弧炉可毫无延迟的断电、出钢。

Simetal RCB Temp 实现了非接触钢液的连续测温，提高了电弧炉炼钢的生产能力。但该系统温测的可靠性和使用寿命须进一步验证和完善。

北京科技大学冶金喷枪研究中心开发的 USTB 红外测温系统，目前已经实现工业应用。采用超声速动态喷吹 O_2-N_2-CO_2-Ar 多介质混合射流，开辟了直接穿越含烟炉气和泡沫渣层、直达钢液内部的测量通道，建立了稳定的钢液温度特征信号传输路径，特征信号经控制中心特征信号转换模型处理后，即可实现钢液温度连续在线测量；建立了基于熔池成分和测温射流特性的非接触钢液测温特征数据库，根据不同冶炼阶段熔池冶金反应状况，在线动态调整测温气体流量和信号转换参数，误差在±10℃范围内的准确率达 90.0%以上（见图 7-38）。该系统配

(a) 非接触钢液连续测温系统

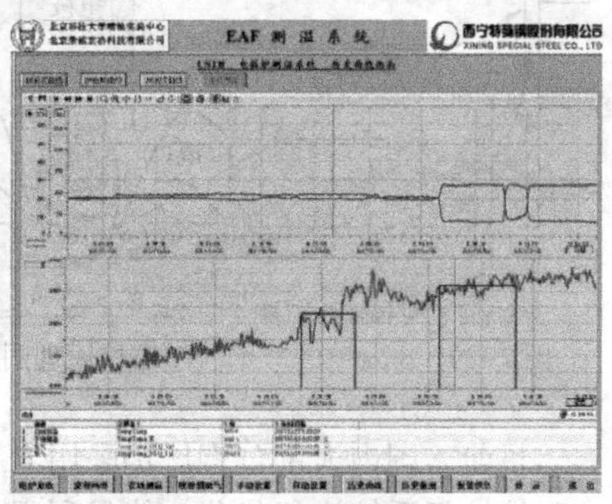

(b) 测温系统运行界面示意图

图 7-38 USTB 红外测温系统运行情况

备炉气成分在线分析数据接口，与炉气成分在线分析系统数据共享，基于炉气实时数据推测熔池冶金反应进程，动态修正测温工控参数，可实现钢液温度精准在线测量，对冶炼前期脱磷及后期钢液升温精准控制提供了支持。

C 泡沫渣监测控制技术

电弧炉炼钢过程的泡沫渣操作能够将钢液同空气隔离，覆盖电弧，减少辐射到炉壁、炉盖的热损失，高效地将电能转换为热能向熔池输送，提高加热效率，缩短冶炼周期。冶炼过程中造泡沫渣并保持是低消耗和高生产率电弧炉炼钢的关键。

Siemens 开发了 Simelt FSM（Foaming Slag Manager）泡沫渣监控系统（图 7-39）。针对泡沫渣的高度和分布对炉内声音传播的影响，Simelt FSM 能够定性地测定炉内泡沫渣的存在状态。特殊设计的声音传感器安装在炉壁特定位置，采集炉内声音信号，信号分析系统根据采集的信号分析泡沫渣高度及分布状态。基于此，FSM 系统能够自动调节电力供应和炉内各区域炭粉的输入，调节泡沫渣操作和稳定电弧，以改善电弧炉能量供应，提高生产效率。

美国 PTI 公司开发的电弧炉炉门清扫和泡沫渣控制系统 PTI SwingDoor（图 7-40）减少了外界空气的进入，提高了炼钢过程的密封性。炉门上安装有集成氧枪系统，可代替炉门清扫机械手或炉门氧枪自动清扫炉门区域。该系统通过控制炉门的关闭代替炉体倾斜装置控制流渣，也可以控制炉内泡沫渣水平和存在时间，从而保证冶炼过程中炉膛内渣层的厚度，减少能源等额外消耗，提高电弧传热效率，改善能量利用效率。

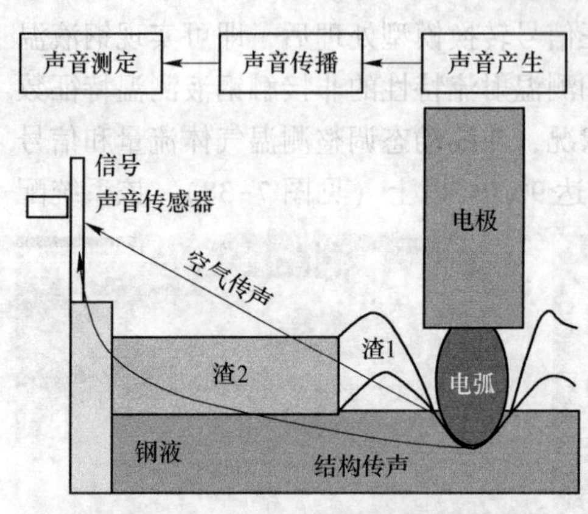

图 7-39 Simelt FSM 泡沫渣监控原理图

图 7-40 PTI SwingDoor 控制流渣

目前，国内大部分钢厂仍采用人工方式控制泡沫渣的制作，部分钢厂采用了电弧炉炉门系统进行优化，能量利用效率明显提高。而由于电弧炉炼钢炉况的复杂性，基于炉内发声的泡沫渣监控系统的可靠性有待验证。

D 烟气连续分析系统

现代电弧炉炼钢集高效、安全和环保于一体，对于炼钢过程烟气检测、控制和工艺优化的要求越来越高。现代电弧炉烟气分析系统能够准确地测量烟气的温度、流量以及烟气中 CO、CO_2、H_2、O_2、H_2O 和 CH_4 等成分。烟气分析系统利用采集的信息和自身的控制模型对冶炼过程分析、判断并控制。烟气的在线探测传感器一般安装在电弧炉第四孔处，须进行特殊的设计以适应第四孔苛刻的高温和烟尘环境，增加其可靠性和使用寿命。

意大利 Tenova 公司开发的 EFSOP 烟气分析系统包括耐高温的废气采样系统、带有专用仿真和控制软件及数据采样的控制计算机。基于实时检测的排除烟气的成分和温度，该系统能够确定化学能源在炉内的利用率、碳氧间的不平衡程度、排除烟气系统有无爆炸危险和通风系统是否过分抽气等状况，同时可以实现氧气和燃气的动态输入控制，以便保证气体的充分燃烧。该系统利用红外气体高温计、压力探测器、流量传感器分别测量电弧炉排除烟气的温度、管道中气体的静态压力和烟气流速，并且能够根据烟气的流速计算采样点的碳势平衡[14]。Siemens 开发的 Simetal Lomas 烟气连续分析系统对气体采样探测器进行了特殊设计，安装有水冷装置和自动清洁装置（图 7-41）。该系统配备两个气体采样探测器：两探测器能够自动循环切换，一个探测器工作时，另一个探测器清洁修正，从而保证冶炼过程烟气的连续测量分析。国内江苏淮钢采用美国 Praxair 公司开发的基于炉气分析的二次燃烧系统进行二次燃烧用氧控制，取得了明显的节能效果，吨钢电耗下降 28kW · h，冶炼时间缩短 7.5min。

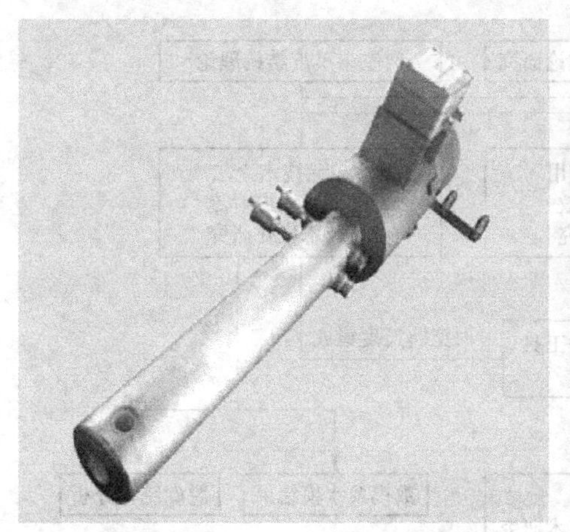

图 7-41 Simetal Lomas 气体采样探测器及水冷清洁装置

现代电弧炉炼钢可同时利用烟气分析对炉内漏水情况进行监控，防止过多水分进入电弧炉引起爆炸，导致重大安全事故。EFSOP 烟气分析系统利用相关智能算法模型模块处理检测到的烟气成分信号，监控电弧炉内的水渗入量，同时利用实验和历史数据分析界定炉内水量等级，预报炉内漏水情况并采取自动处理措施避免造成伤害[15]。

烟气分析系统在国内外电弧炉上已有广泛应用，效果良好。就目前实际应用情况而言，耐高温和粉尘的气体探测传感器需继续研究开发，以进一步降低使用成本、提高气体分析的准确性。

7.2.2.2 电弧炉冶炼过程优化控制

随电弧炉炼钢技术的发展，仅仅依靠操作者的经验来控制电弧炉生产已经严重制约现代电弧炉炼钢的生产节奏。通过数据信息的交流和过程优化控制，可使电弧炉炼钢过程的成本控制、合理供能等环节最优化，降低成本，提高效率。

A 成本控制优化系统

传统的电弧炉冶炼操作中，电弧炉技术指标受操作者熟练程度影响。现代计算机技术的发展，使利用计算机的记忆和计算功能优化电弧炉操作成为可能。北京科技大学研发的电弧炉冶炼过程控制成本优化系统通过对电弧炉冶炼工艺历史数据的记录，建立数据库；根据成本、能耗最低或冶炼时间最短原则，选择与当前冶炼炉次炉料结构、冶炼环境等相近的最优历史数据，然后根据最优炉次的冶炼工艺进行冶炼，以达到最优的冶炼效果。该系统由北京科技大学开发，已经在国内外电弧炉试运行。

北京科技大学冶金喷枪研究中心采用时空多尺度结构理论对电弧炉炼钢过程进行研究，指出其物质转化过程中存在着微观尺度、介观尺度、单元操作尺度和工位尺度等多个时空尺度的结构（图 7-42）。在充分吸收国内外钢铁企业现有过

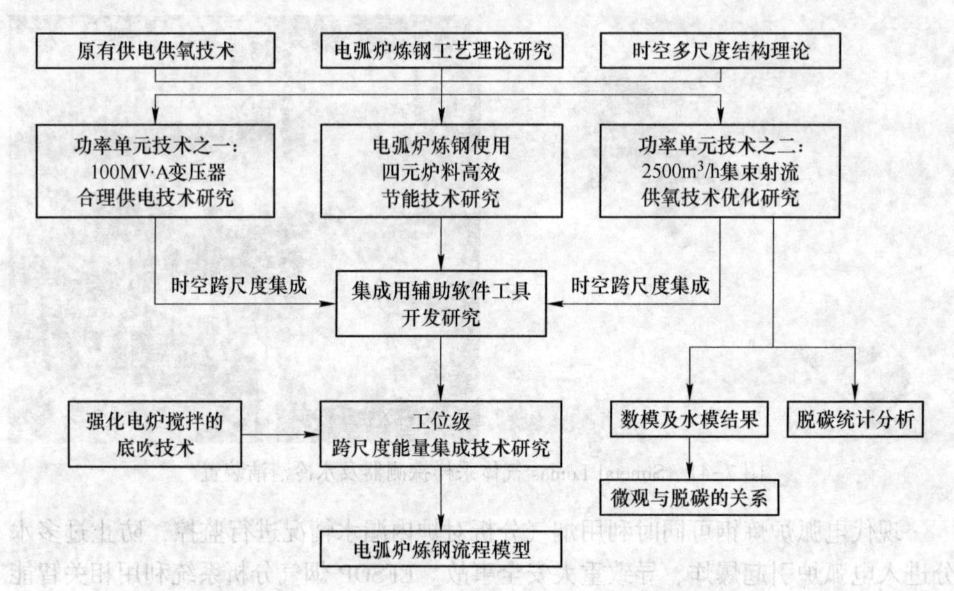

图 7-42 电弧炉炼钢流程模型的多尺度集成原理图

程控制模型的基础上，结合电弧炉成本控制模型与电弧炉炼钢流程专家指导模型，构建了一套集电弧炉、精炼与连铸，实现成本监控、过程优化指导于一体的在线电弧炉炼钢流程模型的多尺度模型。多尺度集成模型汇集了电弧炉炼钢成本控制模型及与电弧炉炼钢流程相关的专家指导模型（包括钢水成分与温度预报、电弧炉终点预报与精炼过程合金优化等功能）。

在线电弧炉炼钢流程多尺度模型已成功应用于新余新良特钢、衡阳钢管、马来西亚安裕钢铁、中国台湾易昇钢铁、西宁特钢、天津钢管等企业的电弧炉生产过程。平均吨钢氧气消耗降低 2Nm^3，电耗降低 2kW · h，金属料消耗下降 10kg，吨钢成本降低 30 元以上，经济及社会效益显著。

B 电弧炉炼钢终点控制

电弧炉出钢时，钢液的温度及 O、C、P 等元素的含量对后续精炼和连铸生产环节有重要的影响。电弧炉炼钢钢液终点参数的精确预报和控制，是降低生产成本、加快冶炼节奏的关键。

早期研究者根据电弧炉炼钢物料平衡、能量平衡和各阶段化学反应建立机理模型，而由于电弧炉炼钢过程是高温、多相、快速的反应过程，复杂多变、条件苛刻，许多参数在实际生产中很难获取，机理模型预报的准确性难以得到保证。近年来，随着智能算法的发展，研究人员将人工神经网络、支持向量机、遗传算法等智能算法引入电弧炉炼钢，开发了一系列终点预报模型并在实际应用中取得了良好的应用效果。袁平等基于多类支持向量机算法建模，得到了电弧炉终点温度范围为±10℃、终点［C］范围为±0.05、终点［P］范围为±0.003 时，终点命中率分别为 93%、93%、87%的预测效果。何春来、董凯等建立了基于烟气分析的电弧炉炼钢终点碳控制模型，得到了较好的预报效果。

作者开发出“EAF—LF—VD—CC”数字化生产平台与出钢过程在线喷粉脱氧方法。建立各工序集成数据采集、工艺指导、成本监控与计算、质量监控与预报、数据维护与查询等功能的数字化成本质量控制模块，并实现全流程系统集成（图 7-43、图 7-44）。

该软件在不同炉型、容量电弧炉应用后，冶炼终点钢液温度和碳含量命中率很好，终点控制准确性提高，补吹次数明显减少，冶炼周期平均缩短 3.9min；吨钢平均冶炼电耗降低 10.03kW · h、钢铁料消耗降低 11.51kg、氧气消耗降低 2.03Nm^3。

C 冶炼过程整体智能控制

随着监测手段和计算机技术的发展，电弧炉炼钢智能化控制不再仅仅局限于某一环节的监测与控制，应从整体过程出发，将冶炼过程采集的信息与过程基本机理结合进行分析、决策及控制，追求电弧炉炼钢过程的整体最优化。

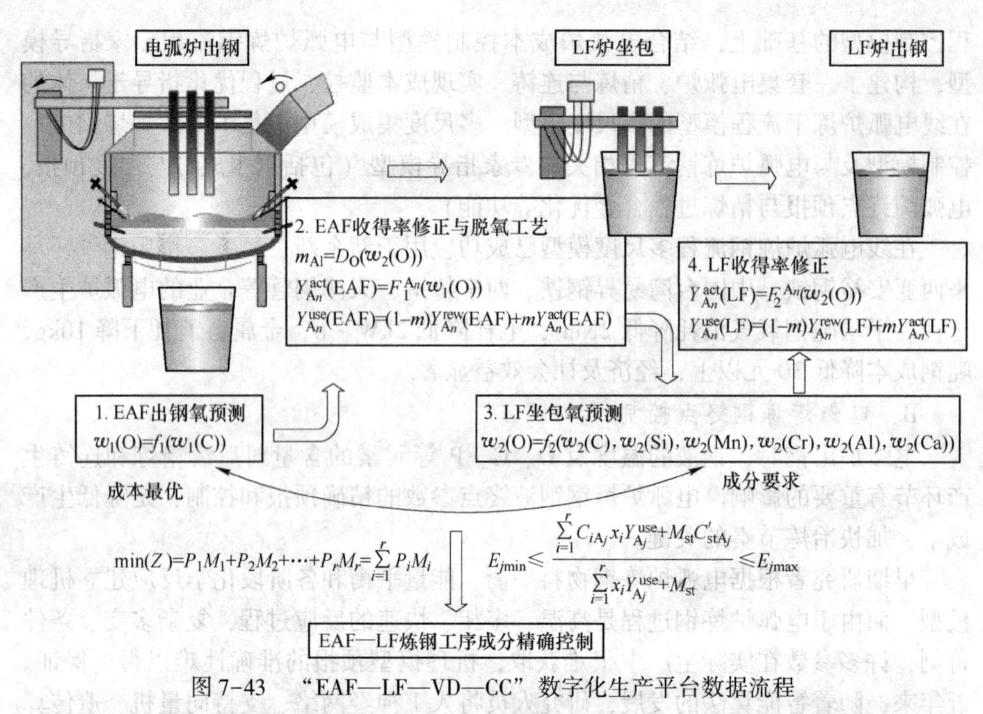

图 7-43 “EAF—LF—VD—CC”数字化生产平台数据流程

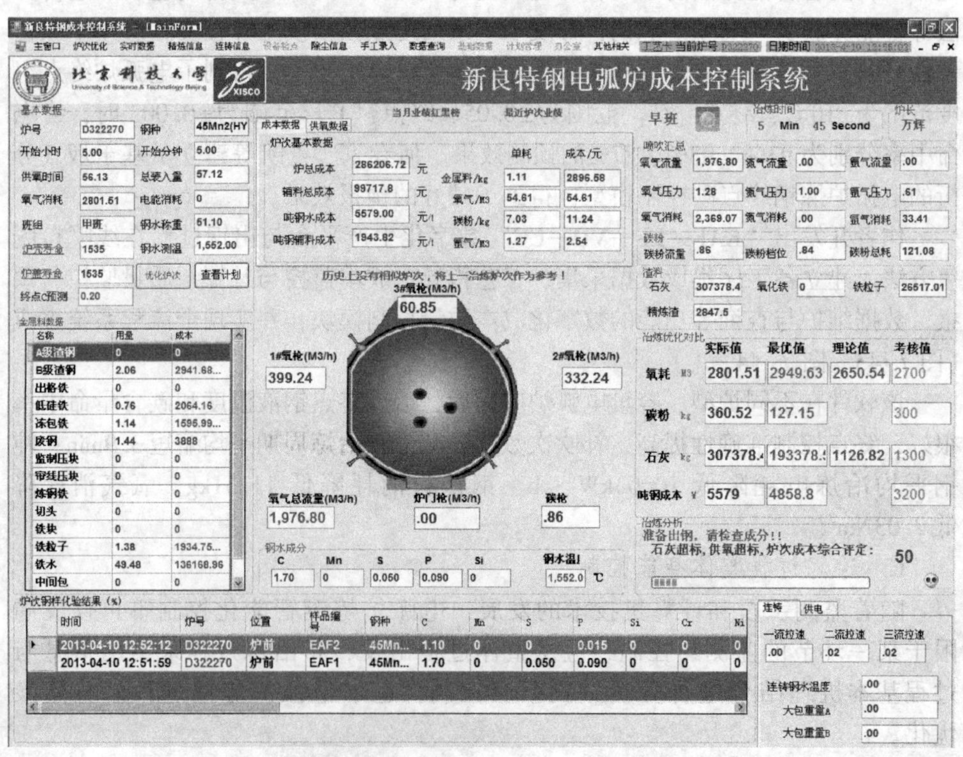

图 7-44 电弧炉炼钢成本质量控制软件

Siemens VAI 开发了 Simental EAF Heatopt（Holistic Process Control）整体控制方案（图 7-45），对电弧炉炼钢过程实时整体控制，极大地改善了能源利用率、生产效率和生产过程的安全性。该系统利用最新的检测技术和状态监测控制方案对电弧炉炼钢过程进行最优化控制。该方案集合了多种测量技术和信息分析处理系统，有电弧炉烟气成分分析系统（Simetal EAF Lomas）、烟气流量测量系统（Simetal EAF SAM）、非接触式连续测温技术（Simetal RCB Temp）、泡沫渣检测技术（Simetal FSD）、用于电极调节的熔清控制系统（Simetal CSM）、无渣出钢技术（Simetal SlagMon）等。利用这些技术能够对炼钢过程实时监测与控制。该电弧炉炼钢整体控制系统能够确保最大的生产效率、最佳的能量转换率以及最小的生产成本。

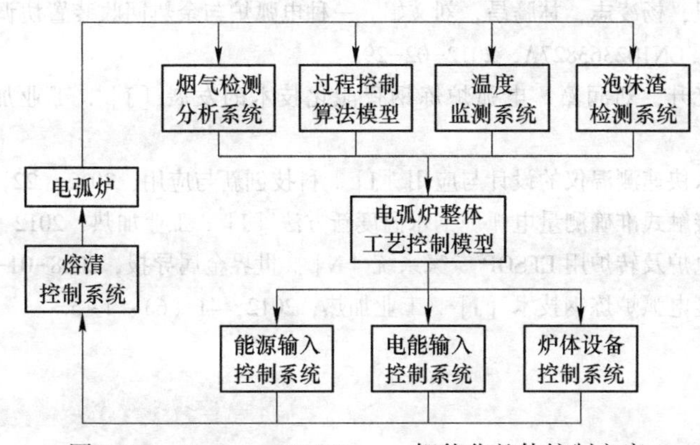

图 7-45 Simental EAF Heatopt 智能化整体控制方案

该系统在美国弗吉尼亚州 SDI Roanok 钢厂的实际应用中取得良好的效果：燃气和氧气消耗降低约 15%，炭粉消耗降低约 15%，生产效率提高 3.6%，生产成本显著降低。

电弧炉炼钢过程的整体智能控制依赖于各环节的智能化控制水平，其研究仍处于起步阶段。冶炼过程各监测手段和控制模型的不断优化将促进电弧炉炼钢整体智能控制的进一步发展。

参 考 文 献

[1] 朱荣．电弧炉炼钢复合吹炼技术的发展及应用［A］．2014 年全国炼钢—连铸生产技术会论文集［C］．中国金属学会，2014.

[2] 李三三，朱荣，李存牢．100t 转炉炼钢气液流动的数学模型［C］．冶金反应工程学学术会议，2010.

[3] 魏光升，刘润藻，董凯，等．底吹条件下电弧炉炼钢熔池流体流动特性分析［A］．第十九届（2016 年）全国炼钢学术会议大会报告及论文摘要集［C］．中国金属学会炼钢分

会，2016.
[4] 朱荣 . 电弧炉炼钢复合吹炼搅拌强度的研究［A］. 第十九届（2016 年）全国炼钢学术会议大会报告及论文摘要集［C］. 中国金属学会炼钢分会，2016.
[5] 朱荣，李贵海，仇永全，等 . 一种炼钢用集束射流氧枪［P］. CN2518869，2002.
[6] 李桂海，朱荣，仇永全，刘艳敏，刘广会，徐锡坤，王勤朴，刘茂文 . 电弧炉炼钢集束射流氧枪的射流特征［J］. 特殊钢，2002（1）：11~13.
[7] 朱荣，冯小明，陈三芽，董凯，刘福海，苏荣芳 . 一种电弧炉炼钢埋入式吹氧脱碳工艺及控制方法［P］. CN102628094A，2012-08-08.
[8] 谷云岭，朱荣，董凯，鲍翔，谢国基，刘治权，寿栋，马国宏 . 电炉底吹工艺优化研究［J］. 炼钢，2013，29（6）：28~30.
[9] 朱荣，李桂海，刘艳敏，等 . 电弧炉用氧计算机分时段控制技术［P］. CN1385666，2002.
[10] 朱荣，董凯，杨凌志，林腾昌，刘文娟 . 一种电弧炉与余热回收装置协调生产的方法及系统［P］. CN102363827A，2012-02-29.
[11] 朱荣，魏光升，刘润藻 . 电弧炉炼钢智能化技术的发展［J］. 工业加热，2015，44（1）：1~6.
[12] 陈涛 . 钢水快速测温仪的设计与应用［J］. 科技创新与应用，2012（22）：44.
[13] 佚名 . 无接触式准确测量电弧炉钢水温度新方法［J］. 工业加热，2012（1）：53~53.
[14] 林立恒 . 电炉及转炉用 EFSOP 专家系统［N］. 世界金属导报，2008-01-15（007）.
[15] 朱斌 . 智能电弧炉炼钢技术［J］. 工业加热，2012，41（6）：1~5.